钢结构
工程施工

主　编　孙　韬　戚　豹

副主编　刘菁菁　赵　峥

高等教育出版社·北京

内容提要

本书是根据《钢结构设计标准》《门式刚架轻型房屋钢结构技术规范》《钢结构工程施工质量验收标准》《空间网格结构技术规程》等最新规范编写而成的一部新形态一体化教材,主要内容有钢结构施工基础知识、轻钢门式刚架结构工程施工、钢框架结构工程施工、管桁架结构工程施工和网架结构工程施工5个模块。本书在结合编者钢结构工程实践的基础上,吸收钢结构行业新材料、新知识和新技术,以任务驱动教学方法的思路进行编写,体现了高职教育以就业为导向,以岗位能力为本位的特点。本书应用二维码技术将大量的教学微课、动画、现场视频、课件引入教材,学习者可以通过扫描二维码得到更加立体化的知识,提高了学习者的学习兴趣。

本书便于学习者学习和掌握,对学生和现场技术人员钢结构工程加工和施工安装技能的培养和职业素养的养成有重要作用,适用于高职高专和应用型本科学生以及现场技术人员学习使用。

图书在版编目(CIP)数据

钢结构工程施工/孙韬,戚豹主编 . -- 北京:高等教育出版社,2021.1

ISBN 978-7-04-055327-7

Ⅰ. ①钢… Ⅱ. ①孙… ②戚… Ⅲ. ①钢结构-工程施工-高等职业教育-教材 Ⅳ. ①TU758.11

中国版本图书馆 CIP 数据核字(2020)第 272775 号

钢结构工程施工

GANGJIEGOU GONGCHENG SHIGONG

| 策划编辑 | 温鹏飞 | 责任编辑 | 温鹏飞 | 特约编辑 | 李 立 | 封面设计 | 赵 阳 |
| 版式设计 | 徐艳妮 | 插图绘制 | 于 博 | 责任校对 | 吕红颖 | 责任印制 | 赵义民 |

出版发行	高等教育出版社	网 址	http://www.hep.edu.cn
社 址	北京市西城区德外大街 4 号		http://www.hep.com.cn
邮政编码	100120	网上订购	http://www.hepmall.com.cn
印 刷	北京市大天乐投资管理有限公司		http://www.hepmall.com
开 本	850mm×1168mm 1/16		http://www.hepmall.cn
印 张	24		
字 数	530 千字	版 次	2021 年 1 月第 1 版
购书热线	010-58581118	印 次	2021 年 1 月第 1 次印刷
咨询电话	400-810-0598	定 价	55.00 元

本书如有缺页、倒页、脱页等质量问题,请到所购图书销售部门联系调换

版权所有 侵权必究

物 料 号 55327-00

配套视频资源索引

序号	资源名称	模块	页码	序号	资源名称	模块	页码
1	钢结构工程施工课程介绍	1	1	21	轻钢门式刚架结构加工制作的切割设备	2	57
2	轻钢门式刚架的结构组成与特点	1	2	22	轻钢门式刚架中H型钢的加工设备	2	61
3	管桁架结构的组成	1	3	23	轻钢门式刚架围护结构加工设备	2	64
4	网架结构的特点	1	3	24	轻钢门式刚架加工制作的准备工作	2	65
5	钢框架结构基本概念及特点	1	6	25	轻钢门式刚架加工制作的放样、号料、划线	2	69
6	钢框架结构基本结构体系及组成	1	9	26	H型钢组立焊、边缘加工等	2	72
7	行走式塔吊在结构板上的布置	1	10	27	构件的摩擦面处理和除锈	2	75
8	轻钢门式刚架的概念	2	13	28	轻钢门式刚架结构构件拼装	2	85
9	轻钢门式刚架的结构布置	2	14	29	轻钢门式刚架柱脚锚栓埋设	2	95
10	轻钢门式刚架的材料选择	2	16	30	轻钢门式刚架柱脚锚栓的维护与修补	2	97
11	轻钢门式刚架的分类	2	17	31	轻钢门式刚架柱的校正	2	99
12	轻钢门式刚架的结构特点	2	18	32	轻钢门式刚架梁的安装	2	105
13	轻钢门式刚架荷载的传递	2	20	33	轻钢门式刚架檩条的安装	2	115
14	铰接柱脚（H型钢柱）	2	24	34	轻钢门式刚架验收总体要求	2	119
15	轻钢门式刚架施工图结构设计说明识读	2	54	35	高强度螺栓检验	2	128
16	轻钢门式刚架施工图基础平面布置图识读	2	55	36	H型钢检验及构件拼装检验	2	131
17	轻钢门式刚架施工图锚栓平面布置图识读	2	55	37	钢框架结构基本结构体系及组成	3	147
18	轻钢门式刚架施工图结构与支撑布置图识读	2	55	38	钢框架梁柱节点	3	150
19	轻钢门式刚架施工图檩条布置图识读	2	56	39	主次梁等高连接（1）	3	152
20	轻钢门式刚架施工图主刚架及节点详图识读	2	56	40	主次梁等高连接（2）	3	152
				41	钢框架柱脚节点	3	152

续表

序号	资源名称	模块	页码	序号	资源名称	模块	页码
42	圆管柱柱脚	3	153	70	钢管桁架结构图之桁架详图	4	237
43	轴压铰接柱脚	3	154	71	钢管桁架结构图之杆件详图	4	237
44	钢框架梁-梁、柱-柱节点	3	154	72	钢管桁架加工制作之相贯线切割设备	4	238
45	钢框架结构楼面类型	3	154				
46	钢框架结构图纸设计总说明	3	159	73	钢管桁架加工制作之相贯线切割方法	4	244
47	钢框架基础锚栓平面布置图	3	159				
48	钢框架结构平面布置图	3	159	74	钢管桁架加工制作之钢管弯圆	4	248
49	钢框架柱、梁详图	3	159	75	钢管桁架加工制作之铸钢件	4	256
50	钢框架结构加工设备	3	160	76	管桁架结构安装之胎架设计安装	4	268
51	焊接箱型截面梁柱制作	3	164				
52	十字柱制作	3	168	77	管桁架结构安装之杆件拼装	4	271
53	螺旋钢管制作	3	173	78	管桁架现场拼装吊装	4	289
54	直缝焊管制作	3	176	79	管桁架结构安装之吊装法	4	289
55	钢框架结构安装基本规定	3	185	80	桁架牵引滑移	4	297
56	钢框架结构安装工艺流程	3	190	81	管桁架结构安装之滑移法分类	4	297
57	钢框架柱吊装	3	193	82	管桁架结构安装之滑移法特点及适用范围	4	298
58	钢框架梁吊装	3	196				
59	劲性混凝土结构施工工艺	3	202	83	支撑及胎架的安装设计	4	299
60	钢筋桁架压型钢板组合楼板施工程序	3	202	84	管桁架结构验收的检验规则及工序检验	4	309
61	钢框架结构验收基本规定	3	208	85	钢管桁架结构的组装与安装验收	4	312
62	钢框架结构验收一般规定	3	209				
63	管桁架结构的分类	4	222	86	网架结构的特点	5	315
64	管桁架结构的组成	4	224	87	网架结构的类型	5	317
65	管桁架结构的优缺点	4	230	88	网架结构的节点构造	5	321
66	管桁架结构的材料选取	4	231	89	网架结构的杆件构造	5	323
67	钢管桁架结构图之设计说明	4	237	90	网架结构施工图设计说明	5	327
68	钢管桁架结构图之支座平面布置图及详图	4	237	91	网架平面布置图	5	327
				92	网架安装图	5	327
69	钢管桁架结构图之结构平面布置图	4	237	93	球节点图	5	327
				94	支座支托图	5	327

续表

序号	资源名称	模块	页码	序号	资源名称	模块	页码
95	材料表	5	327	104	固定式塔吊高空散装球壳	5	342
96	螺栓球网架的加工制作	5	329	105	网架分条分块安装法	5	344
97	焊接球网架的加工制作	5	333	106	网架高空滑移安装法	5	347
98	焊接球的制作	5	336	107	网架整体吊升安装法	5	351
99	网架结构支座制作工艺	5	338	108	网架整体提升法	5	355
100	网架构件运输及成品保护	5	339	109	网架整体顶升法	5	356
101	网架结构的小拼单元拼装	5	340	110	网架安装方法的选择	5	358
102	网架结构的总拼	5	341	111	网架结构的验收	5	359
103	网架高空散装法	5	342	112	网架结构质量保证措施	5	364

前 言

本书是根据《钢结构设计标准》(GB 50017—2017)、《门式刚架轻型房屋钢结构技术规范》(GB 51022—2015)、《钢结构工程施工质量验收标准》(GB 50205—2020)、《钢结构工程施工规范》(GB 50755—2012)、《钢结构焊接规范》(GB 50661—2011)、空间网格结构技术规程(JGJ 7—2010)等编写而成的,主要内容有钢结构施工基础知识、轻钢门式刚架结构工程施工、钢框架结构工程施工、管桁架结构工程施工和网架结构工程施工 5 个模块。模块 1 主要介绍后 4 个模块共同的基础知识,后 4 个模块的内容按照基本知识与图纸识读→加工与制作→现场拼装与施工安装→工程验收的工作过程设置。

本书在结合编者钢结构工程实践的基础上,吸收钢结构行业新材料、新知识和新技术,以任务驱动教学方法的思路进行编写,体现了高职教育以就业为导向,以岗位能力为本位的特点。本书应用二维码技术将大量的教学微课、动画、现场视频、课件引入教材,学习者可以通过扫描二维码得到更加立体化的知识,提高了学习者的学习兴趣。本书融入大量钢结构工程案例、标准技术文件和图片,便于学习者学习和掌握,对学生和现场技术人员钢结构工程加工和施工安装技能的培养和职业素养的养成有重要作用。

本书由孙韬、戚豹任主编,刘菁菁、赵峥任副主编。具体编写分工如下:江苏建筑职业技术学院孙韬编写模块 1、模块 2,江苏建筑职业技术学院王磊、刘菁菁编写模块 3,江苏建筑职业技术学院戚豹、赵峥编写模块 4 和模块 5,江苏建筑职业技术学院杨梅、刘娟还参与了各模块资料的整理工作。全书由孙韬、戚豹统稿。本书在编写过程中得到深圳金鑫钢结构建筑安装工程有限公司的大力帮助,在此表示衷心的感谢。

由于编者水平所限,书中难免有不足之处,敬请读者批评指正。

编 者

2020 年 2 月

目 录

模块 1 钢结构施工基础知识 ………………………………………………………… 1

1.1 钢结构的常见结构体系及组成 …………………………………………………… 1

1.1.1 轻钢门式刚架结构体系及组成 ……………………………………………… 2

1.1.2 空间网格结构体系及组成 …………………………………………………… 3

1.1.3 钢框架结构体系及组成 ……………………………………………………… 6

1.2 钢结构的施工特点 ………………………………………………………………… 9

模块 2 轻钢门式刚架结构工程施工 …………………………………………… 13

2.1 轻钢门式刚架结构的基本知识与图纸识读 ……………………………………… 13

2.1.1 轻钢门式刚架结构的基本知识 ……………………………………………… 13

2.1.2 刚架主结构的构造 …………………………………………………………… 21

2.1.3 刚架结构的支撑体系 ………………………………………………………… 31

2.1.4 次结构系统及其连接构造 …………………………………………………… 37

2.1.5 辅助结构构造 ………………………………………………………………… 40

2.1.6 围护材料及其连接构造 ……………………………………………………… 49

2.1.7 轻钢门式刚架结构的工程图纸识读 ………………………………………… 53

2.2 轻钢门式刚架结构的加工与制作 ………………………………………………… 57

2.2.1 门式刚架加工设备 …………………………………………………………… 57

2.2.2 门式刚架主构件的制作 ……………………………………………………… 65

2.2.3 门式刚架钢构件的拼装 ……………………………………………………… 83

2.2.4 钢构件成品检验、管理和包装 ……………………………………………… 87

2.3 轻钢门式刚架结构的施工安装 …………………………………………………… 90

2.3.1 施工准备 ……………………………………………………………………… 91

2.3.2 钢结构工程的安装方法 ……………………………………………………… 98

2.3.3 主体钢结构的安装 …………………………………………………………… 99

2.3.4 屋面围护系统钢结构的安装 ………………………………………………… 115

2.3.5 墙面围护系统钢结构安装 …………………………………………………… 116

2.3.6 平台、钢梯及栏杆安装 ……………………………………………………… 117

2.3.7 围护系统的安装要求 ………………………………………………………… 117

2.4 轻钢门式刚架结构的验收 ………………………………………………………… 119

2.4.1 总体要求 ……………………………………………………………………… 119

2.4.2 样板(样杆)制作验收 ……………………………………………………… 120

2.4.3 焊接验收 ……………………………………………………………………… 122

2.4.4 高强度螺栓检验 ………………………………………………… 128

2.4.5 H型钢构件验收 ………………………………………………… 131

2.4.6 预拼装的验收 …………………………………………………… 133

2.4.7 门式刚架组合构件的验收 ……………………………………… 134

2.4.8 防腐、防火涂装工程的验收 …………………………………… 135

2.4.9 钢结构构件的验收资料 ………………………………………… 143

模块小结 …………………………………………………………………… 144

练习题 ……………………………………………………………………… 145

模块3 钢框架结构工程施工 …………………………………………… 147

3.1 钢框架结构的基本知识与图纸识读 ……………………………… 147

3.1.1 钢框架结构的基本知识 ………………………………………… 147

3.1.2 钢框架结构的施工图识读 ……………………………………… 159

3.2 钢框架结构的加工与制作 ………………………………………… 160

3.2.1 钢框架结构加工设备 …………………………………………… 160

3.2.2 焊接箱形截面梁柱制作 ………………………………………… 164

3.2.3 十字柱的制作 …………………………………………………… 168

3.2.4 圆管柱的制作 …………………………………………………… 173

3.2.5 钢构件成品检验、管理和包装 ………………………………… 182

3.3 钢框架结构的安装 ………………………………………………… 185

3.3.1 钢框架结构安装基本规定 ……………………………………… 185

3.3.2 钢框架结构施工准备 …………………………………………… 186

3.3.3 钢框架结构安装的关键要求 …………………………………… 189

3.3.4 钢框架结构的安装施工 ………………………………………… 190

3.4 钢框架结构的验收 ………………………………………………… 207

3.4.1 基本规定 ………………………………………………………… 208

3.4.2 一般规定 ………………………………………………………… 209

3.4.3 基础和支承面验收 ……………………………………………… 210

3.4.4 预拼装 …………………………………………………………… 211

3.4.5 安装和校正 ……………………………………………………… 212

3.4.6 竣工资料的整理 ………………………………………………… 216

模块小结 …………………………………………………………………… 219

练习题 ……………………………………………………………………… 220

模块4 管桁架结构工程施工 …………………………………………… 221

4.1 管桁架结构的基本知识与图纸识读 ……………………………… 221

4.1.1 管桁架结构的类型、组成及应用 ……………………………… 222

4.1.2 管桁架结构的材料 ……………………………………………… 231

4.1.3 管桁架结构的图纸识读 ………………………………………… 236

4.2 管桁架结构的加工与制作 ………………………………………… 237

4.2.1 管桁架结构的加工设备 …… 238

4.2.2 管桁架结构加工前的准备工作 …… 243

4.2.3 管件加工 …… 244

4.2.4 构件表面处理与涂装 …… 253

4.2.5 铸钢件的质量控制与焊接 …… 256

4.2.6 成品检验、包装、运输和堆放 …… 262

4.3 管桁架结构的现场拼装及施工安装 …… 268

4.3.1 管桁架的现场拼装 …… 268

4.3.2 管桁架结构的安装 …… 288

4.3.3 钢结构防火涂装 …… 307

4.4 管桁架结构的验收 …… 309

4.4.1 检验规则 …… 309

4.4.2 工序检验 …… 310

4.4.3 组装与施工安装验收 …… 312

模块小结 …… 314

练习题 …… 314

模块 5 网架结构工程施工 …… 315

5.1 网架结构的基本知识与图纸识读 …… 315

5.1.1 网架结构的基本知识 …… 315

5.1.2 网架结构的图纸识读 …… 327

5.2 网架结构的加工与制作 …… 327

5.2.1 网架结构杆件的加工 …… 327

5.2.2 网架结构节点的加工 …… 328

5.2.3 网架构件的包装、运输和存放 …… 339

5.3 网架结构的安装 …… 339

5.3.1 网架结构的拼装 …… 339

5.3.2 网架结构的安装方法 …… 342

5.3.3 网架防腐处理 …… 359

5.4 网架结构的验收 …… 359

5.4.1 网架加工验收规定 …… 359

5.4.2 拼装单元验收规定 …… 361

5.4.3 网架安装验收规定 …… 363

模块小结 …… 368

练习题 …… 369

参考文献 …… 371

模块 1

钢结构施工基础知识

钢结构因其自身的轻质高强、工业化生产、造型丰富、材料环保和工期较短等特点，在当今工程中被广泛应用。因此，需要大量的懂得钢结构施工技术的专业人员充实到现场去。要学习钢结构施工技术，首先要对钢结构有一个初步的了解。

微课

钢结构工程
施工课程
介绍

1.1 钢结构的常见结构体系及组成

钢结构的结构体系丰富多样，目前，应用最多的、最常见结构体系主要包括：应用在厂房和仓储建筑的中的轻钢门式刚架结构（图 1-1），应用在机场、展览馆等大跨和大空间建筑中的空间网格结构（图 1-2），以及应用在高层和超高层建筑中的钢框架结构（图 1-3）。本书将围绕这三种结构体系进行相关内容的介绍。下面首先介绍三种结构体系的构造组成。

(a) 单跨厂房

(b) 多跨厂房

图 1-1 轻钢门式刚架结构

(a) 网架结构

(b) 网壳结构

(c) 管桁架结构

图 1-2　空间网格结构

(a) 纯钢框架

(b) 钢-混凝土组合框架

图 1-3　钢框架结构

1.1.1　轻钢门式刚架结构体系及组成

微课
轻钢门式刚架的结构组成与特点

　　轻钢门式刚架结构厂房由以下部分组成:轻钢结构骨架,围护结构檩条,彩色压型钢板或复合夹芯板墙屋面及其他配套设施(门窗、采光带、通风口等)。轻钢门式刚架结构厂房的结构形式,可根据用户的具体工艺要求。除门式刚架结构形式外,还可选择单跨、多跨等高或多跨不等高排架结构等。

　　轻钢门式刚架的结构体系由以下部分组成。

　　① 主结构。包括横向刚架(如中部和端部刚架)、楼面梁、托梁、支撑体系等。

　　② 次结构。包括屋面檩条和墙面檩条等。

　　③ 围护结构。包括屋面板和墙板。

　　④ 辅助结构。包括楼梯、平台、扶栏等。

　　⑤ 基础。

　　轻钢门式刚架结构厂房的组成如图 1-4 所示。

　　平面门式刚架和支撑体系再加上托梁、楼面梁等组成了轻钢门式刚架的主要受力骨架,即主结构体系。屋面檩条和墙面檩条既是围护材料的支承结构,又为主结构梁柱提供了部分侧向支撑作用,构成了轻钢门式刚架的次结构。屋面板和墙面板起整个

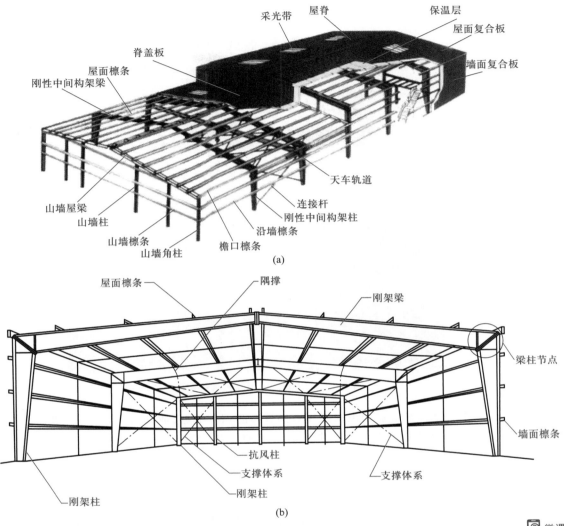

采光带　屋脊　保温层

脊盖板　屋面复合板

屋面檩条　墙面复合板

刚性中间构架梁

天车轨道

山墙屋梁　连接杆

山墙柱　刚性中间构架柱

山墙檩条　沿墙檩条

山墙角柱　檐口檩条

(a)

屋面檩条　隔撑　刚架梁

梁柱节点

抗风柱　墙面檩条

支撑体系　支撑体系

刚架柱　刚架柱

(b)

图 1-4　轻钢门式刚架结构厂房的组成

结构的围护和封闭作用,由于蒙皮效应,事实上也增加了轻钢门式刚架的整体刚度。

外部荷载直接作用在围护结构上。其中,竖向和横向荷载通过次结构传递到主结构的横向门式刚架上,依靠门式刚架的自身强度和刚度抵抗外部作用。纵向风荷载通过屋面和墙面支撑传递到基础上。

1.1.2　空间网格结构体系及组成

空间网格结构体系常见的结构类型,主要包括桁架结构和网架结构。

桁架结构是指由杆件在端部相互连接而组成的格子式结构,目前最常见的桁架类型为管桁架结构,管桁架是指结构中的杆件均为圆管或矩形管杆件。单榀管桁架由上弦杆、下弦杆和腹杆组成。管桁架结构一般由主桁架、次桁架、系杆和支座共同组成,如图 1-5 和图 1-6 所示。

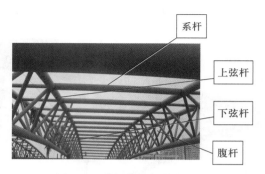

图 1-5   单榀管桁架结构组成

图 1-6   广州新白云国际机场航站楼屋盖

管桁架结构在节点处采用杆件直接焊接的相贯节点(或称管节点)。相贯节点处,只有在同一轴线上的两个主管贯通,其余杆件(即支管)通过端部相贯线加工后,直接焊接在贯通杆件(即主管)的外表,非贯通杆件在节点部位可能有一定间隙(间隙型节点),也可能部分重叠(搭接型节点),如图 1-7 所示。

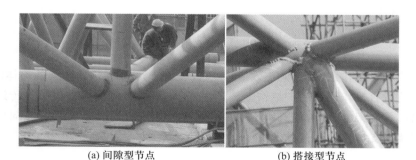

(a) 间隙型节点   (b) 搭接型节点

图 1-7   管桁架杆件相贯节点形式

网架结构可以看作是平面桁架的横向拓展,也可以看作是平板的格构化。网架结构是由很多杆件通过节点,按照一定规律组成的空间杆系结构。网架结构根据外形可分为平板网架和曲面网架。通常情况下,平板网架称为网架;曲面网架称为网壳,如图 1-8 所示。网架和网壳结构是由许多规则的几何体组合而成,这些几何体就是网架结构的基本单元,常用的有三角锥和四角锥等。

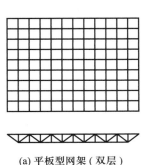 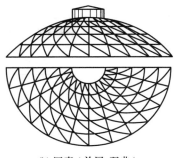 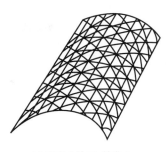

(a) 平板型网架 (双层)　　(b) 网壳 (单层、双曲)　　(c) 网壳 (单层、单曲)

图 1-8　网架、网壳形式

网架和网壳的杆件一般采用普通型钢和薄壁型钢,有条件时应尽量采用薄壁管形截面。其尺寸应满足下列要求:① 普通型钢一般不宜采用小于∟ 45×3 或∟ 56×36×3 的角钢;② 薄壁型钢厚度不应小于 2 mm。

网架和网壳的杆件节点分为焊接钢板节点、焊接空心球节点和螺栓球节点。

焊接钢板节点,一般由十字节点板和盖板组成。十字节点板用两块带企口的钢板对插焊接而成,也可由 3 块焊成,如图 1-9 所示。焊接钢板节点多用于双向网架和四角锥体组成的网架,双向网架的节点构造如图 1-10 所示。

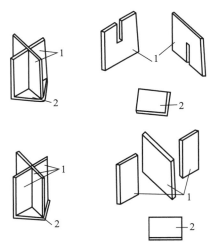

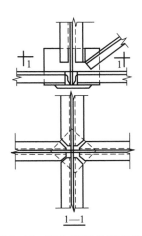

图 1-9　焊接钢板节点

1—十字节点板;2—盖板

图 1-10　双向网架的节点构造

焊接空心球节点中,空心球是由两个压制的半球焊接而成,分为加肋和不加肋两种,如图 1-11 所示,适用于钢管杆件的连接。当空心球的外径大于 300 mm,且杆件内力较大需要提高承载能力时,可在球内加肋,当空心球的外径大于或等于 500 mm 时,应在球内加肋,肋板必须设在轴力最大杆件的轴线平面内,且其厚度不应小于球壁厚。球节点与杆件相连接时,两杆件在球面上的净距离不得小于 10 mm,如图 1-12 所示。

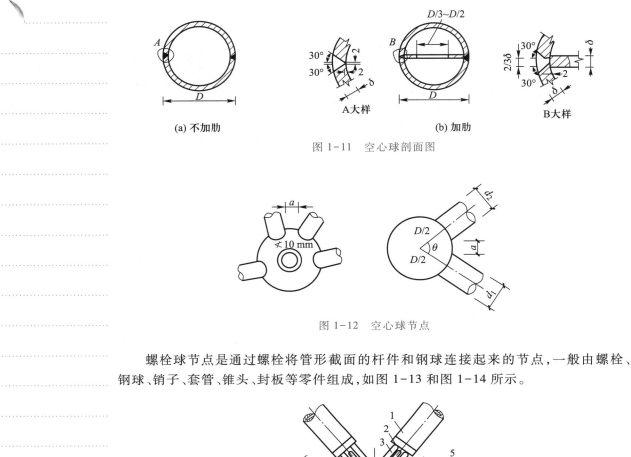

图 1-11　空心球剖面图

图 1-12　空心球节点

　　螺栓球节点是通过螺栓将管形截面的杆件和钢球连接起来的节点,一般由螺栓、钢球、销子、套管、锥头、封板等零件组成,如图 1-13 和图 1-14 所示。

图 1-13　螺栓球节点

1—钢管;2—封板;3—套管;4—销子;5—锥头;6—螺栓;7—钢球

 微课
钢框架结构
基本概念及
特点

1.1.3　钢框架结构体系及组成

　　钢框架结构体系是指沿房屋的纵向和横向用钢梁和钢柱组成的框架结构来作为承重和抵抗侧力的结构体系。随着层数及高度的增加,除承受较大的竖向荷载外,抗侧力(风荷载、地震作用等)要求也成为多高层框架的主要特点,其基本结构体系一般可分为三种:纯框架体系、框架-支撑体系(图 1-15)和钢-混凝土组合结构体系。

　　钢框架结构体系基本结构组成包括框架柱、框架梁、楼板、墙板、支撑体系和基础以及它们之间的连接节点。

　　钢柱常用截面形式有 H 型钢柱、焊接箱形或方钢管截面柱、钢管及钢管混凝土柱和十字柱等。

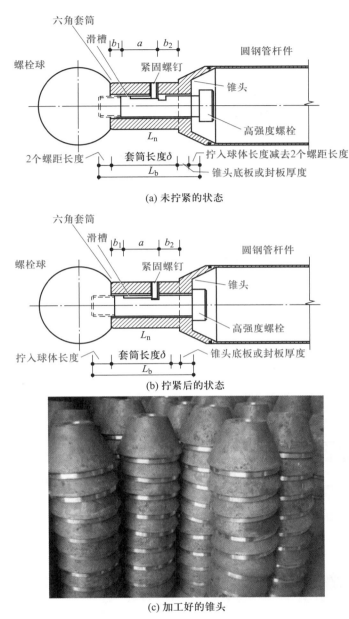

(a) 未拧紧的状态

(b) 拧紧后的状态

(c) 加工好的锥头

图 1-14 高强度螺栓与螺栓球和圆钢管杆件的连接

对于柱距较小的钢框架结构,其钢梁一般采用 H 型钢,其强轴平行于水平面设置。对于柱距特别大的钢框架结构,其钢梁一般采用焊接箱形截面,其强轴平行于水平面设置。

在钢框架结构建筑中,楼板的形式也呈现多样性。近年来,采用较多的楼板形式主要有压型钢板组合楼盖(图 1-16)、现浇整体混凝土楼盖(图 1-17)、SP 预应力空心板楼盖、混凝土叠合板楼盖、自承式钢筋桁架压型钢板组合楼盖(图 1-18)等。

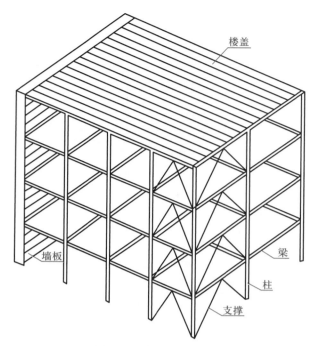

图 1-15　框架-支撑体系

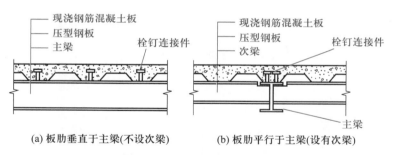

(a) 板肋垂直于主梁(不设次梁)　　　(b) 板肋平行于主梁(设有次梁)

图 1-16　压型钢板组合楼盖

图 1-17　现浇整体混凝土楼盖

图 1-18　自承式钢筋桁架压型钢板组合楼盖

钢框架结构节点形式包括梁-柱节点、梁-梁节点、柱-柱节点、柱脚节点以及支撑节点等。梁柱刚接节点有短梁刚接(螺栓连接梁)、短梁刚接(焊接连接梁)、短梁刚接(栓焊混接梁)等常见节点形式。钢框架中梁-梁节点通常把型钢主次梁设计成铰接节点。

为进行柱子的接长,钢框架结构还需要有柱-柱节点,柱-柱连接节点有螺栓连接和焊接两种形式,钢管柱一般采用焊接,如图1-19所示。

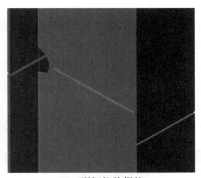

(a) H型钢截面柱的螺栓连接   (b) H型钢柱的焊接

图1-19　柱-柱节点连接

钢框架柱脚节点通常设计为刚性柱脚,不同的型钢将采用不同的柱脚节点。

在带支撑的钢框架结构中,支撑往往与在梁柱节点位置处设置的连接板进行连接,如图1-20所示。

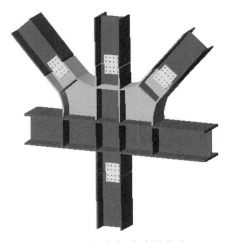

图1-20　钢框架中支撑节点

1.2　钢结构的施工特点

在了解钢结构常见结构体系的构造组成后,要学习钢结构工程施工技术,还需要了解钢结构施工的一些基本知识。

微课
钢框架结构
基本结构体
系及组成

　　建筑钢结构的施工就是在施工现场将主体结构构件进行安装,形成稳定的空间结构体系。因此,它的施工特点主要体现在以下几个方面。

　　(1) 现场加工工作少,构件质量有保障

　　因为钢结构工程的结构构件绝大多数都是在加工厂预先制作好的,现场只需要直接安装或简单拼装后再安装,因此施工现场不需要大量的构件制作,从而可以保证构件本身的质量。

　　(2) 构件较大,对吊装机具要求高

动画
行走式塔吊
在结构板上
的布置

　　钢结构构件的拼装连接处质量较差,为提高整体结构的质量,往往需要减少构件的拼装连接点,这便导致构件尺寸增大。在一些大型钢结构建筑中,经常会出现单个构件质量达几吨甚至几十吨,长度(或高度)达几十米的情况。再加上钢结构建筑空间大、起重高度大,因此,钢结构施工往往需要大吨位的吊装机具,而且还要有一定的行走装置。例如:某钢结构工程,单节箱形钢柱的吊重达到 43.7 t,为实现结构的吊装需要,工程配置了多台 1 100 t·m 的行走式塔吊,如图 1-21 所示。

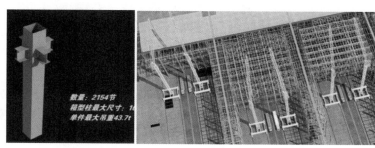

(a) 单节箱形钢柱　　　　　(b) 1 100 t·m 行走式塔吊

图 1-21　大吨位钢构件的吊装

　　(3) 施工方案多样,选择要有依据

　　钢结构工程的安装,就是把一个个预先制作好的构件进行拼装,因此拼装方案可以有很多种,在进行选择时,一定要遵循安装过程中的结构体系稳定这个基本原则。在选择具体方案时,为满足这一基本原则,必须要进行相应的结构计算,并将之作为选择依据。图 1-22 所示为某钢结构工程的施工过程的计算分析图。

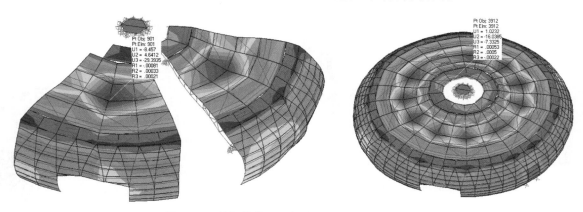

图 1-22　某钢结构工程的施工过程的计算分析图

（4）需要的工人较少，工期较短

由于钢结构施工的工业化程度较高，不需要在现场制作构件，因此施工现场不需要大量的工人，而且施工工期较相同体量的土建工程要短得多。

（5）容易实现绿色施工

绿色施工是指工程建设中，在保证质量、安全等基本要求的前提下，通过科学管理和技术进步，最大限度地节约资源，并减少对环境产生负面影响的施工活动，实现节能、节地、节水、节材和环境保护。钢结构施工无论是结构材料还是临时材料，都是可循环利用的钢材，施工现场用水量小，施工过程的噪声、粉尘污染都比土建工程要少，因此钢结构工程更容易实现绿色施工。

模块 2

轻钢门式刚架结构工程施工

本模块主要讲述轻钢门式刚架结构的基本知识、组成部分与图纸识读；轻钢门式刚架构件的加工设备、制作工艺、构件拼装；轻钢门式刚架的安装方法；轻钢门式刚架结构的验收要点等内容。本模块旨在培养学生识读钢结构施工详图的能力，掌握轻钢门式刚架结构的组成、构造、加工工艺、施工安装方法等基本知识，并逐步转化为编绘钢结构深化设计图，编制轻钢门式刚架加工制作、施工安装方案的能力，初步具备一定的分部分项工程质量验收的技能。

微课
轻钢门式刚架的概念

　　轻钢门式刚架结构通常是指由实腹式直线形杆件（梁和柱）通过刚性节点连接起来的"门"字形钢结构，主体结构为单层单跨或单层多跨的承重刚架。此结构房屋具有轻型屋盖和轻型外墙，可以设置起重量不大于 200 kN 的中、轻级工作制桥式吊车或 30 kN 悬挂式起重机。工程中还有两种结构的名字与刚架很相似，分别为把梁与柱之间为铰接的单层结构称为排架，双向多层多跨的刚架结构称为框架，学习者要能进行区别。

课件
轻钢门式刚架基础知识

2.1　轻钢门式刚架结构的基本知识与图纸识读

2.1.1　轻钢门式刚架结构的基本知识

1. 结构形式

　　轻钢门式刚架按跨数分为单跨、双跨、多跨刚架，有的还带挑檐或毗屋。多跨刚架中间柱与刚架斜梁的连接可采用铰接，多跨刚架宜采用双坡或单坡屋盖，必要时也可采用由多个双坡单跨相连的多跨刚架形式，如图 2-1 所示。轻钢门式刚架可以根据通风、采光的需要设置天窗、通风屋脊和采光带。刚架横梁的坡度主要由屋面材料及排水要求确定,一般为 1/20~1/8,排水量大,则取较大值。

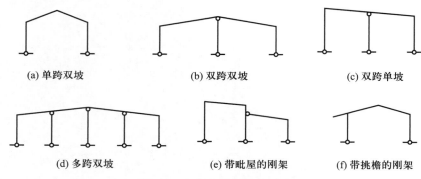

(a) 单跨双坡　　　　(b) 双跨双坡　　　　(c) 双跨单坡

(d) 多跨双坡　　　　(e) 带毗屋的刚架　　　　(f) 带挑檐的刚架

图 2-1　轻钢门式刚架的形式

2. 结构组成

轻钢门式刚架结构一般由主结构系统、次结构系统和围护结构系统等组成。

① 主结构系统。包括主刚架和支撑体系,即横向刚架(包括中部和端部刚架)、楼面梁、托梁、支撑体系等。主刚架多采用实腹式变截面 H 型钢;支撑体系包括水平支撑、柱间支撑和刚性系杆等部分,支撑体系的构件大多采用圆钢、角钢和钢管等,构件简单、制作方便,且支撑体系节点多为标准节点,因此这部分产品大多为各公司的标准产品。

② 次结构系统。包括屋面檩条和墙面檩条(也称墙梁)等。屋面檩条和墙面檩条既是围护材料的支承结构,又为主结构梁柱提供了部分侧向支撑作用,构成了轻型钢建筑的次结构。檩条多采用 Z 型或 C 型冷弯薄壁型钢。

③ 围护结构系统。包括屋面板和墙面板。屋面板和墙面板起整个结构的围护和封闭作用。由于蒙皮效应,事实上也增加了轻型钢建筑的整体刚度。屋面板和外墙墙板应采用加保温材料的压型彩钢板或彩钢夹芯板,部分工程采用铝镁锰合金屋面板,也可采用砌体外墙或底部为砌体、上部为轻质材料的外墙。

④ 辅助结构。包括楼梯、平台、扶栏等。

⑤ 基础。轻钢门式刚架的结构组成如图 2-2 所示。

3. 结构布置

（1）平面及立面布置

轻钢门式刚架的跨度和柱距主要根据工艺和建筑要求确定。门式刚架的纵向柱距(即开间)一般为 6~9 m;横向跨度为相邻横向刚架柱定位轴线间的距离,一般为 3 m 的倍数,如 15 m、18 m、21 m、24 m 等。当边柱宽度不等时,其外侧应对齐。门式刚架的高度应取地坪至柱轴线与斜梁轴线交点的高度,其平均高度宜采用 4.5~9.0 m,当有桥式吊车时,不宜大于 12 m。

（2）伸缩缝布置

《门式刚架轻型房屋钢结构技术规范》(GB 51022—2015)规定结构布置还要考虑温度效应,确定温度区间。轻钢门式刚架的温度区段长度应满足表 2-1 所示规定。当建筑尺寸超过时,应设置温度伸缩缝。温度伸缩缝可通过设置双柱或设置檩条的可调

微课
轻钢门式刚
架 的 结 构
布置

节构造来实现。

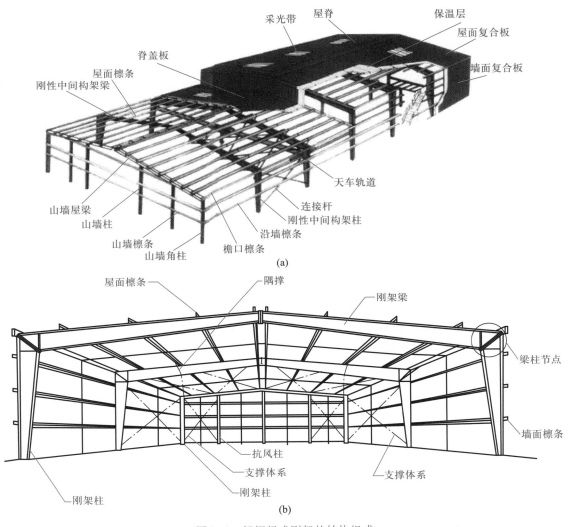

(a)

(b)

图 2-2　轻钢门式刚架的结构组成

表 2-1　轻钢门式刚架的温度区段长度

温度区段方向	纵向温度区段（垂直刚架跨度方向）	横向温度区段（沿刚架跨度方向）
区段长度/m	300	150

山墙处可设置由斜梁、抗风柱和墙梁组成的山墙墙架，或直接采用门式刚架。

（3）支撑布置

支撑布置的目的是使每个温度区段或分期建设的区段建筑能构成稳定的空间结构骨架。布置的主要原则如下。

① 柱间支撑和屋面支撑必须布置在同一开间内形成抵抗纵向荷载的支撑桁架。支撑桁架的直杆和单斜杆应采用刚性系杆，交叉斜杆可采用柔性构件。刚性系杆是指

圆管、H形截面、Z形或C形冷弯薄壁截面等；柔性构件是指圆钢、拉索等只能承受拉力的截面。柔性拉杆必须施加预紧力以抵消其自重作用引起的下垂。

② 柱间支撑的间距应根据房屋纵向柱距、受力情况和安装条件确定。当无吊车时，支撑的间距一般为30~45 m，不宜大于60 m。温度区段较长时，宜设置在3分点处，且支撑间距不应大于50 m。

③ 屋盖支撑宜布置在温度区段端部的第一个或第二个开间，当布置在第二个开间时，第一开间的相应位置应设置刚性系杆。

④ 45°的支撑斜杆能最有效地传递水平荷载，当因柱子较高导致单层支撑构件角度过大时，应考虑设置双层柱间支撑。

⑤ 刚架柱顶、屋脊等转折处应设置刚性系杆，且应沿房屋全长设置。

⑥ 轻钢门式刚架的刚性系杆可由相应位置处的檩条兼作，当檩条刚度或承载力不足时，可在刚架斜梁间设置其他附加系杆。

除结构设计中必须正确设置支撑体系以确保其整体稳定性之外，还必须注意结构安装过程中的整体稳定性。安装时应该首先构建稳定的区格单元，然后逐榀将平面刚架连接于稳定单元上直至完成全部结构。在稳定的区格单元形成前，必须施加临时支撑固定已安装的刚架部分。

（4）结构布置应注意的问题

在进行结构总体布置时，平面刚架的侧向稳定是值得重视的问题，应加强结构的整体性，保证结构纵横两个方向的刚度。一般情况下，矩形平面建筑都采用等间距、等跨度的平行刚架布置方案。与桁架相比，由于门架弯矩小，梁柱截面的高度小，且不像桁架有水平下弦，故显得轻巧、净空高、内部空间大，利于使用。

刚架结构为平面受力体系，当多榀刚架平行布置时，在结构纵向实际上为几何可变的铰接四边形结构。因此，为保证结构的整体稳定性，应在纵向柱间布置连系梁及柱间支撑，同时在横梁的顶面设置上弦横向水平支撑。柱间支撑和横梁上弦横向水平支撑宜设置在同一开间内，如图2-3所示。对于独立的刚架结构，如人行天桥，应将平行并列的两榀刚架通过垂直和水平剪刀撑构成稳定牢固的整体。为把各榀刚架不用支撑而用横梁连成整体，可将并列的刚架横梁改成相互交叉的斜横梁，这实际上已形成了空间结构体系。对正方形或接近方形平面的建筑或局部结构，可采用纵、横双向连成整体的空间刚架。

4. 轻型门式刚架的材料选择

轻型钢结构一般采用碳素结构钢和低合金结构钢。轻型钢结构设计中钢材的选择应考虑以下几个方面。

① 结构类型及其重要性。结构可分为重要结构、一般结构和次要结构三类。重级工作制吊车梁和特别重要的轻型钢结构的主结构及次结构构件属于重要结构；普通轻型钢结构厂房的主结构梁柱和次结构构件属于一般结构；而辅助结构中的楼梯、平台、栏杆等属于次要结构。重要结构可选用Q355钢或Q235-C或Q235-D；一般结构可选用Q235-B。

② 荷载性质。荷载可分为静力荷载和动力荷载两种，动力荷载又有经常满载和不经常满载的区别。直接承受动力荷载的结构一般采用Q235-B、Q235-C、Q235-D及

微课
轻钢门式刚架的材料选择

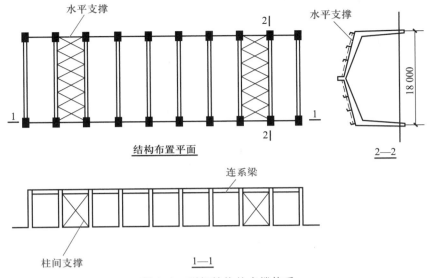

结构布置平面

图 2-3 刚架结构的支撑体系

Q355 钢,对于环境温度高于-20 ℃、起重量 $Q < 50$ t 的中、轻级工作制吊车梁也可选用 Q235-B·F。承受静力荷载或间接承受动力荷载的结构可选用 Q235-B 和Q235-B·F。

③ 工作温度。根据结构工作温度选择结构的质量等级。例如,工作温度低于 -20 ℃时宜选用 Q235-C 或 Q235-D;高于-20 ℃时可选用 Q235-B。

5. 轻钢门式刚架的内力特点

(1) 门式刚架的分类

门式刚架根据结构受力特点可分为无铰刚架、两铰刚架、三铰刚架。按截面形式可分为实腹式刚架和格构式刚架两种。实腹式刚架常做成两铰式结构,横截面一般为焊接工字形,少数为 Z 形。国外多采用热轧 H 型钢或其他截面形式的型钢,可减少焊接工作量,并能节约材料。当为两铰或三铰刚架时,构件应为变截面,一般是改变截面的高度使之适应弯矩图的变化。实腹式刚架的横梁高度一般可取跨度的 1/20～1/6,当跨度大时,梁高显然太大,为充分发挥材料作用,可在支座水平面内设置拉杆,并施加预应力对刚架横梁产生卸荷力矩及反拱,如图 2-4 所示。这时横梁高度可取跨度的 1/40～1/30,并由拉杆承担刚架支座处的横向推力,对支座和基础都有利。

微课
轻钢门式刚架的分类

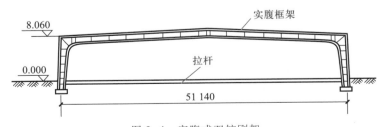

图 2-4 实腹式双铰刚架

在刚架结构的梁柱连接折角处,由于弯矩较大,且应力集中,材料处于复杂应力状态,应特别注意受压翼缘的平面外稳定和腹板的局部稳定。一般可做成圆弧过渡,并设置必要的加劲肋,如图2-5所示。

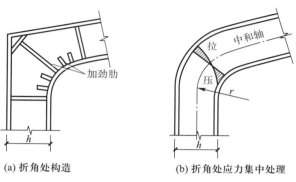

(a) 折角处构造　　　　　　　　　　(b) 折角处应力集中处理

图2-5　刚架折角处的构造及应力集中

格构式刚架结构的适用范围较大,且具有刚度大、耗钢省等优点。当跨度较小时,可采用三铰式结构;当跨度较大时,可采用两铰式或无铰结构,如图2-6所示。格构式刚架的梁高可取跨度的1/20~1/15,为了节省材料,增加刚度,减轻基础负担,也可施加预应力,以调整结构中的内力。预应力拉杆可布置在支座铰的平面内,也可布置在刚架横梁内仅对横梁施加预应力,也可对整个刚架结构施加预应力,如图2-7所示。

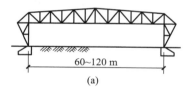
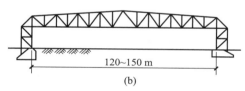

(a)　　　　　　　　　　　　　　　　(b)

60~120 m　　　　　　　　　　120~150 m

图2-6　格构式刚架结构

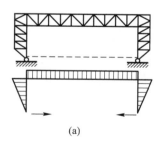
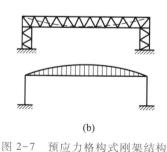
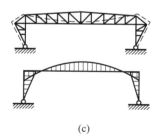

(a)　　　　　　　　　(b)　　　　　　　　　(c)

图2-7　预应力格构式刚架结构

微课

轻钢门式刚架的结构特点

（2）门式刚架结构的内力特点

门式刚架外部荷载直接作用在围护结构上,通过次结构传递到主结构的横向门式刚架上,依靠门式刚架的自身刚度抵抗外部作用。纵向风荷载通过屋面和墙面支撑传递到基础上。按照荷载方向,结构上有竖向荷载和水平荷载。在同样荷载作用下,这三种刚架的内力分布和大小是有差别的,其经济效果也不相同。刚架结构的受力优于排架结构,因刚架梁柱节点处为刚接,在竖向荷载作用下,由于柱对梁的约束作用而减小了梁跨中的弯矩和挠度,如图 2-8 所示。在水平荷载作用下,由于梁对柱的约束作用减小了柱内的弯矩和侧向变位,如图 2-9 所示。因此,刚架结构的承载力和刚度都大于排架结构。

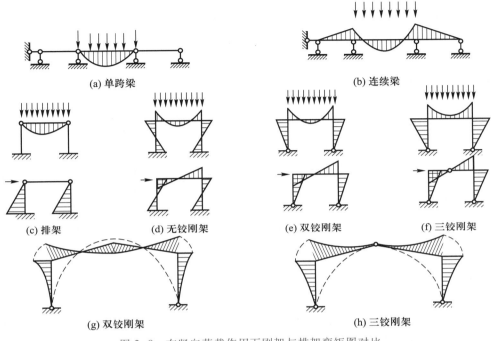

(a) 单跨梁　　　　　　　　　　　(b) 连续梁

(c) 排架　　　(d) 无铰刚架　　　(e) 双铰刚架　　　(f) 三铰刚架

(g) 双铰刚架　　　　　　　　　　(h) 三铰刚架

图 2-8　在竖向荷载作用下刚架与排架弯矩图对比

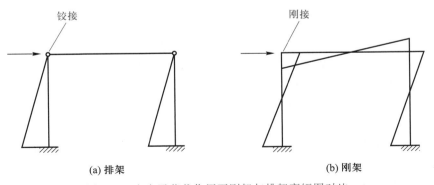

(a) 排架　　　　　　　　　　(b) 刚架

图 2-9　在水平荷载作用下刚架与排架弯矩图对比

无铰门式刚架的柱脚与基础固接,如图 2-10(a)所示,它是三次超静定结构,刚度好,结构内力分布比较均匀,但柱底弯矩比较大,对基础和地基的要求较高。因柱脚处有弯矩、轴向压力和水平剪力共同作用于基础,基础材料用量较多。由于其超静定次数高,结构刚度较大,当地基发生不均匀沉降时,将在结构内产生附加内力,所以在地基条件较差时需慎用。

两铰门式刚架的柱脚与基础铰接,如图 2-10(b)所示,它是一次超静定结构,在竖向荷载或水平荷载作用下,刚架内弯矩均比无铰门式刚架大。它的优点是刚架的铰接柱基不承受弯矩作用,构造简单,省料省工;当基础有转角时,对结构内力没有影响。但当两柱脚发生不均匀沉降时,将在结构内产生附加内力。

三铰门式刚架在屋脊处设置永久性铰接,柱脚也是铰接,如图 2-10(c)所示,它是静定结构,温度变化、地基变形引起的基础不均匀沉降对结构内力没有影响。三铰和两铰门式刚架材料用量相差不多,但三铰刚架的梁柱节点弯矩略大,刚度较差,不适合用于有桥式吊车的厂房,仅用于无吊车或小吨位悬挂吊车的建筑。

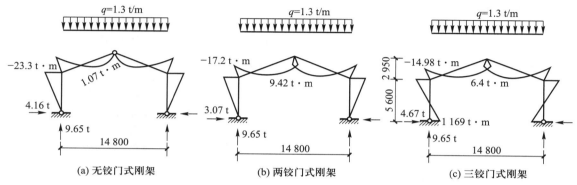

图 2-10　三种不同形式的门式刚架弯矩图

在实际工程中,大多采用无铰和两铰刚架以及由它们组成的多跨结构,三铰刚架很少采用。

另外,轻钢门式刚架厂房的屋面荷载对柱头会产生弯矩及水平推力,在围护结构材料的选用和基础设计时要予以注意。

6. 轻钢门式刚架结构的应用

（1）轻钢门式刚架结构房屋的特点

① 最大特征——"轻"。构件自重轻,围护系统和屋面系统轻,减轻了建筑物自重,减小了基底面积和基础埋深,减少了用钢量,降低了工程造价,综合效益好。

② 建筑功能强。围护材料选用热喷涂镀锌彩色钢板,色彩美观,防腐防锈,不易脱色。选用有隔热隔声效果和阻燃性能的彩钢夹芯复合板,可适用于气候炎热和严寒地区的建筑。

③ 施工速度快。钢构件大多采用工厂加工,现场安装,标准化批量生产,施工速度快,劳动强度低,质量易保证。

④ 便于拆卸和重复使用,且结构具有良好的抗震性能。

（2）轻钢门式刚架结构房屋的应用

单层刚架结构的杆件较少,一般由直杆组成,跨度和内部空间较大,制作方便,便于利用,因此,在实际工程特别是工业建筑中应用非常广泛。当跨度与荷载一定时,门式刚架结构比屋面大跨梁(或屋架)与立柱组成的排架结构轻巧,可节省钢材 10% 以上。斜梁为折线形的门式刚架类似于拱的受力特点,更具有受力性能良好、施工方便、造价较低和造型美观等优点。由于斜梁是折线形的,使室内空间加大,适于双坡屋顶的单层中、小型建筑,在工业厂房、体育馆、礼堂和食堂等民用建筑中得到广泛应用。

微课
轻钢门式刚架荷载的传递

但门式刚架的刚度较差,受荷载后产生跨变,因此用于工业厂房时,吊车起重量一般不超过 10 t。

实际工程中大多采用两铰刚架以及由它们组成的多跨结构,如图 2-11 所示。无铰刚架很少使用。

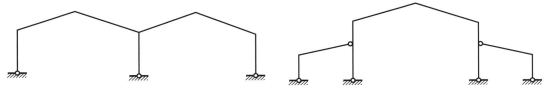

图 2-11　多跨刚架的形式

门式刚架的高跨比、梁柱线刚度比、支座位移、温度变化等均是影响门式刚架结构内力的因素,门式刚架结构选型时应予以考虑。

2.1.2　刚架主结构的构造

1. 主刚架的构造

（1）主刚架的构件

主刚架由刚架柱和刚架梁组成。刚架柱分为柱身、柱头与柱脚。柱上端与梁相连的部分称为柱头,下端与基础相连的部分称为柱脚,其余部分称为柱身。边柱和横梁通常根据门式刚架弯矩包络图的形状制作成变截面以达到节约材料的目的;根据门式刚架横向平面承载、纵向支撑提供平面外稳定的特点,要求边柱和横梁在横向平面内具有较大的刚度,一般采用焊接"工"字形截面。中柱以承受轴压力为主,通常采用强弱轴惯性矩相差不大的宽翼缘工字钢、矩形钢管或圆管截面。刚架的主要构件柱和梁根据加工设备、运输条件和安装设备的能力需要划分制作单元,每根柱通常为一个制作单元,斜梁则划分为若干个制作单元。每个制作单元两端因为要与其他单元或构件连接,所以端部需要特殊构造。制作单元端部设连接节点板,简称端板。为了加强节点处刚度及保证构件的局部稳定性,满足内力计算时力学模型在节点处的简化形式,需要设置各种形式的加劲肋。柱和梁运输到现场后通过高强度螺栓节点相连。主刚架包络图及基本形式如图 2-12 所示。

（2）主刚架的节点

刚架结构的形式较多,其节点构造和连接形式也是多种多样的。设计的基本要求:既要尽量使节点构造符合结构计算简图的假定,又要使制造、运输、安装方便。根据被连接构件(或部件)和连接位置大致分为梁柱节点、梁梁节点、柱脚节点、牛腿节点、檩托节点及隅撑节点等,下面介绍实际工程中常见的几种连接构造,其零件组成主要有连接节点板和加劲肋。螺栓连接的两块板为连接节点板,制作单元端部的连接节点板称为端板。端板竖放时柱头处的水平盖板为柱头顶板。柱脚底面与地脚螺栓相连、与混凝土基础接触传力的钢板为柱脚底板,其余为加劲肋。要注意加劲肋的位置、形状、数量及大小。

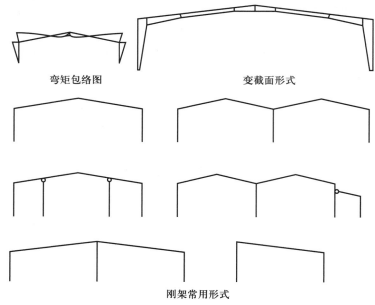

图 2-12　主刚架包络图及基本形式

实腹式轻钢门式刚架,一般在梁柱交接处及跨中屋脊处设置安装拼接单元,多用高强度螺栓连接。拼接节点处,有加腋与不加腋两种。在加腋的形式中又有梯形加腋与曲线形加腋两种,通常多采用梯形加腋。加腋连接既可使截面的变化符合弯矩图形的要求,又便于连接螺栓的布置。

① 梁柱节点。轻钢门式刚架边柱节点如图 2-13 所示,中柱节点如图 2-14 所示,披跨节点如图 2-15 所示。

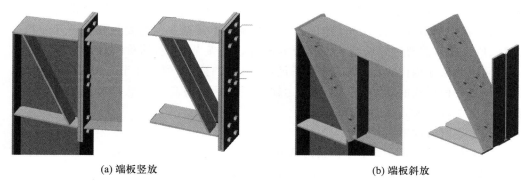

(a) 端板竖放　　　　　　　　　　　　　　(b) 端板斜放

图 2-13　边柱节点

② 梁梁节点。梁梁拼接节点如图 2-16 所示。

③ 柱脚节点。柱脚节点有铰接柱脚节点和刚接柱脚节点。铰接柱脚构造简单,不能承受弯矩,其基本零件组成有柱脚底板、加劲肋,需要时设抗剪键。刚接柱脚构造复杂,在承受轴向力的同时还能承受弯矩和剪力,刚接柱脚中有时根据刚度需要设置靴梁与膈板。柱脚底板与混凝土基础中预埋的地脚锚栓相连,拧螺母时需要加垫板。《门式刚架轻型房屋钢结构技术规范》(GB 51022—2015)规定,此水平剪力应由底板与

混凝土基础间的摩擦力(摩擦系数可取 0.4)或设置抗剪键承受。抗剪键通常用较厚的槽钢垂直焊接在柱脚底面的水平钢板上,并埋在混凝土基础内构成。抗剪键的首要作用是抵抗剪力,限制柱脚在某个方向发生位移。不允许锚栓抗剪,是因为锚栓与底板栓孔配合间隙大,起不到限制位移的作用,如图 2-17 和图 2-18 所示。

④ 牛腿节点。牛腿是由柱侧伸出的用以支承各种水平承重构件(如吊车梁)的承重部件,可以用型钢,也可以用钢板焊接而成。图 2-19 所示的牛腿节点为焊接"工"字形截面,焊于下柱与上柱的变截面处,此处柱身腹板上设四块加劲肋板,与牛腿上下翼缘齐平;牛腿腹板两侧在被支承梁支座反力作用线处对称设支承加劲肋。

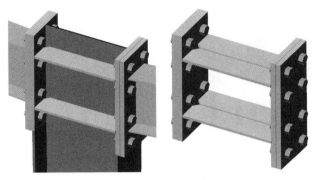

图 2-14　中柱节点

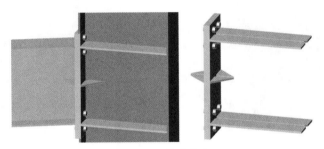

图 2-15　披跨节点

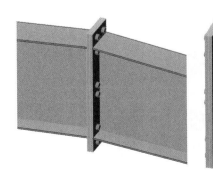

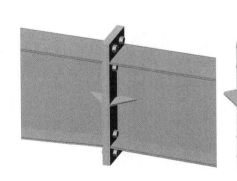

(a) 屋脊处梁梁拼接节点　　　　　　　　(b) 斜梁处梁梁拼接节点

图 2-16　梁梁拼接节点

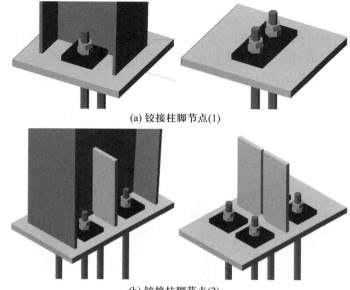

(a) 铰接柱脚节点(1)

(b) 铰接柱脚节点(2)

图 2-17　铰接柱脚节点

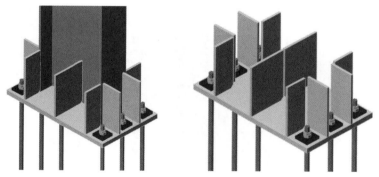

图 2-18　刚接柱脚节点

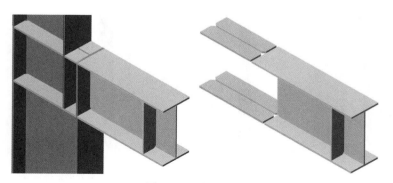

图 2-19　牛腿节点

⑤ 屋檩檩托节点、墙檩檩托节点及隅撑节点。屋面梁檩托节点如图2-20所示,隅撑节点如图2-21所示,墙檩节点如图2-22所示。

图2-20　屋面梁檩托节点

图2-21　隅撑节点

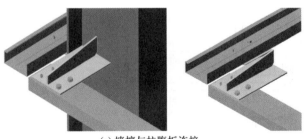

(a) 墙檩与柱腹板连接

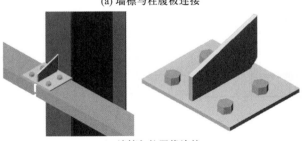

(b) 墙檩与柱翼缘连接

图2-22　墙檩节点

⑥ 其他节点。其他常用节点如图 2-23～图 2-31 所示。

2. 山墙刚架的构造

轻型钢结构门式刚架的山墙构架一般由刚架梁、刚架柱和抗风柱组成。其山墙由门式刚架、抗风柱和墙面檩条组成。抗风柱上下端铰接，被设计成只承受水平风荷载作用的抗弯构件，由与之相连的墙檩提供柱子的侧向支撑。这种形式的山墙的门式刚架通常与中间榀门式刚架相同，如图 2-32 所示。

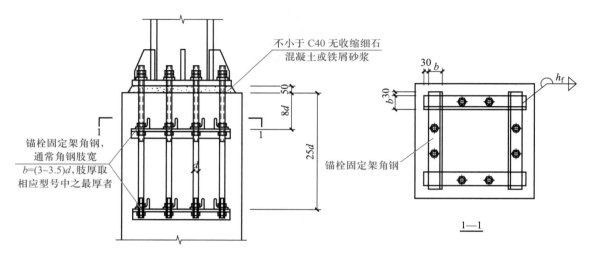

图 2-23　柱脚锚栓固定支架详图（1）

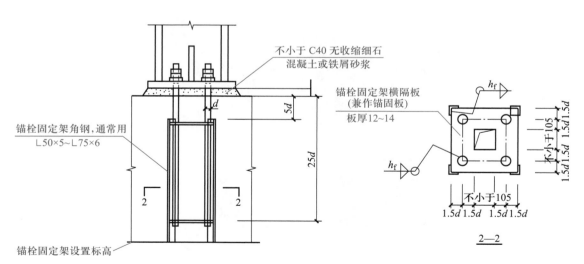

图 2-24　柱脚锚栓固定支架详图（2）

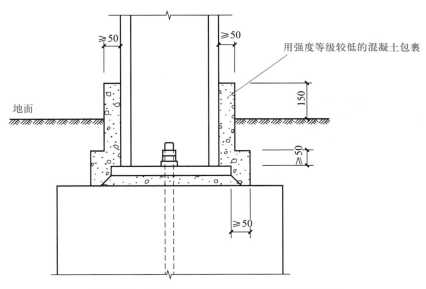

图 2-25 外露式柱脚在地面以上时的防护措施

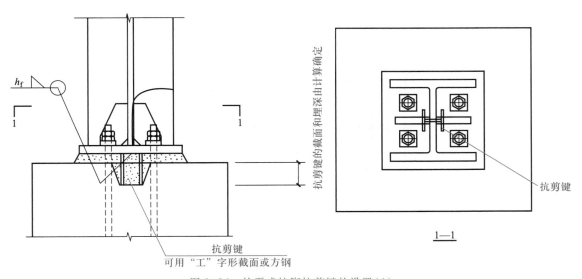

图 2-26 外露式柱脚抗剪键的设置(1)

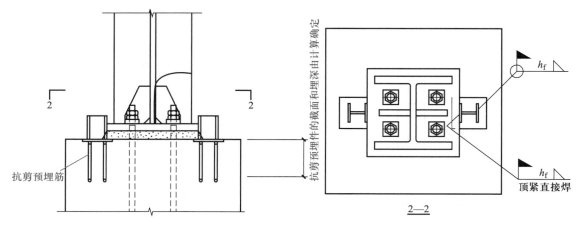

图2-27　外露式柱脚抗剪键的设置(2)

(抗剪键可用"工"字形钢、槽形钢或角钢)

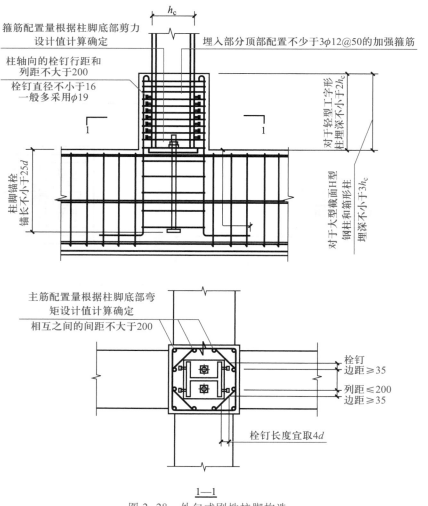

图2-28　外包式刚性柱脚构造

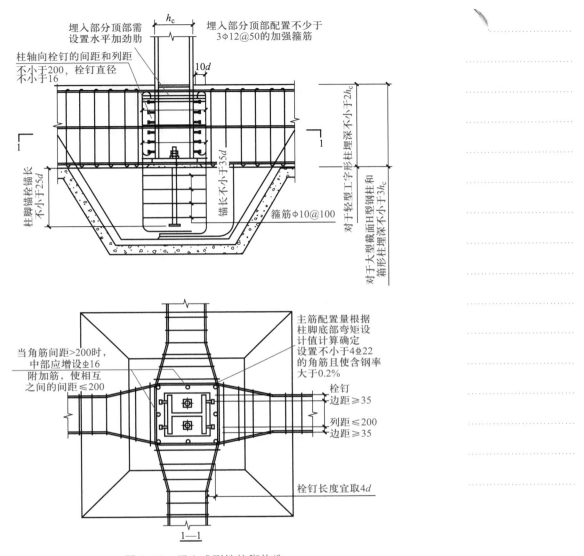

图 2-29　埋入式刚性柱脚构造

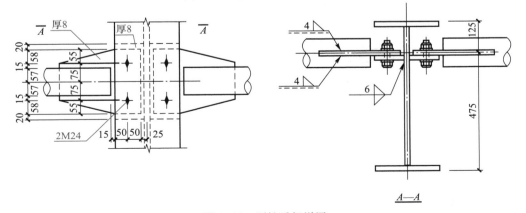

图 2-30　刚性系杆详图

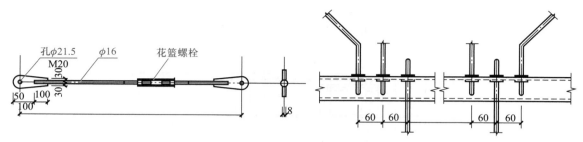

图 2-31　拉条与檩条连接详图

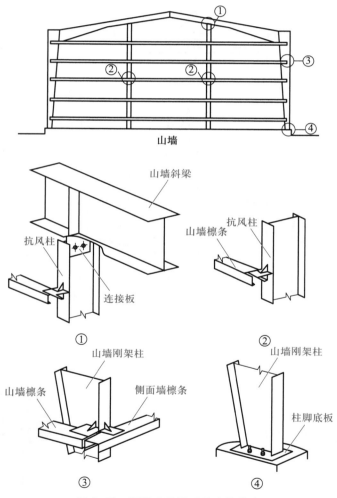

图 2-32　刚架山墙形式及连接构造

　　山墙柱的间距一般为 6~9 m，也可能为适应特殊要求而改变。由于山墙处刚架和中间榀刚架的尺寸完全相同，支撑连接节点比较容易处理，可把支撑系统设置在结构的端开间，避免增加刚性系杆，如果支撑系统设置在结构的第二开间，则需要在第一开间设置刚性系杆。

抗风柱柱脚铰接,柱顶与刚架梁连接,提供水平约束。抗风柱承受山墙的所有纵向风荷载和山墙本身的竖向荷载,屋面荷载则通过山墙处刚架传递给基础。

3. 伸缩缝处的构造

为了释放温度变化引起的纵向温度应力,可在伸缩缝处采用双刚架,如图2-33(a)所示,刚架的间距以保证柱脚底板不相碰为依据。伸缩缝两边各自具有独立的檩条、支撑和围护系统,其中屋面板和墙面板使用可纵向自由变形的连接件相连;也可在伸缩缝处只设置一榀刚架,而在伸缩缝处的檩条上,设置椭圆长孔来达到纵向自由变形的目的,如图 2-33(b)所示。

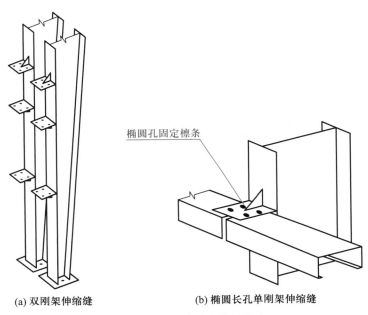

椭圆孔固定檩条

(a) 双刚架伸缩缝　　　　　(b) 椭圆长孔单刚架伸缩缝

图 2-33　刚架伸缩缝结构构造

4. 托梁及屋面单梁

当某榀刚架柱因为大型车辆通行或其他特殊要求被抽除时,通常在相邻的两榀刚架柱之间设置托梁,支承已抽柱位置上的中间那榀框架上的斜梁。托梁是一种仅承受竖向荷载的结构构件,按照位置分为边跨托梁和中跨托梁,如图 2-34 及图 2-35 所示。

当沿建筑物纵向要在外墙处设置大于 10 m 的开间时,需要设置托梁。采用托梁后的开间,其间距可达 20 m。在多跨厂房或仓库内部,当为了满足建筑净空要求而必须抽去一个或多个内部柱子时,托梁常放置在柱顶。当钢梁直接搁置在托梁顶部时,需要额外添加隅撑为托梁下翼缘提供平面外的支撑。

2.1.3　刚架结构的支撑体系

轻钢门式刚架的标准支撑系统有斜交叉支撑和门架支撑,如图 2-36 和图 2-37 所示,其主要作用是保证结构空间整体性和纵向稳定性,并把施加在结构物上的纵向水平作用从其作用点传至柱基础,最后传至地基。

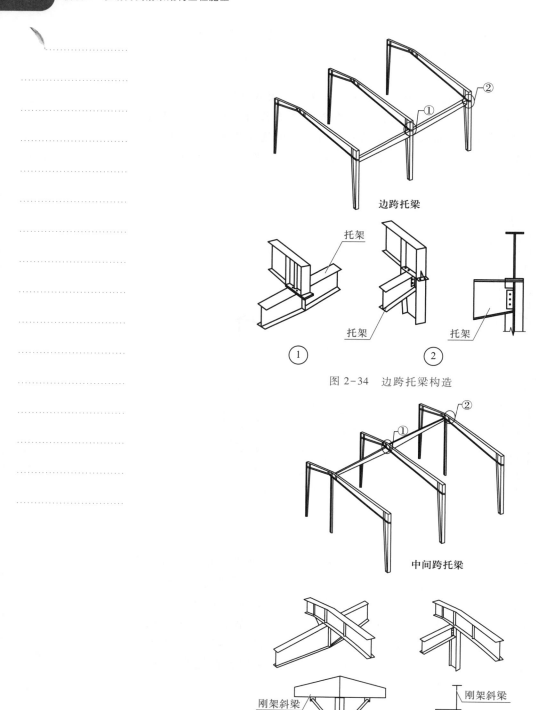

图 2-34   边跨托梁构造

图 2-35   中跨托梁构造

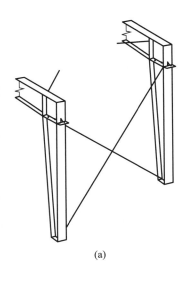
(a)

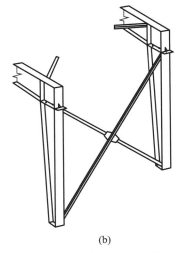
(b)

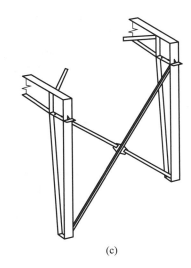
(c)

图 2-36　柱间斜交叉支撑

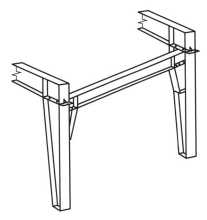

图 2-37　柱间门架支撑

交叉支撑是轻钢门式刚架结构用于屋顶、侧墙和山墙的支撑系统,有柔性支撑和刚性支撑两种。柔性支撑一般为镀锌钢丝绳索、圆钢,不能受压。在一个方向的纵向荷载作用下,一根受拉,另一根则退出工作。刚性支撑构件为方管或圆管,可以承受拉力和压力。

1. 支撑的设置

对于剪刀撑来说,如果选用张紧的圆钢,可在腹板靠近上翼缘打孔或直接在上翼缘焊接连接板作为连接点来实现,如图 2-38(a)所示。如果选用角钢,连接板仍然可以焊接在上翼缘,那么由于在交叉点杆件必须肢背相靠,要求在檩条和上翼缘之间留有比较大的空间 a,如图 2-38(b)所示。为避免这种情况,连接板可以焊接在梁腹板的中间以便于安装,如图 2-38(c)所示。

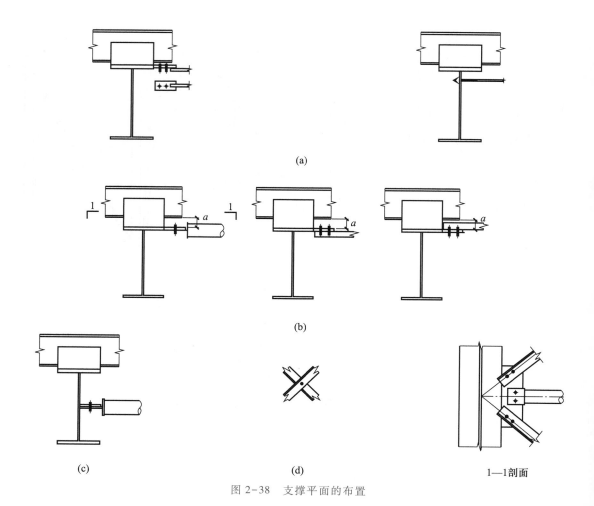

图 2-38   支撑平面的布置

2. 支撑布置方式

交叉支撑布置如图 2-39(a)所示,对具有一定刚度的圆管和角钢可以使用对角支撑布置,如图 2-39(b)所示。这种对角支撑的布置形式简洁,易于制作,但在安装过程中比较容易失稳,需要增设额外的施工支撑系统,对张紧的圆钢比较适合;对角钢来说会增加支撑平面的厚度,如图 2-39(c)所示。对钢管则需要在连接处截断其中的一根杆件,给施工带来麻烦,如图 2-39(d)所示。

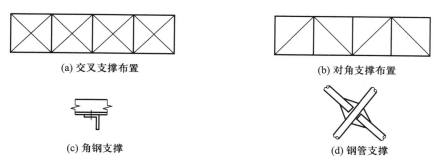

(a) 交叉支撑布置   (b) 对角支撑布置

(c) 角钢支撑   (d) 钢管支撑

图 2-39   支撑布置方式

常用的水平支撑布置形式如图 2-40 所示。虚线表示连接中间各榀刚架的屋面系杆,这些系杆通常可以被省去而直接利用檩条及屋面板替代,事实证明由檩条和屋面钢板组成的外蒙皮具有足够刚度作为刚架平面外的支撑。

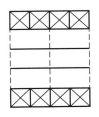
(a) 交叉支撑在端开间

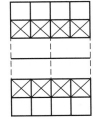
(b) 交叉支撑在端部第二开间

图 2-40 常用的水平支撑布置形式

3. 圆钢支撑

圆钢交叉支撑在轻钢门式刚架结构中使用最多。由于杆件是利用张拉来克服本身自重从而避免松弛,预张力一般要求控制在截面设计拉力的 10%~15%,但由于施工中没有测应力的条件,一般通过控制杆件的垂度来保证张拉的有效性。当垂度达到 $L/100$ 后,拉杆开始充分发挥其抗拉性能。

4. 角钢、钢管支撑

这些杆件需要完全依靠本身截面的抗弯性能来克服自重产生的弯矩,为避免松弛,同时从外观角度出发,要求角钢或钢管拉杆的垂度至少达到杆长的 $1/150$~$1/100$。这样的垂度要求通过限制杆件的最小截面来实现,表 2-2 列出了不同杆长下对角钢及圆钢管拉杆最小截面尺寸的要求。《钢结构设计标准》(GB 50017—2017)中对受拉杆件长细比的限制也保证了对垂度的要求。

表 2-2 圆管的最小管径和角钢的最小肢宽

圆管外径 /mm	杆件的最大长度 L_{max}/m (保证 $L/150$ 的垂度)	角钢肢宽 /mm	杆件的最大长度 L_{max}/m (保证 $L/150$ 的垂度)
324	25.3	250	23.3
273	22.6	200	19.9
219	19.5	150	16.2
168	16.3	125	14.2
165	16	100	12.0
140	14.5	89	11.4
114	12.5	75	10.0
102	11.7	65	9.0
89	10.5	50	7.5
76	9.6	35	6.4

续表

圆管外径 /mm	杆件的最大长度 L_{max}/m （保证 $L/150$ 的垂度）	角钢肢宽 /mm	杆件的最大长度 L_{max}/m （保证 $L/150$ 的垂度）
60	8.1		
48	6.9		
42	6.4		

5. 支撑连接

张拉圆钢、角钢的连接如图2-41所示。圆管最简单的连接方式如图2-41(a)所示，杆件压扁的两端可以直接和连接板栓接，但这种连接形式适用于小管径的情况，而且需验算端头截面削弱后的承载力。对于管径大于100 mm的较大圆管，通常使用图2-41(b)所示连接，连接板的插入深度和焊缝尺寸根据轴力计算得到。管截面最普遍的连接如图2-41(c)所示。

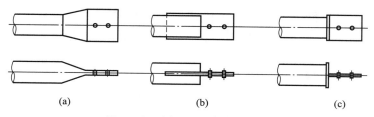

(a) (b) (c)

图2-41　张拉圆钢、角钢的连接

6. 门架支撑

门架支撑可以沿纵向固定在两个边柱间的开间或多跨结构的两内柱开间。由支撑梁和固定在主刚架腹板上的支撑柱组成，其中梁柱完全刚接，当门架支撑顶与主刚架檐口距离较大时，需要在支撑门架和主刚架间额外设置斜撑，如图2-42所示。

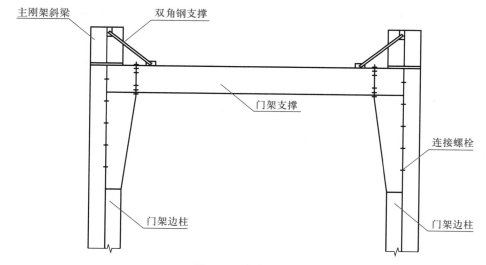

图2-42　门架支撑

2.1.4 次结构系统及其连接构造

檩条、墙檩和檐口檩条为轻钢门式刚架结构的次结构系统,它们也是结构纵向支撑体系的一部分。檩条是构成屋面水平支撑系统的主要部分;墙檩则是墙面支撑系统中的重要构件;檐口檩条位于侧墙和屋面的接口处,对屋面和墙面都起到支撑的作用。其一般采用带卷边的槽形和Z形(斜卷边或直卷边)截面的冷弯薄壁型钢,如图2-43所示。

图2-43 典型的冷弯薄壁型钢构件

1. 屋面系统结构

(1) 屋面檩条构造

屋盖结构檩条的高度一般为140~250 mm,厚度1.5~5 mm。冷弯薄壁型钢构件一般采用Q235或Q345,大多数檩条表面涂层采用防锈底漆,也有采用镀铝或镀锌的防腐措施。

檩条构件一般为简支构件,也可为连续构件,简支檩条和连续檩条一般通过搭接方式的不同来实现。简支檩条不需要搭接长度,图2-44所示为Z形檩条的简支搭接方式,其搭接长度很小,对于C形檩条可以分别连接在檩托上。采用连续构件可以承受更大的荷载和变形,因此比较经济。图2-45显示了连续檩条的搭接方法。连续檩条的工作性能是通过设置搭接长度来获得的,所以连续檩条一般跨度大于6 m,否则并不一定能达到经济的目的。

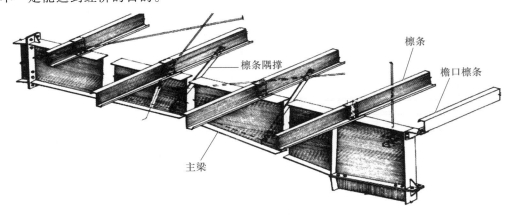

图2-44 檩条布置(中间跨,简支搭接方式)

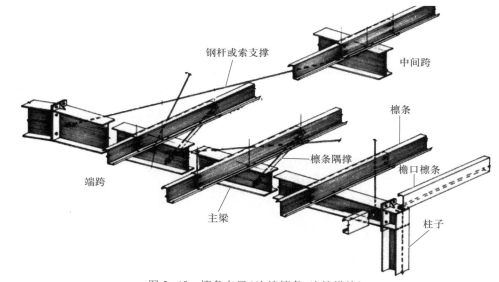

图 2-45 檩条布置(连续檩条,连续搭接)

（2）拉条和撑杆

为提高檩条稳定性,可将拉条或撑杆从檐口一端到另一端通长布置,连接每一根檩条。根据檩条跨度的不同,可以在檩条中央设一道或在檩条三等分点处各设一道,共两道拉条。一般情况下檩条上翼缘受压,所以拉条设置在檩条上翼缘 1/3 高的腹板范围内。对于非自攻螺钉连接的屋面板,则需要在檩条上下翼缘附近设置双拉条。对于带卷边的 C 形截面檩条,因在风吸力作用下自由翼缘将向屋脊变形,因此还采用钢管作撑杆。在檐口、屋脊处应设置斜拉条,如图 2-46(a)所示。屋脊处为防止所有檩条向一个方向失稳,一般采用比较牢固的连接,如图 2-46(b)所示。

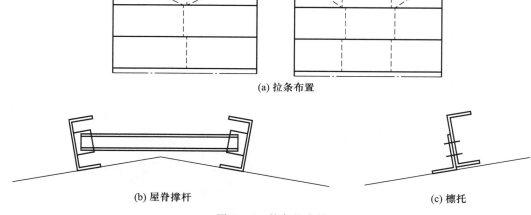

(a) 拉条布置

(b) 屋脊撑杆   (c) 檩托

图 2-46 檩条的支撑

拉条和撑杆的布置:拉条一般采用张紧的圆钢,其直径不宜小于 10 mm,考虑上翼缘的侧向稳定性由自攻螺钉连接的屋面板提供,可只在下翼缘附近设置拉条;撑杆通常采用钢管,其长细比不应大于220。拉条和撑杆的布置应根据檩条的跨度、间距、截面形式和屋面坡度、屋面形式等因素来选择。

① 当檩条跨度 $L \leqslant 4$ m 时,通常可不设拉条或撑杆;当 4 m$<L \leqslant 6$ m 时,可仅在檩条跨中设置一道拉条,檐口檩条间应设置撑杆和斜拉条,如图 2-47(a)所示;当 $L>6$ m 时,宜在檩条跨间三分点处设置两道拉条,檐口檩条间同样应设置撑杆和斜拉条,如图 2-47(b)所示。

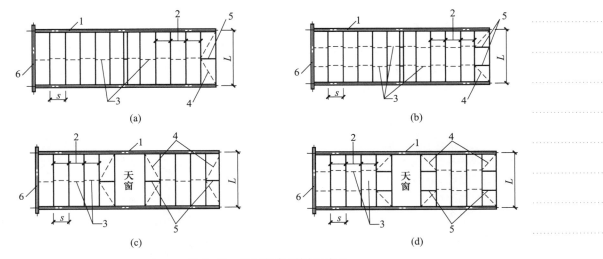

图 2-47 檩间拉条(撑杆)布置

1—刚架;2—檩条;3—拉条;4—斜拉条;5—撑杆;6—承重天沟或墙顶梁

② 屋面有天窗时,宜在天窗两侧檩条间设置撑杆和斜拉条,如图 2-47(c)、(d)所示。

③ 当檩距较密时($s/L<0.2$),可根据檩条跨度大小参照图 2-48(a)设置拉条及撑杆,以使斜拉条和檩条的交角不致过小,确保斜拉条拉紧。

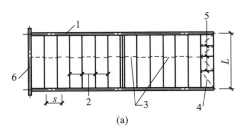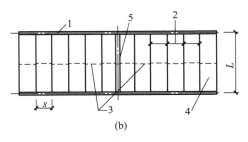

图 2-48 檩间拉条(撑杆)布置($s/L<0.2$ 及双坡对称屋面)

1—刚架;2—檩条;3—拉条;4—斜拉条;5—撑杆;6—承重天沟或墙顶梁

④ 对称的双坡屋面,可仅在脊檩间设置撑杆,如图 2-48(b)所示,不设斜拉条,但在设计脊檩时应计入一侧所有拉条的竖向分力。

(3)隅撑

当实腹式刚架斜梁的下翼缘受压时,必须在受压翼缘侧面布置隅撑作为斜梁的侧向支撑,隔撑的另一端连接在檩条上。隔撑与刚架构件腹板的夹角不宜小于45°。在檐口位置,刚架斜梁与柱内翼缘交接点附近的檩条和墙梁处,应各设置一道隔撑。在斜梁下翼缘受压区应设置隔撑,其间距不得大于相应受压翼缘宽度。若斜梁下翼缘受压区因故不设置隔撑,则必须采取保证刚架稳定的可靠措施。

（4）檩托

檩托常采用角钢,高度达到檩条高度的3/4,且与檩条以螺栓连接,如图2-46(c)所示。檩条不能落在主梁上,防止薄壁型钢构件在支座处的腹板压曲,如图2-46中虚线所示。

2. 墙面系统结构

墙檩与主刚架柱的相对位置一般有穿越式和平齐式两种,如图2-49和图2-50所示。穿越式墙檩的自由翼缘简单地与柱子外翼缘螺栓或檩托连接。平齐式通过连接角钢将墙檩与柱子腹板相连,墙檩外翼缘基本与柱子外翼缘平齐。

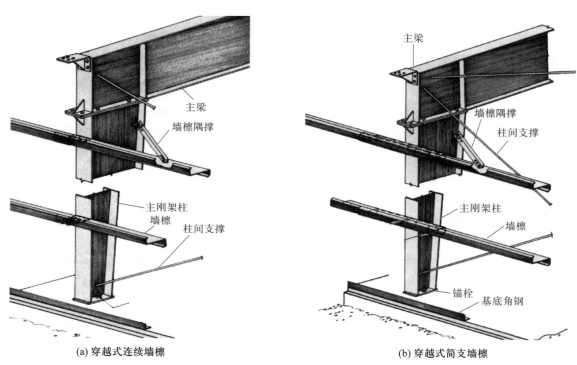

(a) 穿越式连续墙檩   (b) 穿越式简支墙檩

图 2-49   穿越式墙檩

2.1.5   辅助结构构造

轻型钢结构的辅助结构系统包括挑檐、雨篷、吊车梁、牛腿、楼梯、栏杆、检修平台、女儿墙等,它们构成和完善了轻型钢结构的建筑和结构功能。

1. 雨篷及挑檐构造

（1）雨篷

钢结构雨篷的主要受力构件为雨篷梁,其常用的截面形式有轧制普通工字钢、槽钢、H型钢、焊接工字形截面等,当雨篷的造型为复杂的曲线时,也可选用矩形管或箱形截面等。

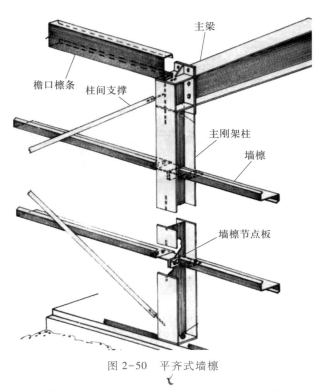

图 2-50 平齐式墙檩

在轻型门式刚架结构中,雨篷宽度通常取柱距,即每柱上挑出一根雨篷梁,雨篷梁间通过 C 型钢连接形成平面。挑出长度通常为 1.5 m 或更大,视建筑要求而定。雨篷梁可做成等截面或变截面,截面高度应按承载能力计算确定。通常情况下雨篷梁挑出的长度较小,按构造做法,其截面做成与其相连的 C 型钢截面同高:当柱距为 6 m 时,连接雨篷梁的 C 型钢为 16 钢,雨篷梁亦取 16 槽钢;当柱距为 9 m 时,连接雨篷梁的 C 型钢为 24 钢,雨篷梁取 25 槽钢。

有组织排水的雨篷可将天沟设置在雨篷的根部或将天沟悬挂在雨篷的端部,雨篷四周设置凸沿,以便能有组织地将雨水排入天沟内。

图 2-51~图 2-53 所示为几种常见雨篷的做法。

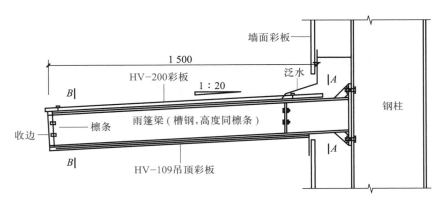

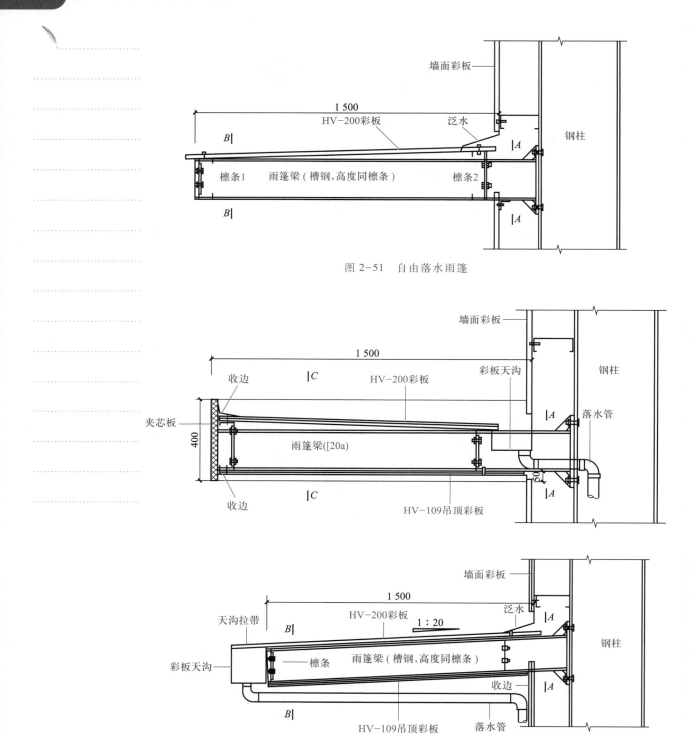

图 2-51　自由落水雨篷

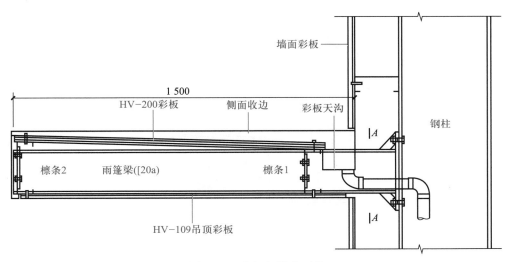

图 2-52　有组织排水雨篷

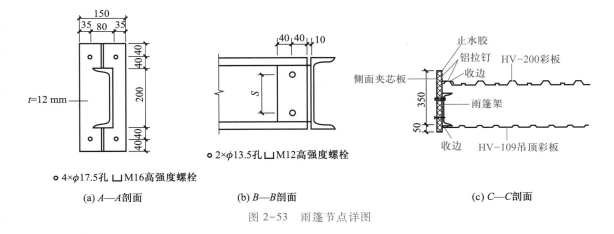

(a) A—A剖面　　　　　(b) B—B剖面　　　　　(c) C—C剖面

图 2-53　雨篷节点详图

（2）挑檐

在轻型门式刚架厂房结构中,通常将天沟(彩钢或不锈钢)放置在挑檐上,形成外天沟。挑檐挑出构件的间距取柱距,即挑出构件作为主刚架的一部分,挑出构件之间由 C 型钢檩条连接,典型的挑檐构造如图 2-54 所示。

挑檐柱承受钢墙梁传递的轻质墙体的竖向荷载和风荷载,挑檐梁荷载主要考虑天沟积水满布荷载或积雪荷载。挑檐各构件(挑檐柱、挑檐梁)截面通常采用轧制工字钢或高频 H 型钢,截面大小由承载力计算确定。挑檐结构计算简图如图 2-55 所示,将挑檐柱和挑檐梁视作一个整体,端部与刚架柱固接,即作为悬臂构件计算。通常情况下,轻钢厂房结构的挑檐所承受的荷载较小,截面多选择 200 mm 高的高频焊接 H 型钢。

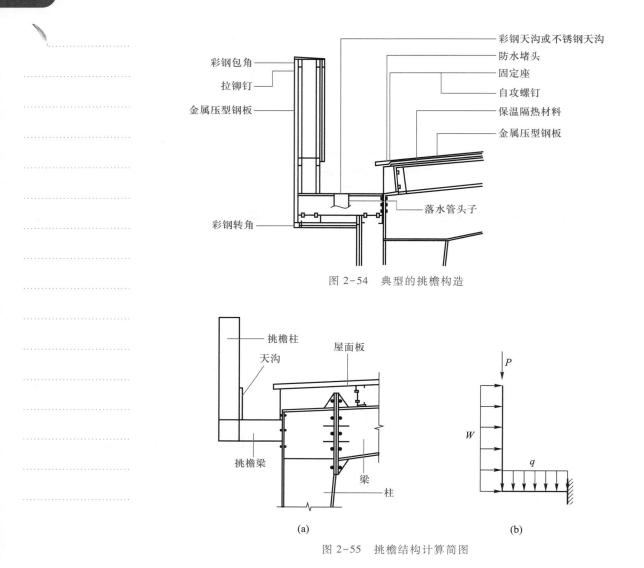

彩钢包角

拉铆钉

金属压型钢板

彩钢转角

彩钢天沟或不锈钢天沟

防水堵头

固定座

自攻螺钉

保温隔热材料

金属压型钢板

落水管头子

图 2-54　典型的挑檐构造

挑檐柱

天沟

屋面板

挑檐梁

梁

柱

（a）

（b）

图 2-55　挑檐结构计算简图

2. 吊车梁和牛腿构造

（1）吊车梁

① 吊车梁概述。直接支承吊车轮压的受弯构件有吊车梁和吊车桁架,一般设计成简支结构。吊车梁有型钢梁、焊接工字形梁及焊接箱形梁等,如图 2-56 所示,其中焊接工字形梁最为常用;吊车桁架常用截面形式为上行式直接支撑吊车桁架和上行式间接支撑吊车桁架,如图 2-57 所示。吊车桁架只有在跨度大且吊车起重量较小时采用。

(a) 型钢梁　　　　　(b) 焊接工字形梁　　　　　(c) 焊接箱形梁

图 2-56　实腹吊车梁的截面形式

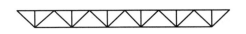

(a) 上行式直接支撑吊车桁架

(b) 上行式间接支撑吊车桁架

图 2-57　吊车桁架结构

吊车梁系统一般由吊车梁(吊车桁架)、制动结构、辅助桁架及支撑(水平支撑和垂直支撑)等组成,如图 2-58 所示。

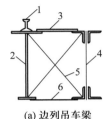

(a) 边列吊车梁

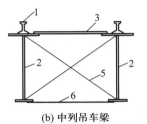

(b) 中列吊车梁

图 2-58　吊车梁系统构件的组成

1—轨道;2—吊车梁;3—制动结构;4—辅助桁架;5—支撑;6—下翼缘水平支撑

② 吊车梁的构造。轻钢结构中吊车的起重量通常较小,吊车梁一般为工字钢或焊接 H 型钢加焊钢板简支梁。

焊接工字形吊车梁的横向加劲肋与上翼缘相接处应切角。当切成斜角时,其宽约为 $b_s/3$(但不大于 40 mm),高约为 $b_s/2$(但不大于 60 mm),b_s 为加劲肋宽度。横向加劲肋的上端应与上翼缘刨平顶紧后焊接,加劲肋的下端宜在距离受拉翼缘 50~100 mm 处断开,不应另加零件与受拉翼缘焊接,如图 2-59(a)所示;当同时采用横向加劲肋和纵向加劲肋时,其相交处应留有缺口,如图 2-59(a)剖面图 2—2 所示,以免形成焊接过热区。重级工作制吊车梁,对此间隙应由疲劳验算决定,横向加劲肋下端点焊缝宜采用连续回焊后灭弧的施焊方法,如图 2-59(b)所示。

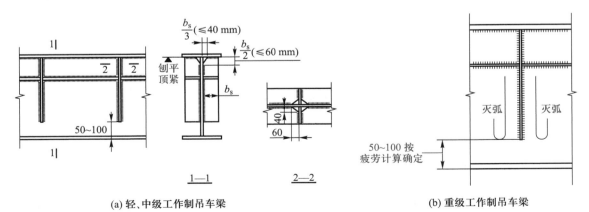

(a) 轻、中级工作制吊车梁

(b) 重级工作制吊车梁

图 2-59　焊接工字形吊车梁构造

吊车梁制作时,翼缘板和腹板的工厂拼接应采用加引弧板的对接焊缝,对接完毕后应将引弧板割去并打磨平整。吊车梁制作应符合以下要求。

a. 上下翼缘板的对接焊缝一般要求采用自动焊的直缝对接,并要求焊透。当下翼缘对接焊缝位于跨中的 1/3 范围内时,宜采用 45°~55°斜缝对接。

b. 翼缘或腹板的工厂拼接接头不应设在同一截面上,应尽量错开 ≥200 mm,接头位置宜设在距支座为 1/4~1/3 梁跨度范围内。

c. 对接焊缝所选用的引弧板,必须与母材的材质、厚度相同,剖口形式也需与母材相同。吊车梁焊接完成后不应允许下挠。

d. 吊车梁与制动结构连接时,重级工作制吊车梁应采用高强度螺栓连接,轻、中级工作制吊车梁可采用工地焊接。

吊车梁的下翼缘和重要受力构件的受拉面不得焊接工装夹具、临时定位板及连接板。

（2）牛腿

柱上设置牛腿以支承吊车梁、平台梁或墙梁。一般有实腹柱上支承吊车梁的牛腿和格构柱上支承吊车梁的牛腿。

实腹柱上支承吊车梁的牛腿,柱在牛腿上、下盖板的相应位置上,应按要求设置横向加劲肋。上盖板与柱的连接可采用角焊缝或开坡口的 T 形对接焊缝,下盖板与柱的连接可采用开坡口的 T 形对接焊缝,腹板与柱的连接可采用角焊缝,如图 2-60 所示。

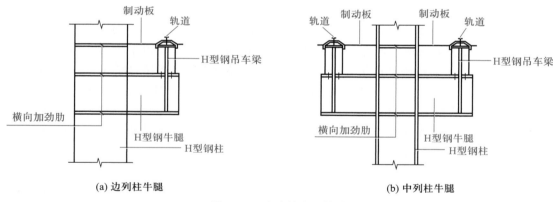

(a) 边列柱牛腿   (b) 中列柱牛腿

图 2-60 实腹柱牛腿构造

3. 楼梯和栏杆构造

楼梯和栏杆是建筑物的一个重要组成部分,楼梯和栏杆的构造要点如下。

（1）楼梯

在轻钢结构中较为常用的楼梯形式有直梯和斜梯。直梯通常是在不经常上下或因场地限制不能设置斜梯时采用,多为检修楼梯;经常通行的钢梯宜采用斜梯,它是工业建筑厂房及其构筑物经常采用的形式。

① 直梯。轻型钢结构厂房的室外检修楼梯通常采用直钢梯,其宽度一般为 600~700 mm。直梯的立杆及其他受力构件一般采用角钢,踏步通常采用 $d=16$ mm 的圆钢。轻钢厂房中常见的检修爬梯如图 2-61 所示。

② 斜梯。楼梯一般由楼梯梁、踏板、平台梁和平台板等几个部分组成。楼梯梁的

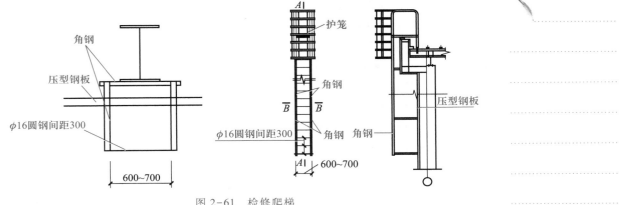

图 2-61 检修爬梯

截面通常选用槽钢、工字钢或钢板等;平台梁截面一般是槽钢或工字钢;踏步板常用的材料有花纹钢板、玻璃、木材以及混凝土和钢板组成的组合踏步板;平台板多是混凝土楼板和花纹钢板等。

踏步板与楼梯梁之间可采用焊缝连接或螺栓连接(踏步板为钢板的情况),如图 2-62(a)所示;梯梁与平台梁之间一般采用螺栓连接,如图 2-62(b)所示,连接螺栓的大小可根据梯梁传到平台梁的竖向分力进行设计;梯梁与地面的连接如图 2-62(c)所示。

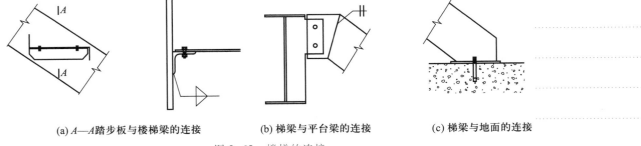

(a) A—A 踏步板与楼梯梁的连接   (b) 梯梁与平台梁的连接   (c) 梯梁与地面的连接

图 2-62 楼梯的连接

(2)栏杆

在轻钢结构厂房中,平台的周边、斜梯的侧边以及因工艺要求不得通行地区的边界均应设置防护栏杆。工业平台和人行通道的栏杆应符合《固定式钢梯及平台安全要求 第 3 部分:工业防护栏杆及钢平台》GB 4053.3—2009 的要求。平台和斜梯的栏杆可自行设计,也可按国家标准图集 87J432 选用。

栏杆由立杆、顶部扶手、中部纵条以及踢脚板等组成。工业建筑中栏杆的形式相对较为简单,其主要构件(立杆和顶部扶手)可选用刚度较好的角钢(∟ 50×4)或圆钢管(φ38~45×2 mm)。栏杆立柱的间距不大于 1 m,并应采用不低于 Q235 钢的材料制成。中部纵条可选用不小于 −30×4 的扁钢或 φ16 mm 的圆钢固定在立杆内侧中点处,中部纵条与上下杆件之间的间距不应大于 380 mm。为保证安全,平台栏杆均需设置挡板(踢脚板),挡板一般采用 −100×4 扁钢。室外栏杆的挡板与平台面之间宜留 10 mm 的间隙,室内栏杆不宜留间隙。

栏杆可分段整体制作,栏杆各部件之间宜采用焊缝连接。立杆与平台边梁的连接可采用工地焊接或螺栓连接。

栏杆高度一般为1 000 mm,对高空及安全要求较高的区域,宜用1 200 mm;工业平台栏杆的高度不应小于1 050 mm;对于不经常通行的走道平台和设备防护栏,其高度宜降低至900 mm。平台栏杆应与相连接的钢体栏杆在截面和高度上协调一致。

4. 女儿墙构造

高出屋面的墙体称为女儿墙,其作用为使天沟内置,挡住屋脊,使建筑立面更加统一美观。其结构部分一般由女儿柱、横梁、拉条等构件组成,其作用为支撑女儿墙墙体,保证墙体稳定,并将其上的荷载传递到厂房骨架上。

（1）墙体分类

女儿墙按其墙体材料可分为轻质墙和砌体墙两类。

① 轻质墙。通常将压型钢板、夹心板或其他轻质板材悬挂在墙架横梁上,横梁支撑在女儿柱上。

② 砌体墙。其墙体材料为普通砖,混凝土空心砌块或加气混凝土砌块。

（2）女儿墙墙架构件的形式

① 女儿柱为女儿墙的竖向构件,承受由横梁传来的竖向荷载及水平荷载。截面通常采用轧制或焊接H型钢。

② 横梁为女儿墙的水平构件,一般同时承受竖向荷载和水平荷载,是一种双向受弯构件。

横梁的截面形式:当横梁跨度小于或等于4 m时,选用角钢;当横梁跨度小于9 m并大于4 m时,可选用水平放置的冷弯C型钢(最常用的截面形式);当梁跨度较大时,亦可选用槽钢、工字钢或H型钢等。

（3）女儿墙墙架构件的荷载

① 墙体的自重,按照各种不同墙体材料的自重叠加计算。

② 墙架构件自重,可按所选截面计算。

③ 水平风荷载,根据《建筑结构荷载规范》(GB 50009—2012)取用。

（4）女儿墙结构的构造

① 墙架横梁的连接。压型钢板与横梁的连接构造与一般墙面与墙梁的连接相同,横梁连接于女儿柱的檩托板上,如图2-63所示。

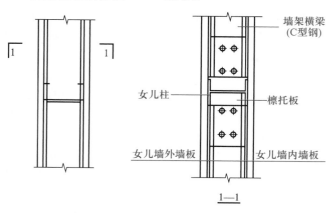

图2-63　女儿柱与墙架横梁的连接

② 女儿柱与纵墙方向的主柱连接如图 2-64 所示。

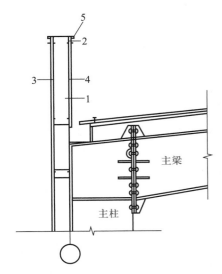

图 2-64　女儿柱与纵墙方向的主柱连接
1—女儿柱；2—墙架横梁；3—女儿墙外墙板；4—女儿墙内墙板；5—女儿墙包角

③ 女儿柱与山墙方向的主梁连接如图 2-65 所示。

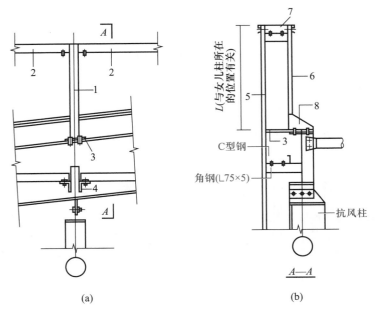

图 2-65　女儿柱与山墙方向的主梁连接
1—女儿柱；2—墙架横梁（C 型钢）；3—连接板；4—角钢；5—外墙板；6—女儿墙内墙板；7—女儿墙包角；8—加劲板

2.1.6　围护材料及其连接构造

一般建筑屋面或墙面采用的压型钢板，其厚度不宜小于 0.4 mm。压型钢板的计算和构造应遵照现行国家标准《冷弯薄壁型钢结构技术规程》（GB 50018—2002）的规定。当在屋面板上开设直径大于300 mm的圆洞和单边长度大于300 mm的方洞时,宜根据计算采用次结构加强,不宜在屋脊开洞。屋面板上应避免通长大面积开孔(含采光孔),开孔宜分块均匀布置。墙板的自重宜直接传至地面,板与板之间应适当连接。

1. 金属屋面材料

（1）低波纹和高波纹屋面板

按板型构造分类,金属屋面板可分为低波纹屋面板和高波纹屋面板,如图2-66所示。这两者的区别在于肋高不同,从而排水效果也不同。高波纹屋面板由于屋面板板肋较高,排水比较通畅,一般适用于屋面坡度比较平缓的屋面,通常屋面坡度为1∶20左右,最小坡度可以做到1∶40。而低波纹屋面板一般用于坡度较陡的屋面,常见的屋面坡度为1∶10左右。为防止金属屋面板漏水,最好采用高波纹屋面板,或尽量使屋面坡度大一点。

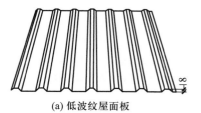 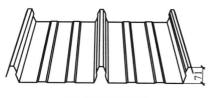

（a）低波纹屋面板 　　　　（b）高波纹屋面板

图2-66　金属屋面板常用形式

（2）暗扣式屋面

金属屋面板按连接形式可分为螺钉暴露式屋面和暗扣式屋面。螺钉暴露式屋面如图2-67(a)所示,这种屋面由于存在螺钉生锈、密封胶老化、密封胶漏涂等原因,易造成漏水。暗扣式屋面如图2-67(b)所示,屋面板侧向连接时直接用配件将金属屋面板固定在檩条上,而板与板之间以及板与配件之间通过夹具夹紧,从而基本消除金属屋面漏水这一隐患问题,所以这种屋面板很快得到了广泛应用。

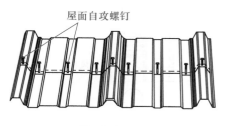 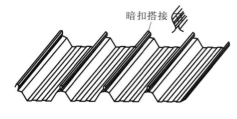

（a）螺钉暴露式屋面 　　　　　（b）暗扣式屋面

图2-67　屋面板常用的连接形式

（3）夹芯板屋面

夹芯板的形式有工字铝连接式和企口插入式两种,如图2-68所示。这种板材外层是高强度镀锌彩板或镀铝锌彩色钢板,芯材为阻燃性聚苯乙烯、玻璃棉或岩棉,通过自动成形机,用高强度黏合剂将二者黏合为一体,经加压、修边、开槽、落料而形成的复合板。它既有隔热、隔音等物理性能,又有较好的抗弯和抗剪的力学性能。

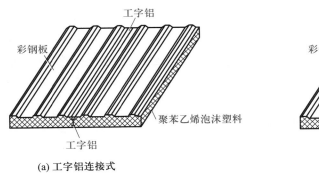

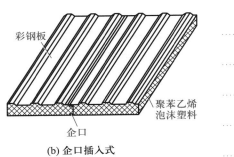

(a) 工字铝连接式　　　　　　　　　　　(b) 企口插入式

图 2-68　夹芯板形式

2. 屋面板的连接

金属屋面板在铺设时,沿横向和侧向需要连接,金属屋面板宜采用长尺板材,可以减少屋面板间横向接缝。目前金属屋面板常用的接缝形式如图 2-69 所示。

（1）搭接连接

搭接接缝一般用于单层彩钢板间连接,沿屋面板侧向搭接和横向搭接,当屋面板侧向搭接时,如图 2-69(a) 所示,一般情况下搭接一波,特殊情况可搭接两波,从防水角度考虑,搭接接缝应设置在压型钢板波缝处,采用带有橡胶或尼龙垫圈的自攻螺钉连接,且在搭接处设置滞水带。沿屋面板侧向在有檩条处需设置连接件,以保证屋面板与檩条的牢固连接,且在相邻两檩条间还需增设连接件,以保证屋面板之间的连接,具体应视屋面板类型而定。对于高波纹屋面板,连接件间距为 700～800 mm;对于低波纹屋面板,连接件间距为 300～400 mm。当屋面板横向搭接时,对于低波纹屋面板,可不设固定支架,如图 2-69(a) 所示,而直接用自攻螺钉或涂锌钩头螺栓在波峰处直接与檩条连接。连接点可每波设置一个,也可隔波设置一个,但每块压型钢板与同一檩条的连接不得少于 3 个连接点;对于高波纹屋面板,需设置固定支架,然后用自攻螺钉或射钉将固定架与檩条连接,每波设置一个。

（2）平接连接

平接连接方法是将相邻两块屋面板弯 180° 并将它们折扣起来,如图 2-69(b) 所示,由于加工安装麻烦,这种连接方式很少采用。

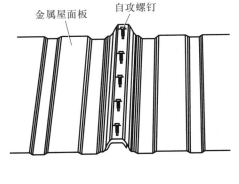

(a) 搭接接缝

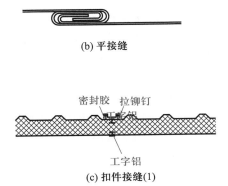

(b) 平接缝

(c) 扣件接缝(1)

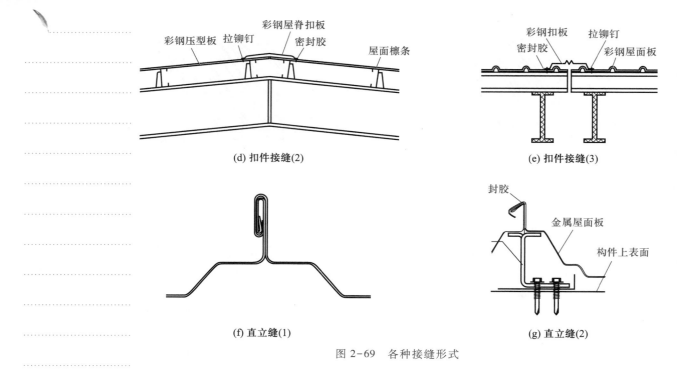

(d) 扣件接缝(2)　　　　　　　　(e) 扣件接缝(3)

(f) 直立缝(1)　　　　　　　　(g) 直立缝(2)

图 2-69　各种接缝形式

（3）扣件连接

通常用于复合板金属屋面接缝处，如图 2-69（c）所示。屋脊处如图 2-69（d）所示，伸缩缝处如图 2-69（e）所示的连接，这种连接方式是用扣件将接缝两侧的金属屋面板连在一起，再涂密封胶加以防水处理，常见的屋面彩钢扣件形式如图 2-70 所示。

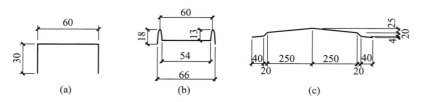

(a)　　　　　　　(b)　　　　　　　(c)

图 2-70　常见的屋面彩钢扣件形式

（4）直立连接

直立连接也称暗扣式屋面连接或隐藏式屋面连接，这是目前金属屋面的主要连接形式。对于波高小于 70 mm 的低波纹屋面板，可不设固定支架，直接将接缝两侧屋面板抬高，采用 360°滚动锁边扣接在一起，然后用自攻螺钉或涂锌钩头螺栓在波峰处直接与檩条连接，如图 2-69（f）所示。对于波高大于 70 mm 的高波纹屋面板，将接缝两侧金属板扣接在一起，并搁置在固定支架上，固定支架需与压型钢板的波形相匹配，然后用自攻螺钉或射钉将固定支座连于檩条，如图 2-69（g）所示。这种连接方式有利于防止接缝两侧金属屋面板发生错动，同时也控制整块屋面板在自重作用下向下滑动的趋势，从而可以有效地防止金属屋面漏水这一隐患。

3. 墙面围护材料及构造

根据墙面组成材料的不同,墙面可以分成砖墙面、纸面石膏板墙面、混凝土砌块或板材墙面、金属墙面、玻璃幕墙以及一些新型墙面材料。外墙在抗震设防烈度不高于 6 度的情况下,可采用砌体;当为 7 度、8 度时,不宜采用嵌砌砌体;9 度时宜采用与柱柔性连接的轻质墙板。金属墙面常见的有压型钢板、EPS 夹芯板、金属幕墙板等。压型钢板和 EPS 夹芯板是目前轻钢建筑中常用的金属墙面板,其安装节点如图 2-71~图 2-73所示。

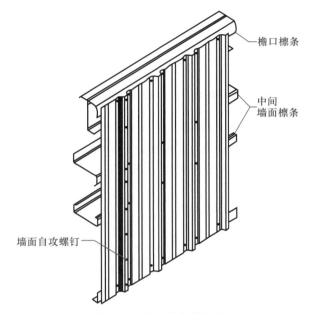

檐口檩条

中间
墙面檩条

墙面自攻螺钉

图 2-71　墙面板安装节点

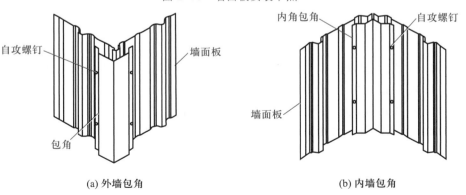

自攻螺钉

墙面板

包角

(a) 外墙包角

内角包角

自攻螺钉

墙面板

(b) 内墙包角

图 2-72　墙面包角节点

课件
轻钢门式刚
架施工图
识读

图纸
轻钢门式刚
架施工图
(带夹层)

2.1.7　轻钢门式刚架结构的工程图纸识读

1. 门式刚架结构施工图的组成

一套完整的轻钢门式刚架图纸主要包括:结构设计说明、锚栓平面布置图、基础平

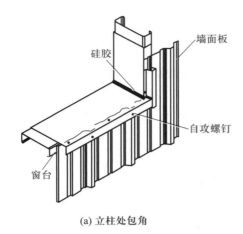
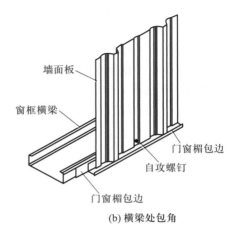

(a) 立柱处包角　　　　　　　(b) 横梁处包角

图 2-73　门窗包角节点

图纸
单层门式刚架结构施工图

微课
轻钢门式刚架施工图结构设计说明识读

面布置图、刚架平面布置图、屋面支撑布置图、柱间支撑布置图、屋面檩条布置图、墙面檩条布置图、主刚架图和节点详图等,这主要是设计制图阶段的图纸内容。施工详图就是在设计图纸的基础上,把上述图纸进行细化,并增加构件加工详图和板件加工详图。

2. 门式刚架结构施工图的识读示例

（1）结构设计说明

结构设计说明主要包括工程概况、设计依据、设计荷载资料、材料的选用、制作安装等主要内容。一般可根据工程的特点分别进行详细说明,尤其是对于工程中的一些总体要求和图中不能表达清楚的问题要重点说明,因此在读图时不容忽视。

① 工程概况。结构设计说明中的工程概况主要用来介绍工程结构特点。例如,建筑物的柱距、跨度、高度等结构布置方案,以及结构的重要性等级等内容。这些内容的识读,一方面有利于了解结构的一些总体信息,另一方面对后面的读图提供了一些参考依据。

② 设计依据。设计依据包括工程设计合同书、有关设计文件、岩土工程报告、设计基础资料及有关设计规范及规程等内容。对于施工人员来讲,有必要了解这些资料,甚至有些资料还是施工时的重要依据,如岩土工程报告等。

③ 设计荷载资料。设计荷载资料主要包括各种荷载的取值、抗震设防烈度和抗震设防类别等。对于施工人员来讲,尤其要注意各结构部位的设计荷载取值,在施工时千万不能超过这些设计荷载,否则将会造成危险事故。

④ 材料的选用。材料的选用主要是对各部分构件选用的钢材按主次分别提出钢材质量等级、牌号以及性能的要求;还有对应钢材等级性能选用配套的焊条和焊丝的牌号及性能要求,选用高强度螺栓和普通螺栓的性能要求等。这是施工人员尤其要注意的,对于后期材料的统计与采购都起着至关重要的作用。

⑤ 制作、安装和涂装要求。主要包括:制作的技术要求及允许偏差;螺栓连接精度和施拧要求;焊缝质量要求和焊缝检验等级要求;防腐和防火措施;运输和安装要求等。此项内容可整体作为一个条目编写,也可像本套图纸一样分条目编写。这一部分

内容是设计人员提出的施工指导意见和特殊要求,因此,作为施工人员,必须要在施工过程中认真贯彻本条目的各项技术要求。

对于初学者,在识读"结构设计说明"时,应该做好必要的笔记,主要记录和工程施工有关的重要信息,例如,结构的重要性等级、抗震设防烈度及类别、主要材料的选用和性能要求、制作安装的注意事项等,以便集中掌握这些信息,对图纸进行前后对比。

（2）基础平面布置图及基础详图

基础平面布置图主要通过平面图的形式,反映建筑物基础形式、基础类型、平面定位关系和基底平面尺寸。轻钢门式刚架结构在较好的地质情况下,基础形式一般采用柱下独立基础。在每种类型的基础中,标注有基础类型编号、截面竖向尺寸、配筋等。如果需要设置拉梁,也一并在基础平面布置图中标出。基础详图采用断面图来表达,主要标注各种类型基础的平面尺寸、竖向尺寸、基础配筋及竖向标高等,要从总体到局部依次识读,记录对照相关信息。基本顺序为:基础形式→轴线编号（横轴和纵轴）→轴间尺寸→基础类型共几类→每一类基础的数量→每个基础的平面定位尺寸及基底尺寸→竖向尺寸及基底标高→配筋情况。

识读基础平面布置图及详图时还要特别注意:① 图中的施工说明;② 基础平面图要与相关建筑平面图、柱平面图等对照识读,及时发现矛盾或错误,为下一步工作做好准备。

以本工程为例,在识读基础平面布置图时,首先可以从基础平面布置图中读出该建筑物的基础为柱下独立基础,共有两种类型的基础,分别为 JC-1 和 JC-2,其中 JC-1 共 20 个,JC-2 共 4 个;接着便可以从详图中分别读出 JC-1 和 JC-2 的具体构造做法、尺寸及配筋,对于施工来讲,关键还要从详图中找到每个基础的位置及埋置深度。

（3）柱脚锚栓布置图

柱脚锚栓布置图的形成方法是:先按一定比例绘制柱网平面布置图,再在该图上标注出各个钢柱柱脚锚栓的位置（即相对于纵横轴线的位置及尺寸）,并在基础剖面上标出锚栓空间位置标高,标明锚栓规格、数量及埋设深度。

在识读柱脚锚栓布置图时需要做到:① 根据图纸标注能够准确对柱脚锚栓进行水平定位;② 掌握跟锚栓有关的尺寸,主要有锚栓的直径、锚栓的锚固长度、柱脚底板的标高等;③ 统计整个工程的锚栓数量。

以本工程为例,从锚栓平面布置图中,首先可以读出有两种柱脚锚栓形式,分别为刚架柱下的 DJ-1 和抗风柱下的 DJ-2,并且二者的方向是相互垂直的;另外还可以看到纵向轴线和横向轴线都恰好穿过柱脚锚栓群的中心位置,且每个柱脚下都是 4 个锚栓。从锚栓详图中可以看到 DJ-1 和 DJ-2 所用锚栓均为直径 24 mm 的锚栓,锚栓的锚固长度都是从二次浇灌层底面以下 500 mm,柱脚底板的标高为 0.000;DJ-1 的锚栓间距为沿横向轴线为 150 mm、沿纵向定位轴线的距离为 86 mm,DJ-2 的锚栓间距为沿横向轴线为 100 mm、沿纵向定位轴线的距离为 110 mm;另外,还可以根据图纸确定这种长度和直径的锚栓共有 96 根。

（4）支撑布置图

支撑布置图包括屋面支撑布置图和柱间支撑布置图。屋面支撑布置图主要表示屋面的水平支撑体系和系杆的布置;柱间支撑布置图主要采用纵剖面来表示柱间支撑

微课
轻钢门式刚架施工图基础平面布置图识读

微课
轻钢门式刚架施工图锚栓平面布置图识读

微课
轻钢门式刚架施工图结构与支撑布置图识读

的具体安装位置。另外,往往还配合详图共同表达支撑的具体做法和安装方法。

读图时要按顺序读出以下一些信息:① 明确支撑的所处位置和数量。② 明确支撑的起始位置。对于柱间支撑,需要明确支撑底部的起始标高和上部的结束标高;对于屋面支撑,则需要明确其起始位置与轴线的关系。③ 支撑的选材和构造做法。可以根据详图来确定支撑截面、与主刚架的连接做法以及支撑本身的特殊构造。④ 系杆的位置和截面。

以本工程图为例,屋面支撑(SC-1)和柱间支撑(ZC-1)均设置在两端的第二个开间(即②-③轴线间和⑧-⑨轴线间),在每个开间内柱间支撑只设置了一道,而屋面支撑设置了 6 道,主要是为了能够使支撑的角度接近 45°;从柱间支撑详图中可以发现,柱间支撑的下标高为 0.300 m,柱间支撑的顶部标高为 6.400 m,而每道屋面支撑在进深方向的尺寸为 3 417 mm;通过详图和材料表,可以看到支撑截面采用 ϕ22 mm 的圆钢,与柱子通过半月板和螺栓进行连接,对于屋面支撑还采用了预应力措施;本工程在屋脊和屋檐处设置了通长系杆,另外还在两端的两个开间内的支撑端部设置了刚性系杆(XG-1),系杆截面为 2 ∟ 90×6。

轻钢门式刚架施工图檩条布置图识读

（5）檩条布置图

檩条布置图主要包括屋面檩条布置图和墙面檩条(墙梁)布置图。屋面檩条布置图主要表明檩条间距、编号以及檩条之间设置的直拉条、斜拉条布置和编号,另外还有隅撑的布置和编号;墙面檩条布置图往往按墙面所在轴线分类绘制,每个墙面的檩条布置图的内容与屋面檩条布置图内容相似。

在识读檩条布置图时,首先要弄清楚各种构件的编号规则,其次要清楚每种檩条的所在位置和放置法。檩条的位置主要根据檩条布置图上标注的间距尺寸和轴线来判断,尤其要注意墙面檩条布置图,由于门窗的开设使得墙梁的间距很不规则,至于截面可以根据编号到材料表中查询;最后,结合详图弄清檩条与刚架的连接、檩条与拉条的连接、隅撑的做法等内容。

本工程图中檩条采用 LT-×(×为编号)表示,直拉条和斜拉条都采用 AT-×(×为编号)表示,隅撑采用 YC-×(×为编号)表示,这也是较为通用的一种做法。

轻钢门式刚架施工图主刚架及节点详图识读

（6）主刚架图及节点详图

门式刚架由于通常采用变截面,故要绘制构件图以便表达构件外形、几何尺寸及构件中杆件的截面尺寸;门式刚架图可利用对称性绘制,主要标注其变截面柱和变截面斜梁的外形、几何尺寸、定位轴线和标高,以及柱截面与定位轴线的相关尺寸关等。根据设计的实际情况,对不同种类的刚架均应有此图。

在相同构件的拼接处、不同构件的连接处、不同结构材料的连接处以及需要特殊交待清楚的部位,往往需要有节点详图来进行详细的说明。节点详图在设计阶段应表示清楚各构件间的相互连接关系及其构造特点,节点上应标明在整个结构的相关位置,即应标出轴线编号、相关尺寸、主要控制标高、构件编号或截面规格、节点板厚度及加劲肋做法等。构件与节点板焊接连接时,应标明焊脚尺寸及焊缝符号。构件采用螺栓连接时,应标明螺栓的种类、直径、数量。

在识读详图时,应该首先明确详图所在结构物的相关位置,一是根据详图上所标的轴线和尺寸进行位置的判断;二是利用前面讲过的索引符号和详图符号的对应性来判断详图的位置。明确位置后,紧接着要弄清图中所画构件是什么构件,它的截面尺寸是多少。再接下来要清楚为了实现连接需加设哪些连接板件或加劲板件。最后,再来了解构件之间的连接方法。

2.2 轻钢门式刚架结构的加工与制作

课件
轻钢门式刚架加工制作
(1)

轻钢结构的制作和安装必须严格按照设计文件施工详图的要求进行,还应符合国家有关标准规范的规定;轻钢结构施工前,制作和安装单位应按施工图设计的要求,编制制作工艺和安装施工组织设计,并在施工过程中认真执行,严格实施;轻钢结构施工使用的器具、仪器、仪表等,应经计量鉴定合格后方可使用。必要时,制造单位与安装单位应互相核对。轻钢结构工程所采用的钢材、连接材料和涂装材料等除应具有出厂质量证明书外,还应进行必要的检验,以确认其材质符合要求。

课件
轻钢门式刚架加工制作
(2)

2.2.1 门式刚架加工设备

H 型钢构件的加工流程为板材下料切割→组立→自动或半自动埋弧焊→校正→抛丸→喷涂,与焊接 H 型钢的生产流程相适应的加工设备有以下几类。

1. 切割设备

经过号料画线后的钢材,必须按其形状、尺寸进行切割下料,常用的切割方法有气割、等离子切割和机械切割等。切割时按其厚度、形状、工艺和设计要求选择最适合的方法及设备。

(1)气割

微课
轻钢门式刚架结构加工制作的切割设备

气割是利用气体火焰的热能将工件切割处预热到一定温度后,喷出高速切割氧气流,使其燃烧并放出热量实现切割的方法,它与气焊是本质不同的过程,气焊是熔化金属,而气割是金属在纯氧中燃烧。

金属氧气切割的条件:① 金属材料的燃烧点必须低于其熔点,这是金属氧气切割的基本条件,否则,切割是金属先熔化而变为熔割的过程,使割口过宽也不整齐;② 燃烧生成的金属氧化物的熔点,应低于金属本身的熔点,同时流动性要好,否则切割过程不能正常进行;③ 金属燃烧时释放大量的热,而且金属本身的导热性要低。

只有满足上述条件的金属材料才能进行气割,如纯铁、低碳钢、中碳钢、普通钢、合金钢等。高碳钢、铸铁、高合金钢、铜、铝等有色金属与合金均难进行气割。

气割时用割炬代替焊炬,其余设备与气焊相同。气割时先用氧-乙炔火焰将割口附近的金属预热到燃点(约 1 300 ℃,呈黄白色),然后打开割炬上的切割氧气阀门,高压氧气射流使高温金属立即燃烧,生成的氧化物(即氧化铁、呈熔融状态)同时被氧气流吹走。金属燃烧产生的热量和氧-乙炔火焰一起又将邻近的金属预热到燃点,沿切割线以一定的速度移动割炬,即可形成割口。气割分为自动或半自动气割、手动气割两种。

① 自动或半自动气割。机身轻巧,操作简单,速度稳定,噪声低,气割表面粗糙度和精度高,沿导轨可切割直线和 V 形坡口,装上半径规可切割 $\phi100 \sim 2\,000$ mm 的圆,它广泛用于造船、化工、机械制造等行业,如图 2-74 所示。

　　② 手动气割。CG2-11H 型手动钢管气割机属于手动型气割机。本机采用链条锁紧管道后,用手工操作驱动链条进行钢管的环形切割。本机操作简单、运行平稳、切割进度高,适宜于野外的生产场合。本机采用双磁性轮,可以沿着钢管自动滑行,完成切割,如图 2-75 所示。其余手工气割割枪如图 2-76 所示。技术参数:切割管壁厚度 5~100 mm,切割无缝钢管直径大于 100 mm。

(a)

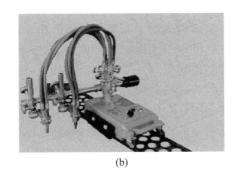
(b)

(c)

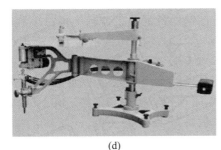
(d)

图 2-74　半自动气割

图 2-75　CG2-11H 型手动钢管气割机

图 2-76　手工气割割枪

（2）数控等离子切割机

　　数控等离子切割机具有切割领域宽的特点,可切割所有金属板材,切割速度快（可达 10 m/min 以上）、效率高；在水下切割时，能消除噪声、粉尘、有害气体和弧光的污染，有效地改善工作环境。采用精细等离子切割可使切割质量接近激光切割水平，目前随着大功率等离子切割技术的成熟，切割厚度已超过 100 mm，拓宽了数控等离子切割机的切割范围。

数控激光切割机具有切割速度快、精度高等特点，但激光切割机价格昂贵，费用高，目前只适合于薄板和精度要求高的板材切割，如图 2-77 所示。

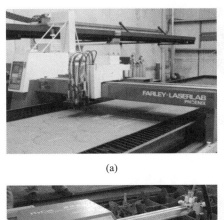

(a)　　　　　　　　　　　　　　　　(b)

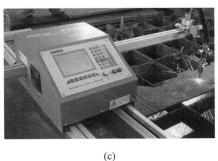

(c)　　　　　　　　　　　　　　　　(d)

图 2-77　数控等离子切割机

（3）数控火焰切割机

数控火焰切割机具有切割大厚度碳钢板的能力，费用较低，但存在切割变形大、精度低、速度慢、预热和穿孔时间长等缺点，较难适应全自动化操作的需要。它的应用场合主要限于碳钢、大厚度板材切割，对中、薄碳钢板材切割逐渐会被等离子切割代替。

（4）机械切割

机械切割可采用带锯机床、砂轮锯、无齿锯、剪板机和型钢冲剪机等设备。

① 带锯机床。带锯机床适用于切断型钢及型钢构件，其效率高、切割精度高，但噪声太大，目前已很少使用，如图 2-78 所示。

② 砂轮锯。砂轮锯适用于切割薄壁型钢及小型钢管，其切口光滑、生刺较薄易清除，但噪声大、粉尘多，如图 2-79 所示。

③ 无齿锯。无齿锯是依靠高速摩擦而使工件熔化，形成切口，适用于精度要求低的构件。其切割速度快，噪声大，如图 2-80 所示。

④ 剪板机和型钢冲剪机。剪板机和型钢冲剪机用于薄钢板、压型钢板切割等，其具有切割速度快、切口整齐，效率高等优点，如图 2-81 所示。

图 2-78　带锯机床

图 2-79　砂轮锯

图 2-80　无齿锯

(a) 剪板机

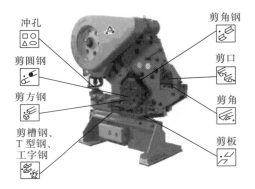

(b) 型钢冲剪机

图 2-81 剪板机和型钢冲剪机

2. 板条矫正机

板条矫正机用于钢板、钢带原材的平整度矫正,如图 2-82 所示。

图 2-82 W43-24X1000 型板条矫正机

3. 组立焊机

用于 T 形、H 形等截面和变截面结构钢的组装点焊,由主机、输入辊道、输出辊道、液压系统及电气控制系统组成,连续完成对构件的送进、定位夹紧、点固焊、出料等动作。工件放在输入辊道上,通过电机、减速器、链轮、链条驱动、传动机构,通过液压缸驱动连杆机构,实现翼板、腹板初步的组装定位。

工件进入主机后,通过翼板、腹板液压缸驱动压辊压紧工件,使腹板与翼板紧密贴合,焊枪送进机构由气缸带进焊接位置,两台点焊机开始点焊。上压梁采用左右四组导轨副导向,确保压紧时的稳定。这样对同类工件只需一次调整定位,就能达到精确拼装目的。变截面的 H 型钢也可组立拼装。HG-1500 型组立焊机如图 2-83 所示。

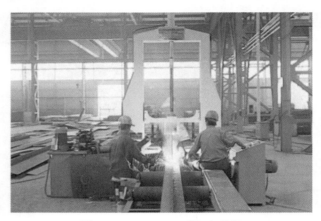

图 2-83　HG-1500 型组立焊机

4. 自动埋弧焊机

单面焊 H 型钢生产线采用低合金高强度钢板以卧式焊接机单面焊接,采用美国林肯公司生产的单弧双自动埋弧焊机,如图 2-84 所示。该生产线包含目前钢结构行业中规格最大的 12 m×8 m 大型剪板机,H 型钢的腹板和翼缘板可用此剪板机一次性剪切下料,超过 12 mm 厚的钢板采用等离子切割机进行切割。对于平整度不符合要求的钢板,用矫正机整平。整平后的翼缘板进入翼缘板生产线,经过对接、冲孔、切断而成为翼缘板半成品,进入焊接生产线。半成品经组立及头部定位焊后进入卧式焊接机,一次性焊接完成。ME-1-1000 型门型自动埋弧焊机如图 2-85 所示。

图 2-84　美国林肯单面焊生产线

图 2-85 ME-1-1000 型门型自动埋弧焊机

5. H 型钢矫正机

H 型钢翼缘矫正机是用于焊接成形的工字钢或 H 型钢,翼缘板在焊接加热过程中,必然产生弯曲变形。H 型钢翼缘矫正机就是用于矫正焊接工字钢、H 型钢翼缘板的专用设备,该机器操作简便、速度快、效率高,在钢结构构件制作、加工中广泛使用。精工-Ⅲ型矫正机如图 2-86 所示。

图 2-86 精工-Ⅲ型矫正机

6. 抛丸机

抛丸机主要用于钢结构及钢构件表面的清理,通过抛丸清理,清除钢材表面的锈蚀、污物、氧化皮等,使钢材表面起到强化的作用,提高工件的抗疲劳强度,提高漆膜的附着力,并最终达到提高钢材表面及内在质量的目的。美国潘邦八抛头抛丸机如图 2-87 所示。

7. 翻转机

对于梁柱上四个面都有加劲板的情况,梁柱还需要翻转焊接,构件的翻转需要采用特殊的翻转设备。钢结构节点加工用的翻转机如图 2-88 所示。

图 2-87　美国潘邦八抛头抛丸机　　　　图 2-88　钢结构节点加工用的翻转机

8. 檩条机

檩条机用于生产屋面、墙面 C、Z 型钢檩条,HG-Ⅲ型檩条机如图 2-89 所示。

图 2-89　HG-Ⅲ型檩条机

9. 压型机

单层彩色钢板压型机是采用多道成形辊将彩色钢板连续冷弯成形。它由开卷机(架)、送料台、成形机、切断机和成品辊架五部分组成,当加工曲板时,还需采用曲面冲压机。彩色压型钢板的生产设备如图 2-90 和图 2-91 所示。

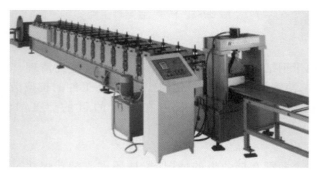

图 2-90　HV-450 型压型机

图 2-91　HV-475 型压型机

10. 折边机

轻型钢结构建筑中,天沟、落水管、包边板等的制造质量对于防水功能至关重要。很多轻型钢结构建筑在这些地方都存在渗水、漏水现象,其中一个重要原因就是,其包边板是手工折成,而不是采用机械加工的,这些对建筑的排水效果及建筑外观效果都不利,而采用折弯机折弯的收边板产品质量较好。图 2-92 所示的 JZW800 型折边机可以针对一定形状的包边,适用于不同的彩色压型钢板的板型,对包边板进行折弯加工。这样加工出来的包边板与彩色压型钢板贴合紧密,防水性能好。

图 2-92　JZW800 型折边机

2.2.2　门式刚架主构件的制作

对于轻钢门式刚架主构件的制作,下料时要注意预留切割与焊接余量。在涉及焊接时,要注意按照要求进行焊接工艺评定,其具体内容见焊接工艺评定部分。

1. 生产准备

钢构件在制作前,应进行设计图纸的自审和互审工作,并应按工艺规程做好各道工序的工艺准备工作;构件制作所需的材料、机具和工艺装备也应符合工艺规程的规定;上岗操作人员上岗前需进行培训和考核,特殊工种操作前应进行相关从业资格确认并做好各道工序的技术交底工作。

 微课
轻钢门式刚
架加工制作
的准备工作

（1）图纸审查

一般设计院提供的设计图不能直接用来加工制作钢结构构件，还要考虑一系列加工工艺，如公差配合、加工余量、焊接控制等因素，在原设计图的基础上绘制加工制作图（又称施工详图）。详图设计一般由加工单位负责进行，应根据建设单位的设计图纸、要求以及相关规范、标准进行。加工制作图是最后传达设计人员及施工人员意图的详图，是实际尺寸、划线、剪切、坡口加工、制孔、弯制、拼装、焊接、涂装、产品检查、堆放、运输等各项作业的指导书。

① 图纸审查的主要内容包括以下项目。

a. 设计文件是否齐全，设计文件应包括设计图、施工图、图纸说明和设计变更通知单等。

b. 构件的几何尺寸是否标注齐全。

c. 相关构件的尺寸是否正确。

d. 节点是否清楚，是否符合国家标准。

e. 标题栏内构件的数量是否符合工程的总数量。

f. 构件之间的连接形式是否合理。

g. 加工符号、焊接符号是否齐全。

h. 结合本单位的设备和技术条件考虑，能否满足图纸上的技术要求。

i. 图纸的标准化是否符合国家规定等。

审查图纸的目的是检查图纸设计的深度能否满足施工的要求，例如，检查构件之间有无规格不符，尺寸是否全面等；对工艺进行审核，例如，审查技术上是否合理，是否满足技术要求等。如果是加工单位自己设计施工详图，经过审批就可简化审图程序。图纸审核过程中发现的问题应报原设计单位处理，需要修改设计的应有书面设计变更文件。

② 图纸审查后要做技术交底准备，其主要有以下几点内容。

a. 根据构件尺寸考虑原材料对接方案和接头在构件中的位置。

b. 考虑总体的加工工艺方案及重要构件安装方案。

c. 对结构不合理处或施工有困难的地方，要与甲方或者设计单位做好变更签证的手续。

d. 列出图纸中的关键部位或者有特殊要求的地方，加以重点说明。

（2）采购和复核

① 采购。采购钢材一般应与详图设计同时进行。采购前应根据图纸材料表计算出各种材质、规格的材料净用量，再加上一定数量的损耗，提出材料需用量计划。工程预算一般可按实际用量所需数值再增加10%进行计算。

② 复核。加工前应复核来料的规格、尺寸和重量，并仔细核对材质。如果进行材料代用，必须经设计部门同意，同时应按下列原则进行。

a. 当钢号满足设计要求，而生产厂商提供的材质保证书中缺少设计提出的部分性能要求时，应做补充试验，合格后方可使用。取样时，每炉钢材、每种型号规格一般不宜少于3个试件。

b. 当钢材性能满足设计要求，而钢号的质量优于设计提出的要求时，应注意节约，避免以优代劣。

c. 当钢材性能满足设计要求，而钢号的质量低于设计提出的要求时，一般不允许代用，如果代用必须经设计单位同意。

d. 当钢材的钢号和技术性能都与设计提出的要求不符时，首先检查钢材，然后由设计人员重新计算，改变结构截面、焊缝尺寸和节点构造。

e. 对于成批混合的钢材，如用于主要承重结构时，必须逐根进行化学成分和力学性能试验。

f. 当钢材的化学成分在规定允许偏差范围内时才可以使用。

g. 当采用进口钢材时，应验证其化学成分和力学性能是否符合相应钢号的标准。

h. 当钢材规格与设计要求不符时，不能随意以大代小，需经计算后才能代用。

i. 当钢材规格、品种供应不全时，可根据钢材选用原则灵活调整。建筑结构对材质要求：受拉高于受压构件；焊接构件高于螺栓或铆接连接的结构；厚钢板高于薄钢板结构；低温高于高温结构；受动力荷载高于受静力荷载的结构。

j. 所需保证项目仅有一项不合格时，若冷弯合格，其抗拉强度的上限值可以不限；伸长率比规定的数值低 1%时允许使用，但不宜用于塑性变形构件；冲击功值一组 3 个试样，允许其中一个单值低于规定值，但不得低于规定值的 70%。

（3）检验要求及工艺规程的编制

① 材料复验与工艺检验。钢材复验情况应满足《钢结构工程施工质量验收标准》（GB 50205—2020）附录 A 的要求。

连接材料的复验：

a. 在大型、重型及特种钢结构上采用的焊接材料应进行抽样检验，其结果应符合设计要求和国家现行有关标准的规定。

b. 采用扭剪型高强度螺栓的连接副应按规定进行预拉力复验，其结果应符合相关的规定。

c. 采用高强度大六角头螺栓的连接副应按规定进行扭矩系数复验，其结果应符合相关的规定。

工艺试验一般分为下面 3 类。

a. 焊接试验。钢材可焊性试验、焊接工艺性试验、焊接工艺评定试验等均属于焊接试验，而焊接工艺评定试验是各工程制作时最常遇到的试验。焊接工艺评定是焊接工艺的验证，是衡量制造单位是否具备生产能力的一个重要的基础技术资料，未经焊接工艺评定的焊接方法、技术参数不能用于工程施工。

b. 摩擦面的抗滑移系数试验。当钢结构构件的连接采用摩擦型高强度螺栓连接时，应对连接面进行处理，使其连接面的抗滑移系数能达到设计规定的数值。连接面的技术处理方法有喷砂或喷丸、酸洗、砂轮打磨、综合处理等。

c. 工艺性试验。对构造复杂的构件，必要时应在正式投产前进行工艺性试验。工艺性试验可以是单工序，也可以是几个工序或全部工序；可以是个别零件，也可以是整个构件，甚至是一个安装单元或全部安装构件。

② 编制工艺规程。钢结构工程施工前，制作单位应按施工图纸和技术文件的要求编制出完备、合理的施工工艺规程，用于指导、控制施工过程。工艺规程是钢结构制造

中主要的和根本性的指导文件,也是生产制作中最可靠的质量保证措施。工艺规程必须经过审批,一经审批就必须严格执行,不得随意更改。

编制工艺流程表(或工艺过程卡)基本内容包括零件名称、件号、材料牌号、规格、件数、工序名称和内容、所用设备和工艺装备名称及编号、工时定额等。关键零件还要标注加工尺寸和公差,重要工序要画出工序图。

编制工艺规程的依据:工程设计图纸及施工详图;图纸设计总说明和相关技术文件;图纸和合同中规定的国家标准、技术规范等;制作单位实际能力情况等。

制定工艺规程的原则:在一定的生产条件下,操作时能以最快的速度、最少的劳动量和最低的费用,可靠地加工出符合图纸设计要求的产品,即要体现出技术先进、经济合理和良好的劳动条件及安全性。

工艺规程的内容:根据执行的标准编写成品技术要求;为保证成品达到规定的标准而制订的措施;关键零件的加工方法和精度要求;质量检查方法和检查工具;主要构件的工艺流程、工序质量标准和工艺措施;采用的加工设备和工艺装备。

③ 组织技术交底。技术交底按工程的实施阶段可分为两个层次:第一个层次是开工前的技术交底会,参加人员主要有工程图纸的设计单位、工程建设单位、工程监理单位及制作单位的有关部门人员;第二个层次是在投料加工前进行的本工厂施工人员交底会,参加的人员主要有制作单位的技术、质量负责人、技术部门和质检部门的技术人员、质检人员、生产部门的负责人、施工员及相关工序的代表等。

技术交底主要内容:工程概况;工程结构件的类型和数量;图纸中关键部位的说明和要求;设计图纸的节点情况介绍;对钢材、辅料的要求和原材料对接的质量要求;工程验收的技术标准;交货期限、交货方式的说明;构件包装和运输要求;涂层质量要求;其他需要说明的技术要求。

技术交底除上述主要内容外,还应增加工艺方案、工艺规程、施工要点、主要工序的控制方法、检查方法等与实际施工相关的内容。

(4) 其他工艺准备

除前面所介绍准备工作外,还有工号划分、编制工艺流程表、工艺卡和流水卡、配料与材料拼接、确定余量、工艺装备、加工工具准备等工艺准备工作。

① 工号划分。根据产品特点、工程量的大小和安装施工速度,将整个工程划分成若干个生产工号(生产单元),以便分批投料,配套加工,配套出成品。

生产工号(生产单元)划分应注意以下几点。

a. 在条件允许的情况下,同一张图纸上的构件宜安排在同一生产工号中加工。

b. 相同构件或加工方法相同的构件宜放在同一生产工号中加工。

c. 工程量较大的工程划分生产工号时,要考虑施工顺序,先安装的构件要优先安排加工。

d. 同一生产工号中的构件数量不要过多。

② 工艺流程表的编制。加工工艺过程由若干工序组成,工序内容根据零件加工性质确定,工艺流程表就是反映这个过程的文件。工艺流程表的内容包括零件名称、件号、材料编号、规格、工序顺序号、工序名称、所用设备和工艺装备名称及编号、工时定额等。关键零件还需标注加工尺寸和公差,重要工序还需要画出工序图等。

③ 零件流水卡。根据工程设计图纸和技术文件提出的成品要求,确定各工序的精度要求和质量要求,结合制作单位的设备和实际加工能力,确定各个零件下料、加工的流水程序,即编制出零件流水卡。零件流水卡是编制工艺卡和配料的依据。

④ 材料拼接位置的确定与配料。根据来料尺寸和用料要求,统筹安排,合理配料。当零件尺寸过长或体积过大时,无法进行运输和现场拼接,所以应当合理地确定材料拼接位置。材料拼接应注意以下几点。

a. 拼接位置应避开安装孔和复杂部位。

b. 双角钢断面的构件,两角钢应在同一处拼接。

c. 一般接头属于等强度连接,应尽量布置在受力较小的部位。

d. 焊接 H 型钢的翼缘板、腹板拼接接缝应尽量避免在同一断面处,上下翼缘板拼接位置应与腹板错开 200 mm 以上。

⑤ 预留焊接收缩量和加工余量。由于受焊肉大小、气候条件、施焊工艺和结构断面等因素的影响,焊接收缩量变化较大。

由于铣刨加工时常常成叠进行操作,尤其是长度较大时,材料不易对齐,在编制加工工艺时,要对加工边预留加工余量,一般 5 mm 为宜。

⑥ 工艺设备。钢结构制作工程中的工艺设备一般分为两类,即原材料加工过程中所需的工艺设备和拼装焊接所需的工艺设备。前者主要能保证构件符合图纸的尺寸要求,如定位靠山、模具等;后者主要是保证构件的整体几何尺寸和减少变形量,如夹紧器等。因为工艺装备的生产周期较长,要根据工艺要求提前准备,争取先行安排加工。

⑦ 加工设备和工具。根据产品加工需要确定加工设备和操作工具,有时还需要调拨或添置必要的设备和工具,这些都应提前做好准备。

（5）加工场地平面布置

要根据产品的品种、特点、批量、工艺流程、进度要求、每班工作量、生产场地情况、现有生产设备和起重运输能力等进行场地平面布置。

加工场地布置的原则:

① 根据流水顺序安排生产场地,尽量减少运输量,避免倒流水。

② 根据生产需要合理安排操作面积,以保证操作安全,并保证材料和零件的安全堆放。

③ 保证成品能顺利运出。

④ 有利供电、供气、照明线路的布置。

⑤ 加工设备布置要考虑留有一定的间距,以便操作和堆放材料等。

2. 放样和号料

（1）放样

放样是根据施工详图,以 1∶1 的比例在样板台上放出大样,求取实长,根据实长和生产需要制成样板（样杆）进行号料,作为切割、加工、弯曲、制孔的依据。样板或样杆一般采用铝板、薄白铁板、纸板、木板、塑料板等材料制作。放样应采用经过计量检定的钢尺,并将标定的偏差值计入量测尺寸。放样是号料的基础。

放样是钢结构制作工艺中的第一道工序,只有放样尺寸准确,才能避免以后各道

微课
轻钢门式刚架加工制作的放样、号料、划线

加工工序的误差累计,才能保证整个工程的质量。

放样的内容包括:核对图纸的安装尺寸和孔距;以 1∶1 的大样放出节点;核对各部分的尺寸;制作样板和样杆作为下料、弯制、铣、刨、制孔等加工的依据。

放样时以 1∶1 的比例在放样台上利用几何作图方法弹出大样。放样经检查无误后,用 0.50~0.75 mm 的铁皮或塑料板制作样板,用木杆或扁铁制作样杆,当长度较短时,可用木尺杆。样板、样杆上应注明工号、图号、零件号、数量、加工边和坡口部位、弯折线和弯折方向以及孔径和圆弧半径等。然后用样板、样杆进行号料,如图 2-93 所示。样杆、样板应妥善保存,直至工程结束后方可销毁。

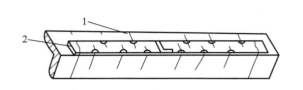 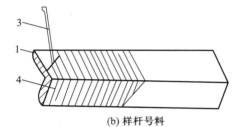

(a) 样杆号孔　　　　　　　　　　　　　(b) 样杆号料

图 2-93　样板号料

1—角钢;2—样杆;3—划针;4—样板

（2）号料

① 号料的工作内容。号料的工作内容包括:检查核对材料;在材料上划出切割、铣、刨、弯曲、钻孔等加工位置;标出零件编号等。

核对钢材规格、材质、批号,并应清除钢板表面油污、泥土等脏物。号料方法有集中号料法、套料法、统计计算法、余料统一号料法 4 种。

② 放样号料用工具和设备。放样号料用工具和设备主要有划针、冲子、手锤、粉线、弯尺、直尺、钢卷尺、大钢卷尺、剪子、小型剪板机、折弯机等。钢结构制作、安装、验收及土建施工用的量具,必须用同一标准进行鉴定,且应具有相同的精度等级。

（3）放样号料应注意的问题

① 放样时,要考虑铣、刨的工作加工余量,焊接构件要按工艺要求放出焊接收缩量,高层钢结构的框架柱尚应预留弹性压缩量。

② 号料时要根据切割方法留出适当的切割余量。

③ 如果图纸要求桁架起拱,放样时上下弦应同时起拱,起拱后垂直杆的方向仍然垂直于水平线,而不与下弧杆垂直。

（4）划线

利用加工制作图、样杆、样板及钢卷尺进行划线。目前已有一些先进的钢结构加工厂采用数控自动划线机,不仅效率高,而且精确、省料。划线的要点:

① 划线作业场地要在不直接受日光及外界气温影响的室内,最好是开阔、明亮的场所。

② 用划针划线比用墨尺及划线用绳的划线精度高。划针可用砂轮磨尖,粗细度可达 0.3 mm 左右。进行下料部分划线时,要考虑剪切余量、切削余量,如表 2-3 所示。

表 2-3 切 割 余 量   mm

加工余量	锯切	剪切	手工切割	半自动切割	精密切割
切割缝		1	4~5	3~4	2~3
刨边	2~3	2~3	3~4	1	1
铣平	3~4	2~3	4~5	2~3	2~3

3. 切割

钢材的切割包括气割、等离子切割类高温热源的方法,也有使用剪切、切削、摩擦热等机械切割的方法。选择切割方法时,要考虑切割能力、切割精度、切剖面的质量及经济性。

气割多用于带曲线的零件和厚钢板的切割。气割能切割各种厚度的钢材,设备灵活、费用经济、切割精度较高,是目前使用最广泛的切割方法。气割方法按切割设备可分为手工气割、半自动气割、仿形气割、多头气割、数控气割和光电跟踪气割。

各类型钢以及钢管等的下料通常采用锯割。常用的锯割机械有弓形锯、带锯、圆盘锯、摩擦锯、砂轮锯等。

等离子切割主要用于熔点较高的不锈钢材料及有色金属的切割。

(1)气割

气割是以氧气与其他可燃气体燃烧时产生的高温来熔化钢材,并借喷射压力将熔渣吹去造成割缝,达到切割金属的目的。但熔点高于火焰温度或难于氧化的材料,则不宜采用气割,氧与其他可燃气体燃烧时的火焰温度为 2 000~3 200 ℃。

手工气割操作要点:

① 点燃割炬,调整火焰。

② 开始切割时,打开切割氧阀门,观察切割氧流线的形状,若为笔直而清晰的圆柱体,并有适当的长度,即可正常切割。

③ 如果发现嘴头产生鸣爆并发生回火现象,则可能原因是嘴头过热、嘴头堵死或乙炔供应不及时,此时需马上处理。

④ 临近终点时,嘴头应向前进的反方向倾斜,以利于钢板的下部提前割透,使收尾时割缝整齐。

⑤ 当切割结束时,应迅速关闭切割氧气阀门,并将割炬抬起,再关闭乙炔阀门,最后关闭预热氧阀门。

(2)机械切割

① 锯床。适用于切断型钢及型钢构件,其效率高,切割精度高。

② 砂轮锯。适用于切割薄壁型钢及小型钢管,其切口光滑、生刺较薄易清除,但噪声大、粉尘多。

③ 无齿锯。无齿锯是依靠高速摩擦而使工件熔化,形成切口,适用于精度要求低的构件。其切割速度快,噪声大。

④ 剪板机、型钢冲剪机。适用于薄钢板、压型钢板切割等,其具有切割速度快、切口整齐,效率高等特点,剪刀必须锋利,剪切时应调整刀片间隙。

（3）等离子切割

等离子切割适用于不锈钢、铝、铜及其合金等切割，在一些尖端技术上应用广泛。其具有切割温度高、冲刷力大、切割边质量好、变形小、可以切割任何高熔点金属等特点。

各种切割方法对比如表 2-4 所示。

表 2-4　各种切割方法对比

类别	使用设备	特点及适用范围
机械切割	剪板机 型钢冲剪机	切割速度快、切口整齐、效率高，适用于板厚小于 12 mm 的薄钢板、压型钢板、冷弯檩条的切削
	无齿锯	切割速度快，可切割不同形状的各类型钢、钢管和钢板，切口光洁。噪声大，适用于锯切精度要求较低的构件，或下料留有余量最后尚需精加工的构件
	砂轮锯	切口光洁、生刺较薄易清除、噪声大、粉尘多，适宜切割薄壁型钢及小型钢管。切割材料的厚度不宜超过 4 mm
	锯床	切割精度高，适用于各类型钢及梁、柱等型钢构件
气割	自动切割	切割精度高，速度快，在其数控气割时，可省去放样、划线等工序而直接切割，适用于中厚钢板切割
	手工切割	设备简单、操作方便、费用低、切口精度较差，能够切割各种厚度的钢材
等离子切割	等离子切割机	切割温度高、冲刷力大，割割边质量好，变形小，适用于较薄钢板（厚度可至 20~30 mm）切割任何高熔点金属。特别是不锈钢、铝、铜及其合金等

微课
H 型钢组立焊、边缘加工等

4. 矫正成形、边缘加工和端部加工

（1）矫正成形

若表面质量满足不了要求时，钢材应进行矫正。钢材和零件的矫正应采用平板机或型材矫直机，较厚钢板也可用压力机或火焰加热进行矫正，逐渐取消用手工锤击的矫正法。目前可采用机械矫正、加热矫正、加热与机械联合矫正等方法。

在常温下采用机械矫正或自制夹具矫正即为冷矫正。碳素结构钢在环境温度低于-16 ℃、低合金结构钢在环境温度低于-12 ℃时，不应进行冷矫正和冷弯曲。当设备能力受到限制或钢材厚度较厚，采用冷矫正有困难或达不到要求时，可采用热矫正。碳素结构钢和低合金结构钢在加热矫正时，加热温度应为 700~800 ℃，最高温度严禁超过 900 ℃，最低温度不得低于 600 ℃。矫正后的钢材表面，不应有明显的凹痕或损伤，划痕深度不得大于 0.5 mm，且不应超过钢材厚度允许负偏差的 1/2。

（2）边缘加工和端部加工

钢吊车梁翼缘板的边缘、钢柱脚和梁承压支承面以及其他图纸要求的加工面，焊接接口、坡口的边缘、尺寸要求严格的加劲肋、隔板、腹板和有孔眼的节点板，以及由于切割方法产生硬化等缺陷的边缘，一般都需要进行边缘加工，边缘加工可采用气割和机械加工方法,对边缘有特殊要求时采用精密切割。需要进行边缘加工时,其刨削量不宜小于 2.0 mm。

常用的端部加工方法有铲边、刨边、铣边、碳弧气刨和坡口加工等。H 型钢端面铣床,用于焊接或轧制成形的 H 型钢、箱形截面梁、柱的两端面铣削加工。铣边机利用滚铣切削原理,对钢板焊前的坡口、斜边、直边、U 形边可一次同时铣削成形,耗能少、操作维修方便。

① 铲边。有手工铲边和机械铲边两种。铲边后的棱角垂直误差不得超过弦长的 $L/3\ 000$,且不得大于 2 mm。设备简单、使用方便、成本低,但使用噪声大、劳动强度高、加工质量差。

② 刨边。使用的设备是刨边机。刨边加工有刨直边和刨斜边两种。一般的刨边加工余量为 2~4 mm,但费工、费时,成本较高。

③ 铣边。使用的设备是铣边机床,工效高、能耗少,但光洁度比刨边的要差些。

④ 碳弧气刨。使用的设备是气刨枪,效率高、无噪声、灵活方便。

⑤ 坡口加工。一般可用气体加工和机械加工,在特殊情况下采用手动气体切割的方法,但必须进行事后处理,如打磨等。现在坡口加工专用机已开始普及,最近又出现了 H 型钢坡口及弧形坡口的专用机械,效率高、精度高。焊接质量与坡口加工的精度有直接关系,如果坡口表面粗糙,有尖锐且深的缺口,就容易在焊接时产生不熔部位,在焊后产生焊接裂缝;在坡口表面黏附油污,焊接时就会产生气孔和裂缝。因此,要重视坡口加工及加工质量。

5. 制孔

采用高强度螺栓,制孔加工在钢结构制造中占有很大比重,在精度上要求也越来越高。

(1) 制孔的质量要求

① 精制螺栓孔。精制螺栓孔(A、B 级螺栓孔——I 类孔)的直径应与螺栓公称直径相等,孔应具有 H12 的精度,孔壁表面粗糙度 $Ra \leqslant 12.5\ \mu m$。其孔径只允许正偏差。

② 普通螺栓孔。普通螺栓孔(C 级螺栓孔——II 类孔)包括高强度螺栓(大六角头螺栓、扭剪型螺栓等)、普通螺钉孔、半圆头铆钉等孔。其孔直径应比螺栓杆、钉杆的公称直径大 1.0~3.0 mm,孔壁粗糙度 $Ra \leqslant 25\ \mu m$。

③ 孔距。高强度螺栓孔和孔距的允许偏差应符合表 2-5 和表 2-6 所示的规定。如果超过偏差,应采用与母材材质相匹配的焊条补焊后重新制孔。

表 2-5　高强度螺栓孔的允许偏差

项目	允许偏差/mm
直径	+1.0 0
圆度	2.0
垂直度	$0.03t$ 且不大于 2.0

表 2-6　孔距的允许偏差

项目	允许偏差/mm			
	≤500	501~1 200	1 201~3 000	>3 000
同一组内任意两孔间距离	±1.0	±1.5	—	—
相邻两组的端孔间距离	±1.5	±2.0	±2.5	±3.0

注:孔的分组规定包括下面几点。

① 在节点中连接板与一根杆件相连的所有螺栓孔划为一组。

② 对接接头在拼接板一侧的螺栓孔为一组。

③ 在两相邻节点或接头间的连接孔为一组,但不包括注①、②所指的孔。

④ 受弯构件翼缘上的连接螺栓孔,每米长度范围内的孔为一组。

（2）制孔的时间

在焊接结构中,不可避免地将会产生焊接收缩和变形,因此在制作过程中,把握好开孔时间将在很大程度上影响产品精度。特别是柱、梁的工程现场连接部位的孔群尺寸精度直接影响钢结构安装的精度。开孔时间一般有下面 4 种情况。

① 在构件加工时预先划上孔位,待拼装、焊接及变形矫正完成后,再划线确认进行打孔加工。

② 在构件一端先进行打孔加工,待拼装、焊接及变形矫正完成后,再对另一端进行打孔加工。

③ 待构件焊接及变形矫正后,对端面进行精加工,然后以精加工面为基准,划线、打孔。

④ 在划线时,考虑了焊接收缩量、变形的余量、允许公差等,直接进行打孔。

（3）制孔的方法

制孔通常有钻孔和冲孔两种方法。钻孔是钢结构制造中普遍采用的方法,几乎能用于任何规格的钢板、型钢的制孔。钻孔的精度高,对孔壁损伤较小。冲孔一般只用于较薄钢板和非圆孔的加工。冲孔生产效率虽高,但由于孔的周围产生冷作硬化,孔壁质量差等原因,通常只用于檩条、墙梁端部长圆孔的制备。

机械开孔:有电钻及风钻、立式钻床、摇臂钻床、桁式摇臂钻床、多轴钻床、NC 开孔机等机械开孔。

气体开孔:最简单的方法是在气割喷嘴上安装一个简单的附属装置,可打出 ϕ30 mm 的孔。

钻模和板叠套钻制孔:这是目前国内尚未普遍使用的一种制孔方法。制孔时夹具固定,钻套应采用碳素钢或合金钢,如 T8、GCr13、GCr15 等制作,热处理后钻套硬度应高于钻头硬度 2~3HRC。钻模板上下两平面应平行,其偏差不得大于 0.2 mm,钻孔套中心与钻模板平面应保持垂直,其偏差不得大于 0.15 mm,整体钻模制作允许偏差符合有关规定。

数控钻孔:近年来数控钻孔的发展更新了传统的钻孔方法,无需在工件上划线、打样冲眼,整个加工过程自动进行,高速数控定位,钻头行程数字控制,钻孔效率高、精度高。

制孔后应用磨光机清除孔边毛刺,并不得损伤母材。

螺栓孔的允许偏差超过上述规定时,不得采用钢块填塞,可采用与母材材质相匹配的焊条补焊,打磨平整后重新制孔。

6. 摩擦面的处理

摩擦面的处理是指高强度螺栓连接时构件接触面的钢材表面加工,使其接触外表面的抗滑移系数达到设计要求的确定值。摩擦面的处理方法及质量,直接影响抗滑移系数的取值乃至整个连接的承载能力,故必须按设计要求处理被连接构件的接触面。

高强度螺栓摩擦面处理后的抗滑移系数值应符合设计要求(一般为 0.45~0.55)。摩擦面的处理方法,一般应按设计要求进行,设计无要求时,施工单位可采用适当方法进行施工。采用砂轮打磨处理摩擦面时,打磨范围不应小于螺栓孔径的 4 倍,打磨方向宜与构件受力方向垂直。高强度螺栓的摩擦连接面不得涂装,应于安装完成后将连接板周围封闭,再进行涂装。

喷砂是选用干燥的石英砂,喷嘴距离钢材表面 10~15 cm 喷射,处理后的钢材表面呈灰白色,目前应用不多。现在常用的是喷丸,磨料是钢丸,处理过的摩擦面的抗滑移系数值较高。酸洗是用浓度18%的硫酸洗涤,再用清水冲洗,此法会继续腐蚀摩擦面。砂轮打磨是用电动砂轮打磨,方向与构件受力方向垂直,不得在表面磨出明显的凹坑。

摩擦面处理可以采用:喷砂(或抛丸)后生赤锈;喷砂后涂无机富锌漆;砂轮打磨;钢线刷消除浮锈;火焰加热清理氧化皮;酸洗等。其中,以喷砂(抛丸)为最佳处理方法。各种摩擦面加工方法所得的抗滑移系数见表 2-7。

表 2-7　各种摩擦面加工方法所得的抗滑移系数

在连接处构件接触面的处理方法	构件的钢材牌号		
	Q235 钢	Q345 钢、Q390 钢	Q420 钢或 Q460 钢
喷硬质石英砂或铸钢棱角砂	0.45	0.45	0.45
抛丸(喷砂)	0.40	0.40	0.40
钢丝刷除去浮锈或未经处理的干净轧制表面	0.30	0.35	—

摩擦面的处理还需注意以下几点。

① 经处理的摩擦面,出厂前应按批做抗滑移系数试验,最小值应符合设计的要求;在运输过程中,试件摩擦面不得损伤。

② 处理好的摩擦面,不得有飞边、毛刺、焊疤或污损等。

③ 应注意摩擦面的保护,防止构件运输、装卸、堆放、二次搬运的变形。安装前,应处理好被污染的连接面表面。

④ 处理好的摩擦面放置一段时间后会先产生一层浮锈,经钢丝刷清除浮锈后,抗滑移系数会比原来提高。一般情况下,表面生锈在 60 d 左右达到最大值,因此,从工厂摩擦面处理到现场安装时间宜在 60 d 左右时间内完成。

⑤ 接触面的间隙与处理:由于摩擦型高强度螺栓连接方法是靠螺栓压紧构件连接处,用连接面的摩擦力来阻止构件之间滑动达到内力传递。因此,当构件与拼接板面有间隙时,会导致间隙处的摩擦面间压力减小,影响承载能力。试验证明,当间隙小于

或等于 1 mm 时,它对受力摩擦面滑移影响不大,基本能达到内力正常传递;当间隙大于 1 mm 时,抗滑移力就要下降 10%。因此,当接触面有间隙时,应按表 2-8 所示处理。

表 2-8 板叠间隙处理

序号	示意图	处理方法
1		$d \leqslant 1.0$ mm 不处理
2	 磨斜面	1.0 mm $< d \leqslant 3.0$ mm 将厚板一侧磨成 $1:10$ 的缓坡,使间隙不小于 1.0 mm
3	 垫板	$d > 3.0$ mm 加垫板,垫板上下摩擦面的处理应与构件相同

7. 焊接、涂装、编号

H 型钢在组立焊接之前,先要对原材料(钢板)进行矫正、整平。矫平的钢板(翼缘板、腹板)进入 H 型钢自动组立机,在组立生产线上,将未焊接的翼缘板和腹板先由组立器具定位好,进行头部定位焊。此类设备一般都采用可编程序控制器(PLC),对型钢的夹紧、对中、定位、点焊及翻转实行全过程自动控制,速度快、效率高。

（1）焊接

焊接收缩量的预留要求见表 2-9。

表 2-9 焊接收缩量的预留要求

结构形式	示意图	收缩余量/mm		
实腹结构 H 型钢		（1）$H \leqslant 1\,000$ 板厚 $\leqslant 25$ 每对加劲板	长度方向每米收缩 H 收缩 h_1 收缩	0.6 1.0 0.8
		（2）$H \leqslant 1\,000$ 板厚 > 25 每对加劲板	长度方向每米收缩 H 收缩 h_1 收缩	0.4 1.0 0.5
		（3）$H > 1\,000$ 各种板厚 每对加劲板	长度方向每米收缩 H 收缩 h_1 收缩	0.2 1.0 0.5
对接焊缝		L 方向每米收缩 H 方向收缩		0.7 1.0

门式刚架梁、柱结构一般由 H 型钢组成,适于采用自动埋弧焊机、船形焊接,优点是生产效率高、焊接过程稳定、焊缝质量好、成形美观。

H 型钢翼缘板只允许在长度方向拼接,腹板则长度、宽度均可拼接,拼接缝可为"十"字形或"T"字形,上下翼缘板和腹板的拼装缝应错开 200 mm 以上,拼接焊接应在 H 型钢组装前进行。

轻型钢结构构件的翼缘、腹板通常采用较薄的钢板,焊接容易产生比较大的焊接变形,且翼缘板与腹板的垂直度也有偏差,这时需要通过矫正机对焊接后的 H 型钢进行矫正。

(2)涂装前表面除锈及表面处理

发挥涂料的防腐效果重要的是漆膜与钢材表面严密贴敷,若在基底与漆膜之间夹有锈蚀、油脂、污垢及其他异物,不仅会妨害防锈效果,还会导致锈蚀加速,因而在涂装涂料前必须进行钢材表面处理,并控制钢材表面的粗糙度。

① 钢材表面锈蚀等级划分。钢材表面锈蚀等级分 A、B、C、D 四级:A 级为全面地覆盖着氧化皮几乎没有铁锈;B 级为已发生锈蚀,并且部分氧化皮剥落;C 级为氧化皮因锈蚀而剥落,或者可以剥除,并有少量点蚀;D 级氧化皮因锈蚀而全面剥落,并普遍发生点蚀。

② 钢材表面除锈及表面处理。

各种除锈方法的特点如表 2-10 所示,钢材表面处理的方法与质量等级要求如表 2-11所示。

表 2-10 各种除锈方法的特点

除锈方法	设备工具	优点	缺点
手工、机械	砂布、钢丝刷、铲刀、尖锤、平面砂轮机、动力钢丝刷	工具简单、操作方便、费用低	劳动强度大、效率低、质量差,只能满足一般的涂装要求
喷射	空气压缩机、喷射机、油水分离器等	能控制质量、获得不同要求的表面粗糙度	设备复杂、需要一定操作技术、劳动强度较高、费用高、污染环境
酸洗	酸洗槽、化学药品、厂房等	效率高、适用大批件、质量较高、费用较低	污染环境、废液不易处理,工艺要求较严

表 2-11 钢材表面处理的方法与质量等级要求

除锈等级	处理方法	处理手段和达到要求			对比标准	
					SSPC.USA	SIS
Sa1	喷射或抛射	喷（抛）棱角砂、铁丸断丝和混合磨料	轻度除锈	只除去疏松轧制氧化皮、锈和附着物	SSPC—SP.10	Sa1 清扫级
Sa2			彻底除锈	轧制氧化皮、锈和附着物几乎都被除去，至少有 2/3 面积无任何可见残留物	SSPC—SP.6	Sa2 工业级
Sa2$\frac{1}{2}$			非常彻底除锈	轧制氧化皮、锈和附着残留在钢材表面的痕迹已是点状或条状的轻微污痕，至少有 95% 无任何可见残留物	SSPC—SP.10	Sa2$\frac{1}{2}$接近出白级
Sa3			除锈到出白	表面上轧制氧化皮、锈和附着物都完全除去，具有均匀多点光泽	SSPC—SP.5	Sa3 出白级
St2	手工和动力工具	使用铲刀、钢丝刷、机械钢丝刷、砂轮等	无可见油脂和污垢，无附着不牢的氧化皮、铁锈和油漆涂层等附着物		SP.24	St2
St3			无可见油脂和污垢，无附着不牢的氧化皮、铁锈和油漆涂层等附着物，除锈比 St2 更为彻底，底材显露部分的表面应具有金属光泽		SP.3	St3
AF1 BF1 CF1	火焰	火焰加热作业后，以动力钢丝刷清除加热后附着在钢材表面的产物	无氧化皮、铁锈和油漆涂层等附着物及任何残留的痕迹，应仅表面变色		SP.4	

　　不同的表面处理方法对除锈质量、漆膜保护性能、施工场地、费用等都有不同的影响，各有其优缺点。表 2-12 列出了各种除锈方法的选择依据及影响程度比较。从表中可以看出，对于提高漆膜保护性能和使用寿命的最佳方法是喷射除锈法。

表 2-12 各种除锈方法的选择依据及影响程度比较

除锈方法	除锈质量	对漆膜保护性能的影响	必要的施工场地	现场施工的适用性	粉尘问题	除锈费用	备注
喷射处理	◎	◎	×	○	×	×	◎—最佳
动力工具处理	△	○	◎	◎	○	○	○—良好 △—勉强适用
手工工具处理	×	○	◎	◎	○	○	×—不适用、差、费用大、缺点多
酸洗处理	◎	△		×	◎	×	

③ 钢材表面粗糙度的控制。表面粗糙度即表面的微观不平整度,钢材表面处理后的粗糙度由初始粗糙度和喷射除锈或机械除锈所产生。钢材表面的粗糙度对漆膜的附着力、防腐蚀性能和使用寿命有很大影响。漆膜附着于钢材表面主要是靠漆膜中的基料分子与金属表面极性基团的分子相互吸引。钢材表面在喷射除锈后,随着粗糙度的增大,表面积显著增加,在这样的表面上进行涂装,漆膜与金属表面之间的分子引力会相应增加,使漆膜与钢材表面间的附着力相应提高。研究表明,用不同粒径的铸铁砂作磨料,以 0.7 MPa 的压缩空气,进行钢材表面的喷射除锈,能使除锈后钢材的表面积增加 19% ~ 63%。此外,以棱角磨料进行的喷射除锈,不仅增加了钢材的表面积,还能形成三维状态的几何形状,使漆膜与钢材表面产生机械咬合作用,更进一步提高了漆膜的附着力。随漆膜附着力的显著提高,漆膜的防腐蚀性能和保护寿命将大大提高。

钢材表面合适的粗糙度有利于漆膜保护性能的提高。但是粗糙度太大或太小都不利于漆膜的保护性能。粗糙度太大,如果漆膜用量一定,则会造成漆膜厚度分布的不均匀,特别是在波峰处的漆膜厚度往往会低于设计要求,引起早期的锈蚀。另外,还常常在较深的波谷凹坑内截留住气泡,将成为漆膜起泡的根源。粗糙度太小,也不利于附着力的提高,因此,为了确保漆膜的保护性能,对钢材的表面粗糙度应有所限制。对于常用涂料而言,合适的粗糙度范围以 30 ~ 75 μm 为宜,最大粗糙度值不宜超过 100 μm。

鉴于上述原因,对于涂装前钢材表面粗糙度必须加以控制。表面粗糙度的大小取决于磨料粒径的大小、形状、材料和喷射的速度、作用时间等工艺参数,其中以磨料粒径的大小对粗糙度影响较大。因此,在钢材表面处理时,必须对不同的材质、不同的表面处理要求,制定合适的工艺参数,并加以严格控制。

④ 对镀锌、喷铝、涂防火涂料的钢材表面的预处理质量控制。

a. 外露构件需热浸锌和热喷锌、铝的,除锈质量等级为 Sa2$\frac{1}{2}$ ~ Sa3 级,表面粗糙度应达 30~35 μm。

b. 对热浸锌构件允许用酸洗除锈,酸洗后必须经 3~4 道水洗,将残留酸完全清洗,干燥后方可浸锌。

c. 要求喷涂防火涂料的钢结构构件除锈,可按《钢结构防火规程》和设计技术要求进行。

⑤ 钢材表面的主要污物类型、来源、影响及清除方法。钢材表面的主要污物类型、来源、影响及清除方法见表 2-13。

表 2-13 钢材表面的主要污物类型、来源、影响及清除方法

类型	来源	对涂层的影响	消除方法
机械物(砂、泥土、灰尘等)	在生产、运输和储存过程中产生的	使涂层不能与钢材表面基层直接接触;涂层表面粗糙、不匀;污物易剥落并破坏涂层,使空气容易渗透到钢材的基层	一般用专用工具打磨,并用压缩空气清理干净

续表

类型	来源	对涂层的影响	消除方法
油脂类（矿物油、润滑脂、动植物油等）	在生产、运输和储存过程中产生的	使涂层与钢材表面基层的附着力严重下降；影响涂层的干燥，易产生回黏等现象；也影响涂层的硬度和光泽	用碱液或有机溶剂清洗除掉
化学药品类（酸、碱、盐）	在运输、储存及热处理时产生的	严重影响涂层与钢材的附着力；与涂料反应影响涂膜的形成，并影响其质量，严重降低涂层的防护效果	用水或清洗剂冲洗
旧涂层	为在加工、运输和储存过程中防止锈蚀而涂的保养漆或底漆	使涂层与钢材表面基层的附着力下降；涂层外观不均、不光滑	一般用碱或有机溶剂消除

⑥ 涂装底漆与相适应的除锈等级。各种底漆与相适应的除锈等级见表 2-14。

表 2-14　各种底漆与相适应的除锈等级

各种底漆	喷射或抛射除锈			手工除锈		酸洗除锈
	Sa3	Sa2$\frac{1}{2}$	Sa2	St3	St2	
油基漆	1	1	1	2	2	1
酚醛漆	1	1	1	2	3	1
醇酸漆	1	1	1	2	3	1
磷化底漆	1	1	1	2	4	1
沥青漆	1	1	1	2	3	1
聚氨酯漆	1	1	2	3	4	2
氯化橡胶漆	1	1	2	3	4	2
氯磺化聚乙烯漆	1	1	2	3	4	2
环氧漆	1	1	1	2	3	1
环氧煤焦漆	1	1	1	2	3	1
有机富锌漆	1	1	2	3	4	3
无机富锌漆	1	1	2	4	4	4
无机硅底漆	1	2	3	4	4	2

（3）涂装、编号

为了延长钢结构的使用寿命，防止钢结构过早腐蚀，对钢结构、构件应进行必要的防腐和防火涂料的涂装。

涂装的环境温度应符合涂料产品说明书的规定，无规定时，环境温度应在5~38 ℃，相对湿度不应大于85%,构件表面没有结露、油污等,涂装后4 h内应免受雨淋。钢结构表面的除锈质量是影响涂层保护寿命的主要因素。因此,钢构件表面的除锈等级应符合国家标准的规定,构件表面除锈方法和除锈等级应与设计采用的涂料相适应。

钢结构防腐涂料涂装工程应在钢结构构件组装、预拼装或钢结构安装工程检验批的施工质量验收合格后进行。钢结构防火涂料涂装工程应在钢结构安装工程检验批和防腐涂料涂装检验批施工质量验收合格后进行。施工图中注明不涂装的部位和安装焊缝处30~50 mm宽的范围内,以及高强度螺栓摩擦连接面不得涂装。选用涂料、涂装遍数、涂层厚度均应符合设计要求。

构件涂装后,应按设计图纸进行编号,编号的位置应使构件便于堆放、安装、检查。对于大型或重要的构件,还应标注重量、重心、吊装位置和定位标记等记号。编号的汇总资料与运输文件、施工组织设计文件、质检文件等应统一,编号可在竣工验收后加以复涂。

① 防腐涂料的选用。选用涂料应考虑以下几方面因素。

a. 涂料用途,是打底用还是罩面用。

b. 工程使用场合和环境,如潮湿环境、腐蚀气体作用等。

c. 考虑技术条件,施工过程中能否满足。

d. 考虑工程使用年限、质量要求、耐久性等因素。

e. 满足经济性要求。

② 施涂前对涂料的处理。

a. 开桶前应清理桶外杂物,同时对涂料名称、型号等检查,涂料表面若有结皮应清除掉。

b. 将桶内涂料搅拌均匀后方可使用。

c. 对于双组分涂料,使用前必须按说明书规定的比例来混合,并间隔一定时间后才能使用。

d. 有的涂料因储存条件、施工方法、作业环境等因素影响,需用稀释剂来调配。

③ 涂层结构与厚度。

a. 涂层结构的形式。涂层结构的形式有底漆-中间漆-面漆,底漆-面漆。底漆和面漆是同一种漆。

底漆附着力强,防锈性能好;中间漆兼有底漆和面漆的性能,并能增加漆膜总厚度;面漆防腐蚀耐老化性好。为了发挥最好的作用和获得最好的效果,它们必须配套使用。在使用时避免发生互溶或"咬底"现象,硬度要基本一致,若面漆的硬度过高,容易干裂。烘干温度也要基本一致,否则有的层次会出现过烘干现象。表面除锈处理与涂装的间隔时间宜在4 h之内,在车间内作业或湿度较低的晴天不应超过12 h。

b. 确定涂层厚度。确定涂层厚度的主要影响因素有:钢材表面原始状况;钢材除锈后的表面粗糙度;选用的涂料品种;钢结构使用环境对涂层的腐蚀程度;涂层维护的周期等。

涂层厚度要适当:过厚虽然可增加防护能力,但附着力和力学性能都要下降;过薄易产生肉眼看不见的针孔和其他缺陷,起不到隔离环境的作用。涂层厚度要求见表2-15。

表 2-15　涂层厚度要求　　　　　　　　　μm

各种底漆	基本涂层和防护涂层					附加涂层
	城镇大气	工业大气	海洋大气	化工大气	高温大气	
醇酸漆	100~150	125~175				25~50
沥青漆			180~240	150~210		30~60
环氧漆			175~225	150~200	150~200	25~50
过氯乙烯漆				160~200		20~40
丙烯酸漆		100~140	140~180	120~160		20~40
聚氨酯漆		100~140	140~180	120~160		20~40
氯化橡胶漆		120~160	160~200	140~180		20~40
氯磺化聚乙烯漆	120~160	160~200	140~180	120~160	20~40	
有机硅漆					100~140	20~40

④ 防腐涂料涂装工序。钢结构防腐涂料涂装工序为刷防锈漆→局部刮腻子→涂料底漆、面漆涂装→漆膜质量检查。

⑤ 防腐涂料涂装方法。防腐涂料涂装方法有刷涂法、滚涂法、浸涂法、空气喷涂法、无气喷涂法等。

刷涂法是一种传统的施工方法,它具有工具简单、施工方法简单、施工费用少、易于掌握、适应性强、节约涂料和添加剂等优点。缺点是劳动强度大,生产效率低,施工质量取决于操作者的技能等,它适用于各种形状及大小的构件涂装。刷涂法操作要点如下。

a. 直握涂料刷。

b. 应蘸少量涂料以防涂料滴流。

c. 对于干燥较快的涂料,不宜反复涂刷。

d. 涂刷顺序应先上后下,先里后外,先难后易。

e. 最后一遍涂刷走向应垂直平面由上而下进行,水平面应按光线照射方向进行。

滚涂法是用多孔吸附材料制成的滚子进行涂料施工的方法,该方法施工用具简单,操作方便,施工效率比刷涂法高。缺点是劳动强度大、生产效率较低。它适用于大面积物体涂装。滚涂法操作要点如下。

a. 涂料装入装有滚涂板的容器,将滚子浸入涂料,在滚涂板上来回滚动,使多余涂料滚压掉。

b. 把滚子按 W 形轻轻滚动,将涂料大致涂布在构件上,然后密集滚动,将涂料均匀分布开,最后使滚子按一定方向滚平表面并修饰。

c. 滚动初始时用力要轻,以防流淌。

浸涂法是将被涂物放入漆槽内浸渍,经过一段时间后取出,让多余涂料尽量滴净再晾干。其优点是施工方法简单,涂料损失少;缺点是有流挂现象,溶剂易挥发。适用于涂装构造复杂的构件。浸涂法操作时应注意以下事项。

a. 为防止溶剂挥发和灰尘落入漆槽内,不作业时将漆槽加盖。

b. 作业过程中应严格控制好涂料黏度。

c. 浸涂厂房内应安装通风设备。

空气喷涂法是利用压缩空气的气流将涂料带入喷枪,经喷嘴吹散成雾状,并喷涂到构件表面上的涂装方法。其优点是可获得均匀、光滑的漆膜,施工效率高、缺点是消耗溶剂量大,污染现场,对施工人员有毒害。适用于大型构件及设备和管道。空气喷涂法操作时应注意以下事项。

a. 在进行喷涂时,将喷枪调整到适当位置,以保证喷涂质量。

b. 喷涂过程中控制喷涂距离。

c. 喷枪注意维护,保证正常使用。

无气喷涂法是利用特殊的液压泵,将涂料增至高压,当涂料经喷嘴喷出时,高速分散在被涂物表面上形成漆膜。其优点是喷涂效率高,对涂料适应性强,能获得厚涂层;缺点是如要改变喷雾幅度和喷出量,必须更换喷嘴,也会损失涂料,对环境有一定污染。适用于各种大型钢结构、桥梁、管道、船舶等。无气喷涂法操作时应注意以下事项。

a. 使用前检查高压系统各固定螺母和管路接头。

b. 涂料应过滤后才能使用。

c. 喷涂过程中注意补充涂料,吸入管不得移出液面。

d. 喷涂过程中容易发生意外事故。

⑥ 涂装施工环境。涂装施工环境要求如下。

a. 环境温度:施工环境温度宜为 5~38 ℃,具体应按涂料产品说明书的规定执行。

b. 环境湿度:施工环境湿度一般宜为相对湿度小于 85%,不同涂料的性能不同,所要求的施工环境湿度也不同。

c. 钢材表面温度与露点温度:规范规定钢材表面的温度必须高于空气露点温度3 ℃以上方可施工。

d. 特殊施工环境:在雨、雪、雾和较大灰尘的环境下,在易污染的环境下,在没有安全的条件下施工均需有可靠的防护措施。

⑦ 防火涂料涂装。防火涂料涂装工程施工前,钢结构工程已检查验收合格、防锈漆涂装已检查验收合格,并符合设计要求。防火涂料涂装工艺与防火涂料涂装类似,只是所用材料和要求不同。

钢结构防火涂料的选用应符合耐火等级和耐火极限的设计要求,并符合相关规范规定。钢结构防火涂料按其涂层厚度可分为薄涂与厚涂两类:薄涂型防火涂料,涂层厚度一般为 2~7 mm,耐火极限可达 0.5~2 h,薄涂防火涂料面层应在底层涂装干燥后开始,面层颜色均匀、一致,接槎应平整;厚涂型防火涂料,涂层厚度一般为 8~50 mm,耐火极限可达 0.5~3 h,可采用喷涂、抹涂或滚涂等方法。涂层厚度满足规范及设计要求。

2.2.3 门式刚架钢构件的拼装

轻钢门式刚架主构件的拼装,主要是刚架梁的拼装和刚架梁分段比较小时短梁与刚架柱的拼装,拼装平台对拼装质量影响较大。

构件拼装分为在加工厂拼装和在工地拼装两种,在加工厂拼装可保证精度;在工地拼装场地占用要求低,方便施工。拼装可以采用安设简便的普通螺栓和高强度螺栓,有时还可以在地面拼装成较大的单元再行吊装,以缩短施工周期。小量的钢结构和轻钢屋架,也可以在现场就地制作,随即用简便机具吊装。

拼装也称装配、组装,是把制备完成的半成品和零件按图纸规定的运输单元,拼装成构件或其部件,然后再在施工现场连接成为整体结构。

拼装必须按工艺要求的安装顺序进行。当有隐藏焊缝时,必须先预施焊,经检验合格方可覆盖。当复杂部位不易施焊时,也需按工艺规定分别先后拼装和施焊。为减少变形,尽量采取小件组焊,经矫正后再进行大件组装。胎具及首批拼装完成的构件必须经过严格检验,方可进行大批量的装配工作。拼装好的构件应立即用油漆在明显部位编号,写明图号、构件号和件数,以便查找。

由于受运输、吊装等条件的限制,有时构件要分成两段或若干段出厂,为了保证安装的顺利进行,应根据构件或结构的复杂程度和设计要求,在出厂前进行预拼装;除管结构为立体预拼装,并可设卡、夹具外,其他结构一般均为平面拼装,且构件应处于自由状态,不得强行固定。

1. 钢结构构件组装的一般规定

钢结构构件的组装是遵照施工图的要求,把已加工完成的各零件或半成品构件,按照要求的组装顺序,采用相应的方法,使其组合成为独立的成品。组装根据构件的特性及组装程度,可分为部件组装、构件组装、预总装。

零部件在组装前应矫正其变形,使其达到控制偏差范围以内,接触表面应无毛刺、污垢和杂物。除工艺要求外,零件组装间隙不得大于 1.0 mm,顶紧接触面应有 75% 以上的面积紧贴,用 0.3 mm 塞尺检查,其塞入面积应小于 25%。边缘间隙不应大于 0.8 mm,板叠上所有螺栓孔、铆钉孔等应采用量规检查,其通过率应符合下列规定。

用比孔的直径小 1.0 mm 的量规检查,应通过每组孔数的 85%;用比螺栓公称直径大 0.2~0.3 mm 的量规检查应全部通过;量规不能通过的孔,应经施工图编制单位同意后,方可扩钻或补焊后重新钻孔。扩钻后的孔径不得大于原设计孔径 2.0 mm;补孔应制定焊补工艺方案并经过审查批准,用与母材强度相应的焊条补焊,不得用钢块填塞,处理后应做出记录。组装时,应有适当的工具和设备,如组装平台或胎架有足够的精度。

(1)概念

① 部件组装。它是装配的最小单元组合,由两个或两个以上零件按施工图的要求装配成为半成品的结构部件。

② 构件组装。它是把零件或半成品按施工图的要求装配成为独立的成品构件。

③ 预总装。它是根据施工总图把相关的两个以上成品构件,在工厂制作场地上,按其各构件空间位置总装起来。其目的是直观地反映出各构件装配节点,保证构件安装质量。目前预总装已广泛使用在采用高强度螺栓连接的钢结构构件制造中。

(2)钢结构构件组装的一般规定

① 组装前,施工人员必须熟悉构件施工详图、组装工艺及有关的技术要求,检查组装用到零部件的材质、规格、外观、尺寸、数量都应符合设计要求。

② 由于原材料的尺寸不够或技术要求需拼接的零件,一般必须在组装前拼接完成。

③ 在采用胎模装配时必须遵照下列规定。

a. 选择的场地必须平整,且具有足够的强度、稳定性。

b. 布置装配胎模时,必须根据钢结构构件的特点,考虑焊接收缩余量及其他各种加工余量。

c. 组装出首批构件后,必须由质量检查部门进行全面检查,合格后方可进行继续组装。

d. 构件在组装过程中,必须严格按工艺规定装配,当有隐蔽焊缝时,必须先行预施焊,并经检验合格方可覆盖。当有复杂装配部件不易施焊时,也可采用边装配施焊的方法来完成其装配工作。

e. 为了减少变形,可尽量采取先组装焊接成小件,并进行矫正,待施焊产生的内应力消除后,再将小件组装成整体构件。

f. 高层建筑钢结构和框架钢结构构件必须在工厂进行预拼装。

微课
轻钢门式刚架结构构件拼装

2. 钢结构构件拼装方法

（1）平装法

平装法操作方便,不需稳定加固措施,不需搭设脚手架;焊缝大多为平焊缝,焊接操作简易,不需技术很高的焊接工人,焊缝质量易于保证;校正及起拱方便、准确。

平装法适于拼装跨度较小,构件相对刚度较大的钢结构,如长 18 m 以内的钢柱、跨度 6 m 以内的天窗架及跨度 21 m 以内的钢屋架的拼装。

（2）立装法

立装法的优点是:可一次拼装多个构件,块体占地面积小;不用铺设或搭设专用拼装操作平台或枕木墩,节省材料和工时,省去翻身工序,质量易于保证;不用增设专供块体翻身、倒运、就位、堆放的起重设备,缩短工期。块体拼装连接件或节点拼接焊缝可两边对称施焊,可防止预制构件连接件或钢构件因节点焊接变形而使整个块体产生侧弯。

缺点是:需搭设一定数量稳定支架;块体校正、起拱较难;钢构件的连接节点及预制构件的连接件的焊接立缝较多,增加了焊接操作的难度。

立装法适用于跨度较大、侧向刚度较差的钢结构,如 18 m 以上的钢柱、跨度 9 m 及 12 m 的窗架、24 m 以上钢屋架以及屋架上的天窗架的拼装。

（3）模具拼装法

模具是指符合工件几何形状或轮廓的模型（内模或外模）。用模具来拼装组焊钢结构,该方法具有产品质量好、生产效率高等优点。对成批的板材结构、型钢结构,应当考虑采用模具拼装。

3. 门式刚架斜梁拼接

斜梁拼接时宜使端板与构件外边缘垂直,如图 2-94 所示。

将要拼接的单元放在人字凳的拼装平台上,找平→接通线→安装普通螺栓定位→安装高强度螺栓→施拧高强度螺栓、由内向外扩展→初拧→终拧→复核尺寸。

轻型钢结构梁的最大缺点是侧向刚度很小,将已拼好的钢梁移动或移下拼装台时,视刚度情况,可采取多吊点吊移的方法。

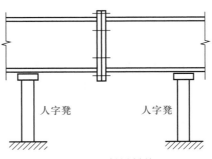

图 2-94　斜梁拼接

4. 横梁与柱连接

横梁与柱连接可采用柱延伸到上部与梁连接、梁延伸与柱连接和梁柱在角中线连接三种方法,如图 2-95 所示。这三种连接方案各有优缺点。所有工地连接的焊缝均采用角焊缝,以便于拼装,另加拼接盖板可加强节点刚度。但在有檩条或墙架的结构中会使横梁顶面或柱外立面不平,产生构造上的麻烦。因此,可将柱或梁的翼缘伸长与待连接梁或柱的腹板连接。

(a) 柱延伸到上部与梁连接　　　　(b) 梁延伸与柱连接　　　　(c) 梁柱在角中线连接

图 2-95　梁柱螺栓连接节点(1)

对于跨度较大的实腹式框架,由于构件运输单元的长度限制,常需在屋脊处做一次工地拼接,可用工地焊接或螺栓连接。工地焊接需用内外加强板,横梁之间的连接用突缘结合。螺栓连接则宜在节点变截面处,以加强节点刚度。拼接板放在受拉的内角翼缘处,变截面处的腹板设有加劲肋,如图 2-96 所示。

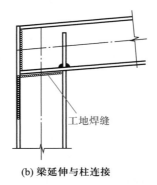

(a) 柱延伸到上部与梁连接　　　　(b) 梁延伸与柱连接　　　　(c) 梁柱角接

图 2-96　梁柱螺栓连接节点(2)

2.2.4　钢构件成品检验、管理和包装

成品指工厂制作完成的结构产品,项目经理部应对成品或半成品进行管理,包括成品检验、堆放、包装、运输以及根据起重能力、运输工具、道路状况、结构刚性等因素选择最大重量和最大外廓尺寸出厂。成品检查的依据是在前期工作,例如,材料质量保证书、工艺措施、各道工序的自检记录等完备无误的情况下才进行成品检查的。成品检查项目基本按该产品的国家标准或部颁标准、设计要求的技术条件及使用状况决定,主要内容是外形尺寸、连接相关位置及变形量等;同时也包括各部位的细节,为确保现场安装无误,必要时在制作厂还要进行试组装,特别是外地工程和国外工程,厂内试组装就显得更加重要。

1. 钢构件成品检验

(1) 成品检查项目确定

钢结构成品的检查项目各不相同,要依据各工程具体情况而定。若工程无特殊要求,一般检查项目可按该产品的标准、技术图纸、设计文件要求和使用情况而确定。成品检查工作应在材料质量保证书、工艺措施、各道工序的自检、专检等前期工作完备或完成后进行。钢构件因其位置、受力等的不同,其检查的侧重点也有所区别。

(2) 修整

构件的各项技术数据经检验合格后,加工过程中造成的焊疤、凹坑应予补焊并磨平。临时支撑、夹具应予割除。

铲磨后零件表面的缺陷深度不得大于材料厚度负偏差值的1/2,对于吊车梁的受拉翼缘,尤其应注意光滑过渡。

在较大平面上磨平焊疤或磨光长条焊缝边缘,常用高速直柄风动砂轮。

(3) 验收资料

产品经过检验部门签收后进行涂底,并对涂底质量进行验收。

钢结构制造单位在成品出厂时,应提供钢结构出厂合格证书及以下有关技术文件。

① 施工图和设计变更文件,设计变更的内容应在施工图中相应部位注明。

② 制作中对技术问题处理的协议文件。

③ 钢材、连接材料和涂装材料的质量证明书和试验报告。

④ 焊接工艺评定报告。

⑤ 高强度螺栓摩擦面抗滑移系数试验报告、焊缝无损检验报告及涂层检测资料。

⑥ 主要构件验收记录。

⑦ 构件发运和包装清单。

⑧ 需要进行预拼装时的预拼装记录。

此类证书、文件作为建设单位的工程技术档案的一部分。上述内容并非所有工程都具备,而是根据工程的实际情况提供。

2. 钢构件成品管理和包装

(1) 标识

① 构件重心和吊点的标注。

a. 构件重心的标注。重量在5 t以上的复杂构件,一般要标出重心,重心的标注用

鲜红色油漆标出,再加上一个向下箭头,如图 2-97 所示。

图 2-97　重心标注

b. 吊点的标注。在通常情况下,吊点的标注是由吊耳来实现的。吊耳也称眼板(见图 2-98),在制作厂内加工、安装好。眼板及其连接焊缝要做无损探伤,以保证吊运构件时的安全性。

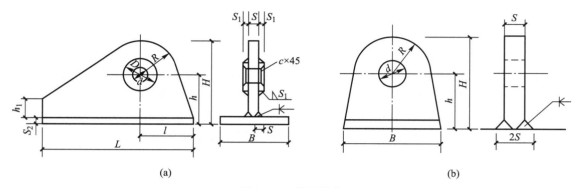

图 2-98　吊耳形式

② 钢结构构件标记。钢结构构件包装完毕,要对其进行标记。标记一般由承包商在制作厂成品库装运时标明。

对于国内的钢结构用户,其标记可用标签方式带在构件上,也可用油漆直接写在钢结构产品或包装箱上。对于出口的钢结构产品,必须按海运要求和国际通用标准进行标记。

标记通常包括下列内容:工程名称、构件编号、外廓尺寸(长、宽、高,以米为单位)、净重、毛重、始发地点、到达港口、收货单位、制造厂商、发运日期等,必要时要标明重心和吊点位置。

(2)堆放

成品验收后,在装运或包装以前堆放在成品仓库。目前国内钢结构产品的主要大部件都是露天堆放,部分小件一般可用捆扎或装箱的方式放置于室内。由于成品堆放的条件一般较差,所以堆放时更应注意防止失散和变形。成品堆放时应注意下述事项。

① 堆放场地的地基要坚实,地面平整、干燥,排水良好且不得有积水。

② 堆放场地内应备有足够的垫木或垫块,使构件堆放平稳,以防构件因堆放方法不正确而产生变形。

③ 钢结构产品不得直接置于地上,要垫高 200 mm 以上。

④ 侧向刚度较大的构件可水平堆放。当多层叠放时,必须使各层垫木在同一垂线上,堆放高度应根据构件来决定。

⑤ 大型构件的小零件应放在构件的空当内，用螺栓或铁丝固定在构件上。

⑥ 不同类型的钢构件一般不堆放在一起。同一工程的构件应分类堆放在同一地区内，以便于装车发运。

⑦ 构件编号要标记在醒目处，构件之间堆放应有一定距离。

⑧ 钢构件的堆放应尽量靠近公路、铁路，以便运输。

（3）包装

钢结构的包装方法应根据运输形式而定，并应满足工程合同提出的包装要求。

① 包装工作应在涂层干燥后进行，并应保护构件涂层不受损伤。包装方式应符合运输的有关规定。

② 每个包装的重量一般不超过 3～5 t，包装的外形尺寸则根据货运能力而定。例如，通过汽车运输，一般长度不大于 12 m，个别件不应超过 18 m，宽度不超过 2.5 m，高度不超过 3.5 m，超长、超宽、超高时要做特殊处理。

③ 包装时应填写包装清单，并核实数量。

④ 包装和捆扎均应注意密实和紧凑，以减少运输时的失散、变形，而且还可以降低运输费用。

⑤ 钢结构的加工面、轴孔和螺纹，均应涂以润滑脂和贴上油纸，或用塑料布包裹，螺孔应用木楔塞住。

⑥ 包装时要注意外伸的连接板等物件尽量置于内侧，以防造成钩挂事故，不得不外漏时要做好明显标记。

⑦ 经过油漆的构件，在包装时应该用木材、塑料等垫衬加以隔离保护。

⑧ 单件超过 1.5 t 的构件单独运输时，应用垫木做外部包裹。

⑨ 细长构件可打捆发运，一般将小槽钢在外侧用长螺钉夹紧，其空隙处填以木条。

⑩ 有孔的板形零件，可穿长螺栓，或用铁丝打捆。

⑪ 较小零件应装箱，已涂底又无特殊要求的不另做防水包装，否则应考虑防水措施。包装用木箱，其箱体要牢固、防雨，下方要留有铲车孔以及能承受箱体总重的枕木，枕木两端要切成斜面，以便捆吊或捆运。铁箱的箱体外壳要焊上吊耳，以便运输过程中吊运。

⑫ 一些不装箱的小件和零配件可直接捆扎在钢构件主体安装所需要部位上，但要捆扎、连接牢固，且不影响运输和安装。

⑬ 片状构件，如屋架、托架等，平运时易造成变形，单件竖运又不稳定，一般可将几片构件装夹成近似一个框架，其整体性能好，各单件之间互相制约而稳定。用活络拖斗车运输时，装夹包装的宽度要控制在 1.6～2.2 m，太窄容易失稳。装夹包装的一般是同一规格的构件。装夹时要考虑整体性能，防止在装卸和运输过程中产生变形和失稳。

⑭ 需海运的构件，除大型构件外，均需打捆或装箱。螺栓、螺纹杆以及连接板要用防水材料外套封装。每个包装箱、裸装件及捆装件的两边都要有标明船运的所需标志，并标明包装件的重量、数量、中心和起吊点。

（4）运输

发运的构件，单件超过 3 t 的，宜在易见部位用油漆标上重量及重心位置标志，以免在装、卸车和起吊过程中损坏构件。节点板、高强度螺栓连接面等重要部分要有适当的保护措施,零星的部件等都要按同一类别用螺栓和铁丝紧固成束或包装发运。

多构件运输时应根据钢构件的长度、重量选用车辆。钢构件在运输车辆上的支点、两端伸出的长度及绑扎方法均应保证钢构件不产生变形,不损伤涂层。

钢结构产品一般是陆路车辆运输或者铁路车皮运输。陆路车辆运输现场拼装散件时,使用一般货运车即可。散件运输一般不需装夹,但要能满足在运输过程中不产生过大变形。对于成形大件的运输,可根据产品不同而选用不同车型的运输货车。由于制作厂的大构件运输能力有限,有些大构件的运输则由专业化大件运输公司承担。对于特大件钢结构产品的运输,则应在加工制造以前就与运输有关的各个方面取得联系,并得到批准后方可运输。如果不允许,就只能采用分段制造、分段运输的方式。在一般情况下,框架钢结构产品的运输多用活络拖斗车,实腹类构件或容器类产品多用大平板车运输。

公路运输装运的高度极限为 4.5 m,如果需通过隧道,则高度极限为 4 m,构件长出车身不得超过 2 m。

钢结构构件的铁路运输,一般由生产厂负责向车站提出车皮计划,由车站调拨车皮装运。铁路运输应遵守国家火车装车限界,当超过影线部分而未超出外框时,应预先向铁路部门提出超宽(或超高)通行报告,经批准后方可在规定的时间运送。

海轮运输时,在到达港口后由海港负责装船,所以要根据离岸码头和到岸港口的装卸能力,来确定钢结构产品运输的外形尺寸、单件重量(即每夹或每箱的总量)。根据构件的具体情况,有时也可考虑采用集装箱运输。内河运输时,则必须考虑每件构件的重量和尺寸,使其不超过当地的起重能力和船体尺寸。国内船只规格参差不齐,装卸能力较差,钢结构产品有时也只能散装,多数不用装夹。

课件
轻钢门式刚
架施工安装

2.3　轻钢门式刚架结构的施工安装

钢结构安装前,应按构件明细表核对进场的构件,核查质量证明书、设计变更文件、构件交工所必需的技术资料以及大型构件预装排版图。构件应符合设计要求和规范的规定,对主要构件(柱子、吊车梁、屋架等)应进行复检。

构件在运输和安装中应防止涂层损坏;构件在安装现场进行制孔、组装、焊接和螺栓连接时,应符合有关规定;构件安装前应清除附在表面的灰尘、冰雪、油污和泥土等杂物;钢结构需进行强度试验时,应按设计要求和有关标准规定进行。

钢结构的安装工艺,应保证结构稳定性和不致造成构件永久变形。对稳定性较差的构件,起吊前应进行试吊,确认无误后,方可正式起吊。钢结构的柱、梁、屋架、支撑等主要构件安装就位后,应立即进行校正、固定。对不能形成稳定空间体系的结构,应进行临时加固。

钢结构安装、校正时,应考虑外界环境(风力、温差、日照等)和焊接变形等因素的影响,由此引起的变形超过允许偏差时,应对其采取调整措施。施工单位和监理单位宜在相同的天气条件和时间段进行测量验收。

2.3.1 施工准备

施工准备主要包括文件资料的准备、场地准备、构件材料的准备、机械设备的准备、土建部分准备、地脚锚栓的埋设、抗剪件槽的预留等钢结构主体施工前的准备工作。

技术交底是指在某一项工作(多指技术工作)开始前,由技术负责人向参与施工作业人员进行的技术性交待,其目的是使参与人员对所要进行的工作技术上的特点、质量要求、工作方法与措施、安全措施等方面有一个较详细的了解,以便于科学地组织开展,避免技术质量或安全事故的发生。交底要做好相关记录工作,各项技术交底记录也是工程技术档案资料中不可缺少的部分。技术交底一般包括设计图纸交底、施工设计交底和安全技术交底等。

1. 钢结构安装应具备下列设计文件

钢结构安装应具备钢结构建筑图、基础图、钢结构施工图和其他相关图纸和设计文件。

钢结构安装前,应进行图纸自审和会审,图纸自审应符合下列规定:熟悉并掌握设计文件内容;发现设计中影响构件安装的问题;提出与土建和其他专业工程的配合要求。

图纸会审应符合下列规定。

① 专业工程之间的图纸会审应由工程总承包单位组织,各专业工程承包单位参加,并符合下列规定。

a. 基础与柱子的坐标应一致,标高应满足柱子的安装要求。

b. 与其他专业工程设计文件无矛盾。

c. 确定与其他专业工程配合施工程序。

② 钢结构设计、制作与安装单位之间的图纸会审规定。

a. 设计单位应作设计意图说明和提出工艺要求。

b. 制作单位介绍钢结构主要制作工艺。

c. 安装单位介绍施工程序和主要方法,并对设计和制作单位提出具体要求和建议。

2. 协调设计、制作和安装之间的关系

(1) 钢结构安装应编制施工组织设计或作业设计

① 施工组织设计和施工方案应由总工程师审批,应包括以下内容。

a. 工程概况、特点介绍及施工难点分析。

b. 施工总平面布置、能源、道路及临时建筑设施等规划。

c. 施工方案,施工方案是施工组织设计的核心,主要包括施工顺序、分部、分项工程施工方法、施工流程图、测量校正工艺、螺栓施拧工艺、焊接工艺、冬施工艺及采用的其他新工艺、新技术等。

d. 主要起重机的布置及吊装方案。

e. 构件运输方法、堆放及场地管理。

f. 施工网络计划。

g. 劳动组织及用工计划。

h. 主要机具、材料计划。

i. 技术质量标准。

j. 技术措施和降低成本计划。

k. 质量、安全保证措施。

② 作业设计由专责工程师审批,主要包括以下内容。

a. 施工条件情况说明。

b. 安装方法、工艺设计。

c. 吊具、卡具和垫板等设计。

d. 临时场地设计。

e. 质量、安全技术实施办法。

f. 劳动力配合。

(2)施工前应按施工方案(作业设计)逐级进行技术交底

交底人和被交底人(主要负责人)应在交底记录上签字。

3. 构件运输和堆放

大型或重型构件的运输应根据行车路线和运输车辆性能编制运输方案。

构件的运输顺序应满足构件吊装进度计划要求。运输构件时,应根据构件的长度、重量、断面形状选用车辆;构件在运输车辆上的支点、两端伸出长度及绑扎方法的选择均应保证构件不产生永久变形、不损伤涂层。

构件堆放场地应平整坚实,无水坑、冰层,并应有排水设施。构件应按种类、型号、安装顺序分类堆放;构件底层垫块要有足够的支承面;相同型号的构件叠放时,每层构件的支点要在同一垂直线上;变形的构件应矫正,经检查合格后方可安装。

4. 柱底二次灌浆和基础验收

(1)柱底二次灌浆

① 为保证柱底二次灌浆的强度,在用垫铁调整或校核标高、垂直度时,应保持基础支承面与钢柱底座板下表面之间的距离不小于 40 mm,以利于灌浆,并全部填满空隙。

② 灌浆所用的水泥砂浆应采用高强度等级水泥。

③ 冬季施工时,基础二次灌浆配制的砂浆应掺入防冻剂、早强剂,以防止冻害或强度上升过缓的缺陷。

④ 为了防止腐蚀,对下列结构及所在的工作环境,二次灌浆使用的砂浆材料中,不得掺用氯盐。

a. 在高温度空气环境中的结构,如排出大量的蒸汽车间和经常处在空气相对湿度大于 80% 的环境。

b. 处于水位升降的部位的结构及其结构基础。

c. 露天结构或经常受水湿、雨淋的结构基础。

d. 有镀锌钢材或有色金属结构的基础。

e. 外露钢材及其预埋件而无防护措施的结构基础。

f. 与含有酸、碱或硫酸盐等侵蚀性介质相接触的结构及有关基础。

g. 使用的工程经常处于环境温度为 60 ℃ 及其以上的结构基础。

h. 薄壁结构、中级或重级工作制的吊车梁、屋架、落锤或锻锤的结构基础。

i. 电解车间直接靠近电源的构件基础。

j. 直接靠近高压电源(发电站、变电所)等场合一类结构的基础。

k. 预应力混凝土的结构基础。

⑤ 为保证基础二次灌浆达到强度要求,避免发生一系列的质量通病,应按以下工艺进行。

a. 基础支承部位的混凝土面层上的杂物需认真清理干净,并在灌浆前用清水湿润后再进行灌浆。

b. 灌浆前对基础上表面的四周应支设临时模板;基础灌浆时应连续进行,防止砂浆凝固、不能紧密结合。

c. 对于灌浆空隙太小、底座板面积较大的基础灌浆,为克服无法施工或灌浆中的空气、浆液过多,影响砂浆的灌入或分布不均等缺陷,宜参考下面所介绍的方法进行。

● 灌浆空隙较小的基础,可在柱底脚板上面各开 1 个适宜的大孔和小孔,大孔用作灌浆,小孔用作排除空气和浆液,在灌浆的同时可用加压法将砂浆填满空隙,并认真捣固,以达到强度。

● 对于长度或宽度在 1 m 以上的大型柱底座板灌浆时,应在底座板上开一孔,用漏斗放于孔内,并采用压力将砂浆灌入,再用 1~2 个细钢管,将其管壁钻若干小孔,按纵横方向平行放入基础砂浆内解决浆液、空气的排出。待浆液、空气排出后,抽除钢管并再加灌一些砂浆来填满钢管遗留的空隙。在养护强度达到后,将底座板开孔处用钢板覆盖并焊接封堵。

● 基础灌浆工作完成后,应将支承面四周边缘用工具抹成 45°散水坡,并认真湿润养护。

d. 如果在北方冬季或较低温环境下施工,应采取防冻或加热升温等保护措施。

⑥ 如果钢柱的制作质量完全符合设计要求,采用坐浆法将基础支承面一次灌浆达到设计安装标高的尺寸;养护强度达到 75% 及以上即可就位安装,可省略二次灌浆的系列工序过程,并节约垫铁等材料和消除灌浆存在的质量通病。

⑦ 坐浆或灌浆后的强度试验。

a. 用坐浆或灌浆法处理后的安装基础的强度必须符合设计要求;基础的强度必须达到 7 d 的养护强度标准,其强度应达到 75% 及其以上时,方可安装钢结构。

b. 如果设计要求需做强度试验,应在同批施工的基础中采用的同种材料、同一配合比,同一天施工及相同施工方法和条件下,制作 2 组砂浆试块。其中,一组与坐浆或灌浆同条件进行养护,在钢结构吊装前做强度试验;另一组试块进行 28 d 标准养护,做龄期强度备查。

c. 如果同一批坐浆或灌浆的基础数量较多,为了达到准确的平均强度值,可适当增加砂浆试块组数。

（2）基础验收

钢结构安装前应对建筑物的定位轴线、基础轴线和标高、地脚螺栓位置等进行检查,并应办理交接验收。当基础工程分批进行交接时,每次交接验收不应少于 1 个安装单元的柱基基础,并应符合下列规定。

① 基础混凝土强度达到设计要求。

② 基础周围回填夯实完毕。

③ 基础的轴线标志和标高基准点准确、齐全,允许偏差符合设计规定。

④ 基础顶面直接作为柱的支承面、基础顶面预埋钢板或支座作为柱的支承面时,其支承面、地脚螺栓(锚栓)的允许偏差应符合表2-16所示的规定。检查数量按柱基数抽查10%,且不应少于3个。检查方法用全站仪、经纬仪、水准仪和钢尺实测。

表 2-16 支承面、地脚螺栓(锚栓)的允许偏差

项目	参数	允许偏差/mm	
支承面	标高	±3.0	
	水平度	$L/1\ 000$	
地脚螺栓 (锚栓)	螺栓中心偏差	5.0	
	螺栓露出长度	$d \leqslant 30$	$d > 30$
		0 +1.2d	0 +1.0d
	螺纹长度	$d \leqslant 30$	$d > 30$
		0 +1.2d	0 +1.0d
预留孔中心偏移	10.0		

注:L 为柱脚底板最大平面尺寸。

⑤ 钢垫板面积应根据混凝土抗压强度、柱脚底板承受的荷载和地脚螺栓(锚栓)的紧固拉力计算确定。

⑥ 垫板应设置在靠近地脚螺栓(锚栓)的柱脚底板加劲板或柱肢下,每根地脚螺栓(锚栓)侧应设1~2组垫板,每组垫板不得多于5块。垫板与基础面和柱底面的接触应平整、紧密。当采用成对斜垫板时,其叠合长度不应小于垫板长度的2/3。柱底二次浇灌混凝土前垫板间应焊接固定。

⑦ 采用坐浆垫板时,应采用无收缩砂浆。坐浆垫板的允许偏差应符合表2-17所示的规定。检查数量和检查方法同前述④。

表 2-17 坐浆垫板的允许偏差

项目	允许偏差/mm
顶面标高	0 -3.0
水平度	$L/1\ 000$
位置	20.0

⑧ 采用杯口基础时,杯口尺寸的允许偏差应符合表2-18所示的规定。检查数量:按基础数抽查10%,且不应少于4处。检验方法:观察及尺量检查。

表 2-18 杯口尺寸的允许偏差

项目	允许偏差/mm
底面标高	0 −5.0
杯口深度 H	±5.0
杯口垂直度	$h/1\,000$,且不应大于 10.0
位置	1.0

注:h 为底层柱的高度。

⑨ 地脚螺栓(锚栓)尺寸的允许偏差应符合表 2-19 所示的规定。地脚螺栓(锚栓)的螺纹应受到保护。检查数量:按柱基数抽查 10%,且不应少于 3 处。检验方法:钢尺现场实测。

表 2-19 地脚螺栓(锚栓)尺寸的允许偏差

项目	允许偏差/mm		
螺栓(锚栓)露出长度	$d \leqslant 30$	0	$+1.2d$
	$d > 30$	0	$+1.0d$
螺纹长度	$d \leqslant 30$	0	$+1.2d$
	$d > 30$	0	$+1.0d$

⑩ 基础标高的调整应根据钢柱的长度、钢牛腿和柱脚距离来决定基础标高的调整数值。

通常基础标高调整时,双肢柱设 2 个点,单肢柱设 1 个点。其调整方法如下。

根据标高调整数值,用压缩强度为 55 MPa 的无收缩水泥砂浆制成无收缩水泥砂浆标高控制块,进行调整。用无收缩水泥砂浆标高控制块进行调整,标高调整的精度较高(可达±1 mm 之内)。

(3)地脚螺栓

① 地脚螺栓(锚栓)埋设。

a. 地脚螺栓的直径、长度,均应按设计规定的尺寸制作;一般地脚螺栓应与钢结构配套出厂,其材质、尺寸、规格,形状和螺纹的加工质量,均应符合设计施工图的规定。如果钢结构出厂不带地脚螺栓,则需自行加工,地脚螺栓各尺寸应符合下列要求。

地脚螺栓的直径尺寸与钢柱底座板的孔径应相适配,为便于安装找正、调整,多数是底座孔径尺寸大于螺栓直径。

地脚螺栓长度尺寸可用下式确定。

$$L = H + S \quad \text{或} \quad L = H - H_1 + S \qquad (2-1)$$

式中:L——地脚螺栓的总长度,mm;

H——地脚螺栓埋设深度(指一次性埋设),mm;

H_1——当预留地脚螺栓孔埋设时,螺栓根部与孔底的悬空距离($H - H_1$),一般不得小于 80 mm;

S——垫铁高度、底座板厚度、垫圈厚度、压紧螺母厚度、防松锁紧副螺母(或弹簧垫圈)厚度和螺栓伸出螺母的长度(2~3 扣)的总和,mm。

为使埋设的地脚螺栓有足够的锚固力,其根部需经加热后加工(或煨成)成 L、U 等形状。

b. 样板尺寸放完后,在自检合格的基础上交监理抽检,进行单项验收。

c. 不论一次埋设或事先预留孔二次埋设地脚螺栓,埋设前,一定要将埋入混凝土中的一段螺杆表面的铁锈、油污清理干净,如果清理不净,则会使浇灌后的混凝土与螺栓表面结合不牢,易出现缝隙或隔层,不能起到锚固底座的作用。清理的一般做法是用钢丝刷或砂纸去锈;油污一般是用火焰烘烤去除。

d. 地脚螺栓在预留孔内埋设时,其根部底面与孔底的距离不得小于 80 mm;地脚螺栓的中心应在预留孔中心位置,螺栓外边缘与预留孔壁的距离不得小于 20 mm。

e. 预留孔的地脚螺栓埋设前,应将孔内杂物清理干净,一般做法是用长度较长的钢凿将孔底及孔壁结合薄弱的混凝土颗粒及黏附的杂物全部清除,然后用压缩空气吹净,浇灌前用清水充分湿润,再进行浇灌。

f. 为防止浇灌时地脚螺栓的垂直度、螺栓距孔内侧壁、底部的尺寸变化,浇灌前应将地脚螺栓找正后加固固定。

g. 固定螺栓可采用下列两种方法。

● 采用先浇筑预留孔洞后埋螺栓的方法,在埋螺栓时,采用型钢两次校正办法,检查无误后,浇筑预留孔洞。

● 将每根柱的地脚螺栓 8 个或 4 个用预埋钢架固定,一次浇筑混凝土,定位钢板上的纵横轴线允许误差为 0.3 mm。

h. 做好保护螺栓措施。

i. 实测钢柱底座螺栓孔距及地脚螺栓位置数据,将两项数据归纳并检验是否符合质量标准。

j. 当螺栓位移超过允许值,可用氧-乙炔火焰将底座板螺栓孔扩大,安装时,另加长孔垫板,焊好。也可将螺栓根部混凝土凿去 5~10 cm,而后将螺栓稍弯曲,再烤直。

② 地脚螺栓(锚栓)定位。

a. 基础施工确定地脚螺栓或预留孔的位置时,应认真按施工图规定的轴线位置尺寸,放出基准线,同时在纵、横轴线(基准线)的两对应端,分别选择适宜位置,埋置铁板或型钢,标定出永久坐标点,以备在安装过程中随时测量参照使用。

b. 浇筑混凝土前,应按规定的基准位置支设、固定基础模板及其表面配件。

c. 浇筑混凝土时,应经常观察及测量模板的固定支架、预埋件和预留孔的情况。当发现有变形、位移时应立即停止浇灌,进行调整、排除。

d. 为防止基础及地脚螺栓等的尺寸、位置出现位移或偏差过大,基础施工单位与安装单位应在基础施工放线定位时密切配合,共同把关控制各自的正确尺寸。

③ 地脚螺栓(锚栓)纠偏。

a. 经检查测量,如埋设的地脚螺栓有个别的垂直度偏差很小,应在混凝土养护强度达到 75% 及以上时进行调整。调整时可用氧-乙炔火焰将不直的螺栓在螺杆处加热后采用木质材料垫护,用锤敲移、扶直到正确的垂直位置。

b. 对位移或垂直度偏差过大的地脚螺栓,可在其周围用钢凿将混凝土凿到适宜深度后,用气割割断,按规定的长度、直径尺寸及相同材质材料,加工后采用搭接焊上一段,并采取补强的措施,来调整达到规定的位置和垂直度。

c. 对位移偏差过大的个别地脚螺栓,除采用搭接焊法处理外,在允许的条件下,还可采用扩大底座板孔径侧壁的方法来调整位移的偏差量,调整后并用自制的厚板垫圈覆盖,进行焊接补强固定。

d. 预留地脚螺栓孔在灌浆埋设前,当螺栓在预留孔内位置偏移过大时,可采取扩大预留孔壁的措施来调整地脚螺栓到准确位置。

④ 地脚螺栓螺纹保护与修补。

微课
轻钢门式刚架柱脚锚栓的维护与修补

a. 与钢结构配套出厂的地脚螺栓在运输、装箱、拆箱时,均应加强对螺纹保护。正确的保护方法是:涂油后,用油纸及线麻包装绑扎,以防螺纹锈蚀和损坏;并应单独存放,不宜与其他零部件混装、混放,以免因相互撞击损坏螺纹。

b. 基础施工埋设固定的地脚螺栓,应在埋设过程中或埋设固定后,用罩式的护箱、盒加以保护。

c. 钢柱等带底座板的钢构件吊装、就位前应对地脚螺栓有如下规定。

不得利用地脚螺栓做弯曲加工的操作;不得利用地脚螺栓作电焊机的接零线;不得利用地脚螺栓作牵引拉力的绑扎点;构件就位时,应用临时套管套入螺杆,并加工成锥形螺母带入螺杆顶端;吊装构件时,防止水平侧向冲击力撞伤螺纹,应在构件底部拴好溜绳加以控制;安装操作,应统一指挥,相互协调一致,当构件底座孔位全部垂直对准螺栓时,将构件缓慢地下降就位;并卸掉临时保护装置,带上全部螺母。

d. 当螺纹被损坏的长度不超过其有效长度时,可用钢锯将损坏部位锯掉,用什锦钢锉修整螺纹,达到顺利带入螺母为止。

e. 如果地脚螺栓的螺纹被损坏的长度,超过规定的有效长度,可用气割割掉大于原螺纹段的长度;再用与原螺栓相同的材质、规格的材料,一端加工成螺纹,并在对接的端头截面制成 $30°\sim45°$ 的坡口与下端进行对接焊接后,再用相应直径规格、长度的钢管套入接点处,进行焊接加固补强。经套管补强加固后,会使螺栓直径大于底座板孔径,用气割扩大底座板孔的孔径来解决。

（4）垫铁垫放

① 为了使垫铁组平稳地传力给基础,应使垫铁面与基础面紧密贴合。因此,在垫放垫铁前,对不平的基础上表面,需用工具凿平。

② 垫放垫铁的位置分布应正确,具体垫法应根据钢柱底座板受力面积大小,垫在钢柱中心及两侧受力集中部位或靠近地脚螺栓的两侧。垫铁垫放的主要要求是:在不影响灌浆的前提下,相邻两垫铁组之间的距离应越近越好,这样能使底座板、垫铁和基础,起到全面承受压力荷载的作用,共同均匀的受力,避免局部偏压、集中受力或底板在地脚螺栓紧固受力时发生变形。

③ 直接承受荷载的垫铁面积,应符合受力需要,否则面积太小,易使基础局部集中过载,影响基础全面均匀受力。因此,钢柱安装用垫铁调整标高或水平度时,首先应确定垫铁的面积。一般钢柱安装用垫铁均为非标准,不如安装动力设备垫铁的要求那么严格,故钢柱安装用垫铁在设计施工图上一般不作规定和说明,施工时可自行选用确定。选用确定垫铁的几何尺寸及受力面积,可根据安装构件的底座面积大小、标高、水

平度和承受载荷等实际情况确定。

④ 垫铁厚度应根据基础上表面标高来确定。一般基础上表面的标高多数低于安装基准标高 40~60 mm。安装时依据这个尺寸用垫铁来调整确定极限标高和水平度。因此,安装时应根据实际标高尺寸确定垫铁组的高度,再选择每组垫铁的厚薄度;规范规定,每组垫铁的块数不应超过 3 块。

⑤ 垫放垫铁时,应将厚垫铁垫在下面,薄垫铁放在最上面,最薄的垫铁宜垫放在中间;但尽量少用或不用薄垫铁,否则影响受力时的稳定性和焊接(点焊)质量;安装钢柱调整水平度,在确定平垫铁的厚度时,还应同时锻造加工一些斜垫铁,其斜度一般为 1/20~1/10;垫放时应防止产生偏心悬空,斜垫铁应成对使用。

⑥ 垫铁在垫放前,应将其表面的铁锈、油污和加工的毛刺清理干净,以备灌浆时能与混凝土牢固地结合;垫后的垫铁组露出底座板边缘外侧的长度为 10~20 mm,并在两侧用电焊点焊牢固。

⑦ 垫铁的高度应合理,过高会影响受力的稳定;过低则影响灌浆的填充饱满,甚至使灌浆无法进行。灌浆前,应认真检查垫铁组与底座板接触的牢固性,常用 0.25 kg 重的小锤轻击,用听声的办法来判断,接触牢固的声音是实音;接触不牢固的声音是碎哑音。

2.3.2 钢结构工程的安装方法

吊装施工前需要进行吊装设备选用、吊点选择、吊装验算和钢丝绳计算、选择等相关计算工作。

钢结构工程安装方法有分件安装法、节间安装法和综合安装法。

(1)分件安装法

分件安装法是指起重机在厂房内每开行一次仅安装一种或两种构件。如起重机第一次开行先吊装全部柱子,并进行临时固定、校正和最后固定。然后依次吊装地梁、柱间支撑、墙梁、吊车梁、托架(托梁)、屋架、天窗架、屋面支撑和墙板等构件,直至所有构件吊装完成。有时屋面板的吊装也可在屋面上单独用桅杆或屋面小吊车来进行。

分件吊装法的优点是:起重机在每次开行中仅吊装一类构件,吊装内容单一,准备工作简单,校正方便,吊装效率高;有充分时间进行校正;构件可分类在现场顺序预制、排放,场外构件可按先后顺序组织供应;构件预制、吊装、运输、排放条件好,易于布置;可选用起重量较小的起重机械,可利用改变起重臂杆长度的方法,分别满足各类构件吊装起重量和起升高度的要求。缺点是:起重机开行频繁,机械台班费用增加;起重机开行路线长;起重臂长度改变需一定的时间;不能按节间吊装,不能尽快组成稳定的受力体系,不能为后续工程及早提供工作面,阻碍了工序的穿插;相对的吊装工期较长;屋面板吊装有时需要辅助机械设备。

分件安装法适用于一般中、小型厂房的吊装。

(2)节间安装法

节间安装法是指起重机在厂房内一次开行中,分节间依次安装所有各类型构件,即先吊装一个节间柱子,并立即加以校正和最后固定,然后吊装地梁、柱间支撑、墙梁(连续梁)、吊车梁、走道板、柱头系统、托架(托梁)、屋架、天窗架、屋面支撑系统、屋面板和墙板等构件。一个(或几个)节间的全部构件吊装完毕后,起重机再行进至下一个

（或几个）节间，进行下一个（或几个）节间全部构件吊装，直至吊装完成。

节间安装法的优点是：起重机开行路线短、停机点少，停机一次可以完成一个（或几个）节间全部构件安装工作，可为后期工程及早提供工作面，可组织交叉平行流水作业，缩短工期；构件制作和吊装误差能及时发现并纠正；吊装完一节间，校正固定一节间，迅速组成节间稳定受力体系，结构整体稳定性好，有利于保证工程质量。缺点是：需用起重量大的起重机同时起吊各类构件，不能充分发挥起重机效率，无法组织单一构件连续作业；各类构件需交叉配合，场地构件堆放拥挤，吊具、索具更换频繁，准备工作复杂；校正工作零碎，困难；柱子固定时间较长，难以组织连续作业，使吊装时间延长，降低吊装效率；操作面窄，易发生安全事故。

节间安装法适用于采用回转式桅杆进行吊装或特殊要求的结构（如门式框架）或某种原因局部特殊需要（如急需施工地下设施）时采用。

（3）综合安装法

综合安装法是将全部或一个区段的柱以下部分的构件用分件吊装法吊装，即柱子吊装完毕并校正、固定，再按顺序吊装地梁、柱间支撑、吊车梁、走道板、墙梁、托架（托梁），接着按节间综合吊装屋架、天窗架、屋面支撑系统和屋面板等屋面构件。整个吊装过程可按三次流水进行，根据结构特性有时也可采用两次流水，即先吊装柱子，然后分节间吊装其他构件。吊装时通常采用 2 台起重机，一台起重量大的起重机用来吊装柱子、吊车梁、托架和屋面系统等，另一台用来吊装柱间支撑、走道板、地梁、墙梁等构件并承担构件卸车和就位排放工作。

综合安装法综合了分件安装法和节间安装法的优点，能最大限度地发挥起重机的能力和效率，缩短工期，是广泛采用的一种安装方法。

2.3.3　主体钢结构的安装

轻钢门式刚架柱安装时的标高控制在无桥式吊车时以柱顶为控制点，有桥式吊车时以牛腿顶面为控制点。

主体钢结构构件的安装应根据场地和起重设备条件，最大限度地将扩大拼装工作在地面完成；所采用的安装顺序宜先从靠近山墙的有柱间支撑的两榀刚架开始。在刚架安装完毕后应将其间的檩条、支撑、隔撑等全部装好，并检查其铅垂度。然后，以这两榀刚架为起点，向房屋另一端顺序安装。除最初安装的两榀刚架外，其余刚架间檩条、墙梁和檐檩等的螺栓均应在校准后再拧紧。刚架安装宜先立柱子，然后将在地面组装好的斜梁吊起就位，并与柱连接。

1. 钢柱的安装

柱子安装前应设置标高观测点并使其与中心线标志位置一致。

① 标高观测点的设置应符合下列规定。

a. 钢结构工程安装方法标高观测点的设置以牛腿（肩梁）支承面为基准，设在柱的便于观测处。

b. 无牛腿（肩梁）柱，应以柱顶端与屋面梁连接的最上一个安装孔中心为基准。

② 中心线标志的设置应符合下列规定。

a. 在柱底板上表面行线方向设一个中心标志，列线方向两侧各设一个。

微课
轻钢门式刚架柱的校正

b. 在柱身表面上行线和列线方向各设一个中心线,每条中心线在柱底部、中部(牛腿或肩梁部)和顶部各设一处中心标志。

c. 双牛腿(肩梁)柱在行线方向两个柱身表面分别设中心标志。

d. 多节柱安装时,宜将柱组装后整体吊装。

e. 钢柱吊装机械常采用移动方便的履带式或轮胎式起重机,大型钢柱可根据现场条件采用二机或三机抬吊,常用的吊装方法有旋转法或滑行法。

③ 钢柱安装校正应符合下列规定。

a. 应排除阳光侧面照射所引起的偏差。

b. 应根据气温(季节)控制柱垂直度偏差,并应符合相关规定。

c. 单层钢结构中柱子安装的允许偏差应符合表 2-20 所示的规定。吊车梁固定连接后,柱还应进行复侧,超差的应进行调整。

d. 对长细比较大的柱子,吊装后应增加临时固定措施。

e. 柱间支撑的安装应在柱子找正后进行,应在保证柱垂直度的情况下安装,柱间支撑不得弯曲。

表 2-20　单层钢结构中柱子安装的允许偏差

项目		允许偏差/mm	图例	检验方法
柱脚底座中心线对定位轴线的偏移		5.0		用吊线和钢尺检查
柱基准点标高	有吊车梁的柱	+3.0 -5.0		用水准仪检查
	无吊车梁的柱	+5.0 -8.0		
挠曲矢高		$H/1\,000$ 10.0		用经纬仪或拉线和钢尺检查
柱轴线垂直度	单层柱 $H \leqslant 12\text{ m}$	10.0		用经纬仪或吊线和钢尺检查
	单层柱 $H > 12\text{ m}$	$H/1\,000$ 20.0		
	多层柱 底层柱	10.0		
	多层柱 柱全高	20.0		
柱顶标高		$\leqslant \pm 10.0$		

2. 吊车梁安装

钢柱吊装完成并经校正、最后固定后,即可吊装吊车梁等构件。

(1) 吊点的选择

钢吊车梁一般采用两点绑扎,对称起吊。吊钩中心应对应梁的重心,以便使梁起吊后保持水平,梁的两端用油绳控制,以防吊升就位时左右摆动,碰撞柱子。

对设有预埋吊环的钢吊车梁,可采用带钢钩的吊索直接钩住吊环起吊;对梁自重较大的钢吊车梁,应用卡环与吊环吊索相互连接起吊;对未设置吊环的钢吊车梁,可在梁端靠近支点处用轻便吊索配合卡环绕钢吊车梁下部左右对称绑扎起吊,如图 2-99 所示;或利用工具式吊耳起吊,如图 2-100 所示。当起重能力允许时,也可采用将吊车梁与制动梁(或桁架)及支撑等组成一个大部件进行整体吊装,如图 2-101 所示。

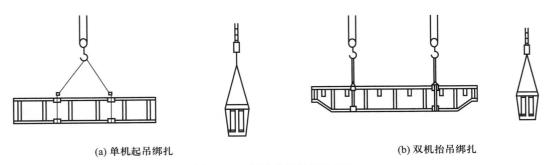

(a) 单机起吊绑扎   (b) 双机抬吊绑扎

图 2-99 钢吊车梁的吊装绑扎

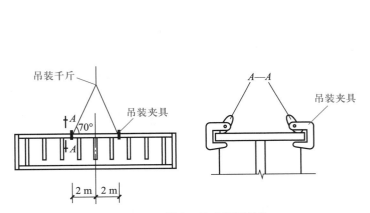

图 2-100 利用工具式吊耳吊装

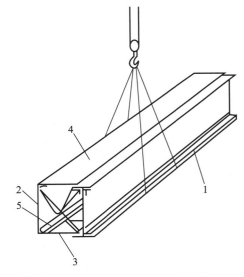

图 2-101 钢吊车梁的组合吊装

1—钢吊车梁;2—侧面桁架;3—底面桁架;

4—上平面桁架及走台;5—斜撑

（2）吊升就位和临时固定

在屋盖吊装之前安装钢吊车梁时,可采用各种自行式起重机;在屋盖吊装完毕之后安装钢吊车梁时,可采用短臂履带式起重机或独脚桅杆;如无起重机械,也可在屋架端头或柱顶拴滑轮组来安装钢吊车梁,采用此法时对屋架绑扎位置应通过验算确定。

钢吊车梁布置宜接近安装位置,使梁重心对准安装中心。安装时可由一端向另一端,或从中间向两端顺序进行。当梁吊升至设计位置离支座顶面约 20 cm 时,用人力扶正,使梁中心线与支承面中心线（或已安装相邻梁中心线）对准,使两端搁置长度相等,缓缓下落。如果有偏差,稍稍起吊用撬杠撬正;如果支座不平,可用斜铁片垫平。

一般情况下,吊车梁就位后,因梁本身稳定性较好,仅用垫铁垫平即可,不需采取临时固定措施。当梁高度与宽度之比大于 4,或遇五级以上大风时,脱钩前,宜用铁丝将钢吊车梁临时捆绑在柱子上固定,以防倾倒。

（3）校正

钢吊车梁校正一般在梁全部吊装完毕,屋面构件校正并固定后进行。但对重量较大的钢吊车梁,因脱钩后撬动比较困难,宜采取边吊边校正的方法。校正内容包括中心线（位移）、轴线间距（跨距）、标高、垂直度等。纵向位移在就位时已基本校正,故校正主要为横向位移。

吊车梁中心线与轴线间距校正:校正吊车梁中心线与轴线间距时,先在吊车轨道两端的地面上,根据柱轴线放出吊车轨道轴线,用钢尺校正两轴线的距离,再用经纬仪放线,钢丝挂线锤或在两端拉通线钢丝等方法校正,如图 2-102 所示。如果有偏差,用撬杠拨正,或在梁端设螺栓,液压千斤顶侧向顶正,如图 2-103 所示。或在柱头挂倒链将吊车梁吊起或用杠杆将吊车梁抬起,再用撬杠配合移动拨正,如图 2-104 所示。

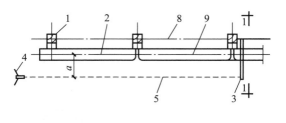
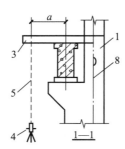

(a) 仪器法校正

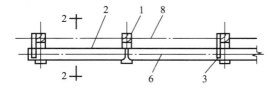
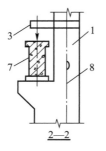

(b) 线锤法校正

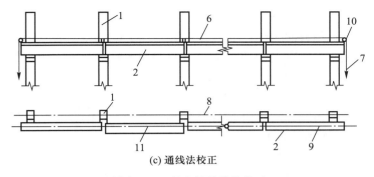

(c) 通线法校正

图 2-102　吊车梁轴线的校正

1—柱；2—吊车梁；3—短木尺；4—经纬仪；5—经纬仪与梁轴线平行视线；6—铁丝；

7—线锤；8—柱轴线；9—吊车梁轴线；10—钢管或圆钢；11—偏离中心线的吊车梁

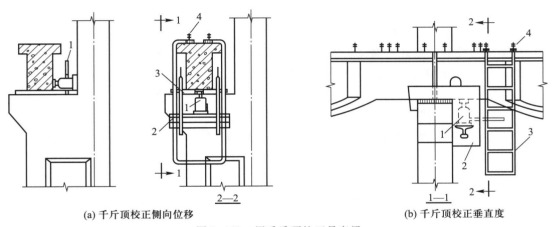

(a) 千斤顶校正侧向位移　　　　　　　　　(b) 千斤顶校正垂直度

图 2-103　用千斤顶校正吊车梁

1—液压（或螺栓）千斤顶；2—钢托架；3—钢爬梯；4—螺栓

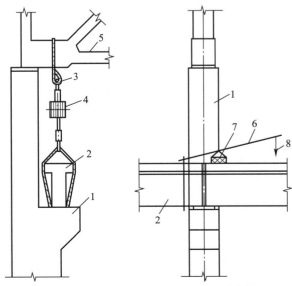

图 2-104　用悬挂法和杠杆法校正吊车梁

1—柱；2—吊车梁；3—吊索；4—倒链；5—屋架；6—杠杆；7—支点；8—着力点

吊车梁标高的校正：当一跨即两排吊车梁全部吊装完毕后，将一台水准仪架设在某一钢吊车梁上或专门搭设的平台上，进行梁两端的高程测量，计算各点所需垫板厚度，或在柱上测出一定高度的水准点，再用钢尺或样杆量出水准点至梁面铺轨需要的高度，根据测定标高进行校正。校正时用撬杠撬起或在屋架上弦端头节点上挂倒链将吊车梁设置垫板的一端吊起。重型柱可在梁一端下部用千斤顶顶起填塞铁片，如图 2-103（b）所示。

吊车梁垂直度的校正：在校正标高的同时，用靠尺或线锤在吊车梁的两端测垂直度（见图 2-105），用楔形钢板在一侧填塞校正。

（4）最后固定

钢吊车梁校正完毕后应立即将钢吊车梁与柱牛腿上的预埋件焊接牢固，并在梁柱接头处、吊车梁与柱的空隙处支模浇筑细石混凝土并养护，或将螺母拧紧，将支座与牛腿上垫板焊接进行最后固定。

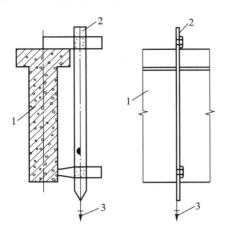

图 2-105　吊车梁垂直度的校正
1—吊车梁；2—靠尺；3—线锤

（5）安装验收

根据《钢结构工程施工质量验收标准》（GB 50205—2020）的规定，钢吊车梁的允许偏差如表 2-21 所示。

表 2-21　钢吊车梁的允许偏差

项目		允许偏差/mm	检查方法
梁跨中垂直度		$h/500$	用吊线或钢尺检查
侧向弯曲矢高		$L/1\ 500$，且 ≤10.0	用拉线和钢尺检查
垂直上供矢高		10.0	
两端支座中心位移	安装在钢柱上时对牛腿中心的偏移	5.0	
	安装在混凝土柱子上是对定位轴线的偏移	5.0	
同跨间内同一横截面吊车梁顶面高差	支座处	$L/1\ 000$，且不大于 10.0	用经纬仪、水准仪和钢尺检查
	其他处	15.0	
同跨间内同一横截面下挂式吊车梁底面高差		10.0	
同列相邻两柱间吊车梁高差		$L/1\ 500$，且 ≤10.0	用经纬仪和钢尺检查
相邻两吊车梁接头部位	中心错位	3.0	用钢尺检查
	上承式顶面高差，下承式底面高差	1.0	
吊车梁支座加劲板中心与柱子承压加劲板中心的偏移		$t/2$	用吊线和钢尺检查

3. 钢梁安装及高强度螺栓安装

采用分件安装法、节间安装法或综合安装法进行刚架梁的吊装并进行高强度螺栓连接，即可完成门式刚架斜梁的安装，门式刚架斜梁的安装的重点是高强度螺栓连接施工。

微课
轻钢门式刚
架梁的安装

（1）高强度螺栓连接副的管理

① 采购供使用的高强度螺栓的供应商必须是经国家有关部门认可的专业生产商，采购时，一定要严格按照钢结构设计图纸要求选用螺栓等级。高强度螺栓连接副应由制造厂按批配套供应，每个包装箱内都必须配套装有螺栓、螺母及垫圈，包装箱应能满足储运的要求，并具备防水、密封的功能。包装箱内应带有产品合格证和质量保证书；包装箱外表面应注明批号、规格及数量。

② 高强度螺栓连接副必须配套供应。其中扭剪型高强度螺栓连接副每套包括一个螺栓、一个螺母和一个垫圈；高强度大六角头螺栓连接副每套包括一个螺栓、一个螺母和两个垫圈。

③ 要注意高强度螺栓使用前的保管。如果保管不善，会引起螺栓生锈及沾染脏物等，进而会改变螺栓的扭矩系数及性能。在保管中要注意如下几点。

a. 螺栓应存放在防潮、防雨、防粉尘，且按类型和规格分类存放。螺栓连接副应成箱在室内仓库保管，地面应有防潮措施，并按批号、规格分类堆放，保管使用中不得混批。高强度螺栓连接副包装箱码放底层应架空，距地面高度大于 300 mm，码高不超过三层。工地储存高强度螺栓时，应放在干燥、通风、防雨、防潮的仓库内，并不得损伤丝扣和沾染脏物。连接副入库应按包装箱上注明的规格、批号分类存放。

b. 螺栓应轻拿轻放，防止撞击、损坏包装和损坏螺栓。使用前尽可能不要开箱，以免破坏包装的密封性。开箱取出部分螺栓后也应原封包装好，以免沾染灰尘和锈蚀。在施拧前，应尽可能地保持其在出厂状态，以免扭矩系数和标准偏差或紧固轴力变异系数发生变化。在运输、保管及使用过程中应轻装轻卸，防止损伤螺纹，发现螺纹损伤严重或雨淋过的螺栓不应使用。

c. 螺栓应在使用时方可打开包装箱，高强度螺栓连接副在安装使用时，工地应按当天计划使用的规格和数量领取，当天安装剩余的必须装回干燥、洁净的容器内，妥善保管，不得乱放、乱扔，并按批号和规格保管，严格按批号存放、使用。不同批号的螺栓、螺母、垫圈不得混杂使用。

d. 在安装过程中，应注意保护螺栓，不得沾染泥沙等脏物和碰伤螺纹。使用过程中，如果发现异常情况，应立即停止施工，经检查确认无误后再行施工。

e. 高强度螺栓连接副的保管时间不应超过 6 个月。保管周期超过 6 个月时，若再次使用需按要求进行扭矩系数试验或紧固轴力试验，检验合格后方可使用。

④ 高强度螺栓检测。

a. 螺栓均应按设计及规范要求选用其材料和规格，保证其性能符合要求。

b. 连接副的紧固轴力和摩擦面的抗滑移系数试验应在制作单位进行。同时由制造厂按规范提供试件，安装单位在现场进行摩擦面的抗滑移系数试验。

c. 连接副复验用的螺栓应在施工现场待安装的螺栓批中随机抽取，每批应抽取 8 套连接副进行复验。

　　d. 连接副预拉力可采用经计量检定、校准合格的轴力计进行测试。

　　e. 试验用的计量器具,应在试验前进行标定,其误差不得超过2%。

（2）施工机具

　　高强度螺栓施工最主要的施工机具就是高强度螺栓电动工具及手动工具,如表2-22所示。

表2-22　高强度螺栓施工机具

电动工具		
名称	扭矩型电动高强度螺栓扳手	扭剪型电动高强度螺栓扳手	角磨机
图例			
用途	① 用于高强度螺栓初拧 ② 用于因构造原因扭剪型电动扳手无法终拧节点	用于高强度螺栓终拧	用于清除摩擦面上浮锈、油污等

手动工具		
名称	钢丝刷	手工扳手	棘轮扳手
图例	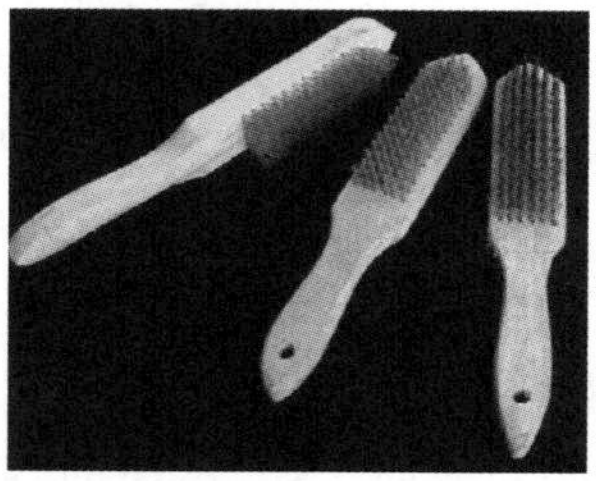	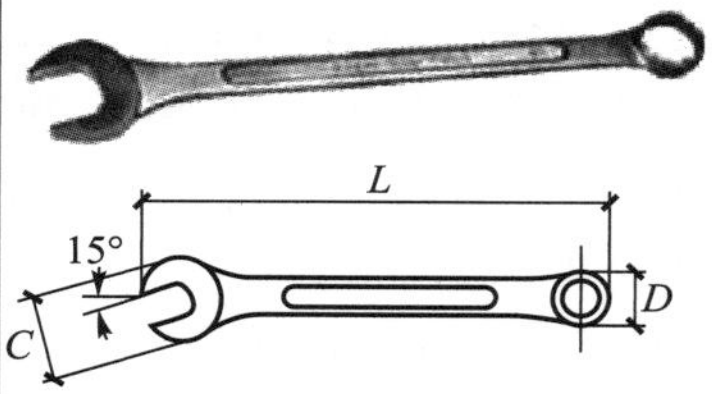	
用途	用于清除摩擦面上浮锈、油污等	用于普通螺栓及安装螺栓初、终拧	

（3）结构组装（高强度螺栓安装工艺及方法）

　　结构组装前要对摩擦面进行清理,高强度螺栓连接处的钢板表面处理方法及除锈等级应符合设计要求。连接处钢板表面应平整,无焊接飞溅,毛刺,油污。经处理后的摩擦型高强度螺栓连接的摩擦面抗滑移系数应符合设计要求。经处理后的高强度螺栓连接处摩擦面应采取保护措施,防止沾染脏物和油污。严禁在高强度螺栓连接处摩擦面上做标记。

　　组装时应用钢钎、冲子等校正孔位,为了接合部钢板间摩擦面贴紧,结合良好,先用临时普通安装螺栓和手动扳手紧固、达到贴紧为止。待结构调整就位以后穿入高强度螺栓,并用带把扳手适当拧紧,再用高强度螺栓逐个取代安装螺栓。

　　高强度螺栓安装工艺流程如图2-106所示。高强度螺栓长度的确定如表2-23

所示。

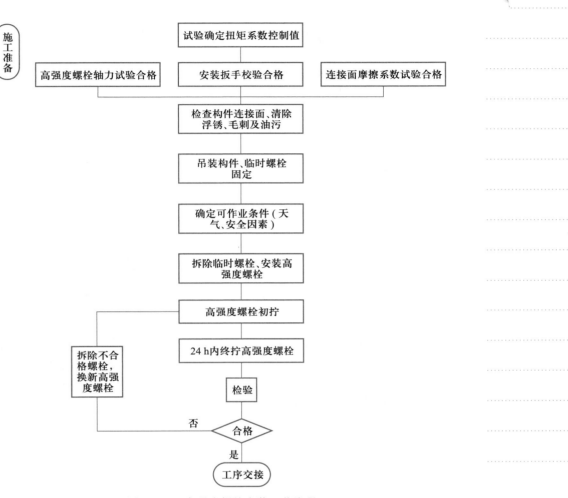

图 2-106　高强度螺栓安装工艺流程

表 2-23　高强度螺栓长度的确定

公式	$l = l' + \Delta l, \Delta l = m + n_w s + 3p$
参数	l'——连接板层总厚度,mm; Δl——附加长度,mm; m——高强度螺母公称厚度,mm; n_w——垫圈个数;扭剪型高强度螺栓为1,大六角头高强度螺栓为2; s——高强度垫圈公称厚度,mm; p——螺纹的螺距,mm
示意图	

① 摩擦面及连接板间隙的处理。为防止连接后构件位置偏移,以及为了钢板间的有效夹紧,尽量消除间隙。为了保证安装摩擦面达到规定的摩擦系数,连接面应平整,不得有毛刺、飞边、焊疤、飞溅物、铁屑以及浮锈等污物;摩擦面上不允许存在钢材卷曲变形及凹陷等现象。

每个节点所需用的临时螺栓和冲钉数量,应按安装时可能产生的荷载计算确定。在安装时,要控制以下几点。

a. 临时螺栓与冲钉之和不应少于该节点螺栓总数的 1/3,临时螺栓的安装方法如表 2-24 所示。目的是为了防止构件偏移。

表 2-24　临时螺栓的安装方法

序号	安装方法	示意图
1	当构件吊装就位后,先用橄榄冲对准孔位(橄榄冲穿入数量不宜多于临时螺栓的 30%),在适当位置插入临时螺栓,然后用扳手拧紧,使连接面结合紧密	
2	临时螺栓安装时,注意不要使杂物进入连接面	
3	螺栓紧固时,遵循从中间开始、对称向周围的拧紧的顺序	
4	临时螺栓的数量不得少于本节点螺栓安装总数的 30%且不得少于 2 个临时螺栓	
5	不允许使用高强度螺栓兼作临时螺栓,以防损伤螺纹引起扭矩系数的变化	
6	一个安装段完成后,经检查确认符合要求后,方可安装高强度螺栓	

b. 临时螺栓不应少于 2 颗。

c. 所用冲钉数不宜多于临时螺栓的 30%。目的是为了加大对板叠的压紧力。

d. 连接用的高强度螺栓不得兼作临时螺栓,以防止螺纹损伤和连接副表面状态改变,引起扭矩系数的变化。

e. 认真处理连接板的紧密贴合,对因板厚偏差或制作误差造成的接触面间隙,做如图 2-107 所示处理。

② 安装替换高强度螺栓注意事项。

a. 螺栓穿入方向应便于操作,并力求一致,目的是使整体美观。

b. 高强度螺栓连接中连接钢板的孔径略大于螺栓直径,并必须采取钻孔成形方法,钻孔后的钢板表面应平整、孔边无飞边和毛刺,连接板表面应无焊接溅物、油污等。

c. 螺栓应自由穿入螺栓孔,不能自由穿入的螺栓孔允许在孔径四周层间无间隙后用铰刀、磨头或锉刀进行修整,修整后孔的最大直径应小于 1.2 倍螺栓直径,且修孔数量不应超过该节点螺栓数量的 25%。修孔时,为了防止铁屑落入板迭缝中,铰孔前应将四周螺栓全部拧紧,使板迭缝密贴后再进行,铰孔后应重新清理孔周围毛刺,不得将螺栓强行敲入,严禁气割扩孔。

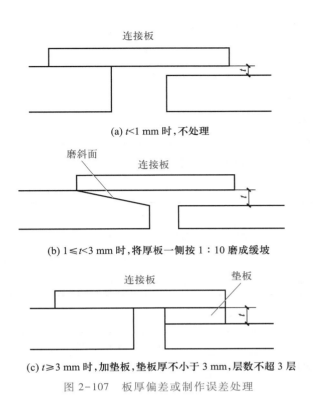

(a) $t<1$ mm 时,不处理

(b) $1 \leqslant t<3$ mm 时,将厚板一侧按 $1:10$ 磨成缓坡

(c) $t \geqslant 3$ mm 时,加垫板,垫板厚不小于 3 mm,层数不超 3 层

图 2-107　板厚偏差或制作误差处理

d. 螺接连接副安装时,螺母凹台一侧应与垫圈有倒角的一面接触,大六角头螺栓的第二个垫圈有倒角的一面应朝向螺栓头。

e. 安装高强度螺栓时,构件的摩擦面应保持干燥,不得在雨中作业。

③ 初拧与终拧。

a. 高强度螺栓连接副的拧紧应分为初拧、终拧。对于大型节点应分为初拧、复拧、终拧。复拧扭矩等于初拧扭矩。初拧、复拧、终拧应在 24 h 内完成。

b. 施拧一般应按由螺栓群节点中心位置顺序向外拧紧的方法进行,随后应做好标志。

c. 初拧(复拧)与终拧扭矩的取值。扭剪型高强度螺栓初拧扭矩按下列公式进行计算。

$$T_0 = 0.065 P_c d$$
$$P_c = P + \Delta P \qquad\qquad (2\text{-}2)$$

式中:T_0——初拧扭矩,N·m;

　　P_c——施工预拉力,kN;

　　P——高强度螺栓设计预拉力,kN;

　　ΔP——高强度螺栓预拉力损失值,kN,宜取设计预拉力的 10%;

　　d——高强度螺栓螺纹直径,mm。

扭剪型高强度螺栓终拧应采用扭剪电动扳手将尾部梅花头拧掉。但是,个别部位的螺栓无法使用扭剪电动扳子,则按同直径高强度大六角头螺栓所采用的扭矩法施拧。

高强度大六角头螺栓初拧扭矩一般为终拧的 50%~60%。

高强度大六角头螺栓终拧扭矩按下列公式进行计算。

$$T_c = KP_c d \qquad\qquad (2-3)$$
$$P_c = P + \Delta P \qquad\qquad (2-4)$$

式中:T_c——终拧扭矩,N·m;

　　　K——扭矩系数。

高强度大六角头螺栓施工(标准)预拉力如表 2-25 所示。

高强度螺栓设计预拉力值如表 2-26 所示。

表 2-25　高强度大六角头螺栓施工(标准)预拉力　　　　　kN

螺栓的	螺栓公称直径/mm						
性能等级	M12	M16	M20	M22	M24	M27	M30
8.8 级	50	75	120	150	170	225	275
10.9 级	60	110	170	210	250	320	390

表 2-26　高强度螺栓设计预拉力值　　　　　kN

螺栓的	螺栓公称直径/mm						
性能等级	M12	M16	M20	M22	M24	M27	M30
8.8 级	45	70	110	135	155	205	250
10.9 级	55	110	155	190	220	290	355

施工前,按出厂批号进行高强度大六角头螺栓连接副的扭矩系数平均值及标准偏差(8 套)计算,扭剪型高强度螺栓连接副的紧固轴力平均值及变异系数(5 套)应符合标准。同时,大六角头高强度螺栓连接副的扭矩系数平均值作为施拧时扭矩计算的主要参数。

(4)施工工具标定

由于高强度螺栓连接的实际接合部作业时,无法直接测定高强度螺栓的预拉力;因此,要从使用螺栓的扭矩系数关系式($T_c = KP_c d$)中,以扭矩值推定其预拉力。所以,在螺栓紧固后的检查控制必须要确认扭矩值,以取代预拉力的测定。因此,紧固所使用的扳手一定要进行标定,以明确扭矩指示值。常用扳手的标定方法如下。

① 带响扭矩扳手的标定步骤。

a. 确定扭矩标定值 T,并将扳手扭矩调到 T 刻度。

b. 求出扭矩扳手的自力矩 T_1:$T_1 = G_1 L_1$,式中,G_1 为扳手自重;L_1 为扳手重心到套筒轴线的距离。

c. 求出加荷砝码所产生的力矩 T_2:将螺栓穿入固定不动的连接板,拧上六角螺母,用扭矩扳手施加一个略大于 T 的扭矩。将扭矩扳手的套筒套在六角螺母上,使扳手悬空处于水平位置。在扳手的受力中心位置挂个砝码盘,然后在砝码盘上缓慢地加砝码,直至扳手发出响声。算出砝码与砝码盘的总重 G_2,测出扳手受力中心到套筒轴线的距离 L_3,则加荷载砝码所产生的力矩为 $T_2 = G_2 L_1$。

d. 求出扳手的实际扭矩值 T_3：$T_3 = T_1 + T_2$，根据 T_3 修正扳手扭矩指示值。

如为 $T_3 = T$，说明该扳手扭矩指标值和实际扭矩值相符，扳手是合格的。

如为 $T_3 \neq T$，说明该扳手扭矩指示值为 T 时，实际扭矩值为 T_3，这时表盘上指示的值修正为 T_3，修正后的扳手仍可使用。但前提是扳手扭矩指示值的重复性是好的（即同样加荷标定，结果是一样的）。

② 电动扳手的标定方法。大多数电动扳手都是双定的，其既可定扭矩使用又可定转角使用。在标定扭矩时，先将"控制选择"旋钮拨到"扭矩"位置，再将"扭矩选择"旋钮拨到将要标定的扭矩值所对应的格数指示值，标定方法有磅秤标定法和压力头标定法两种。

磅秤标定法的步骤：

a. 将螺栓穿入固定的连接板，拧上六角螺母，用板头拧紧。

b. 将电动扳手外套筒的短柄接长，内套筒套在六角螺母上，并将外套筒长柄的受力中心置于磅秤上。

c. 开启电动扳手，紧固螺母至扳手停。

d. 测出扳手停的瞬时，磅秤指示的重量 G。

e. 测出接长柄受力中心到套筒轴线的距离 L，则可由公式 $T_3 = GL$ 得到电动扳手实际扭矩值 T_3。

f. 根据 T_3 修正扳手扭矩指示值，修正方法同扭矩扳手修正方法。

③ 压力头标定法的步骤。

a. 将螺栓穿入固定的连接板，拧上六角螺母，用扳手拧紧。

b. 在六角螺母的附近适当位置上装一只电阻丝式荷重传感器，使电动扳手内套筒套在六角螺母上，外套筒的力臂与传感器触头垂直接触，并测出接触点到套筒轴线的距离 L。

c. 开动电动扳手紧固螺母至扳手停，测出扳手停的瞬间传感器的应变数。

根据应变数与力值对应关系，求出该应变数所对应的力值 G。

d. 求出电动扳手的实际扭矩值 T_3，$T_3 = GL$。

e. 根据 T 修正电动扳手扭矩指示值。

（5）大六角头高强度螺栓连接施工

① 扭矩法施工。对大六角头高强度螺栓连接副来说，当扭矩系数 K 确定之后，由于螺栓的轴力（预拉力）P 是由设计规定的，则螺栓应施加的扭矩 M 就可以根据下式很容易计算确定。根据计算确定的施工扭矩值，使用扭矩扳手（手支、电动、风动）按施工扭矩值进行终拧，这就是扭矩法施工的原理。

扭矩 M 与轴力（预拉力）P 之间的关系式为

$$M = KDP \tag{2-5}$$

式中：M——施加于螺母上扭矩值，kN·m；

K——扭矩系数；

D——螺栓公称直径，mm；

P——螺栓轴力，kN。

在确定螺栓的轴力 P 时应考虑螺栓的施工预拉力损失 10%，即螺栓施工预拉力（轴力）P 按 1.1 倍的设计预拉力取值。

螺栓在储存和使用过程中扭矩系数易发生变化，所以在工地安装前一般都要进行扭矩系数复验，复验合格后，根据复验结果确定施工扭矩，并以此安排施工。扭矩系数试验用螺栓、螺母、垫圈试样，应从同批螺栓副中随机抽取，按批量大小一般取 5~10 套，试验状态应与螺栓使用状态相同，试样不允许重复使用。扭矩系数复验应在国家认可的有资质的检测单位进行，试验所用的轴力计和扭矩扳手应经计量认证。

在采用扭矩法终拧前，应首先进行初拧，对螺栓多的大接头，还需进行复拧。初拧的目的是使连接接触面密贴，螺栓"吃上劲"，常用规格螺栓（M20、M22、M24）的初拧扭矩一般为 200~300 N·m，螺栓轴力达到 10~50 kN 即可，在实际操作中，可以让一个操作工用普通扳手手工拧紧即可。

初拧、复拧及终拧的次序，一般是从中间向两边或四周对称进行。初拧和终拧的螺栓都应做不同的标记，避免漏拧、超拧，同时也便于检查人员检查紧固质量。

② 转角法施工。因扭矩系数的离散性，特别是螺栓制造质量或施工管理不善，扭矩系数大于标准值（平均值和变异系数），在这种情况下采用扭矩法施工，即用扭矩值控制螺栓轴力的方法就会出现较大误差，欠拧或超拧问题突出。为解决这一问题，引入转角法施工，即利用螺母旋转角度以控制螺杆弹性伸长量来控制螺栓轴向力的方法。

试验结果表明，螺栓在初拧以后，螺母的旋转角度与螺栓轴向力成对应关系，当螺栓受拉处于弹性范围内，两者呈线性关系。根据这一线性关系，在确定了螺栓的施工预拉力后，就很容易得到螺母的旋转角度，施工操作人员按照此旋转角度紧固施工，就可以满足设计上对螺栓预拉力的要求，这就是转角法施工的基本原理。

高强度螺栓转角法施工分初拧和终拧两步进行（必要时需增加复拧），初拧的要求比扭矩法施工要严，初拧扭矩与扭矩法相同，对于常用螺栓（M20、M22、M24）定在 200~300 N·m 比较合适，原则上应该使连接板缝密贴为准。终拧是在初拧的基础上，再将螺母拧转一定角度，使螺栓轴向力达到施工预拉力。

转角法施工次序如下。

a. 初拧：采用定扭扳手，从栓群中心顺序向外拧紧螺栓。

b. 初拧检查：一般采用敲击法，即用小锤逐个检查，目的是防止螺栓漏拧。

c. 划线：初拧后对螺栓逐个进行划线。

d. 终拧：用专用扳手使螺母再旋转一定角度，螺栓群紧固的顺序同初拧。

e. 终拧检查：对终拧后的螺栓逐个检查螺母旋转角度是否符合要求，可用量角器检查螺栓与螺母上划线的相对转角。

f. 做标记：对终拧完的螺栓用不同颜色笔做出明显的标记，以防漏拧和超拧，并供质检人员检查。

高强度螺栓安装方法如表 2-27 所示。

表 2-27 高强度螺栓安装方法

序号	安装方法	示意图
1	待吊装完成一个施工段,钢构形成稳定框架单元后,开始安装高强度螺栓	 高强度螺栓安装  高强度螺栓终拧
2	扭剪型高强度螺栓安装时应注意方向:螺栓的垫圈安在螺母一侧,垫圈孔有倒角的一侧应和螺母接触	
3	螺栓穿入方向以便利施工为准,每个节点应整齐一致。穿入高强度螺栓用扳手紧固后,再卸下临时螺栓,以高强度螺栓替换	
4	高强度螺栓的紧固,必须分两次进行:第一次为初拧,初拧紧固到螺栓标准轴力(即设计预拉力)的 60%~80%。第二次紧固为终拧,终拧时扭剪型高强度螺栓应将梅花卡头拧掉	
5	初拧完毕的螺栓,应做好标记以供确认。为防止漏拧,当天安装的高强度螺栓,当天应终拧完毕	
6	初拧、终拧都应从螺栓群中间向四周对称扩散方式进行紧固	
7	因空间狭窄,高强度螺栓扳手不宜操作部位,可采用加高套管或用手动扳手安装	
8	扭剪型高强度螺栓应全部拧掉尾部梅花卡头为终拧结束,不准遗漏	

(6)扭剪型高强度螺栓连接施工

扭剪型高强度螺栓连接副紧固施工相对于大六角头高强度螺栓连接副紧固施工要简便得多,正常情况下采用专用的电动扳手进行终拧,梅花头拧掉即标志终拧结束,对检查人员来说也很直观明了,只要检查梅花头掉没掉即可。

为了减少接头中螺栓群间相互影响及消除连接板面间的缝隙,紧固要分初拧和终拧两个步骤进行,对于超大型的接头,还要进行复拧。扭剪型高强度螺栓连接副的初拧扭矩可适当加大,一般初拧螺栓轴力可以控制在螺栓终拧轴力值的 50%~80%,对常用规格的高强度螺栓(M20、M22、M24),初拧扭矩可以控制在 400~600 N·m。若用转角法初拧,初拧转角控制在 45°~75°,一般以 60° 为宜。

由于扭剪型高强度螺栓是利用螺尾梅花头切口的扭断力矩来控制紧固扭矩的,所以用专用扳手进行终拧时,螺母一定要处于转动状态,即在螺母转动一定角度后扭断切口,才能起到控制终拧扭矩的作用。否则,由于初拧扭矩达到或超过切口扭断扭矩,或出现其他一些不正常情况,终拧时螺母不再转动,切口即被拧断,这样就失去了控制作用,螺栓紧固状态成为未知,便会造成工程安全隐患。

扭剪型高强度螺栓终拧过程如下。

① 将扳手内套筒套入梅花头上,轻压扳手,再将外套筒套在螺母上。完成本项操作后,最好晃动一下扳手,确认内、外套筒均已套好,且调整套筒与连接板面垂直。

② 按下扳手开关,外套筒旋转,直至切口拧断。

③ 切口断裂,扳手开关关闭,将外套筒从螺母上卸下,此时注意拿稳扳手,特别是高空作业时。

④开启顶杆开关,将内套筒中已拧掉的梅花头顶出,梅花头应收集在专用容器内,禁止随便丢弃,特别是严防高空坠落伤人。

(7)高强度螺栓施工检查

①指派专业质检员按照规范要求对整个高强度螺栓安装工作的完成情况进行认真检查,将检验结果记录在检验报告中,检查报告送到项目质量负责人处审批。

②扭剪型高强度螺栓终拧完成后进行检查时,以拧掉尾部为合格,螺栓丝扣外露应为2~3扣,其中允许有10%的螺栓丝扣外露1扣或4扣。

③对于因构造原因而必须用扭矩扳手拧紧的高强度螺栓,则使用经过核定的扭矩扳手用转角法进行抽验。

④扭剪型高强度螺栓连接副终拧后,除因构造原因无法使用专用扳手终拧掉梅花头者外,未在终拧中拧掉梅花头的螺栓数不应大于该节点螺栓数的5%。

⑤高强度螺栓安装检查在终拧1 h以后、24 h之前完成。

⑥对采用扭矩扳手拧紧的高强度螺栓,终拧结束后,检查漏拧、欠拧宜用0.3~0.5 kg重的小锤逐个敲检,如发现有欠拧、漏拧应补拧;超拧应更换。

⑦做好高强度螺栓检查记录,经整理后归入技术档案。

(8)高强度螺栓施工质量保证措施

高强度螺栓施工质量保证措施如表2-28所示。

表2-28　高强度螺栓施工质量保证措施

序号	质量保证措施	示意图
1	雨天不得进行高强度螺栓安装,摩擦面上和螺栓上不得有水及其他污染物	 现场测量螺栓孔位
2	钢构件安装前应清除飞边、毛刺、氧化铁皮、污垢等。已产生的浮锈等杂质,应用电动角磨机认真刷除	
3	雨后作业,用氧气、乙炔火焰吹干作业区连接摩擦面	
4	高强度螺栓不能自由穿入螺栓孔位时,不得硬性敲入,用铰刀扩孔后再插入,修扩后的螺栓孔最大直径不应大于1.2倍螺栓公称直径,扩孔数量应征得设计单位同意	
5	高强度螺栓在栓孔内不得受剪,螺栓穿入后应及时拧紧	 临时螺栓安装
6	初拧时用油漆逐个做标记,防止漏拧	
7	扭剪型螺栓的初拧和终拧由电动剪力扳手完成,因构造要求未能用专用扳手终拧螺栓由亮灯式的扭矩扳手来控制,确保达到要求的最小力矩	
8	扭剪型高强度螺栓以梅花头拧掉为合格	 终拧需24 h内完毕
9	因土建相关工序配合等原因拆下来的高强度螺栓不得重复使用	
10	制作厂制作时在节点部位不应涂装油漆	
11	若构件制作精度相差大,应现场测量孔位,更换连接板	

2.3.4 屋面围护系统钢结构的安装

屋面系统主要包括屋面檩条、拉条、斜拉条、撑杆、屋面隔撑、屋面金属板或夹芯板、采光板、天沟水槽、女儿墙等构件。天沟水槽一般有厚 3 mm 的钢板水槽和不锈钢水槽两种,钢板水槽间连接采用手工电弧焊,不锈钢水槽连接采用氩弧焊进行焊接。

（1）屋面围护系统钢结构的安装应考虑的规定

① 构件安装顺序宜先从靠近山墙的有柱间支撑的两榀刚架开始,在刚架安装完毕后进行校正,然后将其间的檩条、支撑、隔撑等全部装好,并检查其铅垂度。然后以这两榀刚架为起点,向房屋另一端顺序安装。在每片梁吊装到位后,用两根檩条先临时固定住,并将每片梁对应檩条吊装、摆放到位,并进行檩条安装。安装到复杂开间（即有十字撑的开间）,开始进行整体校正,紧固所有连接螺栓,并安装好对角斜撑。

② 构件悬吊应选择好吊点。大跨度构件的吊点需经计算确定。对于侧向刚度小、腹板宽厚比大的构件,应采取防止构件扭曲和损坏的措施。构件的捆绑和悬吊部位,应采取防止构件局部变形和损坏的措施。

③ 压型钢板的纵向搭接长度应能防水渗透,屋面板可采用搭接长度为 150~250 mm。当山墙架宽度较小时,可先在地面装好,后整体起吊安装。

④ 固定式屋面板与檩条连接以及墙板与墙梁连接时,螺钉中心距不宜大于 300 mm。房屋端部和屋面板端头连接螺钉的间距宜加密。屋面板侧边搭接处钉距可适当放大,墙板侧边搭接处钉距可比屋面板侧边搭接处进一步加大。

⑤ 在屋面板的纵横方向搭接处,应连续设置密封胶条（如丁基橡胶胶条）。在角部、檐口、屋面板孔口或突出物周围,应设置具有良好密封性能和外观的泛水板或包边板。

⑥ 在屋面上施工时,应采用安全绳等安全措施,必要时应采用安全网。刚架在施工中以及人员离开现场的夜间,均应用支撑和缆风绳充分固定。

⑦ 安装屋面天沟应保证排水坡度。当天沟侧壁设计为屋面板的支承点时,侧壁板顶面应与屋面板其他支承点标高相配合。

（2）屋面系统结构安装的允许偏差

屋面系统结构中钢屋（托）架、桁架、梁及受压件垂直度和侧向弯曲矢高的允许偏差应符合表 2-29 所示的要求。

表 2-29 钢屋（托）架、桁架、梁及受压件垂直度和侧向弯曲矢高的允许偏差

项目	允许偏差/mm	图例
跨中的垂直度	$h/250$,且不应大于 15.0	

续表

项目	允许偏差/mm		图例
侧向弯曲矢高 f	$l \leqslant 30$ m	$l/1\,000$,且不应大于 10.0	
	30 m$<l \leqslant 60$ m	$l/1\,000$,且不应大于 30.0	
	$l>60$ m	$l/1\,000$,且不应大于 50.0	
天窗架垂直度(H 为天窗高度)	$H/250$ 15.0		
天窗架结构侧向弯曲(L 为天窗架长度)	$L/750$ 10.0		
檩条间距	+5.0		
檩条的弯曲(两个方向)(L 为檩条长度)	$L/750$ 20.0		
当安装在混凝土柱上时,支座中心定位轴线偏移	10.0		
桁架间距(采用大型混凝土屋面板时)	10.0		

2.3.5　墙面围护系统钢结构安装

墙面围护系统主要包括墙面檩条、拉条、斜拉条、撑杆、墙面隅撑、墙面金属板或夹芯板、门窗等构件。

墙面围护系统钢结构指用于墙板与主体结构之间支承连系构件,如墙柱、墙面檩条或桁架、门窗框架、檩条拉杆等构件。

墙柱安装应与基础连系,否则应采取临时支撑措施,保证墙柱按要求找正,当墙设计为吊挂在其他结构(如吊车梁辅助桁架等)上时,安装时不得造成被吊挂的结构超差。

墙面檩条等构件安装应在柱调整定位后进行,柱的安装允许偏差应符合主柱的规定。墙面擅条安装后应用拉杆螺栓调整平直度,其允许偏差应符合表 2-30 所示的规定。

表 2-30 墙面系统钢结构安装的允许偏差

序号	项目	允许偏差/mm
1	墙柱垂直度(H 为立柱高度)	$H/500$，且不应大于 35.0
2	立柱侧向弯曲(H 为立柱高度)	$H/750$，且不应大于 15.0
3	桁架垂直度(H 为桁架高度)	$H/250$，且不应大于 15.0
4	墙面檩条间距	±5.0
5	檩条侧向弯曲(两个方向)	$H/750$，且不应大于 15.0

2.3.6 平台、钢梯及栏杆安装

钢平台系统包括楼梯、扶手、安全入口等构件,适用于厂房、库区空间的二度利用和开发。钢结构平台可自由拆装,可以根据客户的要求设计、制作,平台下面可根据实际需要用于不同的使用范围,如摆放货架、做成小房间、大型设备存放等。平台上可用于仓储货物、设备,或安全管理人员居住等。

钢平台、钢梯栏杆安装应符合现行国家标准《固定式钢梯及平台安全要求   第 1 部分:钢直梯》(GB 4053.1—2009)、《固定式钢梯及平台安全要求   第 2 部分:钢斜梯》(GB 4053.2—2009)和《固定式钢梯及平台安全要求   第 3 部分:工业防护栏杆及钢平台》(GB 4053.3—2009)的规定。

平台钢板应铺设平整,与承台梁或框架密贴、连接牢固,表面有防滑措施。栏杆安装连接应牢固可靠,扶手转角应光滑。梯子、平台和栏杆宜与主要构件同步安装。

平台、梯子和栏杆安装的允许偏差应符合表 2-31 所示的规定。

表 2-31 平台、钢梯、栏杆安装的允许偏差

序号	项目	允许偏差/mm
1	平台标高	±10.0
2	平台支柱垂直度(H 为支柱高度)	$H/1\,000$，且不应大于 15.0
3	平台梁水平度(L 为梁长度)	$L/250$，且不应大于 15.0
4	承重平台梁侧向弯曲(L 为梁长度)	$L/1\,000$，且不应大于 15.0
5	承重平台梁垂直度(h 为平台梁高度)	$h/250$，且不应大于 15.0
6	平台表面垂直度(1 m 范围内)	6.0
7	直梯垂直度(H 为直梯高度)	$H/1\,000$，且不应大于 15.0
8	栏杆高度	±10.0
9	栏杆立柱间距	±10.0

2.3.7 围护系统的安装要求

1. 安装基本要求

轻钢房屋广泛采用彩色压型金属板作为围护系统,其应符合以下要求。

① 安装压型板屋面和墙前必须编制施工排放图,根据设计文件核对各类材料的规格、数量,检查压型钢板及零配件的质量,发现质量不合格的要及时修复或更换。

② 在安装墙板和屋面板时,墙梁和檩条应保持平直。

③ 隔热材料宜采用带有单面或双面防潮层的玻璃纤维毡。隔热材料的两端应固定,并将固定点之间的毡材拉紧。防潮层应置于建筑物的内侧,其面上不得有孔,防潮层的接头应采用粘接。

a. 在屋面上施工时,应采用安全绳、安全网等安全措施。

b. 屋面板安装前应擦干,操作时施工人员应穿胶底鞋。

c. 搬运薄板时应戴手套,板边要有防护措施。

d. 不得在未固定牢靠的屋面板上行走。

④ 面板的接缝方向应避开主要视角。当主风向明显时应将面板搭接边朝向顺风方向。

⑤ 压型钢板的纵向搭接长度应能防止漏水和腐蚀,纵向搭接长度一般采用 200～250 mm。

⑥ 屋面板搭接处均应设置胶条,纵横方向搭接边设置的胶条应连续,胶条本身应拼接,檐口的搭接边除胶条外,还应设置与压型钢板剖面相应的堵头。

⑦ 压型钢板应自屋面或墙面的一端开始依序铺设,应边铺设、边调整位置、边固定。山墙檐口包角板与屋脊板的搭接处,应先安装包角板,后安装屋脊板。

⑧ 在压型钢板屋面、墙面上开洞时,必须核实其尺寸和位置,可安装压型钢板后再开洞,也可先在压型钢板上开洞再安装。

⑨ 铺设屋面压型钢板时,宜在其上加设临时人行木板。

⑩ 压型钢板围护结构的外观要通过目测检查,应符合下列要求。

a. 屋面、墙面平整,檐口成一直线,墙面下端成一直线。

b. 压型钢板纵向连接搭接缝成一直线。

c. 泛水板、包角板分别成一直线。

d. 连接件在纵、横两个方向分别成一直线。

2. 屋面压型钢板安装的允许偏差

屋面压型钢板安装的允许偏差应符合表 2-32 所示的规定。

表 2-32　屋面压型钢板安装的允许偏差

序号	检查项目	允许偏差/mm	备注
1	檐口对屋脊的平行度	$\leqslant l_g/1\ 000$ 且 $\leqslant 10$	l_g 通常取 12 m,不允许累积误差
2	压型钢板对屋脊的垂直度	$\leqslant l_1/1\ 000$ 且 $\leqslant 20$	
3	檐口相邻两块压型钢板的端部错位	$\leqslant 5$	
4	压型钢板卷边板件最大波浪高度	$\leqslant 3$	

3. 墙面压型钢板安装的允许偏差

墙面压型钢板安装的允许偏差应符合表 2-33 所示的规定。

表 2-33　墙面压型钢板安装的允许偏差

序号	检查项目	允许偏差/mm	备注
1	压型钢板的垂直度	$\leq h/1\,000$ 且 ≤ 20	h 为墙面宽度
2	墙面包角板的垂直度	$\leq h/1\,000$ 且 ≤ 20	
3	相邻两块压型钢板的下端错位	≤ 5	

2.4　轻钢门式刚架结构的验收

单位工程是指具备独立施工条件并能形成独立使用功能的建筑物及构筑物。从施工的角度看,单位工程就是一个独立的交工系统,有自身的项目管理方案和目标,按业主的投资及质量要求,如期建成交付生产和使用。

单位工程具有独立的设计文件,竣工后不能独立发挥生产能力或工程效益的工程,并构成单项工程的组成部分。

分部工程是单位工程的组成部分,分部工程一般是按单位工程的结构形式、工程部位、构件性质、使用材料、设备种类等的不同而划分的工程项目。例如,一般土建工程可以划分为地基与基础工程、主体结构工程、建筑装饰装修工程、屋面工程等。

分项工程是指分部工程的组成部分,是施工图预算中最基本的计算单位。它是按照不同的施工方法、不同材料的不同规格等,将分部工程进一步划分的。

分项和分部的区别:分部工程是建筑物的一部分或是某一项专业的设备;分项工程是最小的,再也分不下去的,若干个分项工程合在一起就形成一个分部工程,分部工程合在一起就形成一个单位工程,单位工程合在一起就形成一个单项工程,一个单项工程或几个单项合在一起构成一个建设的项目。

2.4.1　总体要求

根据现行国家标准《建筑工程施工质量验收统一标准》(GB 50300—2013)的规定,钢结构作为主体结构之一应按子分部工程竣工验收;当主体结构均为钢结构时,应按分部工程竣工验收,大型钢结构工程可划分成若干个子分部工程进行竣工验收。

1. 门式刚架结构钢结构分部工程有关安全及功能和见证检测项目

门式刚架结构钢结构分部工程有关安全及功能和见证检测项目有如下内容。

① 见证取样送样试验项目。钢材及焊接材料复验;高强度螺栓预拉力、扭矩系数复验;摩擦面抗滑移系数复验。

② 焊缝质量。内部缺陷;外观缺陷;焊缝尺寸。

③ 高强度螺栓施工质量。终拧扭矩;梅花头检查。

④ 柱脚支座。锚栓紧固;垫板垫块;二次灌浆。

⑤ 主要构件变形。钢屋(托)架桁架,钢梁吊车梁等垂直度和侧向弯曲;钢柱垂

微课
轻钢门式刚
架验收总体
要求

直度。

⑥ 主体结构尺寸。整体垂直度;整体平面弯曲。其检验应在其分项工程验收合格后进行。

⑦ 钢结构分部工程有关观感质量检验应按钢结构施工验收规范附录 H 执行。

2. 钢结构分部工程合格质量标准

钢结构分部工程合格质量标准应符合下列规定。

① 各分项工程质量均应符合合格质量标准。

② 质量控制资料和文件应完整。

③ 有关安全及功能的检验和见证检测结果应符合本规范相应合格质量标准的要求。

④ 有关观感质量应符合本规范相应合格质量标准的要求。

3. 钢结构分部工程竣工验收文件和记录

钢结构分部工程竣工验收时应提供下列文件和记录。

① 钢结构工程竣工图纸及相关设计文件。

② 施工现场质量管理检查记录。

③ 有关安全及功能的检验和见证检测项目检查记录。

④ 有关观感质量检验项目检查记录。

⑤ 分部工程所含各分项工程质量验收记录。

⑥ 分项工程所含各检验批质量验收记录。

⑦ 强制性条文检验项目检查记录及证明文件。

⑧ 隐蔽工程检验项目检查验收记录。

⑨ 原材料成品质量合格证明文件中文标志及性能检测报告。

⑩ 不合格项的处理记录及验收记录。

⑪ 重大质量技术问题实施方案及验收记录。

⑫ 其他有关文件和记录。

2.4.2　样板(样杆)制作验收

样板按其用途可分为号料样板、划线加孔样板、弯曲样板及检查样板四种。

用于制作样板的材料必须平整,用于制作样杆的小扁钢必须先行矫直敲平;样板、样杆的材料不够大或不够长时,可接大或接长后使用。样杆的长度应根据构件的实际长度或按工作线的长度,再放 50~100 mm;制成的杆要用锋利的划针、尖锐的样冲和凿子做上记号,做到又细、又小、又清楚。样板应用剪刀或者切割机来切边,务必使样板边缘整齐。

样板、样杆上应用油漆写明工作令号、构件编号、大小规格、数量,同时标注眼孔直径、工作线、弯曲线等各种加工符号。特殊的材料还应注明钢号。所有字母、数字及符号应整洁清楚,如图 2-108 所示。

放样和样板(样杆)允许偏差应符合表 2-34 所示的规定,号料的允许偏差如表 2-35 所示,气割和机械剪切的允许偏差如表 2-36 和表 2-37 所示。

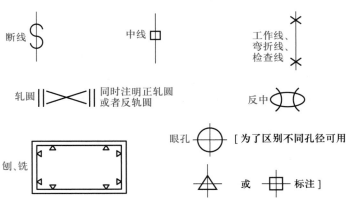

图 2-108　常用的样板符号

表 2-34　放样和样板(样杆)的允许偏差

项目	允许偏差/mm
平行线距离和分段尺寸	±0.5
对角线差	1.0
宽度、长度	±0.5
孔距	±0.5
加工样板的角度	±20′

表 2-35　号料的允许偏差

项目	允许偏差/mm
零件外形尺寸	±1.0
孔距	±0.5

表 2-36　气割的允许偏差

项目	允许偏差/mm
零件宽度、长度	±3.0
切割面平面度	0.05t,且不大于 2.0
割纹深度	0.3
局部缺口深度	1.0

注:t 为切割面厚度。

表 2-37　机械剪切的允许偏差

项目	允许偏差/mm
零件宽度、长度	±3.0
边缘缺棱	1.0
型钢端部垂直度	2.0

2.4.3   焊接验收

超声波探伤的优点:探伤速度快、效率高;不需要专门的工作场所;设备轻巧、机动性强,野外及高空作业方便、实用;探测结果不受焊接接头形式的影响,除对接焊缝外,还能检查 T 形接头及所有角焊缝;对焊缝内危险性缺陷(包括裂缝、未焊透、未熔合)检测灵敏度高;易耗品极少、检查成本低。缺点:探测结果判定困难、操作人员需经专门培训并经考核及格;缺陷定性及定量困难;探测结果的正确评定受人为因素的影响较大;缺陷真实形状与探测结果判定有一定偏差;探测结果不能直接记录存档等。

焊缝应根据结构的重要性、荷载特性、焊缝形式、工作环境以及应力状态等情况,按下述原则分别选用不同的质量等级。

在承受动荷载且需要进行疲劳验算的构件中,凡要求与母材等强连接的焊缝均应焊透,其质量等级如下。

① 作用力垂直于焊缝长度方向的横向对接焊缝或 T 形对接与角接组合焊缝,受拉时为一级,受压时不应低于二级。

② 作用力平行于焊缝长度方向的纵向对接焊缝不应低于二级。

不需要疲劳验算的构件中,凡要求与母材等强的对接焊缝宜焊透,其质量等级为受拉时不应低于二级,受压时不宜低于二级。

重级工作制和起重量 $Q \geqslant 50$ t 的中级工作制吊车梁的腹板与上翼缘之间以及吊车桁架上弦杆与节点之间的 T 形接头焊缝均应焊透,焊缝形式一般为对接与角接组合焊缝,其质量等级不应低于二级。

不要求焊透的 T 形接头采用的角焊缝或部分焊透的对接与角接组合焊缝,以及搭接连接采用的角焊缝,其质量等级如下。

① 对直接承受动力荷载且需要验算疲劳的结构和吊车起重量等于或大于 50 t 的中级工作制吊车梁,焊缝的外观质量标准不应低于二级。

② 对其他结构,焊缝的外观质量标准可为三级。

常用的焊接检验方法一般分为破坏性检验和非破坏性检验两大类。

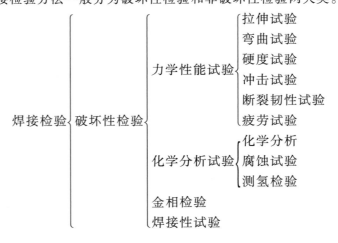

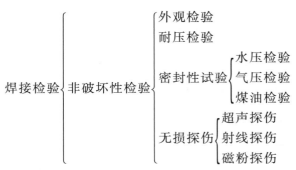

对于不同类型的焊接接头和不同的材料,可以根据图纸要求或有关规定,选择一种或几种检验方法,以确保质量。

1. 焊缝的非破坏性检验

(1) 焊缝的外观检查

焊缝的外观检查方法主要是目视视察,用焊缝检验尺检查,必要时,用渗透着色探伤或磁粉探伤检查。焊缝外观缺陷质量控制主要是查看焊缝成形是否良好,焊道与焊缝过渡是否平滑,焊渣、飞溅物等是否清理干净,承受静荷载结构焊接外观质量符合现行国家标准《钢结构焊缝外形尺寸》(JB/T 7949—1999)的规定或参考表 2-38 所示的要求。

(2) 焊缝的无损探伤

① 焊缝的 X 射线检测。X 射线可以有效地检查出整个焊缝透照区内所有缺陷,缺陷定性和定量迅速、准确,相片结果能永久记录并存档。

表 2-38 焊缝外观缺陷质量控制要求(t 为母材厚度)

焊缝质量等级		一级	二级	三级
内部缺陷超声波探伤	评定等级	II	III	—
	检验等级	B 级	B 级	—
	探伤比例	100%	20%	—
外观缺陷	未焊满(指不足设计要求)	不允许	≤ 0.2 mm + 0.02t 且 ≤1.0 mm	≤ 0.2 mm + 0.04t 且 ≤2.0 mm
			每 100 mm 长度焊缝内未焊满累计长度≤25.0 mm	
	根部收缩	不允许	≤0.2+0.02t 且 ≤1.0	≤0.2+0.04t 且 ≤2.0
			长度不限	
	咬边	不允许	≤0.05t 且 ≤0.5,连续长度≤100 且焊缝两侧咬边总长 ≤10%焊缝全长	深度≤0.1t 且 ≤1.0,长度不限
	裂纹		不允许	
	弧坑裂纹	不允许	允许存在个别长度≤5.0 的弧坑裂纹	
	电弧擦伤	不允许	允许存在个别电弧擦伤	
	飞溅		清除干净	
	接头不良	不允许	缺口深度≤0.05t 且 ≤0.5	缺口深度≤0.1t 且 ≤1.0

续表

焊缝质量等级		一级	二级	三级
外观缺陷	焊瘤	不允许		
	表面夹渣	不允许	深≤0.2t;长≤0.5t;且≤20	
	表面气孔	不允许	每50 mm长度焊缝内允许直径<0.4t且≤3.0气孔2个;孔距≥6倍孔径	

由于国内尚无专门的建筑钢结构射线探伤标准,故可参照国家标准《焊缝无损检测 射线检测》(GB/T 3323—2019)进行。

但是建筑钢结构射线探伤只分两级。建筑钢结构的一级焊缝相当于上述标准的Ⅱ级焊缝标准;建筑钢结构的二级焊缝相当于上述标准的Ⅲ级焊缝标准。

建筑钢结构X射线检验质量标准如表2-39所示。

表 2-39 X 射线检验质量标准要求

项次	项目		质量标准	
			一级	二级
1	裂纹		不允许	不允许
2	未融合		不允许	不允许
3	未焊透	对接焊缝及要求焊K形焊缝	不允许	不允许
		管件单面焊	不允许	深度≤10%δ;但不得>1.5 mm;长度≤条状夹渣总长
4	气孔和点状夹渣	母材厚度/mm	点数	点数
		5.0	4	6
		10.0	6	9
		20.0	8	12
		50.0	12	18
		120.0	18	24
5	条状夹渣	单个条状夹渣	(1/3)δ	(2/3)δ
		条状夹渣总长	在12δ长度内不得超过δ	在6δ长度内不得超过δ
		条状夹渣间距/mm	6L	3L

注:δ—母材厚度,mm;L—相邻两夹渣中较长者,mm;点数—计算指数。是指X射线底片上任何10 mm×50 mm焊缝区域内(宽度小于10 mm的焊缝,长度仍有50 mm)允许的气孔点数。母材厚度在表中所列厚度之间时,其允许的气孔点数用插入法计算取整数。气孔点数换算如表2-40所示。

表 2-40 气孔点数换算

气孔直径/mm	<0.5	0.6~1.0	1.1~1.5	1.6~2.0	2.1~3.0	3.1~4.0	4.1~5.0	5.1~6.0	6.1~7.0
换算点数	0.5	1	2	3	5	8	12	16	20

② 焊缝的超声波检验。超声波检验具有探伤速度快、效率高；不需要专门的工作场所；设备轻巧、机动性强，野外及高空作业方便、实用；探测结果不受焊接接头形式的影响。除对接焊缝外，还能检查 T 形接头及所有角焊缝；对焊缝内危险性缺陷（包括裂缝、未焊透、未熔合）检测灵敏度高；易耗品极少，检查成本低等优点。但也存在着探测结果判定困难、操作人员需经专门培训并经考核合格；缺陷定性及定量困难；探测结果的正确评定受人为因素的影响较大；缺陷真实形状与探测结果判定有一定偏差；探测结果不能直接记录存档等问题。

建筑钢结构对接焊缝的超声波探伤，应按《钢结构焊接规范》（GB 50661—2011）的有关规定进行。

超声波缺陷的规定值是采用缺陷当量来表示的。也就是在规定的试板上钻 $\phi 2\ mm$ 的孔，使其在缺陷搜索时出现的最高波的位置，表示相应的焊缝检测标准。如果在焊缝检测时出现凡是达到该高度的缺陷，则可以分析有缺陷，而且缺陷的大小与试板的规定值相似，再加入其他因素进行分析和缺陷的判定。

缺陷的等级分类及评定如表 2-41 所示。

表 2-41　缺陷的等级分类及评定

检验等级		A	B	C
板厚		3.5～50	3.5～150	3.5～150
评定等级	I	$2/3\delta$；最小 8 mm	最小 6 mm，$\delta/3$；最大 40 mm	最小 6 mm，$\delta/3$，最大 40 mm
	II	$3/4\delta$；最小 8 mm	最小 8 mm，$2/3\delta$；最大 70 mm	最小 8 mm，$\delta/2$；最大 50 mm
	III	$<\delta$；最小 16 mm	最小 12 mm，$3/4\delta$；最大 90 mm	最小 12 mm，$2/3\delta$；最大 75 mm
	IV		超过三级者	

注：1. δ 为坡口加工侧母材板厚，母材板厚不同时，以较薄侧板厚为准。

2. 管座角焊缝 δ 为焊缝截面中心线高度。

2. 焊缝的破坏性检验

（1）焊接接头的力学性能试验

① 焊接接头的拉伸试验。拉伸试验不仅可以测定焊接接头的强度和塑性，同时还可以发现焊缝断口处的缺陷，并能验证所用焊材和工艺的正确与否。拉伸试验应按《金属材料拉伸试验　第 1 部分：室温试验方法》（GB/T 228.1—2010）进行。

② 焊接接头的弯曲试验。弯曲试验是用来检验焊接接头的塑性，还可以反映出接头各区域的塑性差别，暴露焊接缺陷和考核熔合线的结合质量。弯曲试验应按《焊接接头弯曲试验方法》（GB/T 2653—2008）进行。

③ 焊接接头的冲击试验；冲击试验用以考核焊缝金属和焊接接头的冲击韧性和缺口敏感性。冲击试验应按《焊接接头冲击试验法》（GB/T 2650—2008）进行。

④ 焊接接头的硬度试验。硬度试验可以测定焊头和热影响区的硬度，还可以间接

估算出材料的强度,用以比较出焊接接头各区域的性能差别及热影响区的淬硬倾向。

（2）焊接接头的金相检验

焊接金相检验主要是研究、观察焊接热过程所造成的金相组织变化和微观缺陷。金相检验可分为宏观金相检验和微观金相检验。通过金相检验可以了解焊缝结晶的粗细程度、熔池形状及尺寸、焊接接头各区域的缺陷情况。

3. 焊缝的返修

焊缝检出缺陷后,必须明确标定缺陷的位置、性质、尺寸、深度部位,制订相应的焊缝返修方法。外观缺陷的返修比较简单。对焊缝内部缺陷应用碳弧气刨除去缺陷,为防止裂纹扩大或延伸,刨去长度应在缺陷两端各加 50 mm,刨削深度也应将缺陷完全彻底清除,露出金属母材,并经砂轮打磨后施焊。返修焊接工艺应与原定焊接工艺相当,也应严格执行预热、后热等原定方案。一条焊缝一般允许连续返修补焊 3 次,重要焊缝允许返修 2 次。补焊返修后的焊缝应该重新探伤。焊接接头组装的允许偏差应符合表 2-42 所示的规定。

表 2-42　焊接接头组装的允许偏差

项目	允许偏差/mm	图例
对口错边(Δ)	$t/10$ 且不大于 3.0	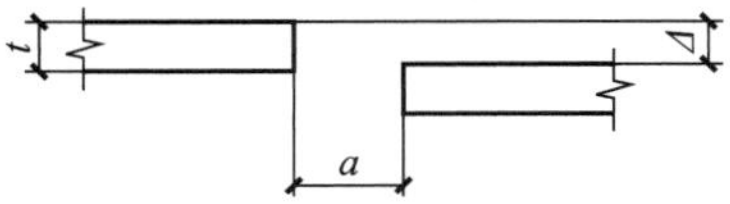
间隙(a)	±1.0	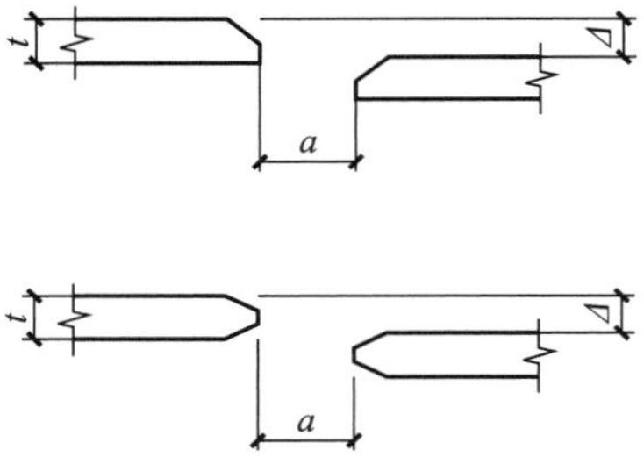
搭接长度(b)	±5.0	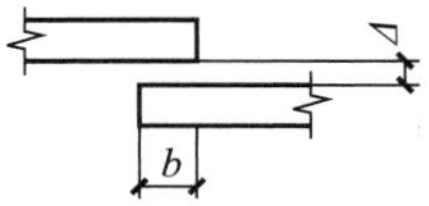
缝隙(c)	1.5	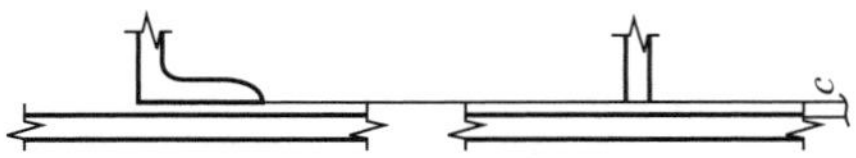

焊缝外形尺寸应符合图 2-109 和表 2-43、表 2-44 所示的规定。

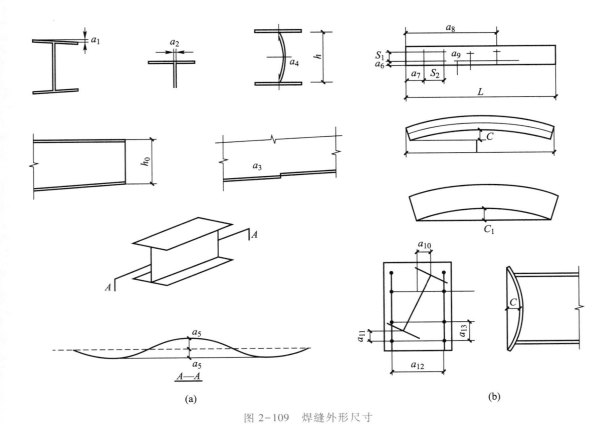

图 2-109　焊缝外形尺寸

表 2-43　非熔透组合焊缝和角焊缝外形尺寸的允许偏差

序号	项目	示意图	允许偏差/mm	
			$K \leqslant 6$	$K > 6$
1	焊脚尺寸（K）		+1.50	+30
2	角焊缝余高（C）		+1.50	+30

表 2-44　对接焊缝和组合焊缝的外形尺寸及允许偏差

序号	项目	质量标准/mm		示意图
		一级、二级	三级	
1	对接焊缝余高(c)	$b<20$ $c=0\sim3$ $b\geqslant20$ $c=0\sim4$	$b<20$ $c=0\sim4$ $b\geqslant20$ $c=0\sim5$	
2	对接焊缝错高(s)	$d<0.1t$ 但不得大于 2.0	$d<0.15t$ 但不得大于 3.0	
3	焊透的组合焊缝(K)	$K\geqslant t/4+4\leqslant10$		
4	吊车梁翼缘板和腹板的组合焊缝(K)	$K\geqslant t/2+3\leqslant10$		

2.4.4　高强度螺栓检验

扭剪型高强度螺栓终拧应采用扭剪电动扳手将尾部梅花头拧掉。但是,个别部位螺栓无法使用扭剪电动扳手,则按同直径高强度大六角头螺栓所采用的扭矩法施拧。整个高强度螺栓连接施工验收资料应包括以下材料:高强度螺栓质量保证书;高强度螺栓连接面抗滑移系数试验报告;高强度大六角头螺栓扭矩系数试(复)验报告;扭剪型高强度螺栓预拉力复验报告;扭矩扳手标定记录;高强度螺栓施工记录;高强度螺栓连接工程质量检验评定表。

高强度螺栓的质量检验可以分为两个阶段:第一阶段是根据工艺流程而做的工艺检查;第二阶段是高强螺柱紧固后的质量检查。两个阶段的检查都很重要,但第一阶段的工艺检查是直接决定了高强度螺柱的连接质量。

第一阶段的工艺检查内容:高强度螺栓的安装方法和安装过程;连接面的处理和清理;高强度螺柱的紧固顺序和紧固方法等。安装工艺的检查是高强度螺栓施工质量检查的重点和关键。

高强度螺栓第二阶段的质量检查内容:

1. 对大六角头高强度螺栓的检查

① 用小锤敲击法对高强度螺栓进行普查,防止漏拧。"小锤敲击法"是用手指紧按住螺母的一个边,按的位置尽量靠近螺母近垫圈处,然后宜采用 0.3~0.5 kg 重的小锤敲击螺母相对应的另一个边(手按边的对边),如果手指感到轻微颤动即为合格,颤动较大即为欠拧或漏拧,完全不颤动即为超拧。

② 进行扭矩检查,先在螺母与螺杆的相对应位置划一条细直线,然后将螺母拧松约 60°,再拧到原位(即与该细直线重合)时测得的扭矩,该扭矩与检查扭矩的偏差在检查扭矩的±10%范围以内即为合格。

③ 扭矩检查应在终拧 1 h 以后进行,并且应在 48 h 以内检查完毕。

④ 扭矩检查为随机抽样,抽样数量为按节点数抽查 10%,且不少于 10 个;每个被抽查节点按螺栓数抽查 10%,且不少于 2 个。如果发现不符合要求的,应重新抽样 10%检查;如果仍是不合格的,是欠拧、漏拧的,应该重新补拧,是超拧的应予更换螺栓。

2. 扭剪型高强度螺栓连接副的质量控制与验收

① 扭剪型高强度螺栓连接副,因其结构特点,施工中梅花杆部分承受的是反扭矩,因而梅花头部分拧断,即螺栓连接副已施加了相同的扭矩。故检查时只需目测梅花头拧断即为合格。但个别部位的螺栓无法使用专用扳手,则按相同直径的高强度大六角头螺栓检验方法进行。

② 对所有梅花头未拧掉的扭剪型高强度螺栓连接副应采用扭矩法或转角法进行终拧并做标记,按规定进行终拧扭矩检查,检查数量:按节点数抽查 10%,且不少于 10 个节点,被抽查节点中梅花头未拧掉的连接副全数进行终拧扭矩检查。

③ 扭剪型高强度螺栓施拧必须进行初(复)拧和终拧才行。初拧(复拧)后,应做好标志,此标志是为了检查螺母转角量及有无共同转角量或照样空转的现象产生之用,应引起重视。

3. 验收资料

高强度螺栓连接施工验收资料应包括以下材料:高强度螺栓质量保证书;高强度螺栓连接面抗滑移系数试验报告;高强度大六角头螺栓扭矩系数试(复)验报告;扭剪型高强度螺栓预拉力复验报告;扭矩扳手标定记录;高强度螺栓施工记录;高强度螺栓连接工程质量检验评定表。

4. 质量检验标准

钢结构高强度大六角头螺栓连接质量控制标准如表 2-45 所示。

钢结构扭剪型高强度螺栓连接质量控制标准如表 2-46 所示。

表 2-45　钢结构高强度大六角头螺栓连接质量控制标准

项别		项目	质量标准	检验方法	检查数量
保证项目	1	高强度大六角头螺栓规格、技术条件	螺栓的规格和技术条件应符合设计要求和 GB/T 1228~1231 的要求	检查出厂合格证	逐箱或逐批检查
	2	高强度大六角头螺栓连接副扭矩系数复（试）验	其结果应符合《钢结构用高强度大六角头螺栓、大六角螺母、垫圈技术条件》（GB/T 1231—2006）规定	检查出厂合格证	逐批检查
	3	高强度大六角头螺栓连接摩擦面的抗滑移系数经试验确定	应符合设计要求及《钢结构工程施工质量验收标准》（GB 50205—2020）和《钢结构高强度螺栓连接技术规程》（JGJ 82—2011）规定	检查制作单位及现场试验报告	逐批检查
	4	高强度大六角头螺栓连接摩擦面	表面平整，不得有飞边、毛刺、氧化铁皮、焊接飞溅物、焊疤、污垢和油漆等	观察检查	逐件检查
	5	高强度大六角头螺栓紧固	分初、复、终拧三次紧固，扭矩扳手定期标定，初拧值符合《钢结构工程施工质量验收标准》（GB 50205—2020）规定后进行终拧	检查扳手标定记录及螺栓施工记录	逐件检查
	6	高强度大六角头螺栓安装	螺栓能自由穿入构件孔，不得强行打入	观察检查	逐件检查
基本项目	1	高强度大六角头螺栓连接接头的外观质量	合格：螺栓穿入方向基本一致、外露长度不得少于2扣；优良：螺栓穿入方向一致外露长度不得少于2扣，露长均匀	观察检查	按节点数抽查 5%，不少于10 个节点
	2	按扭矩法施工的高强度大六角头螺栓终拧质量	合格：螺栓的终拧扭矩经检查补拧或更换螺栓后符合《钢结构工程施工质量验收标准》（GB 50205—2020）规定；优良：螺栓的终拧扭矩经检查一次即符合《钢结构工程施工质量验收标准》（GB 50205—2020）的规定	观察检查	按节点数抽查 10%，不少于10 个节点；每个抽查节点按螺栓数抽查10%，不得少于2 个

表 2-46　钢结构扭剪型高强度螺栓连接质量控制标准

项别	项目		质量标准	检验方法	检查数量
保证项目	1	扭剪型高强度螺栓规格、技术条件	螺栓的规格和技术条件应符合设计要求和 GB 3632～3633 的要求	检查出厂合格证	逐箱或逐批检查
	2	扭剪型高强度螺栓连接副复验	应符合设计要求、《钢结构工程施工质量验收规范》(GB 50205—2001)和《钢结构高强度螺栓连接的设计施工及验收规程》(JGJ 82—2011)规定	检查预拉力复验报告	逐批检查
	3	扭剪型高强度螺栓连接摩擦面的抗滑移系数经试验确定	应符合设计要求、《钢结构工程施工质量验收规范》(GB 50205—2001)和《钢结构高强度螺栓连接技术规程》(JGJ 82—2011)规定	检查制作单位及现场试验报告	逐批检查
	4	扭剪型高强度螺栓连接摩擦面	表面平整,不得有飞边、毛刺、氧化铁皮、焊接飞溅物、焊疤、污垢和油漆等	观察检查	逐件检查
	5	扭剪型高强度螺栓紧固	分初、终拧两次紧固,扭矩扳手定期标定,初拧值符合《钢结构工程施工质量验收规范》(GB 50205—2001)规定后进行终拧	检查扳手标定记录及螺栓施工记录	逐件检查
	6	扭剪型高强度螺栓安装	螺栓能自由穿入构件孔,不得强行打入	观察检查	逐件检查
基本项目	1	扭剪型高强度螺栓连接接头的外观质量	合格:螺栓穿入方向基本一致,外露长度不得少于 2 扣 优良:螺栓穿入方向一致外露长度不得少于 2 扣,露长均匀	观察检查	按节点数抽查 5%,不少于 10 个节点
	2	扭剪型高强度螺栓(专用电动扳手)终拧质量	合格:除构造原因外,梅花头在终拧中未拧掉数应少于该节点数的 5% 优良:除构造原因外,梅花头在终拧中全部拧掉	观察检查	按节点数抽查 10%,不少于 10 个节点

2.4.5　H 型钢构件验收

　　H 型钢标准在规格与外形尺寸上,中国的与日本基本上一致,工程业界经常互用替代,但在钢种、材质与性能方面,中国标准与国外标准却有较明显的差异,不能替代,例如,对于很多重点工程上用的国产 Q235BH 型钢,中国钢厂要保证特定温度下的冲

微课
H 型钢检验
及构件拼装
检验

击功值,并在质保书上注明;而目前市场销售的所有日标的 H 型钢的材质都是 SS400,
SS400 没有相应的冲击功值做保证,如果要保证的话,必须是 SM400B,由于 SM400B 的
价格要高于 SS400,所以进口商进口的均是 SS400。此外在塑性指标上,国标的 Q235-
B 对延伸率要求要高于 SS400,在 H 型钢的规格尺寸范围内,延伸率根据翼缘厚度最小
值不低于 25% ~ 26%,而 SS400 最小值只要求达到 17% ~ 21% 即可,很多可以达到
SS400 标准的进口 H 型钢的塑性指标却不能满足国标的要求,甚至对国标来说也是不
合格产品。

焊接 H 型钢构件的允许偏差如表 2-47 所示。

表 2-47　焊接 H 型钢构件的允许偏差

项目		允许偏差/mm	图例
截面高度(h)	h<500	±2.0	
	500≤h≤1 000	±3.0	
	h>1 000	±4.0	
截面宽度(b)		±3.0	
腹板中心偏移(e)		2.0	
翼缘板垂直度(Δ)		b/100 3.0	
弯曲矢高		L/1 000 10.0	
扭曲		h/250 5.0	

续表

项目		允许偏差/mm	图例
腹板局部平面度(f)	t<14	3.0	
	t≥14	2.0	

2.4.6 预拼装的验收

预拼装的检验方法:检查钢构件制作质量检验评定表和钢构件验收记录,有疑问时用钢尺等进行检查。预拼装是根据施工图把相关两个以上成品构件,在工厂制作场地上,按其各构件空间位置总装起来。其目的是客观地反映出各构件装配节点,保证构件安装质量。目前已广泛使用在采用高强度螺栓连接的钢结构构件制造中。

钢构件预拼装的允许偏差应符合表 2-48 所示的规定。

在预拼装时,对螺栓连接的节点板除检查各部位尺寸外,还应用试孔器检查板叠孔的通过率。在施工过程中,错孔的现象时有发生,如错孔在 3.0 mm 以内时,一般都用铰刀铣或锉刀锉孔,其孔径扩大不超过原孔径的 1.2 倍;如错孔超过 3.0 mm,一般用焊条焊补堵孔或更换零件,不得采用钢块填塞。

预拼装检查合格后,对上、下定位中心线,标高基准线,交线中心点等应标注清楚、准确;对管结构、工地焊接连接处,除应标注上述标记外,还应焊接一定数量的卡具、角钢或钢板定位器等,以便按预拼装结果进行安装。

表 2-48　钢构件预拼装的允许偏差

构件类型	项目		允许偏差/mm	检验方法
多节柱	预拼装单元总长		±5.0	用钢尺检查
	预拼装单元弯曲矢高		l/1 500,且不应大于 5.0	用拉线和钢尺检查
	接口错边		2.0	用焊缝规检查
	预拼装单元柱身扭曲		h/200,且不应大于 5.0	用拉线、吊线和钢尺检查
	顶紧面至任一牛腿距离		±2.0	
梁	跨度最外两端安装孔或两端支承面最外侧距离		+5.0 −10.0	用钢尺检查
	接口截面错位		2.0	用焊缝规检查
	拱度	设计要求起拱	±l/5 000	用拉线和钢尺检查
		设计未要求起拱	l/2 000 0	
	节点处杆件轴线错位		4.0	划线后用钢尺检查

续表

构件类型	项目	允许偏差/mm	检验方法
构件平面总体预拼装	各楼层柱距	±4.0	用钢尺量
	相邻楼层梁与梁之间的距离	±3.0	
	各层间框架两对角线之差	$H/2\ 000$,且不应大于 5.0	
	任意两对角线之差	$\sum H/2\ 000$,且不应大于 8.0	

注:l—单元长度;h—截面高度;H—柱高度。

2.4.7 门式刚架组合构件的验收

门式刚架组合构件的允许偏差应符合表 2-49 所示的规定。

为了保证隐蔽部位的质量,应经质控人员检查认可,签发隐蔽部位验收记录,方可封闭。组装出首批构件后,必须由质检部门进行全面检查,经合格认可后方可进行继续组装。

表 2-49 门式刚架组合构件尺寸的允许偏差

项目	参数	符号	允许偏差/mm
几何形状	翼缘倾斜度	a_1	±2°且不大于 5.0
	腹板偏离翼缘中心	a_2	±3.0
	楔形构件小头截面高度	h_0	±4.0
	翼缘竖向错位	a_3	±2.0
	腹板横截面水平弓度	a_4	$h/100$
	腹板纵截面水平弓度	a_5	$h/100$
	构件长度	l	±5.0
孔位置	翼缘端部螺孔至构件纵边距离	a_6	±2.0
	翼缘端部螺孔至构件横边距离	a_7	±2.0
	翼缘中部螺孔至构件纵边距离	a_8	±3.0
	翼缘螺孔纵向间距	s_1	±1.5
	翼缘螺孔横向间距	s_2	±1.5
	翼缘中部孔心的横向偏移	a_9	±3.0
弯曲度	吊车梁弯曲度	c	l 且小于 5(l 以 m 计)
	其他构件弯曲度	c	$2l$ 且小于 5(l 以 m 计)
上挠度		C_1	$2l$ 且小于 5(l 以 m 计)
端板	上翼缘外侧中点至边孔横距	a_{10}	±3.0
	下翼缘外侧中点至边孔纵距	a_{11}	±3.0
	孔间横向距离	a_{12}	±1.5
	孔间纵向距离	a_{13}	±1.5
	弯曲度(高度小于 610 mm)	C	+3.0(只允许凹进);-0
	弯曲度(高度 610~1 220 mm)	C	+5.0(只允许凹进);-0
	弯曲度(高度大于 1 220 mm)	C	+6.0(只允许凹进);-0

2.4.8 防腐、防火涂装工程的验收

钢材表面在喷射除锈后,随着粗糙度的增大,使除锈后钢材的表面积增加了19%~63%。此外,以棱角磨料进行的喷射除锈,不仅增加了钢材的表面积;而且还能形成三维状态的几何形状,使漆膜与钢材表面产生机械的咬合作用,更进一步提高了漆膜的附着力。随漆膜附着力的显著提高,漆膜的防腐蚀性能和保护寿命也将大大提高。

钢材表面合适的粗糙度有利于漆膜保护性能的提高。同时为了确保漆膜的保护性能,对钢材的表面粗糙度有所限制。对于常用涂料而言,合适的粗糙度以 $30~75~\mu m$ 为宜,最大粗糙度值不宜超过 $100~\mu m$。

1. 防腐涂料涂装工程的质量检查

(1) 涂装前检查

① 涂装前钢材表面除锈应符合设计要求和国家现行标准的规定。当设计无要求时,钢材表面除锈等级应符合表 2-50 所示的规定。检查数量按构件数抽查 10%,且同类构件不少于 3 件。

检查方法:用铲刀检查和用现行标准规定的图片对照观察检查,若钢材表面有返锈现象,则需再除锈,经检查合格后才能继续施工。

② 进厂的涂料应检查有无产品合格证,并经复验合格,方可使用。检查涂料的种类及型号是否符合要求。

表 2-50   各种底漆和防锈漆要求最低的除锈等级

涂料种类	除锈等级
油性酚醛、醇酸等底漆或防锈漆	St2
乙烯、环氧树脂、聚氨酯等底漆或防锈漆	Sa2
无机富锌、有机硅、过氯乙烯等底漆	$Sa2\frac{1}{2}$

③ 涂装的环境检查是否符合要求。涂装时的环境温度和相对湿度应符合涂料产品说明书的要求,当产品说明书无要求时,符合验收规范的规定。

④ 钢结构禁止涂漆的部位在涂装前是否进行遮蔽。

⑤ 与各种大气适应的涂料种类如表 2-51 所示。

表 2-51   与各种大气适应的涂料种类

涂料种类	城镇大气	工业大气	海洋大气	化工大气	高温大气
酚酸漆	△				
醇酸漆	√	√			
沥青漆			√		
环氧树脂漆			√	△	△
过氯乙烯漆			√	△	
丙烯酸漆		√	√	√	
氯化橡胶漆		√	√	△	
氯磺化聚乙烯漆		√	√	√	△

续表

涂料种类	城镇大气	工业大气	海洋大气	化工大气	高温大气
有机硅漆					√
聚氨酯漆		√	√	√	△

注:√表示适应性良好,△表示适应性一般。

（2）涂装过程中检查

① 每道漆都不允许有咬底、剥落、漏涂和起泡等缺陷,如发现应进行处理。

② 涂装过程中的间隔时间应符合要求。

③ 测湿膜厚度以控制干膜厚度和漆膜质量。

（3）涂装后检查

① 漆膜外观应均匀、平整、丰满和有光泽;颜色应符合设计要求;不允许有咬底、裂纹、剥落、针孔等缺陷。

② 涂料、涂装遍数、涂刷厚度应符合设计要求。当设计无要求时,涂层干漆膜总厚度室外应为 150 μm,室内应为 125 μm,其允许偏差为−25 μm。每遍涂层干漆膜厚度的合格质量偏差为−5 μm。测定厚度的构件抽查数为 10%,且同类构件不应少于 3 件,每件应测 5 处。

（4）验收

涂装工程施工完毕后,必须经过验收,符合规范要求后方可交付使用。

2. 防腐涂料、涂层的性能检验

（1）防腐涂料性能检验

涂料产品性能检验包括外观和透明度、颜色、细度、黏度、结皮性、触变性等项目检验。

① 外观和透明度检验。检验不含颜料的涂料产品,如清漆、清油等是否含有机械杂质和浑浊物。

② 颜色检验。对不含颜料的涂料产品检验其原色的深浅程度;对于含有颜料的涂料产品,检验其表面颜色的配制是否符合规定的标准色卡。

③ 细度检验。测定色漆或漆浆内颜料、填料及机械杂质等颗粒细度。

④ 黏度检验。液体在外力作用下,分子间相互作用而产生阻碍其分子间相对运动的能力称为液体的黏度。黏度表示方法有绝对黏度、运动黏度、比黏度和条件黏度。涂料产品一般采用条件黏度表示法。

⑤ 结皮性检验。测定涂料的结皮性,主要是检验涂料在密封桶内和开桶后的结皮情况。

⑥ 触变性测定。触变性是指涂料在搅拌和振荡时呈流动状态,而在静止后仍能恢复到原来的凝胶状的一种胶体物性。

涂料施工性能检测包括遮盖力测定、流平性测定、涂刷法测定、使用量测定等。

（2）涂层性能检验

涂层是由底漆、中间漆、面漆的漆膜组合而成,测定其各项性能,具有实用价值。涂层和漆膜的性能有漆膜柔韧性、漆膜耐冲击性、漆膜附着力、漆膜硬度、光泽度、耐水性、耐磨性、耐候性、耐湿性、耐盐雾、耐霉菌、耐化学试剂等。

漆膜附着力是指漆膜对底材黏合的牢固强度,以级表示,用附着力试验仪测定,分

7 个等级,一级附着力最佳,七级最差。附着力的好坏,直接影响涂装的质量和效果。

（3）钢结构防腐涂料的选用与检验

钢结构涂装防腐涂料,宜选用醇酸树脂、氯化橡胶、氯磺化聚乙烯、环氧树脂、聚氨酯、有机硅等品种。

选用涂料时,首先应选用已有国家或行业标准的品种,其次选用已有企业标准的品种,无标准的产品不得选用。

涂料进场应有产品出厂合格证,并应取样复验,符合产品质量标准后,方可使用。取样方法应符合现行国家标准《色漆、清漆和色漆与清漆用原材料取样》（GB 3186—2006）规定。取样数目和取样量按下列规定执行。

① 取样数目。涂料使用前,应按交货验收的桶数,对同一生产厂生产的相同包装的产品进行随机取样,取样数目应大于 $\sqrt{n/2}$（n 为交货产品桶数）。

② 取样量。取样应同时取两份,每份 0.25 kg,其中一份做检验,另一份密封储存备用。

（4）漆膜性能的检验

漆膜试样按《漆膜一般制备法》（GB 1727—1992）制作。

① 漆膜颜色和外观的检验。测定漆膜颜色和外观宜采用目视法,即将漆膜颜色和它的外观与标准色板、标准样品进行比较的方法,进行观察评定。

在涂装施工前,应检验涂料的颜色,在试板上涂刷的涂料干燥后,它的颜色应与设计规定的颜色一致,检验时一般是与标准色卡的色标对比;漆膜外观,应均匀、致密和光泽丰满。

② 漆膜柔韧性检验。漆膜柔韧性测定是将样板在不同直径的轴棒上弯曲,而以不引起漆膜破坏的最小轴棒的直径来表示。漆膜的柔韧性是表示漆膜附在底材上受弯后的综合性能,它与漆膜的抗拉强度、抗张强度、厚度和附着力有关。

QTX 型漆膜柔韧性试验器如图 2-110 所示,它由粗细不同的 6 个钢制轴棒组成,并固定于底座上。测定时,把涂有漆膜的试件的漆膜朝上,在轴棒上弯曲 180°,然后用 4 倍的放大镜观察,如有网纹、裂纹及剥落等破坏现象,则为不合格。图 2-110 所示轴棒的尺寸为:每个轴棒长 35 mm,轴棒 1,直径 10 mm 及外径 15 mm 的套管;轴棒 2,截面 5 mm×10 mm,曲率半径 2.5 mm;轴棒 3,截面 4 mm×10 mm,曲率半径 2 mm;轴棒 4,截面 3 mm×10 mm,曲率半径 1.5 mm;轴棒 5,截面 2 mm×10 mm,曲率半径 1 mm;轴棒 6,截面 1 mm×10 mm,曲率半径 0.5 mm。详见《漆膜柔韧性测定法》（GB/T 1731—1993）。

③ 漆膜冲击强度检验。漆膜冲击强度检验是检验漆膜经受外力的能力,也是间接检验漆膜附着力的方法之一。冲击强度以重锤的重量与其落在漆膜金属板上而不引起漆膜破坏之最大高度的乘积（kg×mm）来表示。冲击强度表示涂层在高速度的负荷冲击下,受力作用而变形的一种综合性能。它与漆膜的伸长率、厚度、硬度和附着力有关。QCJ 型冲击强度测定器如图 2-111 所示。以 1 kg 的重锤落在按规定制备的试件表面上,用 4 倍的放大镜观察,无裂纹、皱纹及剥落等现象者,则为合格。详见《漆膜耐冲击测定法》（GB/T 1732—1993）。

④ 漆膜附着力检验。漆膜附着力是指漆膜对底材黏合的牢固强度,可按圆滚线划痕范围内的漆膜完整程度评定,并以级表示。附着力是表示漆膜与被涂物表面之间或

漆膜与漆膜之间互相黏合的性能。测定附着力有很大的实用意义,附着力的好坏直接影响涂装的质量和效果。

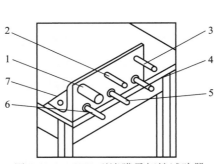

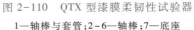

图 2-110 QTX 型漆膜柔韧性试验器
1—轴棒与套管;2~6—轴棒;7—底座

图 2-111 QCJ 型冲击强度测定器

QFZ-Ⅱ型漆膜附着力试验仪如图 2-112 所示,此法的圆滚曲线如图 2-113 所示。圆滚曲线一边标有 1、2、3、4、5、6、7 共 7 个部位,分为 7 个等级,按图 2-113 所示顺序检查各部位的漆膜完整程度。若某一部位的格子 70% 以上完好,则应认为该部位是完好的,否则认为已损坏。凡第一部位内漆完好者,则此漆膜的附着力最佳,定为一级,第二部位完好者,附着力次之,定为二级。依次类推,第七级漆膜附着力最差。《钢结构工程施工质量验收规范》(GB 50205—2001)规定,当钢结构处在有腐蚀介质环境或外露设计有要求时,应进行涂层附着力测定。经附着力测定检验,其涂层完好率达 70% 以上者为合格。检验数量按构件数量抽查 1% 且不少于 3 件,每件检测 3 处。检验方法按照现行国家标准《漆膜附着力测定方法》(GB 1720—1979)或《色漆和清漆、漆膜的划格试验》(GB 9286—1998)执行。

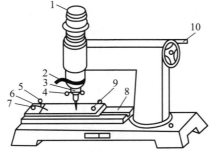

图 2-112 QFZ-Ⅱ型漆膜附着力试验仪
1—荷重盘;2—升降棒;3—卡针盘;4—回转半径调整螺栓;
5—固定样板调整螺栓;6—试验台;7—半截螺帽;
8—试验台丝杆;9—调整螺栓;10—摇柄

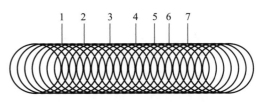

图 2-113 圆滚曲线

⑤ 硬度检验。漆膜硬度是漆膜机械强度的重要技术指标之一。测定仪器有摆式硬度计和摆杆阻尼试验仪。目前我国常用 QBY 型漆膜摆式硬度计，如图 2-114 所示。

用 QBY 型漆膜摆式硬度计测定漆膜硬度，是以一定重量的摆置于被涂漆膜上，在规定的振幅摆动衰减时间（秒）与在 90 mm×120 mm×(1.2～2.0) mm 的玻璃板上同样振幅中摆动衰减的时间比值来表示。由于涂装物自身硬度和使用条件不同，要求漆膜的硬度也不相同，例如，弹性或柔性物件，就不宜选用硬度高的涂料。

⑥ 光泽度测定。物体表面受光照射时，光线朝一定方向反射的性能称为光泽。试样的光泽度以规定的入射角，从试样表面来的正反射光量与在同一条件下，从标准样板表面正反射光量之比的百分数表示。

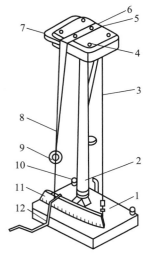

图 2-114　QBY 型漆膜摆式硬度计
1—底盘；2—支杆；3—铅锤；4—平台；
5—钢球；6—连接片；7—杠；8—摆杆；
9—重锤；10—螺钉；11—度尺；12—制动杆

漆膜光泽不仅与涂料、品种有关，还与漆膜表面的粗糙度有关。根据 60° 测量角测得的光泽，将漆膜光泽分类，如表 2-52 所示。

表 2-52　漆膜光泽分类　　　　　　　　　　%

光泽范围	等级	光泽范围	等级
高光泽	>70	平光	2～6
半光	30～70	无光	<2
蛋壳光	6～30		

⑦ 耐水性检验。漆膜耐水性是指漆膜在水中浸泡时，抵抗其性能或表面变化的能力。

漆膜的耐水性是检验涂料质量的重要项目，因为很多涂料长期在水中、地下或潮湿条件下使用，如果漆膜遇水，发生剥落和皱纹等现象，就表明漆膜没有防护性能。即使不长期在水中使用，漆膜也会因为水的作用产生气泡、失光、变色等或漆膜在离开水后虽能够恢复原样，但漆膜的质量也将受到影响，从而降低它的防护性能。漆膜的耐水性检验详见《漆膜耐水性测定法》(GB/T 1733—1993)。

⑧ 耐热性检验。漆膜耐热性是指漆膜在鼓风烘箱或高温炉内加热，并达到规定的温度和时间后，其抵抗物理性能或表面变化的能力。

各种涂料都有一定的温度使用范围，温度过高或过低都将影响漆膜的质量，特别是在高温条件下使用的涂料更应注意检验其耐热性，以防施工后使用时因温度变化而发生起层、鼓泡、开裂和变色等现象，从而失去或降低漆膜的防护性能。

⑨ 耐磨性检验。漆膜耐磨性是指漆膜所能经受磨损的能力，可采用漆膜耐磨仪进行测定。测定是在一定的负载情况下，经过规定的耐磨机磨转次数后，以漆膜的失重

量(单位为g)表示。漆膜的耐磨性检验详见《色漆和清漆　耐磨性的测定旋转橡胶砂轮法》(GB/T 1768—2006)。

(5)防腐涂料施工性能的检验

① 干燥时间的测定。漆膜干燥时间,是指在规定条件下,漆膜表层成膜的时间为表干时间;全部形成固体涂膜的时间为实际干燥时间,以"h"或"min"表示。其测定方法如下。

a. 表面干燥。在漆膜表面上轻放一小脱脂棉球,距棉球100~150 mm,用嘴沿水平方向轻吹棉球,如果能吹走,膜面不留有棉丝,或以手指轻触漆膜表面,感到有些发黏,但无漆粘在手指上,即认为表面干燥。测定至表面干燥所需要的时间即为表面干燥时间。

b. 实际干燥。表面干燥后,漆膜表面全部形成固体,以滤纸或棉球轻放在漆膜上,并加压干燥试验器,在规定时间内,漆膜不黏纤维或无棉丝的痕迹及失光现象,即认为实际干燥。测定至实际干燥所需要的时间即为表面干燥时间。

② 涂料遮盖力测定。涂料遮盖力测定是把色漆均匀地涂刷在物体表面上,使其底色不再呈现的最小用漆量,以"g/m²"表示。

③ 流平性检验。涂料流平性是指将涂料刷涂或喷涂于表面平整的底板上,以刷纹消失或形成平滑漆膜表面所需的时间,以"min"表示。流平性主要是表示涂料的装饰性能。涂料质量好,涂刷或喷涂后,表面产生的刷痕或橘皮应能自动消失,呈光滑平整的膜。

④ 漆膜厚度测定。漆膜厚度是采用各种漆膜测定仪测定,以"μm"表示。由于各种涂料的性能不同,形成漆膜时应有一定范围的厚度,才具有良好的性能,否则将影响漆膜的性能。施工时一般以控制漆膜的厚度来控制干膜的厚度。控制漆膜厚度,应注意施工方法。采用空气喷涂法形成的漆膜最薄,刷涂或手工滚涂法形成的漆膜适中,高压无气喷涂法形成的漆膜最厚。

⑤ 使用量测定。每平方米表面上按样板制备法所需漆量作为使用量,以"g/m²"表示。测定方法有刷涂法和喷涂法。

⑥ 涂刷性测定。测定涂料在使用时涂刷是否方便,根据涂漆面的外观及涂漆情况评定。

⑦ 打磨性测定。打磨性是表示涂层经打磨后,产生平滑无光泽的程度。底漆、腻子膜打磨性,是采用打磨仪,经一定次数打磨后,以涂膜表面现象评定。

(6)涂层的检验

涂层由底漆、中漆和面漆的漆膜组合而成,它具有底漆、中间漆和面漆各层涂膜的综合性能,具有实用价值,测定其各项性能,对实际应用具有指导意义。

① 耐候性检验。涂料的质量除取决于各项物理性能指标的检验外,更重要的是其使用寿命,即涂料本身对大气的耐久性,又称耐候性。它是鉴定油漆漆膜暴露在大气中与阳光、雨雪、风沙等作用条件下,抵抗气候侵蚀的能力。优良的涂料必须有抵抗漆膜粉化、破裂、剥落等缺陷的能力。耐候性试验有大气老化和人工老化两种方法。涂料的大气老化试验,是指在各种因素,例如,日光、风雨、湿度、气温、化工气体等对涂层所起的老化破坏作用,通过试验样板的外观检查以鉴定其耐久性。

暴晒样板漆膜的制备要求：

a. 样板可按实际施工要求进行表面处理。使用的涂料品种也应与施工使用的一致。

b. 样板可用喷涂或刷涂法成形,反面和边缘用涂料保护。

c. 制成的漆膜不允许有针孔、流挂及其他影响耐候性的缺陷。

d. 每一涂层样板,同时制备 4 块,3 块试验,另一块保存起来作标准样板。

e. 样板喷涂的道数、厚度应与实际使用相同或采取底漆两道,厚(40 ± 5) μm;面漆两道,厚(60 ± 5) μm,总共 4 道漆,厚(100 ± 10) μm。

暴晒样板的检查周期:暴晒 3 个月的,每半个月检查一次;暴晒一年的,每个月检查一次;暴晒一年以上的,每 3 个月检查一次。

暴晒试验的项目及结果的评定,按《色漆和清漆涂层老化的评级方法》(GB/T 1766—2008)进行。

一般漆膜破坏程度达到综合评级中"差"级中的任何一项即可停止暴晒试验。

《色漆和清漆涂层老化的评级方法》(GB/T 1766—2008)中关于保护性涂膜检验项目及等级的规定如表 2-53 所示。装饰性漆膜试验项目及等级如表 2-54 所示。漆膜破坏等级如表 2-55 所示。

表 2-53 保护性漆膜检验项目及等级

综合等级	单项等级						
	变色	粉化	裂纹	起泡	生锈	脱落	长霉
优	2	2	0	0	0	0	1
良	3	2	0	0	0	0	2
中	4	3	1	1	1	1	3
差	—	4	2	2	2	2	4
劣	—	—	3	3	3	3	—

表 2-54 装饰性漆膜试验项目及等级

综合等级	单项等级										
	失光	变色	粉化	裂纹	起泡	泛金	斑点	沾污	长霉	脱落	生锈
优	1	0	0	0	0	0	0	0	0	0	0
良	2	1	0	0	0	1	1	1	0	0	0
中	3	2	1	1	1	2	2	2	1	0	0
差	4	3	2	2	2	3	3	3	2	1	1
劣	—	4	3	3	3	4	4	4	3	2	2

表 2-55 漆膜破坏等级

等级	破坏程度
一级	轻微变色:漆膜无起泡、生锈和脱落现象
二级	明显变色:漆膜表面起微泡面积小于 50%;局部小泡面积在 4% 以下;中泡面积小于 1%;锈点直径在 0.5 mm 以下;漆膜无脱落
三级	严重变色:漆膜表面微泡面积超过 50%;小泡面积在 5% 以上;出现大泡、锈点面积在 2% 以上;漆膜出现脱落现象

② 耐湿热试验。耐湿热是表示涂层在高温高湿条件下,耐水渗透的能力。根据产品规定的要求,选择底材和配套涂层。按《测定耐湿热、耐盐雾、耐候性(人工加速)的漆膜制备法》(GB/T 1765—1979)制备试样。要求试样漆膜平整光滑,无麻点、针孔和气泡,机械杂质尽量少。制样板过程中,尽量避免手印。

③ 耐盐雾试验。耐盐雾试验是为了鉴定涂层耐盐雾的性能。试验条件:将精制食盐和蒸馏水按重量比例配制成 3.5% 的溶液,静置过滤备用。试验温度(40±2)℃。喷盐雾周期,每隔 45 min 连续喷雾 15 min。相对湿度 >90%。试验检查周期,每隔 24 h 检查一次,直到漆膜最终达到合格为止。

样板检查和评级:检查时,小心取出样板,用自来水冲净样板表面所沾盐分,冷风快速吹干(或滤纸吸干)后,按《漆膜耐湿热测定法》(GB/T 1740—2007)进行检查,评定等级。

④ 耐霉菌试验。采用无机盐培养基法,按检验对象不同分为两种方法。

a. 培养皿法。主要检验油漆材料耐霉菌性能。

b. 局部法。主要检验大型试件成品漆膜耐霉菌性能,详见《漆膜耐霉菌性测定法》(GB/T 1741—2007)。

涂层在湿热环境中容易受霉菌侵袭,从而产生斑点和起泡。另外,由于霉菌新陈代谢,可产生有机酸,引起涂层表面颜料的溶解及漆料的水解,从而渗入底层,导致涂层的破坏,失去防护作用。特别是使用油性涂料和加有增塑剂的涂料,更容易受到霉菌的破坏。

⑤ 耐化学试剂性。耐化学试剂性是表示涂层抗化学试剂侵蚀的性能。涂层耐化学试剂性的测定,是将试样浸入规定的介质中,观察其侵蚀程度。虽然各种化学试剂的性能和使用环境不同,但目前有很多涂料品种具有耐化学腐蚀性能,只要选用的涂料合适,涂层是可以不被化学试剂腐蚀的。

⑥ 耐高温性能试验。耐高温性能试验是指用高温炉加热,在 100~400 ℃,漆膜到达规定时间后,以物理性能和漆膜表面的变化表示漆膜的耐高温性能。主要考核高炉、热风炉用高温涂料的耐高温性能。

⑦ 骤冷骤热性能试验。骤冷骤热性能试验是为了考核高炉、热风炉使用的高温涂料在实际使用中抵抗冷、热特性而进行的试验。试验时,将样板置于高温炉中,在 400 ℃ 状态下,每天恒温 8 h,取出后立即放入室温的流动水中冷却,到达规定的循环次数后,进行涂层评定。

3. 防火涂料涂装工程的验收

① 防火涂料涂装前,钢材表面除锈及防锈底漆涂装应符合规定。按构件数抽查 10%,且同类构件不应少于 3 件。表面除锈用铲刀检查和用图片对照观察检查;底漆涂装用干漆膜测厚仪检查,每个构件检测 5 处。

② 防火涂料不应有误涂、漏涂,涂层应闭合无脱层、空鼓、明显凹陷、粉化松散和浮浆等外观缺陷,乳突应剔除。

③ 薄涂型防火涂料涂层表面裂纹宽度不应大于 0.5 mm,厚涂型防火涂料涂层表面裂纹宽度不应大于 1 mm。按同类构件数抽查 10%,且均不应少于 3 件。

④ 薄涂型防火涂料涂层厚度应符合有关耐火极限的设计要求。厚涂型防火涂料涂层的厚度,80% 及其以上面积应符合有关耐火极限的设计要求,且最薄处厚度不应低于设计要求的 85%。用涂层厚度测试仪、测针和钢尺检查,应符合下列规定。

a. 测点选定。楼板和防火墙的防火涂层厚度测定,可选两相邻纵、横轴线相交中的面积为一单元,在其对角线上每米选一测点;全钢框架结构的梁、柱以及桁架结构的上、下弦的防火涂层厚度测定,在构件长度上每隔 3 m 取一截面,按图 2-115 所示位置测试;桁架结构其他腹杆每根取一截面检测。

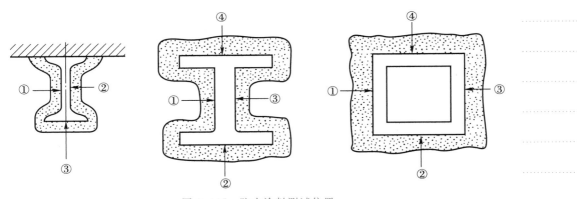

图 2-115　防火涂料测试位置

b. 测量结果。对于楼板和墙面在所选择面积中至少测 5 点,对于梁、柱在所选位置中分别测出 6 个和 8 个点,分别计算它们的平均值,精确到 0.5 mm。

4. 防火涂料性能与检测

涂料的性能包括干燥时间、初期干燥抗裂性、黏结强度、抗压强度、热导率、抗振性、抗弯性、耐水性、耐冻融循环、耐火性能、耐酸性、耐碱性等。

耐火试验时,试件平放在卧式燃烧炉上,三面受火,试验结果以钢结构防水涂层厚度(mm)和耐火极限(h)表示。

2.4.9　钢结构构件的验收资料

轻钢门式刚架钢构件的验收资料应随构件共同运输至施工安装现场,且需保证完备性。

施工安装现场接收材料时应检查钢构件相关工厂检验验收资料。

钢构件加工制作完成后,应按照施工图和《钢结构工程施工质量验收规范》(GB

50205—2001)的规定进行验收,有的还分工厂验收、工地验收,钢构件出厂时,应提供下列资料。

① 产品合格证及技术文件。

② 施工图和设计变更文件。

③ 制作中技术问题处理的协议文件。

④ 钢材、连接材料、涂装材料的质量证明或试验报告。

⑤ 焊接工艺评定报告。

⑥ 高强度螺栓摩擦面抗滑移系数试验报告,焊缝无损检验报告及涂层检测资料。

⑦ 主要构件检验记录。

⑧ 预拼装记录(由于受运输、吊装条件的限制,以及设计的复杂性,有时构件要分两段或若干段出厂,为了保证工地安装的顺利进行,在出厂前进行预拼装)。

⑨ 构件发运和包装清单。

模块小结

本模块主要按照轻钢门式刚架结构图纸识读→轻钢门式刚架结构加工制作→轻钢门式刚架结构拼装与施工安装→轻钢门式刚架结构验收的工作过程对轻钢门式刚架结构的特点与构造、加工制作设备及选择、加工制作工艺与流程、拼装与施工安装方法和验收内容、方法等结合《门式刚架轻型房屋钢结构技术规范》(GB 51022—2015)、《钢结构高强度螺栓连接技术规程》(JGJ 82—2011)、《钢结构工程施工规范》(GB 50755—2012)、《钢结构焊接规范》(GB 50661—2011)及《钢结构工程施工质量验收标准》(GB 50205—2020)的规定进行了介绍。通过本模块的学习,使学生最终形成轻钢门式刚架结构加工制作方案、施工安装方案的编制以及付诸实施的职业能力。

[实训]

1. 轻钢门式刚架结构图纸识读训练。

2. H形柱的加工制作方案编制。

3. 门式刚架吊装方案编制及技术交底。

[课后讨论]

① 轻钢门式刚架结构材料一般为 Q235-B 或 Q355-B,为什么不能选质量等级为 A 的钢材?

② 为什么说深化设计贯穿于设计和施工的全过程?

③ 隔撑设置在哪些位置?主要作用有哪些?

④ Z 型钢檩条或 C 型钢檩条与檩托连接时,为何檩条下翼缘与钢梁有间隙?

⑤ 如何增强轻钢门式刚架建筑屋面防水性能?

⑥ 轻钢门式刚架结构可否采用现场整榀拼装后进行整榀吊装?为什么?

⑦ 超声波探伤有何要求?是否能完全反映焊缝内部的所有缺陷?

⑧ 二级焊缝现场是否按照规范最低要求只抽取 20% 进行探伤?

练习题

（1）平面门式刚架与平面排架结构的节点构造有什么不同？这对它们的内力状态有什么影响？

（2）平面门式刚架可分为哪几种主要类型？它们的适用范围是什么？

（3）试观察你所能遇到的平面门式刚架的工程实例，注意它们的外形尺寸、构件的截面形式、使用的材料，以及建筑物的用途和功能要求。

（4）轻钢门式刚架结构图纸种类有哪些？图纸阅读有何方法和要点？

（5）轻钢门式刚架结构由哪些部分组成，各起什么作用？

（6）轻钢门式刚架结构构件制作、加工分别应用了哪些机械？有什么作用？

（7）轻钢门式刚架结构安装一般有哪几种方法，各有什么特点？

（8）轻钢门式刚架结构涂装工程如何完成？有什么要点？

（9）轻钢门式刚架结构安装质量验收有哪些内容？分别如何完成？

模块 3

钢框架结构工程施工

模块 3 主要介绍钢框架结构基本知识、结构组成与图纸识读；钢框架结构构件的加工设备、制作工艺、构件拼装方法、要求；钢框架结构的安装方法；钢框架结构的验收要点等内容。本模块旨在培养学生钢框架结构识图、加工制作与施工安装方面的技能，通过课程讲解使学生掌握钢框架的组成、构造、加工工艺、施工安装方法等知识；通过动画、录像、实操训练等强化学生从事钢框架加工制作与施工安装的技能。

3.1 钢框架结构的基本知识与图纸识读

多层钢框架结构是钢结构民用建筑和多层厂房最常用的结构形式，也是将来建筑钢结构产业发展的一个重点。框架结构体系横向刚度较好，横梁高度也较小，是比较经济的结构形式。目前，我国绝大部分框架结构均为钢筋混凝土框架，但也出现了不少的钢框架建筑。随着我国钢材产量的迅速增加，品种增多，钢结构设计和施工技术的不断提高，钢框架结构的运用将有良好的前景。

课件

钢框架基本知识

3.1.1 钢框架结构的基本知识

1. 钢框架结构体系

钢框架结构体系是指沿房屋的纵向和横向用钢梁和钢柱组成的框架结构来作为承重和抵抗侧力的结构体系。其优点是能提供较大的内部空间，建筑平面布置灵活，适应多种类型的使用功能；一般是在工厂预制钢梁、钢柱，运送到施工现场再拼装连接成整体框架，其自重轻、抗震性能好、施工速度快、机械化程度高；结构简单，构件易于标准化和定型化，对层数不多的高层建筑而言，框架体系是一种比较经济合理、运用广

微课

钢框架结构基本结构体系及组成

泛的结构体系。但同时它也存在一定的缺点,例如,用钢量稍大、耐火性能差、后期维修费用高、造价略高于混凝土框架。

随着层数及高度的增加,除承受较大的竖向荷载外,抗侧力(风荷载、地震作用等)成为多层框架的主要承载要求,钢框架基本结构体系一般可分为三种:柱-支撑体系、纯框架体系、框架-支撑体系。

① 柱-支撑体系。当钢框架结构层数及高度较大时,风荷载、地震作用成为影响柱截面大小的主要因素,一般在框架柱之间要布置柱间支撑,这样可以有效抵抗水平地震作用和风荷载,有效降低框架柱的计算长度,减少框架柱的计算截面。

② 纯框架体系。在实际设计中,由于使用功能的要求,钢框架结构在层数和高度较小时,常常不设置柱间支撑。这样的话,只能够通过加大框架柱的截面来抵抗水平地震作用和水平风荷载,减少层间位移。

③ 框架-支撑体系。对于多层及小高层钢框架结构建筑,可结合门窗位置在建筑的外墙布置双向交叉支撑,支撑可采用角钢、槽钢或圆钢,可按拉杆设计,在结构中支撑也不一定必须从下到上同一位置设置,也可跳格布置,其目的主要是为了增加结构的刚度。对于外墙开有门窗时,也可在窗台高度范围内布置,形成类似周边带状桁架的结构形式,对结构整体刚度进行了加强。

对高层住宅,可选择山墙和内墙布置中心支撑或偏心支撑。值得注意的是,当采用单斜体系时,应设置不同倾斜方向的两组单斜杠,以抵挡双向地震作用,在节点方面,若支撑足以承受建筑物的全部侧向力作用,则梁柱可做成铰接,如果支撑不足以承受建筑物的全部侧向力作用,则梁柱可部分或全部做成刚接。

在高烈度地区,如果柱子比较细长,则大多采用偏心框架体系,这种体系的特点是在小震或中等烈度地震作用下,刚度足以承受侧向水平力,在强震作用下,又具有很好的延性和耗能能力。

2. 钢框架结构组成

钢框架结构主要由钢柱与钢梁通过一定的节点连接方式组成。

(1) 钢柱

① H 型钢柱。H 型钢柱是由三块钢板组成的 H 形截面承重构件,对于房间开间较小的钢框架结构,为降低用钢量和充分发挥截面承重能力,其钢柱一般采用 H 形结构,其强轴平行于建筑物纵向设置。

② 焊接箱形截面柱或方钢管截面柱。焊接箱形截面柱是由四块钢板组成的承重构件,在它与梁连接部位还设有加劲隔板,每节柱子顶部要求平整。焊接箱形截面柱或方钢管截面柱如图 3-1 所示。

对于房间开间较大的纵横向承重的钢框架结构,为充分发挥截面承重能力,其钢柱一般采用焊接箱形截面柱。

③ 钢管柱及钢管混凝土柱。钢管柱是由圆钢管或方钢管经切割和加工的钢柱,为提高其承载能力,充分发挥钢材和混凝土材料的性能优势,可在钢管中浇注混凝土,形成钢管混凝土柱,如图 3-2 所示。

④ 十字柱。每根十字柱采用一根 H 型钢柱与两根由 H 型钢剖分形成的⊥型钢焊接而成,其截面形式如图 3-3(a)所示。对于高层建筑的柱,可采用十字柱外包钢筋混

凝土形成的劲性柱,为确保十字柱与钢筋混凝土协同工作和变形,沿着十字柱高度方向应焊有栓钉,如图 3-3(b)和图 3-3(c)所示,其拼接如图 3-4 所示。

(a) 焊接箱形截面柱吊装单元　　(b) 埋入混凝土的焊接箱形截面柱　　(c) 钢筋穿过柱的构造

图 3-1　焊接箱形截面柱或方钢管截面柱

(a) 振动棒就位　　　　　　(b) 浇注混凝土

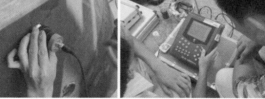

(c) 体外超声波检测

图 3-2　钢管混凝土柱

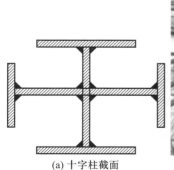

(a) 十字柱截面　　　(b) 焊有栓钉的十字柱　　(c) 钢筋穿过十字柱的构造

图 3-3　十字柱

当钢框架结构柱为焊接十字形钢柱时,其整体刚性大,对几何尺寸要求严格,如果产生变形,则校正极为困难,因此在制作过程中要严格控制变形的产生。

（2）钢梁

① H型钢梁。对于柱距较小的钢框架结构,其钢梁一般采用H型钢,其强轴平行于水平面设置。

② 焊接箱形截面梁。对于柱距特别大的钢框架结构,其钢梁一般采用焊接箱形截面,其强轴平行于水平面设置。

微课

钢框架梁柱节点

（3）钢框架结构节点形式

① 梁-柱、梁-梁节点。

a. H型钢梁柱刚接节点。H型钢梁柱刚接节点有短梁刚接（螺栓连接梁）、短梁刚接（焊接连接梁）、短梁刚接（栓焊混接梁）、栓焊刚接、T或Y刚接连接等常见节点形式,如图3-5所示。

图3-4　十字柱拼接

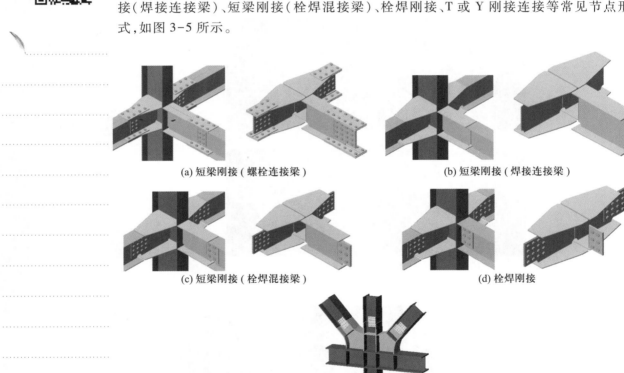

(a) 短梁刚接（螺栓连接梁）　　　　　　　　(b) 短梁刚接（焊接连接梁）

(c) 短梁刚接（栓焊混接梁）　　　　　　　　(d) 栓焊刚接

(e) T、Y刚接连接

图3-5　H型钢梁柱刚接节点形式

b. H型钢梁-箱形截面柱刚接节点。H型钢梁-箱形截面柱刚接节点有短梁刚接（螺栓连接梁）、短梁刚接（焊接连接梁）、短梁刚接（栓焊混接梁）、栓焊刚接、箱形柱与较多H型钢梁复杂节点、箱形柱+H钢梁+拉杆连接节点等形式,如图3-6所示。

c. 箱形截面梁柱刚接节点。箱形截面梁柱栓焊刚接节点形式如图3-7所示。

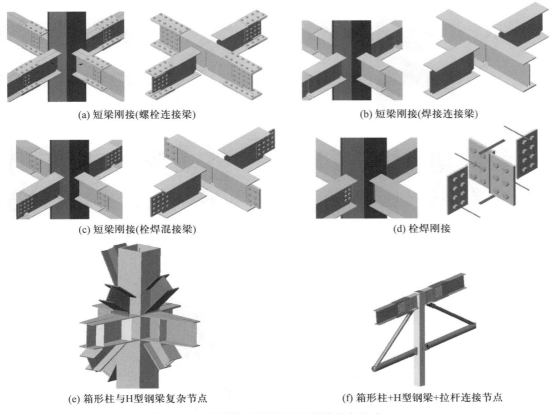

(a) 短梁刚接(螺栓连接梁) (b) 短梁刚接(焊接连接梁)

(c) 短梁刚接(栓焊混接梁) (d) 栓焊刚接

(e) 箱形柱与H型钢梁复杂节点 (f) 箱形柱+H型钢梁+拉杆连接节点

图 3-6 H 型钢梁-箱形截面柱刚接节点形式

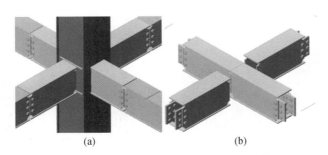

(a)   (b)

图 3-7 箱形截面梁柱栓焊刚接节点形式

　　d. H 型钢梁-钢管截面柱刚接节点。H 型钢梁-钢管截面柱刚接节点有短梁刚接（外连水平加劲板）、外连水平加劲板（圆边）、柱与多根梁会交刚接（圆边）等形式,如图 3-8 所示。

　　e. H 型钢主次梁铰接节点。H 型钢主次梁铰接节点形式如图 3-9 所示。

　　f. 箱形截面主梁-H 型钢次梁铰接节点。箱形截面主梁-H 型钢次梁铰接节点形式如图 3-10 所示。

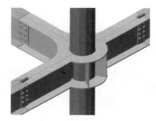

(a) 短梁刚接(外连水平加劲板)

(b) 外连水平加劲板(圆边)　　　　　　　　(c) 柱与多根梁会交刚接(圆边)

图 3-8　H 型钢梁-钢管截面柱刚接节点形式

动画
主次梁等高
连接(1)

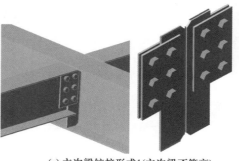

(a) 主次梁铰接形式1(主次梁不等高)

动画
主次梁等高
连接(2)

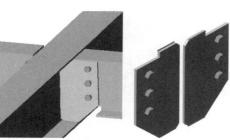

(b) 主次梁铰接形式2(主次梁不等高)　　　　　(c) 主次梁铰接形式3(主次梁不等高)

图 3-9　H 型钢主次梁铰接节点形式

微课
钢框架柱脚
节点

② 柱脚节点。

a. H 型钢刚接柱脚节点。H 型钢刚接柱脚节点形式如图 3-11 所示。

b. 焊接箱形截面柱脚刚接节点。焊接箱形截面柱脚刚接节点形式如图 3-12 所示。

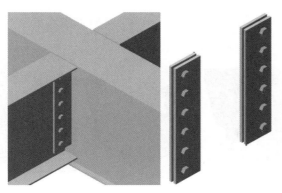

图 3-10 箱形截面主梁-H 型钢次梁铰接节点形式

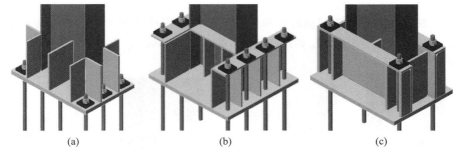

(a) (b) (c)

图 3-11 H 型钢刚接柱脚节点形式

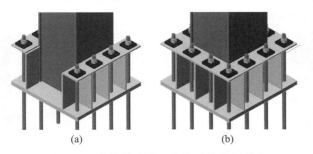

(a) (b)

图 3-12 焊接箱形截面柱脚刚接节点形式

c. 钢管截面柱刚接柱脚节点。钢管截面柱刚接柱脚节点形式如图 3-13 所示。

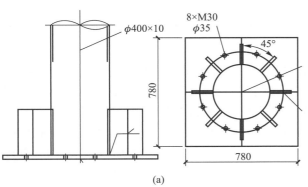

(a) (b)

图 3-13 钢管截面柱刚接柱脚节点形式

动画
圆管柱柱脚

d. 箱形截面柱柱脚节点铰接。箱形截面柱柱脚节点铰接形式如图 3-14 所示。

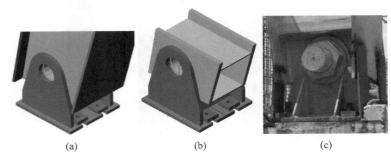

　　　　(a)　　　　　　　　　(b)　　　　　　　　(c)

图 3-14　箱形截面柱柱脚节点铰接形式

③ 柱柱连接节点。H 型钢柱柱和箱形截面柱的柱柱连接节点有螺栓连接和焊接两种形式,钢柱一般采用焊接,如图 3-15 和图 3-16 所示。

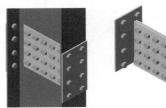　　　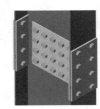

(a) H型钢截面柱的螺栓连接(1)　　　　　　(b) H型钢截面柱的螺栓连接(2)

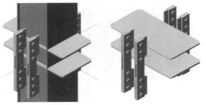　　　

(c) 箱形截面柱的螺栓连接　　　　　　　　(d) H型钢柱的焊接

图 3-15　H 型钢柱柱和箱形截面柱的柱柱连接节点

3. 楼盖

（1）楼盖种类

在钢结构住宅中,楼盖的形式也呈现多样性。近年来,采用较多的楼盖形式主要有以下几种。

① 压型钢板混凝土楼盖。压型钢板混凝土组合楼板是将压型钢板铺设在钢梁上,在压型钢板和钢梁翼缘板之间用圆柱头焊钉进行穿透焊接,压型钢板既可作为浇筑混凝土时的永久性模板,也可作为混凝土板下部受拉钢筋与混凝土一起共同工作。

② 现浇整体混凝土楼盖。现浇整体混凝土楼盖是结构设计中最常用的一种楼板,也是设计及施工人员最为熟悉的一种结构形式。它的做法与钢筋混凝土结构中现浇板的做法基本相似,只是现浇板与钢梁之间需要增加抗剪连接件,使现浇板与钢梁形成一个整体。

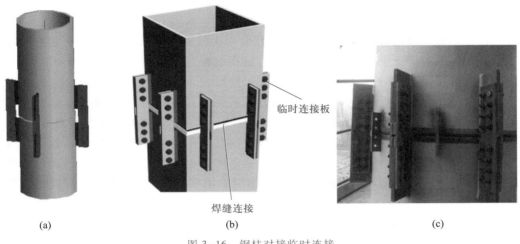

(a)　　　　　　　　(b)　　　　　　　　(c)

图 3-16　钢柱对接临时连接

③ SP 预应力空心板楼盖。SP 板是引进美国 SPANCERETE 公司的生产设备和生产技术生产的大跨度预应力混凝土空心板。SP 板既可用作楼板,又可用作墙板,能很好地满足房屋的建筑和结构的要求。

④ 混凝土叠合板楼盖。混凝土叠合板是将预制钢筋混凝土板支撑在工厂制作的焊有栓钉剪力连接件的钢梁上,在铺设完现浇层中的钢筋之后浇灌混凝土,当现浇混凝土达到一定的强度时,栓钉连接件使槽口混凝土、现浇层及预制板与钢梁连成整体共同工作,形成钢-混凝土叠合板组合梁,预制板和现浇层相结合形成叠合板。预制板按照设计荷载配置了承受正弯矩的受力钢筋,并伸出板端,现浇层中在垂直于梁轴线方向配置了负弯矩钢筋。负弯矩钢筋和伸出板端的钢筋(也称胡子筋)还同时兼作组合梁的横向钢筋抵抗纵向剪力。预制板既作为底模承受现浇混凝土自重和施工荷载,又作为楼面板的一部分承受竖向荷载,同时还作为组合梁翼缘的一部分参与组合梁的受力。

⑤ 密肋 OSB 板。其楼盖由 C 形的轻钢龙骨与铺于龙骨上的薄板组成。楼面结构板材一般采用 OSB 板(定向刨花板)。龙骨在腹板上开有大孔,这样使管线的穿越与布置极为方便。

⑥ 双向轻钢密肋组合楼盖。由钢筋或小型钢焊接的单品桁架正交成的平板网架,并在网格内嵌入五面体无机玻璃钢模壳而形成双向轻钢密肋组合楼盖。施工时利用平板网架自身的强度、刚度,并配以临时支撑即可完成无模板浇注混凝土作业。钢框架梁和轻钢桁架被现浇混凝土包裹形成双向组合楼盖,增加了楼板的刚度。无机玻璃钢模壳高度约 250 mm、500~600 mm 见方,混凝土现浇层厚度为 50~70 mm,楼板总厚度较大(密肋模壳可供设备管线穿过),需要架设吊顶。

除以上几种形式外,在钢结构住宅建设中,还采用过钢骨架轻质保温隔声复合楼板、密排托架-现浇混凝土组合楼板、双向轻钢密肋组合楼盖、轻骨料或加气混凝土楼板(ALC 板)、现浇钢骨混凝土大跨度空心楼盖(它有两种形式:梁式钢骨混凝土空心楼盖,框架梁为钢骨混凝土明梁;暗梁钢骨混凝土空心楼盖,楼板中埋设 GBF 轻质高强复合薄壁空心管）等楼板形式。

（2）压型钢板混凝土楼盖

压型钢板混凝土楼盖于20世纪60年代前后在欧美、日本等国家或地区多层及高层建筑中得到了广泛应用。在实际应用中，压型钢板混凝土楼盖又分为两种形式：一种为非组合楼盖；另一种是组合楼盖。在施工阶段两者的作用是一样的，压型钢板作为浇筑混凝土板的模板（即不拆卸的永久性模板），合理设计后，不需要设置临时支撑（即由压型钢板承受混凝土板重量和施工活荷载）。两者区别主要在于使用阶段，非组合楼板中梁上混凝土不参与钢梁的受力，按普通混凝土楼板计算承载力，而组合楼板中考虑混凝土楼板与钢梁共同工作，同时钢梁的刚度也有了提高，为保证压型钢板和混凝土叠合面之间的剪力传递，需在压型钢板上增加纵向波槽、压痕或横向抗剪钢筋等。

① 压型钢板混凝土楼板的特点。一方面，在钢结构设计中采用压型钢板与混凝土组合楼板具有多项优点。

a. 合理设计后，可不设施工专用的模板系统，实现多层同时施工作业，大大加快施工进度。

b. 压型钢板的凹槽内可铺设通信、电力、通风、采暖等管线，吊顶方便。

c. 压型钢板便于运输、堆放，安装方便，不需拆卸，火灾危险性小。

d. 施工时可起增强钢梁侧向稳定性作用，在组合楼板中，压型钢板可以用作受拉钢筋。

在另一方面，压型钢板组合楼盖对建筑物也有下面一些不利的因素。

a. 用压型钢板后，增加了材料的费用，尤其是镀锌压型钢板，本身造价较高，需要进行防火处理。

b. 楼板中增加了压型钢板，楼层净高有少量的降低，按每层75 mm计，24层大楼合计为1.8 m。

c. 压型钢板目前还没有国家标准，每个生产厂商都有各自的一套技术资料，给设计人员带来不便。

② 压型钢板混凝土组合板的构造要求。压型钢板混凝土组合楼板根据结构布置方案的不同主要有板肋垂直于主梁、板肋平行于主梁两种形式，如图3-17所示。

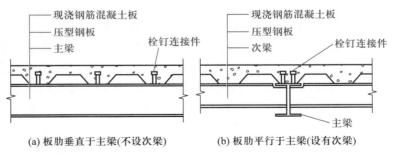

(a) 板肋垂直于主梁(不设次梁)   (b) 板肋平行于主梁(设有次梁)

图 3-17 压型钢板组合楼盖

在对压型钢板混凝土组合盖进行验算的同时，其截面尺寸及配筋要求还应满足以下的构造要求。

当考虑组合板中压型钢板的受力作用时,压型钢板(不包括镀锌层和饰面层)的净厚度不应小于 0.75 mm,浇筑混凝土的平均槽宽不应小于 50 mm。当在槽内设置栓钉抗剪连接时,压型钢板的总高度(包括压痕)不应大于 80 mm。

组合板的总厚度不应小于 90 mm,压型钢板顶部的混凝土厚度不应小于 50 mm,混凝土强度等级不宜低于 C20。浇筑混凝土的骨料大小不应超过压型钢板顶部混凝土厚度的 40%、平均槽宽的 1/3 及 30 mm。

组合板在下列情况下,应配置钢筋。

a. 当仅考虑压型钢板且组合板的承载力不满足设计要求时,应在板内混凝土中配置附加的抗拉钢筋。

b. 在连续组合板或悬臂组合板的负弯矩区应配置连续钢筋。

c. 在集中荷载区段和孔洞周围应配置分布钢筋。

d. 为改善防火效果,增加抗拉钢筋。

连续组合板按简支板设计时,抗裂钢筋截面不应小于混凝土截面的 0.2%;从支撑边缘算起,抗裂筋的长度不应小于跨度的 1/6,且必须与至少 5 根分布筋相交。抗裂钢筋最小直径为 4 mm,最大间距为 150 mm,顺肋方向抗裂钢筋的保护层厚度为 20 mm。与抗裂钢筋垂直的分布筋直径不应小于抗裂钢筋的 2/3,其间距不应大于抗裂钢筋的 1.5 倍。

(3)现浇整体混凝土楼盖

现浇整体混凝土楼盖具有平面刚度大,抗震性、隔音性好等优点,在建筑结构中被广泛采用。钢结构中,考虑到现浇整体混凝土板与钢梁的协同工作的整体性,把混凝土板和钢梁之间用剪切键连接,使混凝土板作为钢梁的翼缘与钢梁组合在一起,整体共同工作形成组合 T 形梁(见图 3-18)。组合梁由于能按各组成部件所处的受力位置和特点,较大限度地充分发挥出钢与混凝土各自的材料特性,不但满足了结构的功能要求,而且还有较好的经济效益。实践表明,组合梁方案与钢梁方案相比,截面刚度大,梁的挠度减少 1/3 ~ 1/2,提高梁的自振频率,减少结构高度,节省钢材 20% ~ 40%,每平方米造价降低 10% ~ 30%。组合梁方案由于整体性强,抗剪性能好,表现出良好的抗震性能;组合梁还可利用钢梁作混凝土楼板的模板支撑,从而节约费用。

① 现浇整体混凝土楼盖特点。

现浇整体混凝土楼盖的主要优点:

a. 施工工艺简单、取材方便、造价低廉、适用范围广。

b. 平面整体刚度大、抗震性能好。

c. 和钢梁共同工作,形成组合梁,可减小梁截面的高度。

d. 不受房间形状的限制,开洞方便,便于设备和管道的垂直铺设。

e. 取消了压型钢板,减少了用钢量。

现浇整体混凝土楼盖的主要缺点:

a. 自重较大、现场湿作业多、现场凌乱。

b. 需要传统的模板支撑系统,阻碍下部交通,支模和拆模比较烦琐。

c. 混凝土浇筑完成后,不能及时为后续工作提供条件。

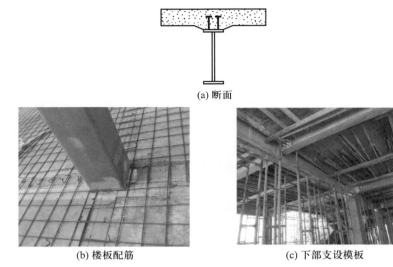

(a) 断面

(b) 楼板配筋　　　　　　　(c) 下部支设模板

图 3-18　现浇整体混凝土楼盖

　　d. 楼板混凝土的硬化需要较长的时间,对工期的影响较大。

　　② 现浇整体混凝土楼盖的构造要求。现浇整体混凝土楼板除要满足钢筋混凝土楼板自身的构造要求外,还要满足以下构造要求,才能更好地与钢梁形成组合作用。

　　组合梁截面高度不宜超过钢梁截面高度的 2.5 倍;混凝土板托高度不宜超过翼板厚度的 1.5 倍;板托的顶面宽度不宜小于钢梁上翼缘宽度与 1.5 倍板托高度之和。

　　组合梁栓钉连接件的设置,必须与钢梁焊接,且应符合下列规定。

　　a. 当栓钉焊于钢梁受拉翼缘时,其直径不得大于翼缘板厚度的 1.5 倍;当栓钉焊于无拉应力部位时,其直径不得大于翼缘板厚度的 2.5 倍。

　　b. 栓钉沿梁轴线方向布置,其间距不得小于 $5d$(d 为栓钉直径);栓钉垂直于轴线布置,其间距不得小于 $4d$,边距不得小于 35 mm。

　　c. 当栓钉穿透钢板焊接于钢梁时,其直径不得大于 19 mm,焊后栓钉高度应大于压型钢板波高加 30 mm。

　　d. 栓钉顶面的混凝土保护层厚度不应小于 15 mm。

　　连续组合梁或组合板在中间支座负弯矩区的上部纵向钢筋,应伸过梁的反弯点,并应留出锚固长度和弯钩。下部纵向钢筋在支座处应连续配置,不得中断。

　　(4) 自承式钢筋桁架压型钢板组合楼面

　　自承式钢筋桁架压型钢板组合楼面,利用混凝土楼板的上下层纵向钢筋,与弯折成形的钢筋焊接,组成能够承受荷载的小桁架,组成一个在施工阶段无需模板的能够承受湿混凝土及施工荷载的结构体系。在使用阶段,钢筋桁架成为混凝土楼板的配筋,能够承受使用荷载。图 3-19 所示为自承式钢筋桁架压型钢板组合楼面。

　　自承式钢筋桁架压型钢板组合楼面作为一种合理的楼板形式,在国外工程中已广泛采用。其主要优点:

　　① 使用范围广。它适用于工业建筑和公共建筑以及住宅,满足抗震规范对不大于 9 度地震区楼板的要求。

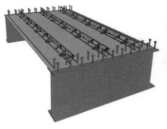

(a) 钢筋绑扎前

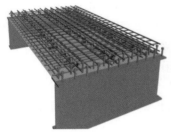
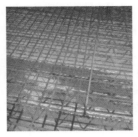

(b) 钢筋绑扎后

(c) 自承式钢筋桁架压型钢板   (d) 栓钉与钢梁的栓焊连接

图 3-19   自承式钢筋桁架压型钢板组合楼面

② 提高工程质量,改善楼板的使用性能。主要表现为:钢筋间距均匀,混凝土保护层厚度容易控制;由于腹杆钢筋的存在,与普通混凝土叠合板相比,钢筋桁架混凝土叠合板具有更好的整体工作性能;楼板下表面平整,便于做饰面处理,符合用户对室内顶板的感观要求。

③ 缩短工期。施工阶段,钢筋桁架压型钢板可作为施工操作平台和现浇混凝土的底模,取消了烦琐的模板工程。

3.1.2　钢框架结构的施工图识读

钢框架结构工程结构施工图主要包括结构设计说明、基础平面布置图及其详图、各楼层结构平面布置图和结构构件详图。

钢框架结构主要用于多层工业与民用建筑,所以构件和节点构造是识图的重点。通过识图,读者应能把构件及节点拆分成零件图,并通过其中标注的连接方式把零件组装成构件,再把构件组装成结构。

微课
钢框架结构图纸设计总说明

微课
钢框架基础锚栓平面布置图

微课
钢框架结构平面布置图

微课
钢框架柱、梁详图

3.2　钢框架结构的加工与制作

钢框架结构的 H 型钢梁柱一般采用等截面,其加工制作设备及工艺流程与轻钢门式刚架 H 型钢梁柱相同。

3.2.1　钢框架结构加工设备

课件
钢框架结构
的加工制作

微课
钢框架结构
加工设备

1. 箱形梁柱焊接生产线

随着钢结构行业的迅速发展,箱形梁柱在钢结构建筑、桥梁等方面的应用越来越广泛。箱形梁柱焊接生产线由隔板组装机、U 形箱形组立一体机、箱形梁柱焊接机、链条翻转机、门式电渣焊接机、液压翻转支架、端面铣等设备组成。该生产线适用范围宽、生产效率高、工艺布局合理,适用于箱形梁柱的批量生产。

（1）隔板组装机

隔板组装机为箱形柱中间隔板组装与焊接的专用设备,如图 3-20 所示。工作台上设有定位装置,能根据不同的工件尺寸在台面上移动调整,以确保箱形柱隔板装配时的精确定位,并能防止焊接时产生变形。

图 3-20　CZ12 型隔板组装机

（2）U 形箱形组立一体机

U 形箱形组立一体机用于箱形柱的组装成形。板材放置在带有辅助对中装置的支架上,电机驱动行走门架进入工作区域,行走门架上的上压缸及侧压缸压紧工件的腹板及翼板组装成形并定点施焊,如图 3-21 所示。

（3）门式电渣焊接机

为了使箱形柱内部隔板与箱形四周焊得更严密,在组装隔板时,隔板与四周预留了垂直电渣焊所需空间,门式电渣焊接机即可对工件预留孔处进行垂直电渣焊。门式电渣焊接机(见图3-22)有熔嘴式电渣焊或熔丝式电渣焊两种形式。

图3-21　U形箱形组立一体机

图3-22　门式电渣焊接机

（4）箱形梁柱焊接机

箱形梁柱焊接机对电渣焊后的箱形柱进行双弧双丝自动埋弧焊接,如图3-23所示。两个焊接工位的两套双弧双丝埋弧焊同时对两条焊缝施焊。焊缝跟踪机构可靠跟踪焊缝,焊接速度变频可调并数字显示。双弧双丝焊接效率高,焊接质量稳定可靠。

（5）液压翻转支架

液压翻转支架包括90°翻转支架,每组2台,用于将电渣焊结束后的箱形柱进行90°翻转,以割除电渣焊的引弧板和冒口,如图3-24所示。

（6）端面铣

端面铣床可用来加工箱形截面柱、H型钢等较长工件的端面,且动力角度可在垂直面内手动调整,以铣削型钢的端面坡口。选配液压工件夹紧支架,可靠固定型钢,且上部不封闭,方便工件吊运,如图3-25所示。

图 3-23　箱形梁柱焊接机

图 3-24　液压翻转支架

(a)

(b)

图 3-25　端面铣

2. ⊥柱焊接生产线

⊥型钢是性能介于角钢和工字钢之间的一种特种型材,独特的性能使其在造船行业得到了广泛的应用。近年来,随着我国高层建筑增多和造船行业的迅猛发展,⊥型钢的需求量不断扩大,因而人们对⊥型钢的焊接也越来越关注。

（1）修边机

修边机是⊥型钢生产线面板飞边修理、锐边倒钝的专用设备,如图3-26所示。工作时,设备的两对主压辊构成一个与板材尺寸相匹配的型腔,并且通过液压缸使每对主压辊保持一定的相对压力,板材在辊道以及主机主压辊的输送下按一定的工作速度通过型腔时,由于型腔的四角有小圆角过渡,使板材的四角受挤,锐角变钝、毛刺脱落,从而达到修边的功效。

图3-26　修边机

（2）⊥型钢组立机

⊥型钢组立机就是实现⊥型钢预拼装工序的专用设备,如图3-27所示。它通过翼板、腹板的自动对中夹紧装置,定位翼板、腹板,再采取边定位、边送进、边定点施焊的方式,直到整个⊥型钢拼装成形。精准的焊缝跟踪系统使焊接作业省去了烦琐的焊接准备工作和焊接过程中的调整工作。

图3-27　⊥型钢组立机

（3）龙门形多头焊接机

龙门形多头焊接机是⊥型钢生产线中高效的焊接设备,如图3-28所示。采用三工位六套焊接装置使整机具备了极高的效率。双边变频电机驱动使焊接速度调节方便,且整机具有高速返回的能力。高效简洁的性能使该设备在焊接型材中得到了广泛的应用。

图 3-28   龙门形多头焊接机

（4）⊥型钢翼缘矫正机

⊥型钢在焊接过程中受焊接热输入影响导致翼板变形，⊥型钢翼缘矫正机就是矫正翼板热变形的专用设备，如图 3-29 所示。该机利用 3 个压辊构成一定量的型腔，采用杠杆原理使翼板反变形，达到矫正的目的。根据⊥型钢面板窄而厚的特点，机架整体焊接，刚性强；为保证较大的矫正力，下压装置为液压动力传动。整机设计合理，性能稳定可靠。

（a）

（b）

图 3-29   ⊥型钢翼缘矫正机

微课
焊接箱型截面梁柱制作

3.2.2   焊接箱形截面梁柱制作

1. 焊接箱形截面梁柱制作工艺流程

焊接箱形截面梁柱制作工艺流程如图 3-30 所示。

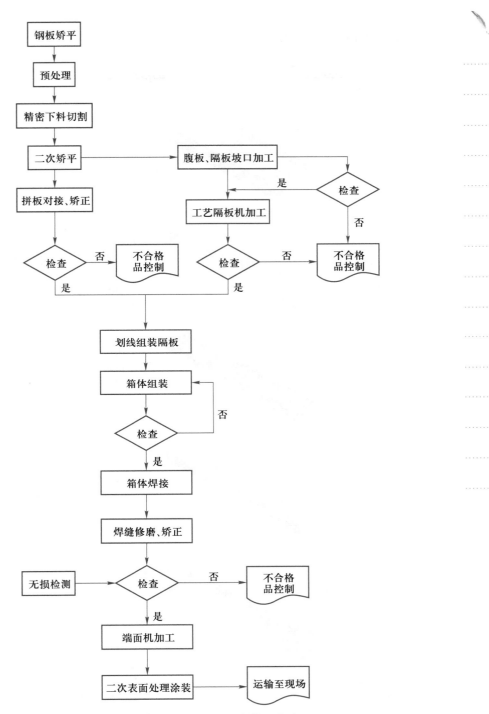

图 3-30 焊接箱形截面梁柱制作工艺流程

2. 焊接箱形截面梁柱加工制作工艺

焊接箱形截面梁柱加工制作工艺见表 3-1。

表 3-1   焊接箱形截面梁柱加工工艺表

序号	工序	图示	说明
1	下料、拼接		
2	隔板组立、工艺隔板的组装	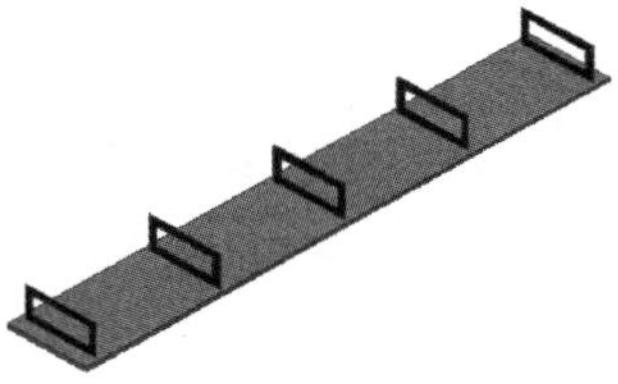	横隔板、工艺隔板四周采用铣加工，确保外形尺寸，作为箱体组立的内胎 横隔板组装前在内隔板组立机上组立垫板 在 BOX 生产流水线上依翼板上的定位基准线组立隔板、工艺隔板
3	腹板组立、隔板焊接		箱体在 BOX 生产流水线上采用 BOX 组立机组立腹板 采用 CO_2 气体保护焊施焊隔板与箱体焊缝
4	上翼板组装		隐蔽焊缝验收合格后进行上翼板组装，上翼板组装采用 BOX 组立机进行
5	焊接、矫正	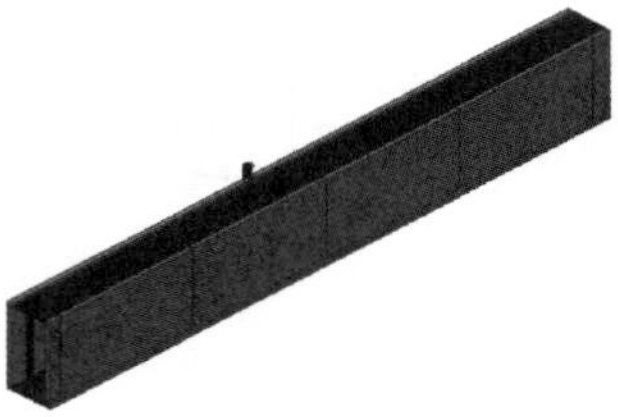	根据板厚按焊接工艺要求进行焊前预热 箱体焊接采用双丝双弧气体保护焊打底，三丝三弧埋弧焊填充和盖面焊对称焊。采用电渣焊机焊接隔板与翼板焊缝 焊后对构件进行修整及焊缝无损检测
6	端面加工		采用端铣机对箱形构件进行端面铣加工
7	标志、入库		将构件编号、定位标记等参数按工艺规定进行标注 入库存放时应注意保护，枕木垫撑、控制堆放层高，以防止变形

① 放样、下料。

a. 放样。应按照图纸尺寸及加工工艺要求增加加工余量（加工余量包含铣端余量和焊接收缩余量）。以下发的钢板配料表为依据，在板材上进行放样、划线。放样前应将钢材表面的尘土、锈皮等污物清除干净。

b. 下料。对箱体的4块主板采用多头自动切割机进行下料，对箱体上其他零件的厚度在大于12 mm以上者采用半自动切割机开料，小于或等于12 mm以下者采用剪床下料。气割前应将钢材切割区域表面的铁锈、污物等清除干净，气割后应清除熔渣和飞溅物。

c. 开坡口。根据加工工艺卡的坡口形式采用半自动切割机或倒边机进行开制。坡口一般分为全熔透和非全熔透两种形式。为了保证最终的焊接质量，对全熔透坡口的长度应在设计长度的基础上与非全熔透坡口相邻处适当加长。

坡口切割后，所有的熔渣和氧化皮等杂物应清除干净，并对坡口进行检查。如果切割后的沟痕超过了气割的允许偏差，应用规定的焊条进行修补，并与坡口面打磨平齐。

d. 矫正。对所下的板件用立式液压机进行矫正，以保证其平整度。对钢板有马刀弯者应采用火焰矫正的方法进行矫正，火焰矫正的温度不得超过900 ℃。

e. 铣端、制孔。箱体在组装前应对工艺隔板进行铣端，目的是保证箱形的方正和定位以及防止焊接变形。

② 箱体组装。

组装前应将焊接区域范围内的氧化皮、油污等杂物清理干净。箱体组装时，点焊工必须严格按照焊接工艺规程执行，不得随意在焊接区域以外的母材上引弧。

a. 将箱体组装为槽形。先在装配平台上将工艺隔板和加劲板装配在一箱体主板上，工艺隔板一般距离主板两端头200 mm，工艺隔板之间的距离为1 000～1 500 mm，如图3-31（a）所示。此时所选主板根据箱形截面大小不同而有选择性：当截面尺寸大于或等于800 mm×800 mm时，选择任意一块主板均可；当截面尺寸小于800 mm×800 mm时，只能选择与加劲板不焊一边相对的主板。

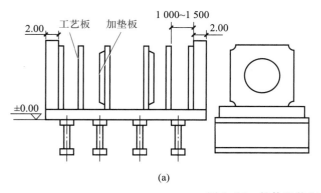
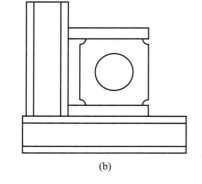

图3-31　箱体组装（1）

组装槽形：在组装槽形前应将工艺隔板、加劲板与主板进行焊接。将另两相对的主板组装为槽形，如图3-31（b）所示。

槽形内的工艺隔板、加劲板与主板的焊接：根据焊接工艺的要求，用手工电弧焊或 CO_2 气体保护焊进行焊接。

b. 组装箱体的盖板。在组装盖板前应对加劲板的三条焊缝进行无损检验，同时也应检查槽形是否扭曲，直至合格后方可组装盖板。

③ 箱体四条主焊缝的焊接。

四条主焊缝的焊接应严格按照焊接工艺的要求施焊，焊接采用 CO_2 气体保护焊进行打底，埋弧自动焊填充盖面。在焊缝的两端应设置引弧和引出板，其材质和坡口形式应和焊件相同。埋弧焊的引弧和引出焊缝应大于 50 mm。焊接完毕后应用气割切除引弧和引出板，并打磨平整，不得用锤击落。

对于板厚大于 50 mm 的碳素钢和板厚大于 36 mm 的低合金钢，焊接前应进行预热，焊后应进行后热。预热温度宜控制在 100~150 ℃，预热区在焊道两侧，每侧宽度均应大于焊件厚度的 2 倍，且不应小于 100 mm。高层钢结构的箱形柱与横梁连接部位，因应力传递的要求，设计上在柱内设加劲板，箱形柱为全封闭型，在组装焊接过程中，每块加劲板四周只有三边能用手工焊或 CO_2 气体保护焊与柱面板焊接，在最后一块柱面板封焊后，加劲板周边缺一条焊缝，因此必须用熔嘴电渣焊补上。为了达到对称焊接控制变形的目的，一般留两条焊缝，用电渣焊对称施焊。

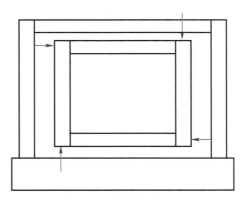

图 3-32　箱体组装(2)

④ 矫正、开箱体端头坡口。

箱体组焊完毕后，如果有扭曲或马刀弯变形，应进行火焰矫正或机械矫正。箱体扭曲的机械矫正方法为：将箱体的一端固定而另一端施加反扭矩的方法进行矫正，如图 3-32 所示。对箱体端头要求开坡口者在矫正之后才进行坡口的开制。

⑤ 箱体其他零件的组装焊接。

⑥ 构件的清理、挂牌以及构件的最终尺寸验收、出车间。

微课
十字柱制作

3.2.3　十字柱的制作

十字柱的构成可分为主、副两部分，即由焊接 H 型钢主构件一根和⊥型钢副构件二根经过船形焊焊接而成。十字柱一般用于高层钢结构的劲性柱。十字柱一般与钢筋混凝土梁进行连接，要求钢筋混凝土梁的支座处钢筋全数穿过十字柱，不能断开。

1. 十字柱加工制作工艺流程

十字柱加工制作工艺流程如图 3-33 所示。

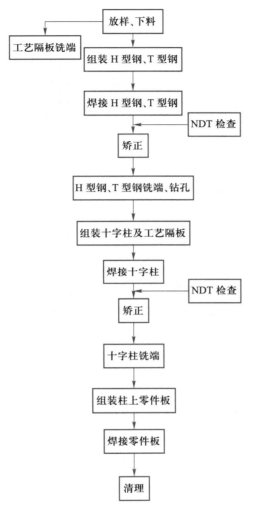

图 3-33　十字柱加工制作工艺流程

2. 十字柱加工制作工艺

（1）放样、下料

① 下料。按照图纸尺寸及加工工艺要求增加的加工余量,采用多头切割机进行下料,以防止零件产生马刀弯。对于部分小块零件板,则采用半自动切割机或手工切割下料。

② 开坡口。根据腹板厚度的不同,采用不同的坡口形式。具体坡口形式由技术部门编制相应的加工工艺卡。坡口采用半自动切割机进行开制。切割后,所有的流挂、飞溅、棱边等杂物均要清除干净,方可进行下道工序。

（2）H 型钢和⊥型钢部件的制作

① H 型钢的制作。

a. 组装。坡口开制完成,零件检查合格后,在专用胎具上组装 H 型钢。组装时,利用直角尺将翼缘的中心线和腹板的中心线重合,点焊固定。组装完成后,在 H 型钢内加一些临时固定板,以控制腹板和翼缘的相对位置及垂直度,并起到一定的防变形作用,如图 3-34 所示。

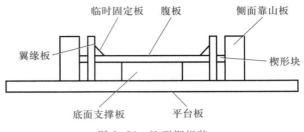

图 3-34　H 型钢组装

　　b. 焊接。H 型钢采用 CO_2 气体保护焊打底,埋弧自动焊填充、盖面的方式进行焊接。在焊接过程中,要随时观察 H 型钢的变形情况,及时对焊接顺序和参数进行调整。

　　c. 矫正。H 型钢焊接完成后,采用翼缘矫正机对 H 型钢进行矫直及翼缘矫平,保证翼缘和腹板的垂直度。对于扭曲变形,则采用火焰加热和机械加压同时进行的方式进行矫正。火焰矫正时,其温度不得超过 900 ℃。

　　② ⊥型钢的制作。⊥型钢的加工,根据板厚和截面的不同,可采用不同的方法进行。除前面所列方法外,还可采用先组焊 H 型钢,然后从中间割开,形成 2 个⊥型钢的方法加工。切割时,在中间和两端各预留 50 mm 不割断,待部件冷却后再切割。切割后的⊥型钢进行矫直、矫平及坡口的开制,如图 3-35 所示。

图 3-35　⊥型钢的制作

　　③ H 型钢、⊥型钢铣端。矫正完成后,对 H 型钢和⊥型钢进行铣端。

　　(3) 劲性十字柱的组装

　　劲性十字柱的组装工艺可按以下步骤进行。

　　① 工艺隔板的制作。在十字柱组装前,要先制作好工艺隔板,以方便十字柱的装配和定位。工艺隔板与构件的接触面要求铣端,边与边之间必须保证成 90°直角,以保证十字柱截面的垂直度,如图 3-36 所示。

　　② 检查需装配用的 H 型钢是否矫正合格,其外形尺寸是否达到要求,并将焊接区域内的所有铁锈、氧化皮、飞溅、飞边等杂物清除干净后,方可开始组装十字柱。

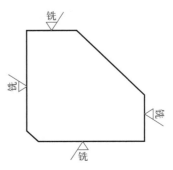

图 3-36　工艺隔板的制作

③ 将 H 型钢放到装配平台上,把工艺隔板装配到相应的位置。将 ⊥ 型钢放到 H 型钢上,利用工艺隔板进行初步定位,如图 3-37 所示。

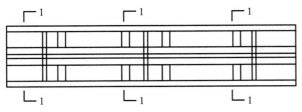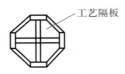

图 3-37　工艺隔板初步定位十字柱

对于无工艺隔板而有翼缘加劲板的十字柱,先采用临时工艺隔板进行初步定位,然后用直角尺和卷尺检查外形尺寸合格后,将加劲板装配好,待十字柱焊接完成后,将临时工艺隔板去除,如图 3-38 所示。

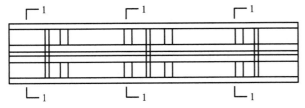

图 3-38　临时工艺隔板初步定位十字柱

④ 利用直角尺和卷尺检查十字柱端面的对角线尺寸和垂直度以及端面的平整度。对不满足要求的进行调整。

⑤ 经检查合格后,点焊固定。

⑥ 劲性十字柱的焊接。采用 CO_2 气体保护焊进行焊接。焊接前尽量将十字柱底面垫平。焊接时要求从中间向两边双面对称同时施焊,以避免因焊接造成弯曲或扭曲变形。

⑦ 十字柱的矫正。焊接完成后,检查十字柱是否产生变形,如果发生变形,则用压力机进行机械矫正或用火焰矫正,火焰矫正时,加热温度控制在 900 ℃ 以内。扭曲变形矫正时,一端固定,另一端采用液压千斤顶进行矫正,如图 3-39 所示。

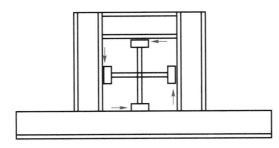

图 3-39　十字柱的矫正(→为液压千斤顶矫正方向)

⑧ 十字柱的铣端。矫正完成后,对十字柱的上端进行铣端,以控制柱身长度。

⑨ 十字柱铣端完成后,将临时工艺隔板去除,并将点焊缝打磨平整。

⑩ 清理。十字柱装配、焊接、矫正完成后,将构件上的飞溅、焊疤、焊瘤及其他杂物清理干净。

(4) 十字柱制作的质量要求

十字柱制作过程中需满足以下质量要求。

① 下料。

a. 材料堆放必须垫平。

b. 下料前所有钢板在平板机上校正平整度。

c. 板料切割均用多头切割机进行下料,所有板料的原边均不保留,以保证板料两侧受热均匀,不产生侧弯。

d. 板料下完后,需完全冷却后方能移动。

e. 下好的板料堆放时要垫平,码放层数不超过10层。

② 组对。

a. 组对前对所有板料在平板机上进行校平,以进一步消除内应力。

b. 校平后所有板料进行喷砂处理。

c. 组对时先按板料长度检查,要求总长度上侧弯≤2 mm,宽度误差±1.5 mm。

d. 板料对接时,坡口为X形坡口,并在焊缝两头各增加与坡口形式相同的引弧板一块。焊后去掉,并修磨焊道边缘至平整。

e. 板料对接处焊后进行探伤。合格后,对接口处进行调平。

f. 组对前先按翼板宽度找出板料中心线,再按此中心线返出腹板边缘线,并按此线进行组对。

g. 对所有影响板料组对的缺陷,如毛刺等进行清理,以保证组对精度。

h. 组对完成后,H型钢除第一道进行焊接的焊缝外,其他三道焊缝均加加强板,半H型钢加一道加强板,十字柱加三道筋板,如图3-40所示。

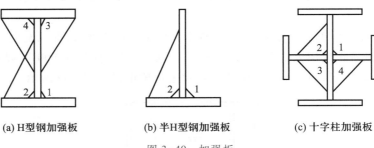

(a) H型钢加强板　　　　(b) 半H型钢加强板　　　　(c) 十字柱加强板

图3-40 加强板

i. 组对完成后,进行检查,如果焊缝间隙过大,则用手工电弧焊进行修补,以防止埋弧焊时烧穿。

j. 组对完成后,柱的两个端头均要增加引弧板,形式与柱相同。

③ 焊接工艺。

a. 采用船位焊,以较好地保证焊缝熔深,焊脚尺寸及外观质量。

b. 双层焊道完成焊接以减少角变形。

c. 所有焊缝均采用同向分段跳焊法,焊接顺序如图 3-41 所示,其中 1、2 两段焊缝长度要略长。

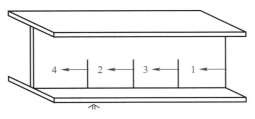

图 3-41　焊接顺序

d. 焊接时不用任何卡具,工件始终处于自由状态。焊一道焊缝处不加筋板,其余三道焊缝处均以筋板保证尺寸精度,焊前将筋板打掉,如图 3-42 所示。

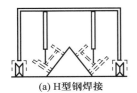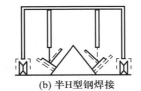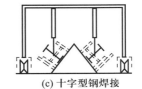

(a) H型钢焊接　　　　(b) 半H型钢焊接　　　　(c) 十字型钢焊接

图 3-42　焊接

e. H 型钢焊接时,无特殊情况中途不得停焊,以免受热不均,产生较大的热应力发生变形。焊接参数:电弧电压 32 ~ 35 V,焊接电流 650 ~ 680 A,焊接速度 0.32 ~ 0.36 m/min。

f. 焊丝为 φ3 mm 的 H08A,焊前除锈,焊剂为 HJ431,250~300 ℃ 烘干,随用随取。

g. 全部焊缝焊完后,要等工件彻底冷却,方可吊走至堆放处,以免产生变形。

h. 在焊接第一道与第二道之间时,用风镐对柱进行消除应力,效果明显。

④ 焊后检查。H 型柱焊后进行检查,22 m 长的 H 型柱,最大上挠 6 mm,角变形 4 mm,焊脚尺寸 11~13 mm,无扭曲及旁弯变形,达到了质量要求。

3.2.4　圆管柱的制作

圆钢管一般分为直缝焊管、螺旋焊管和无缝钢管。直缝焊管和无缝钢管一般用于管径较小的钢管。圆管柱施工时,在第一节柱及柱间钢梁安装完成后要进行柱底灌浆。灌浆要留排气孔。钢管混凝土施工也要在钢管柱上预留排气孔。

1. 圆管柱的制作工艺流程

圆管柱的制作工艺流程如图 3-43 所示。

2. 钢管制作工艺

(1) 螺旋钢管主要制作工艺

螺旋钢管主要制作工艺如下。

① 原材料检验。原材料包括带钢卷、焊丝、焊剂,在使用前应进行原材料检验。

② 材料准备。钢卷边铣至预定的宽度,切每一卷的头尾,进行对焊,由开卷小车运送,并装入活套,如图 3-44 所示。

微课
螺旋钢管
制作

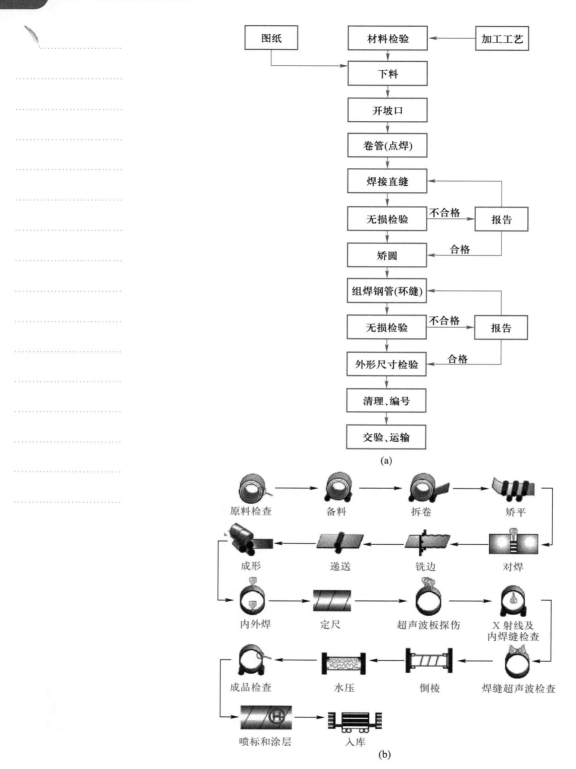

(a)

(b)

图 3-43　圆管柱的制作工艺流程

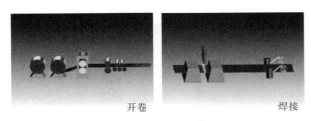

图 3-44 材料准备

③ 递送。采用电接点压力表控制输送机,确保带钢的平稳连续输送,连续生产,如图 3-45 所示。

④ 成形。采用外控或内控辊式成形。采用焊缝间隙控制装置来保证焊缝间隙满足焊接要求,管径、错边量和焊缝间隙都应得到严格的控制,如图 3-46 所示。

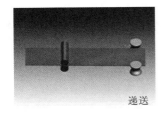

图 3-45 递送

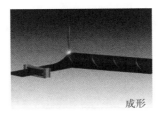

图 3-46 成形

⑤ 焊接。内焊和外焊均采用美国林肯电焊机进行单丝或双丝埋弧焊接,从而获得稳定的焊接工艺,确保焊接质量,如图 3-47 所示。

图 3-47 焊接

⑥ 探伤。焊完的焊缝均经过连续超声波自动探伤仪检查,保证了 100% 的螺旋焊缝的无损检测覆盖率。若有缺陷,自动报警并喷涂标记,生产工人依此随时调整工艺参数,及时消除缺陷,如图 3-48 所示。

⑦ 采用空气等离子切割机将钢管切成单根。切成单根钢管后,每批钢管头三根进行首检,检查焊缝的力学性能、化学成分、熔合状况,钢管表面质量以及经过无损探伤检验,确保制管工艺合格后,才能正式投入生产,如图 3-49 所示。

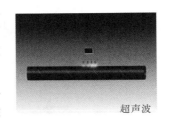

图 3-48 超声波探伤

⑧ 焊缝上有连续超声波探伤标记的部位,经过手动超声波和 X 射线复查,若确有

缺陷,经过修补后,再次经过无损检验,直到缺陷已经消除。

带钢对焊焊缝及与螺旋焊缝相交的 T 形接头的所有管,全部经过 X 射线检查,如图 3-50 所示。

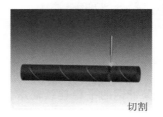

切割

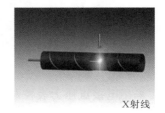

X射线

图 3-49　切割　　　　　　　　　图 3-50　X 射线检查

⑨ 每根钢管经过静水压试验,压力采用径向密封。试验压力和时间都由钢管水压微机检测装置严格控制,试验参数自动打印记录,如图 3-51 所示。

⑩ 管端机械加工,使端面垂直度、坡口角和钝边得到准确控制,如图 3-52 所示。

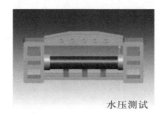

水压测试

平头

图 3-51　水压试验　　　　　　　图 3-52　管端加工

微课
直缝焊管
制作

(2) 压制钢管制作工艺

① 压制钢管工艺流程如图 3-53 所示。

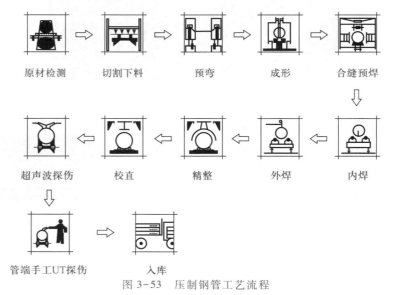

原材检测　　切割下料　　预弯　　成形　　合缝预焊

超声波探伤　　校直　　精整　　外焊　　内焊

管端手工 UT 探伤　　入库

图 3-53　压制钢管工艺流程

② 压制钢管制管工艺步骤如图 3-54 所示。

下料工序

- 按照下料图与施工工艺的要求,在下料前应充分考虑钢板在压制过程的延伸量,减少合缝后外圆周长增大引起管径的偏差,可用数控气割或直条气割机切割成形,气割对接缝处的坡口。
- 在气割成形的钢板划上钢板压圆的中线及直缝对接的装配依线(即对接缝各向内100 mm),均打上样冲眼。
- 铲除割渣及毛刺,打磨周边坡口面至光洁,由专职检验员检查,合格转入下道工序。

预弯工序

- 将气割成形的钢板复划线,按圆弧周长均分压弯位置线,并用石笔划出压弯位置线。
- 板输送至1 200 t的预弯机上,用匹配的渐开线模具先压制钢板两边缘150~300 mm弧度,其弯曲半径应等于实际弯曲半径(用不小于500 mm样板检查)。

JCOE法
电液数
控成形
工序

- 在压制过程中,应用样板复核每一道压制时的圆弧成形情况,使其均匀圆滑地成形,调整下模挠度补偿参数,使得压制曲面母线直线度符合要求;对于锥形管,压制时要考虑滑块的倾斜量,数控小车不等距送料等,确保每道压制过程模具的中心线与所划的分度线偏差≤5 mm;最后一道压制时应考虑到开口间隙符合工艺要求;对于半圆管的压制,则应考虑半圆管的直径应稍大于实际直径,便于组对时调整。
- 钢管在压制成开口管后,由输送辊道直接输送至台架上,复核开口管的上下口径的尺寸,合格后方能进入合缝预焊机。

合缝预焊

- 将筒体放置在组对工装上,对齐筒体端口的四中线,调整对接位置的错边误差,应控制在 ±2 mm 范围内,并用楔子控制对接筒体间的间隙。
- 定位焊。将组对完成经检查符合要求的管体实施定位焊。打底焊:将定位焊焊接完毕后的钢管吊至旋转工装台上,进行连续打底预焊。
- 合缝预焊。进入自动合缝机后,先要调整好合缝压辊的位置并锁死,在钢管合缝的过程中应符合筒体的外圆周长,检查钝边的间隙,径向的错边等都符合工艺要求后,才能连续合缝预焊。

筒体内焊

钢管内焊:焊缝的两端头需焊接引弧板,先用埋弧自动焊焊接内侧焊缝,预焊缝进行碳刨清根,刨至完整金属,并用砂轮进行打磨除渣,再用外焊设备焊接成形(按焊接工艺提供的焊接工艺参数,用埋弧自动焊自一端起焊至另一端。每焊毕一层清渣,及时检查缺陷,及时处理修补后方能焊下一层)。

筒体外焊

钢管外焊:焊缝的两端头需焊接引弧板,先用埋弧自动焊焊接内侧焊缝,预焊缝进行碳刨清根,刨至完整金属,并用砂轮进行打磨除渣,再外焊设备焊接成形(按焊接工艺提供的焊接工艺参数,用埋弧自动焊自一端起焊至另一端。每焊毕一层即清渣,及时检查缺陷,及时处理修补后,方能焊下一层)。

割除引弧板及修磨气割处至光洁,清理焊缝并经外观检查符合工艺要求。

筒体精整

精整校直：待焊接完毕，管体完全冷却后，钢管输送至精整机，进行管体通长整圆，直至圆度和外径偏差符合要求；由专检检查合格后转至校直设备进行校直，钢管轴线及母线的直线度应符合工艺要求，由自检、专检复核后才能流至下道工序。

探伤、发货

- 焊缝无损探伤由持有相应资格证书的检验人员进行。
- 外观、外形尺寸检查：在钢管前序完成后，最终由终检员检查验收，各项指标符合要求才允许贴合格证入库。
- 在筒体标注标识，发货。

图 3-54　压制钢管制管工艺步骤

③ 卷管加工工艺要求。卷管前应根据工艺要求对零件和部件进行检查，合格后方可进行卷管，卷管前将钢板上的毛刺、污垢、松动铁锈等杂物清除干净后方可卷管。

对于大于 30 mm 的钢板，在零件下料时根据具体情况，在零件的相关方向增加引板，其引板的长度一般为 50~100 mm。

卷管加工工艺要求：

a. 下料。

- 以管中径计算周长，下料时加 2 mm 的横缝焊接收缩余量。长度方向按每道环缝加 2 mm 的焊接收缩余量。
- 采用半自动切割机切割，严禁手工切割。
- 切割的尺寸精度要求如表 2-37 所示。

b. 开坡口。

- 一般情况下，16 mm 以下的钢板均采用单坡口的形式，外坡口和内坡口两种形式均可。出于焊接方面的考虑,一般开外坡口,内部清根后焊接。

● 大于 16 mm 的钢板(不含 16 mm 的钢板)可开双坡口,也可根据设计要求开坡口。

● 均采用半自动切割机切割坡口,严禁手工切割坡口。坡口切割完毕后,要检查板材的对角线误差值是否在规定的允许范围内。如果偏差过大,则要求进行修补。

● 坡口的允许偏差如表 3-2 所示。

表 3-2 坡口的允许偏差

项目	允许偏差	项目	允许偏差
钝边	±2 mm	间隙	±2 mm
角度	±0.5″	坡口面沟槽	≤1 mm

● 坡口的加工方法可以采用磁力切割机沿管壁切割、采用半自动切割机在钢板上切割、采用坡口机切割钢板坡口。

c. 卷管。

● 用卷板机进行预弯和卷板。

● 根据实际情况进行多次往复卷制,采用靠模反复进行检验,以达到卷管的精度。

● 卷制成形后,进行点焊,点焊区域必须清除掉氧化铁等杂质,点焊高度不准超过坡口的 2/3 深度。点焊长度应为 80~100mm。点焊的材料必须与正式焊接时用的焊接材料相一致。

● 卷板接口处的错边量必须小于板厚的 10%,且不大于 2 mm。如果大于 2 mm,则要求进行再次卷制处理。在卷制的过程中,要严格控制错边量,以防止最后成形时出现错边量超差的现象。

● 上述过程结束后,方可从卷板机上卸下卷制成形的钢管。

d. 焊接。

● 焊接材料必须按说明书中的要求进行烘干,焊条必须放置在焊条保温桶内,随用随取。

● 焊接时,焊工应遵守焊接工艺规程,不得自由施焊,不得在焊道外的母材上引弧。

● 焊接时,不得使用药皮脱落或焊芯生锈的焊条、受潮结块的焊剂及已熔烧过的渣壳。

● 焊丝在使用前应清除油污、铁锈。

● 焊条和焊剂,使用前应按产品说明书规定的烘焙时间和温度进行烘焙;保护气体的纯度应符合焊接工艺评定的要求。低氢型焊条经烘焙后应放入保温筒内,随用随取。

● 焊前必须按施工图和工艺文件检查坡口尺寸、根部间隙,焊前必须清除焊接区的有害物。

● 埋弧焊及用低氢焊条焊接的构件,焊接区及两侧必须清除铁锈、氧化皮等影响焊接质量的脏物。清除定位焊的熔渣和飞溅;熔透焊缝背面必须清除影响焊透的焊瘤、熔渣、焊根。

- 焊缝出现裂纹时,焊工不得擅自处理,应查出原因,制定出修补工艺后方可处理。
- 焊缝同一部位的返修次数,不宜超过两次;当超过两次时,应按专门制定的返修工艺进行返修。

e. 探伤检验。

- 单节钢管卷制、焊接完成后要进行探伤检验。焊缝质量等级及缺陷分级应符合设计指导书中规定的《钢结构工程施工质量验收标准》(GB 50205—2020)标准。
- 要求局部探伤的焊缝,有不允许的缺陷时,应在该缺陷两端的延伸部位增加探伤长度,增加的长度不应小于该焊缝长度的 10%,且不应小于 200 mm;当仍有不允许的缺陷时,应对该焊缝 100% 探伤检查。

f. 矫圆。

- 由于焊接过程中可能会造成局部失圆,故焊接完毕后要进行圆度检验,不合格者要进行矫圆。
- 将需矫圆者放入卷板机内重新矫圆,或采用矫圆器进行矫圆。矫圆器可以根据实际管径自制,采用丝杆顶弯。

g. 组装和焊接环缝。

- 根据构件要求的长度进行组装,先将两节组装成一大节,再焊接环缝。
- 环缝采用焊接中心来进行,卷好的钢管必须放置在焊接滚轮架上,滚轮架采用无级变速,以适应不同的板厚、坡口、管径所需的焊接速度。
- 组装必须保证接口的错边量。一般情况下,组装安排在滚轮架上进行,以调节接口的错边量。
- 接口的间隙控制在 2~3 mm,然后点焊。
- 环缝焊接时,一般先焊接内坡口,再外部清根。采用自动焊接时,在外部用一段曲率等同外径的槽钢来容纳焊剂,以便形成焊剂垫。
- 根据不同的板厚、运转速度来选择焊接参数。单面焊双面成形最关键的步骤是在打底焊接上。焊后从外部检验,如果有个别成形不好或根部熔合不好,可采用碳弧气刨刨削,然后磨掉碳弧气刨形成的渗碳层,反面盖面焊接或埋弧焊(双坡口要进行外部埋弧焊)。
- 焊接完毕后进行探伤检验,要求同前。

h. 清理、编号。

- 清理掉一切飞溅、杂物等。对临时性的工装点焊接疤痕等要彻底清除。
- 在端部进行喷号,构件编号要清晰,位置要明确,以便进行成品管理。
- 构件上要用红色油漆标注 $X—X$ 和 $Y—Y$ 两个方向的中心线标记。

钢构件组装允许偏差应符合国家标准《钢结构工程施工质量验收标准》(GB 50205—2020)的要求。

3.2.5　钢构件成品检验、管理和包装

钢框架构件出厂前,需用红色油漆标注中心线标记并打钢印。对于变形的零部件,可采用机械矫正法矫正,一般采用压力机进行。

1. 钢构件成品检验

（1）成品检查

钢结构成品的检查项目各不相同,要依据各工程具体情况而定。若工程无特殊要求,一般检查项目可按该产品的标准、技术图纸、设计文件的要求和使用情况确定。成品检查工作应在材料质量保证书,工艺措施,各道工序的自检、专检等前期工作后进行。钢构件因其位置、受力等的不同,其检查的侧重点也应有所区别。

（2）修整

构件的各项技术数据经检验合格后,加工过程中造成的焊疤、凹坑应予补焊并磨平。临时支撑、夹具应予割除。

铲磨后零件表面的缺陷深度不得大于材料厚度负偏差值的 1/2,对于吊车梁的受拉翼缘,尤其应注意其光滑过渡。

在较大平面上磨平焊疤或磨光长条焊缝边缘,常用高速直柄风动手砂轮。

（3）验收资料

产品经过检验部门签收后进行涂底,并对涂底质量进行验收。

钢结构制造单位在成品出厂时应提供钢结构出厂合格证书及以下有关技术文件。

① 施工图和设计变更文件,设计变更的内容应在施工图中相应部位注明。

② 制作中对技术问题处理的协议文件。

③ 钢材、连接材料和涂装材料的质量证明书和试验报告。

④ 焊接工艺评定报告。

⑤ 高强度螺栓摩擦面抗滑移系数试验报告、焊缝无损检验报告及涂层检测资料。

⑥ 主要构件验收记录。

⑦ 构件发运和包装清单。

⑧ 需要进行预拼装时的预拼装记录。

此类证书、文件作为建设单位的工程技术档案的一部分。上述内容并非所有工程都具备,而是根据工程的实际情况提供。

2. 钢构件成品管理和包装

（1）标识

① 构件重心和吊点的标注。

a. 构件重心的标注。重量在 5t 以上的复杂构件,一般要标出重心,重心的标注用鲜红色油漆标出,再加上一个向下箭头,如图 3-55 所示。

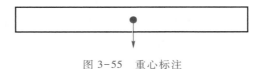

图 3-55　重心标注

b.吊点的标注。在通常情况下,吊点的标注是由吊耳来实现的。吊耳也称眼板(见图 3-56),在制作厂内加工、安装好。眼板及其连接焊缝要做无损探伤,以保证吊运构件时的安全性。

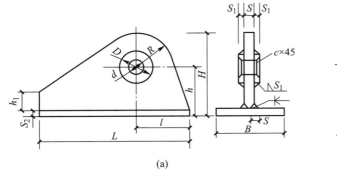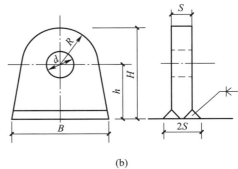

图 3-56　吊耳形式

② 钢结构构件标记。钢结构构件包装完毕,要对其进行标记。标记一般由承包商在制作厂成品库装运时标明。

对于国内的钢结构用户,其标记可用标签方式带在构件上,也可用油漆直接写在钢结构产品或包装箱上。对于出口的钢结构产品,必须按海运要求和国际通用标准进行标记。

标记通常包括下列内容:工程名称、构件编号、外廓尺寸(长、宽、高,以 m 为单位)、净重、毛重、始发地点、到达港口、收货单位、制造厂商、发运日期等,必要时要标明重心和吊点位置。

(2) 堆放

成品验收后,在装运或包装以前堆放在成品仓库。目前国内钢结构产品的主要大部件都是露天堆放,部分小件一般可用捆扎或装箱的方式放置于室内。由于成品堆放的条件一般较差,所以堆放时更应注意防止失散和变形。成品堆放时应注意下述事项。

① 堆放场地的地基要坚实,地面平整干燥,排水良好且不得有积水。

② 堆放场地内应备有足够的垫木或垫块,使构件得以放平稳,以防构件因堆放方法不正确而产生变形。

③ 钢结构产品不得直接置于地上,要垫高 200 mm 以上。

④ 侧向刚度较大的构件可水平堆放。当多层叠放时,必须使各层垫木在同一垂线上,堆放高度应根据构件来决定。

⑤ 大型构件的小零件应放在构件的空当内,用螺栓或铁丝固定在构件上。

⑥ 不同类型的钢构件一般不堆放在一起。同一工程的构件应分类堆放在同一地区内,以便于装车发运。

⑦ 构件编号要标记在醒目处,构件之间堆放应有一定距离。

⑧ 钢构件的堆放应尽量靠近公路、铁路,以便运输。

(3) 成品保护

成品保护是保证施工质量的一步关键环节,成品保护的具体措施是落实成品保护的关键,具体要求如下。

① 防潮、防压措施。重点是高强度螺栓、栓钉、焊条、焊丝等,要求以上成品堆放在库房的货架上,最多不超过四层。

② 钢构件堆放措施。要求场地平整、牢固、干净、干燥,钢构件分类堆放整齐,下垫枕木,叠层堆放也要求垫枕木,并要求做到防止变形、牢固、防锈蚀。

③ 施工过程中控制措施。不得对已完工构件任意焊割,对施工完毕并经检测合格的焊缝、接点板处马上进行清理,并按要求进行封闭。

④ 交工前成品保护措施。成品保护专职人员按区域或楼层范围进行值班保护工作,并按方案中的规定、职责、制度做好所有成品保护工作。

（4）包装

钢结构的包装方法应根据运输形式而定,并应满足工程合同提出的包装要求。

① 包装工作应在涂层干燥后进行,并应保护构件涂层不受损伤。包装方式应符合运输的有关规定。

② 每个包装的质量一般不超过 3~5 t,包装的外形尺寸则根据货运能力而定。例如,通过汽车运输,一般长度不大于 12 m,个别件不应超过 18 m,宽度不超过 2.5 m,高度不超过 3.5 m,超长、超宽、超高时要做特殊处理。

③ 包装时应填写包装清单,并核实数量。

④ 包装和捆扎均应注意密实和紧凑,以减少运输时的失散、变形,而且还可以降低运输费用。

⑤ 钢结构的加工面、轴孔和螺纹,均应涂以润滑脂和贴上油纸,或用塑料布包裹,螺孔应用木楔塞住。

⑥ 包装时要注意外伸的连接板等物件尽量置于内侧,以防造成钩刮事故,不得不外漏时要做好明显标记。

⑦ 经过油漆的构件,在包装时应该用木材、塑料等垫衬加以隔离保护。

⑧ 单件超过 1.5 t 的构件单独运输时,应用垫木做外部包裹。

⑨ 细长构件可打捆发运,一般用小槽钢在外侧用长螺钉夹紧,其空隙处填以木条。

⑩ 有孔的板形零件,可穿长螺栓,或用铁丝打捆。

⑪ 较小零件应装箱,已涂底又无特殊要求者不另做防水包装,否则应考虑防水措施。包装用木箱,其箱体要牢固、防雨,下方要留有铲车孔以及能承受箱体总重的枕木,枕木两端要切成斜面,以便捆吊或捆运。铁箱的箱体外壳要焊上吊耳,以便运输过程中吊运。

⑫ 一些不装箱的小件和零配件可直接捆扎或扎在钢构件主体的需要部位上,但要捆扎、连接牢固,且不影响运输和安装。

⑬ 片状构件,如屋架、托架等,平运时易造成变形,单件竖运又不稳定,一般可将几片构件装夹成近似一个框架,其整体性能好,各单件之间互相制约而稳定。用活络拖斗车运输时,装夹包装的宽度要控制在 1.6~2.2 m,太窄容易失稳。装夹包装的一般是同一规格的构件。装夹时要考虑整体性能,防止在装卸和运输过程中产生变形和失稳。

⑭ 需海运的构件,除大型构件外,均需打捆或装箱。螺栓、螺纹杆以及连接板要用

防水材料外套封装。每个包装箱、裸装件及捆装件的两边都要有标明船运的所需标志,并标明包装件的重量、数量、中心和起吊点。

（5）运输

发运的构件,单件超过 3 t 的,宜在易见部位用油漆标上重量及重心位置的标志,以免在装、卸车和起吊过程中损坏构件。节点板、高强度螺栓连接面等重要部分要有适当的保护措施,零星的部件等都要按同一类别用螺栓和铁丝紧固成束或包装发运。

多构件运输时应根据钢构件的长度、重量选用车辆。钢构件在运输车辆上的支点、两端伸出的长度及绑扎方法均应保证钢构件不产生变形,不损伤涂层。

钢结构产品一般是陆路车辆运输或者铁路车皮运输。陆路车辆运输现场拼装散件时,使用一般货运车即可。散件运输一般不需装夹,但要能满足在运输过程中不产生过大变形。对于成形大件的运输,可根据产品不同而选用不同车型的运输货车。由于制作厂的大构件运输能力有限,有些大构件的运输则由专业化大件运输公司承担。对于特大件钢结构产品的运输,则应在加工制造以前就与运输有关的各个方面取得联系,并得到批准后方可运输。如果不允许大件运输,就只能采用分段制造、分段运输方式。在一般情况下,框架钢结构产品的运输多用活络拖斗车,实腹类构件或容器类产品多用大平板车运输。

公路运输装运的高度极限为 4.5 m,如果需通过隧道,则高度极限为 4 m,构件长出车身不得超过 2 m。

钢结构构件的铁路运输,一般由生产厂负责向车站提出车皮计划,由车站调拨车皮装运。铁路运输应遵守国家火车装车界限,当超过影线部分而未超出外框时,应预先向铁路部门提出超宽（或超高）通行报告,经批准后方可在规定的时间运送。

海运运输时,在到达港口后由海港负责装船,所以要根据离岸码头和到岸港口的装卸能力,来确定钢结构产品运输的外形尺寸、单件重量（即每夹或每箱的总量）。根据构件的具体情况,有时也可考虑采用集装箱运输。内河运输时,则必须考虑每件构件的重量和尺寸,使其不超过当地的起重能力和船体尺寸。国内船只规格参差不齐,装卸能力较差,钢结构产品有时也只能散装,多数不用装夹。

3.3　钢框架结构的安装

施工总承包企业投标或承包,其他企业依法分包或者建设单位依法单独发包的专业工程,须具备相应的专业承包资质类别。

3.3.1　钢框架结构安装基本规定

① 钢结构工程施工单位应具备相应的钢结构工程施工资质,施工现场质量管理应有相应的施工技术标准、质量管理体系、质量控制及检验制度,施工现场应有经项目技术负责人审批的施工组织设计、施工方案等技术文件。进行钢结构安装前,同设计单位认真交底,明确钢结构体系的力学模式、施工荷载、结构承受的动载及疲劳要求,做好保证结构安全的技术准备;有需要时,应进行钢结构安装的施工模拟。

② 熟悉安装现场周边环境,建立合理的测量控制网,编制满足构件空间定位精度

微课
钢框架结构
安装基本
规定

要求的测量方案。

③ 同监理单位联系,就专项施工工艺交底或委托有资质的单位检测,包括焊接工艺评定或焊缝检测,高强度螺栓检测或抗滑移系数复测,大型设备安装检测等关系结构安全的工艺。

④ 钢结构工程安装质量不符合现行施工质量验收规范要求时,按规范规定进行处理。钢结构构件出厂要按现行标准检查并验收。

课件
钢框架结构
的施工安装
(1)

⑤ 钢结构工程施工速度较快,在结构形成空间刚度单元后,应及时对构件按设计要求进行最终固定并做好保护工作。

3.3.2 钢框架结构施工准备

施工准备是一项技术、计划、经济、质量、安全、现场管理等综合性强的工作,是同设计单位、钢结构加工厂、混凝土基础施工单位、混凝土结构施工单位以及钢结构安装单位内部资源组合的重要工作。施工准备包括技术准备、资源准备、管理协调准备等内容。其程序如下。

课件
钢框架结构
的施工安装
(2)

设计、合同要求质量、工期交底→编制施工组织设计→编制资源使用计划→ 基础、钢构件、控制网检测→现场施工水、电、构件堆场工作程序→相关单位协调工作程序→审批。

1. 技术准备

技术准备主要包括设计交底和图纸会审、钢结构安装施工组织设计、钢结构及构件验收标准及技术要求、计量管理和测量管理、特殊工艺管理等。

① 参加图纸会审,与业主、设计、监理充分沟通,确定钢结构各节点、构件分节细节及工厂制作图,分节加工的构件满足运输和吊装要求。

课件
钢框架结构
的施工安装
(3)

② 编制施工组织设计、分项作业指导书。施工组织设计包括工程概况、工程量清单、现场平面布置、主要施工机械和吊装方法、施工技术措施、专项施工方案、工程质量标准、安全及环境保护、主要资源表等。其中吊装机械选型及平面布置是吊装重点。分项作业指导书可以细化为作业卡,主要用于作业人员明确相应工序的操作步骤、质量标准、施工工具和检测内容、检测标准。

③ 依承接工程的具体情况,确定钢构件进场检验内容及适用标准,以及钢结构安装检验批划分、检验内容、检验标准、检测方法、检验工具,在遵循国家标准的基础上,参照部标或其他权威认可的标准,确定后在工程中使用。

课件
钢框架结构
的施工安装
(4)

④ 各专项工种施工工艺确定,编制具体的吊装方案、测量监控方案、焊接及无损检测方案、高强度螺栓施工方案、塔吊装拆方案、临时用电用水方案、质量安全环保方案。

⑤ 组织必要的工艺试验,例如,焊接工艺试验、压型钢板施工及栓钉焊接检测工艺试验。尤其要做好新工艺、新材料的工艺试验,作为指导生产的依据。对于栓钉焊接工艺试验,根据栓钉的直径、长度及焊接类型(是穿透压型钢板焊还是直接打在钢梁上的栓钉焊接),要做相应的电流大小、通电时间长短的调试。对于高强度螺栓,要做好高强度螺栓连接副扭矩系数、预拉力和摩擦面抗滑移系数的检测。

⑥ 根据结构深化图纸,验算钢结构框架安装时构件受力情况,科学地预计其可能的变形情况,并采取相应合理的技术措施来保证钢结构安装的顺利进行。

⑦ 钢结构施工中计量管理包括按标准进行的计量检测,按施工组织设计要求的精度配置的器具,检测中按标准进行的方法。测量管理包括控制网的建立和复核,检测方法、检测工具、检测精度符合国家标准要求。

⑧ 和工程所在地的相关部门进行协调,如治安、交通、绿化、环保、文保、电力等。并到当地的气象部门了解以往年份的气象资料,做好防台风、防雨、防冻、防寒、防高温等措施。

2. 材料要求

材料要求包括劳动力、机械设备、钢构件、资源准备、连接材料、测量器具、现场平面规划、钢构件运输等准备工作。

多层与高层建筑钢结构的钢材,主要采用 Q235 的碳素结构钢和 Q345 的低合金高强度结构钢,国外进口钢的强度等级大多相当于 Q345、Q390。其质量标准应分别符合我国现行国家标准《碳素结构钢》(GB 700—2006)和《低合金高强度结构钢》(GB/T 1591—2018)的规定。当有可靠根据时,可采用其他牌号的钢材。当设计文件采用其他牌号的结构钢时,应符合相对应的现行国家标准。

多层与高层钢结构连接材料主要采用 E43、E50 系列焊条或 H08 系列焊丝,高强度螺栓主要采用 45 钢、40B 钢、20MnTiB 钢,栓钉主要采用 ML15、DL15 钢。

(1)品种规格

钢型材有热轧成形的钢板和型钢以及冷弯成形的薄壁型钢。

热轧钢板有薄钢板(厚度为 0.35~4 mm)、中厚钢板(厚度为 4.5~60 mm)、超厚钢板(厚度>60 mm),还有扁钢(厚度为 4~60 mm、宽度为 30~200 mm,比钢板宽度小)。

热轧型钢有角钢、工字钢、槽钢、钢管等以及其他新型型钢。角钢分等边和不等边两种。工字钢有普通工字钢、轻型工字钢和宽翼缘工字钢,其中宽翼缘工字钢也称"H"型钢。槽钢分普通槽钢和轻型槽钢。钢管有无缝钢管和焊接钢管。

① 钢板现行国家标准《热轧钢板和钢带的尺寸、外形、重量及允许偏差》(GB/T 709—2019)规定了热轧钢板和钢带的尺寸、外形、重量及允许偏差。标准适用于宽度大于或等于 600 mm、厚度为 3~400 mm 的热轧钢板。

钢板表面质量应符合《碳素结构钢和低合金结构钢热轧钢板和钢带》(GB/T 3274—2017)中的表面质量的要求。钢板和钢带不得有分层。

② 对工字钢,现行国家标准《热轧型钢》(GB/T 706—2016)规定了热轧工字钢的尺寸、外形、质量及允许偏差。

③ 对角钢,现行国家标准《热轧型钢》(GB/T 706—2016)规定了热轧等边和不等边角钢的尺寸、外形、质量及允许偏差。

④ 对槽钢,现行国家标准《热轧型钢》(GB/T 706—2016)规定了热轧槽钢的尺寸、外形、质量及允许偏差。

⑤ 对冷弯型钢,现行国家标准《冷弯型钢通用技术要求》(GB/T 6725—2017)规定了冷弯型钢的尺寸、外形、质量及允许偏差。

⑥ 对钢管,现行国家标准《结构用无缝钢管》(GB/T 8162—2018)和《直缝电焊钢管》(GB/T 13793—2016)分别规定了无缝钢管和电焊钢管的尺寸、外形、质量及允许偏差。采用钢板制作的钢管应符合国家标准中的相应要求。

⑦ 对 H 型钢,现行国家标准《热轧 H 型钢和剖分 T 型钢》(GB 11263—2017)规定了 H 型钢的尺寸、外形、质量及允许偏差。国外进口的 H 型钢应充分研究其材质和力学性能,在检验合格条件下合理采用,焊接 H 型钢的制作应符合《焊接 H 型钢》(GB/T 33814—2017)标准中的相应要求。

⑧ 对花纹钢板,现行国家标准《热轧花纹钢板及钢带》(GB/T 33974—2017)规定了花纹钢板的尺寸、外形、质量及允许偏差。

⑨ 对波形钢板,现执行国家标准《冷弯波形钢板》(YB/T 5327—2006)的规定。

（2）厚度方向性能钢板

随着多层与高层钢结构的发展,焊接结构使用的钢板厚度有所增加,对钢材材性要求提出了新的内容——要求钢板在厚度方向有良好的抗层状撕裂性能,因而出现了新的钢材——厚度方向性能钢板。国家标准《厚度方向性能钢板》(GB/T 5313—2010)有这方面的专用规定。

（3）现场安装的材料准备

① 根据施工图,测算各主耗材料(如焊条、焊丝等)的数量,做好订货安排,确定进场时间。

② 各施工工序所需临时支撑、钢结构拼装平台、脚手架支撑、安全防护、环境保护器材数量确认后,安排进场搭设、制作。

③ 根据现场施工安排,编制钢构件进场计划,安排制作、运输计划。对于特殊构件(如放射性、腐蚀性等)的运输,要做好相应的措施,并到当地的公安、消防部门登记。对超重、超长、超宽的构件,还应规定好吊耳的设置,并标出重心位置。

3. 主要机具

在多层与高层钢结构安装施工中,由于建筑较高、较大,吊装机械多以塔式起重机、履带式起重机、汽车式起重机为主。

（1）塔式起重机

塔式起重机,又称塔吊,它有行走式、固定式、附着式与内爬式等几种类型。在高层钢结构安装中,塔式起重机是首选安装机械。塔式起重机由提升、行走、变幅、回转等机构及金属结构两大部分组成。塔式起重机具有提升高度高、工作半径大、动作平稳、工作效率高等优点。随着建筑机械技术的发展,大吨位塔式起重机的出现,弥补了塔式起重机起重量不大的缺点。

（2）其他施工机具

在多层与高层钢结构施工中,除塔式起重机、汽车式起重机、履带式起重机外,还会用到以下一些机具,如千斤顶、葫芦、卷扬机、滑车及滑车组、电焊机、栓钉熔焊机、电动扳手、全站仪、经纬仪等。

多层与高层钢结构工程施工中,钢构件在加工厂制作,现场安装、工期较短、机械化程度高,采用的机具设备较多。因此在施工准备阶段,根据现场施工要求,编制施工机具设备需用计划,同时根据现场施工现状、场地情况,确定各机具设备进场日期、安装日期及临时堆放场地,确保在不影响其他单位的施工活动的同时,保证机具设备按现场安装施工要求安装到位。

4. 劳动力准备

所有生产工人都要进行上岗前培训,取得相应资质的上岗证书,做到持证上岗。尤其是焊工、起重工、塔吊操作工、塔吊指挥工等特殊工种。

3.3.3 钢框架结构安装的关键要求

1. 钢构件预检

结构安装单位对钢构件预检的项目,主要是同施工安装质量和工效直接有关的数据,如几何外形尺寸、螺孔大小和间距、预埋件位置、焊缝坡口、节点摩擦面、附件数量规格等。构件的内在制作质量应以制造厂质量报告为准。预检数量,一般是关键构件全部检查,其他构件抽验 10%~20%,应记录预检数据。

钢构件预检是一项复杂而细致的工作,预检还须具有一定的条件,构件预检时间宜放在钢构件中转场配套时进行,这样可省去因预检而进行翻堆所耗费的机械和人工,不足之处是发现问题进行处理的时间比较紧迫。构件预检最好由结构安装单位和制造厂联合派人参加。同时也应组织构件处理小组,将预检出的偏差及时给予修复,严禁不合格的构件送到工地,更不应该将不合格构件送到高空去处理。

2. 结构安装的关键要求

在多层与高层钢结构工程现场施工中,安装用的材料,如焊接材料、高强度螺栓、压型钢板、栓钉等应符合现行国家产品标准和设计要求。CO_2、C_2H_2、O_2 等应符合焊接规程的要求。并按要求进行必要的检验,例如焊缝检测、工艺评定、高强度螺栓检测及抗滑移系数检测、钢材质量复测等。

（1）技术关键要求

在多层与高层钢结构工程现场施工中,吊装机具的选择、吊装方案、测量监控方案、焊接方案等的确定尤为关键。

（2）质量关键要求

在多层与高层钢结构工程现场施工中,节点处理直接关系结构安全和工程质量,必须合理处理,严把质量关。对焊接节点处,必须严格按无损检测方案进行检测,做好高强度螺栓连接副和高强度螺栓连接件抗滑移系数的试验报告。对钢结构安装的每一步都应做好测量监控。

（3）职业健康安全关键要求

在多层与高层钢结构工程现场施工中,高空作业较多,必须编制专项安全方案,做好安全措施。高空作业必须使用"三宝",必须做好"四口"的防护工作。组织员工定期进行体检。

（4）环境关键要求

在多层与高层钢结构工程现场施工中,对于施工中和施工完后所产生的施工废弃物,如钢材边角料、废旧安全网等,应集中回收、处理。

对于焊接中产生的电弧光,应采取一定的防护措施,避免弧光外泄。

（5）协调准备

协调准备主要是按合同要求确定设计、监理、总包、构件制作厂、钢结构安装单位的工作程序,大型构件运输同相关部门协调,混凝土基础、预埋件、钢构件验收协调,混凝土同钢结构施工交叉协调等工作。

① 钢结构安装在建筑施工中是一项特殊工艺,协调工作量大,协调准备首先需要建立正常的工作程序,并在施工中落实。

② 同总包协调施工平面规划、测量控制网、混凝土基础及预埋件验收等内容,构件堆场及文明施工要求等。

③ 同钢结构加工厂协调钢构件进场安排、加工顺序、配合预拼装、构件加工质量检查等内容。

④ 超长、超高、超重钢构件运输路线、时间,同运输单位及交管部门协调,确保运输安全。

⑤ 钢结构安装单位协调施工中不同专业人员的配合作业,协调劲性混凝土、钢管混凝土、组合结构混凝土施工间的交叉作业,达到资源的最佳配置。

3.3.4　钢框架结构的安装施工

按照安装流水顺序由中转堆场配套运入现场的钢构件,利用现场的装卸机械尽量将其就位到安装机械的回转半径内。由运输造成的构件变形,在施工现场均要加以矫正。现场用地紧张,但在结构安装阶段现场必要的用地还是必须安排的,例如,构件运输道路、地面起重机行走路线、辅助材料堆放、工作棚、部分构件堆放等。一般情况下,结构安装用地面积宜为结构工程占地面积的 1.0 ~ 1.5 倍,否则要想顺利进行安装是很困难的。

钢框架结构的安装流水段的划分,一般是沿高度方向划分,以一节柱高度内所有结构作为一个安装流水段。钢柱的分节长度取决于加工条件、运输工具和钢柱重量。长度一般为 12 m 左右,重量不大于 15 t,一节柱的高度多为 2 ~ 4 个楼层。

1. 钢框架结构安装工艺流程

多层与高层钢框架结构安装工艺流程如图 3-57 所示。

2. 吊装方案确定

根据现场施工条件、机械种类、场地条件及结构形式,选择最优的吊装方案。

（1）吊装概况

吊装概况用于对工程的概况和吊装过程做概要简述。

（2）吊装机具选择

吊装机具的选择是钢结构安装的重要组成内容,直接关系到安装的成本、质量、安全等。

① 起重机类型。根据多层与高层钢结构工程结构特点、平面布置及钢构件重量等情况,钢构件吊装一般选择采用塔式起重机（塔吊）。自升式塔式起重机根据现场情况选择外附式或内爬式。行走式塔吊或履带式起重机、汽车吊在多层钢结构施工中也较多使用。在地下部分,如果钢构件较重,也可选择采用汽车式起重机或履带式起重机完成。多高层钢结构安装,起重机除满足吊装钢构件所需的起重量、起重高度、回转半径外,还必须考虑抗风性能、卷扬机滚筒的容绳量、吊钩的升降速度等因素。

② 起重机数量。起重机数量的选择应根据现场施工条件、建筑布局、单机吊装覆盖面积、构件特点和吊装能力综合决定。多台塔吊共同使用时防止出现吊装死角。

微课
钢框架结构
安装工艺
流程

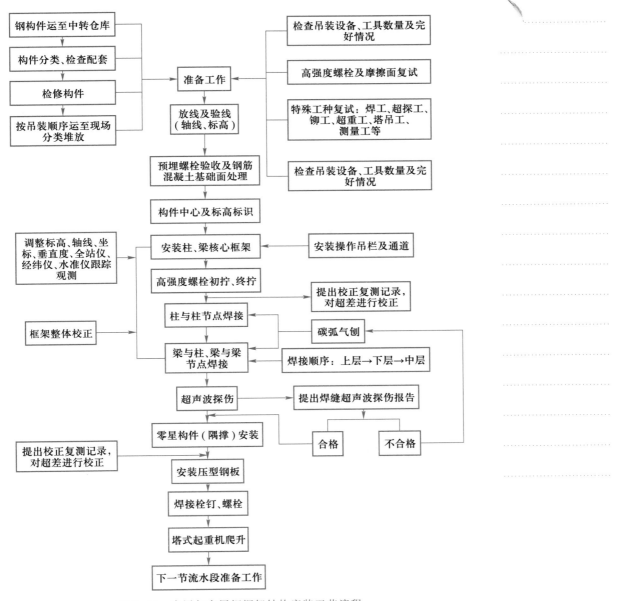

图 3-57 多层与高层钢框架结构安装工艺流程

（3）吊装机具安装

对于汽车式起重机，直接进场即可进行吊装作业；对于履带式起重机，需要组装好后才能进行钢构件的吊装；塔式起重机（塔吊）的安装和爬升较为复杂，而且要设置固定基础或行走式轨道基础。当工程需要设置几台吊装机具时，要注意机具不要相互影响。

① 塔吊基础设置。严格按照塔吊说明书，结合工程实际情况，设置塔吊基础并检验合格。

② 塔吊安装、爬升。列出塔吊各主要部件的外形尺寸和重量，选择合理的机具，一

般采用汽车式起重机来安装塔吊。塔吊的安装顺序为标准节→套架→驾驶节→塔帽→副臂→卷扬机→主臂→配重。

塔吊的拆除一般也采用汽车式起重机进行,但当塔吊是安装在楼层里面时,则采用拨杆及卷扬机等工具进行塔吊拆除。塔吊的拆除顺序为配重→主臂→卷扬机→副臂→塔帽→驾驶节→套架→标准节。

③ 塔吊附墙计划。高层钢结构高度一般超过 100 m,因此塔吊需要设置附墙,来保证塔吊的刚度和稳定性。塔吊附墙的设置按照塔吊的说明书进行。附墙杆对钢结构的水平荷载在设计交底和施工组织设计中明确。

（4）钢结构吊装前工作

① 吊装前准备工作作业条件。在进行钢结构吊装作业前,应具备的基本条件如下。

a. 钢筋混凝土基础完成,并经验收合格。

b. 各专项施工方案编制审核完成。

c. 施工临时用电用水铺设到位,平面规划按方案完成。

d. 施工机具安装调试验收合格。

e. 构件进场并验收。

f. 劳动力进场。

② 吊装程序。多层与高层钢结构吊装的吊装顺序原则采用对称吊装、对称固定。一般按程序先划分吊装作业区域,按划分的区域平行顺序同时进行。当一个片区吊装完毕后,即进行测量、校正、高强度螺栓初拧等工序。待几个片区安装完毕,再对整体结构进行测量、校正、高强度螺栓终拧、焊接。接着进行下一节钢柱的吊装。组合楼盖则根据现场实际情况进行压型钢板吊放和铺设工作。

多层与高层钢结构吊装,可采用分件安装和综合安装两种方法。在分片分区的基础上,多采用综合吊装法,其吊装程序一般是:平面从中间或某一对称节间开始,以一个节间的柱网为一个吊装单元,按钢柱→钢梁→支撑顺序吊装,并向四周扩展,垂直方向由下至上组成稳定结构后,分层安装次要结构,逐节间钢构件、逐楼层安装完,采取对称安装、对称固定的工艺,有利于消除安装误差积累和节点焊接变形,使误差降低到最小限度。

③ 吊装前的注意事项。

a. 吊装前应对所有施工人员进行技术交底和安全交底。

b. 严格按照交底的吊装步骤实施。

c. 严格遵守吊装、焊接等的操作规程,按工艺评定内容执行,出现问题按交底内容执行。

d. 遵守操作规程,严禁在恶劣气候下作业或施工。

e. 划分吊装区域。为便于识别和管理,原则上按照塔吊的作业范围或钢结构安装工程的特点划分吊装区域,便于钢构件平行顺序同时进行。

f. 螺栓预埋检查。螺栓连接钢结构和钢筋混凝土基础,预埋应严格按施工方案执行。按国家标准预埋螺栓标高偏差控制在+5 mm 以内,定位轴线的偏差控制在±2 mm。

g. 现场柱基检查。安装在钢筋混凝土基础上的钢柱,安装质量和工效与混凝土柱基和地脚螺栓的定位轴线、基础标高直接有关,必须会同设计、监理、总包、业主共同验收,合格后才可进行钢柱的安装。

（5）钢构件配套供应

现场钢结构吊装根据方案的要求按吊装流水顺序进行,钢构件必须按照安装的需要供应。为充分利用施工场地和吊装设备,应严密制订出构件进场及吊装周、日计划,保证进场的构件满足周、日吊装计划并配套。

① 钢构件进场验收检查。构件现场检查包括数量、质量、运输保护三个方面内容。

钢构件进场后,按货运单检查所到构件的数量及编号是否相符,发现问题及时在回单上说明,反馈制作厂,以便及时处理。

按标准要求对构件的质量进行验收检查,做好检查记录。也可在构件出厂前直接进厂检查。主要检查构件外形尺寸,螺孔大小和间距等。

制作超过规范误差和运输中变形的构件必须在安装前在地面修复完毕,减少高空作业。

② 钢构件堆场安排、清理。进场的钢构件,按现场平面布置要求堆放。为减少二次搬运,尽量将构件堆放在吊装设备的回转半径内。钢构件堆放应安全、牢固。构件吊装前必须清理干净,特别是在接触面、摩擦面上,必须用钢丝刷清除铁锈、污物等。

微课
钢框架柱吊装

（6）钢柱起吊安装

钢柱多采用实腹式,实腹钢柱截面多为工字形、箱形、十字形和圆形。钢柱多采用焊接对接接长,也有高强度螺栓连接接长。劲性柱与混凝土采用熔焊栓钉连接。

① 吊点设置。吊点位置及吊点数根据钢柱形状、断面、长度、重量及起重机性能等具体情况确定。吊点一般采用焊接吊耳、吊索绑扎、专用吊具等。

钢柱一般采用一点正吊。吊点设置在柱顶处,吊钩通过钢柱重心线,钢柱易于起吊、对线、校正。当受起重机臂杆长度、场地等条件限制,吊点可放在柱长1/3处斜吊。由于钢柱倾斜,对于起吊、对位、校正、安装固定较难控制。

② 起吊方法。钢柱一般采用单机起吊,也可采取双机抬吊,双机抬吊应注意的事项有下面几点。

a. 尽量选用同类型起重机。

b. 对起吊点进行荷载分配,有条件时进行吊装模拟。

c. 各起重机的荷载不宜超过其相应起重能力的80%。

d. 在操作过程中,要互相配合、动作协调,如果采用铁扁担起吊,尽量使铁扁担保持平衡,要防止一台起重机失重而使另一台起重机超载,造成安全事故。

e. 信号指挥。由专人指挥,分指挥必须听从总指挥。

起吊时钢柱必须垂直,尽量做到回转扶直。起吊回转过程中应避免同其他已安装的构件相碰撞,吊索应预留有效高度。

钢柱扶直前应将登高爬梯和挂篮等挂设在钢柱预定位置并绑扎牢固,起吊就位后临时固定地脚螺栓、校正垂直度。钢柱接长时,钢柱两侧装有临时固定用的连接板,上节钢柱对准下节钢柱柱顶中心线后,即用螺栓固定连接板临时固定。

钢柱安装到位,对准轴线、临时固定牢固后才能松开吊索。

③ 钢柱校正。钢柱校正包括:柱基标高调整、柱基轴线调整、柱身垂直度校正。

依工程施工组织设计要求配备测量仪器配合钢柱校正。

a. 柱基标高调整（见图 3-58）。钢柱标高调整主要采用螺母调整和垫铁调整两种方法。螺母调整是根据钢柱的实际长度，在钢柱底板下的地脚螺栓上加一个调整螺母，螺母表面的标高调整到与柱底板底标高齐平。如果第一节钢柱过重，可在柱底板下、基础钢筋混凝土面上放置钢板，作为标高调整块用。放上钢柱后，利用柱底板下的螺母或标高调整块控制钢柱的标高（因为有些钢柱过重，螺栓和螺母无法承受其重量，故柱底板下需加设标高调整块——钢板调整标高），精度可达到 1 mm 以内。柱底板下预留的空隙，可以用高强度、微膨胀、无收缩砂浆以捻浆法填实。当使用螺母作为调整柱底板标高时，应对地脚螺栓的强度和刚度进行计算。

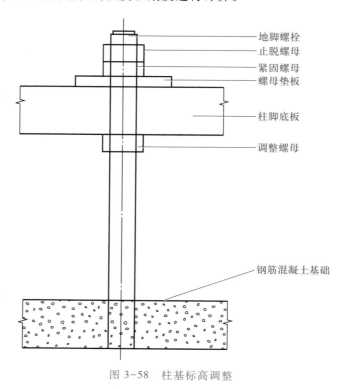

图 3-58　柱基标高调整

对于高层钢结构地下室部分劲性钢柱，钢柱的周围都布满了钢筋，调整标高和轴线时，同土建交叉协调好才能进行。

b. 第一节柱底轴线调整。钢柱制作时，在柱底板的四个侧面，用钢冲标出钢柱的中心线。

对线方法：在起重机不松钩的情况下，将柱底板上的中心线与柱基础的控制轴线对齐，缓慢降落至设计标高位置。如果钢柱与控制轴线有微小偏差，可借线调整。

预埋螺杆与柱底板螺孔有偏差，适当将螺孔放大，或在加工厂将底板预留孔位置调整，保证钢柱安装。

c. 第一节柱身垂直度校正。柱身调整一般采用缆风绳或千斤顶、钢柱校正器等校正。用两台呈 90° 的径向放置经纬仪测量。

地脚螺栓上螺母一般用双螺母,在螺母拧紧后,将螺杆的螺纹破坏或焊实。

d. 柱顶标高调整和其他节框架钢柱标高控制。

柱顶标高调整和其他节框架钢柱标高控制可以采用两种方法:一种是按相对标高安装;另一种是按设计标高安装。通常采用按相对标高安装。钢柱吊装就位后,用大六角头高强度螺栓临时固定连接,通过起重机和撬棍微调柱间间隙。量取上下柱顶预先标定的标高值,符合要求后打入钢楔、临时固定牢,考虑到焊缝及压缩变形,标高偏差调整至 4 mm 以内。钢柱安装完后,在柱顶安置水准仪,测量柱顶标高,以设计标高为准。如果标高高于设计值 5 mm 以内,则不需调整,因为柱与柱节点间有一定的间隙,如果高于设计值 5 mm 以上,则需用气割将钢柱顶部割去一部分,然后用角向磨光机将钢柱顶部磨平到设计标高。如果标高低于设计值,则需增加上下钢柱的焊缝宽度,但一次调整不得超过 5 mm,以免过大的调整造成其他构件节点连接的复杂化和安装难度。

e. 第二节柱轴线调整。上下柱连接保证柱中心线重合。如果有偏差,在柱与柱的连接耳板的不同侧面加入垫板(垫板厚度为 0.5~1.0 mm),拧紧大六角头螺栓。钢柱中心线偏差调整每次 3 mm 以内,如果偏差过大,则分 2~3 次调整。特别注意,上一节钢柱的定位轴线不允许使用下一节钢柱的定位轴线,应从控制网轴线引至高空,保证每节钢柱的安装标准,避免过大的积累误差。

f. 第二节钢柱垂直度校正。钢柱垂直度校正的重点是对钢柱有关尺寸预检。下层钢柱的柱顶垂直度偏差就是上节钢柱的底部轴线、位移量、焊接变形、日照影响、垂直度校正及弹性变形等的综合。可采取预留垂直度偏差值消除部分误差。预留值大于下节柱积累偏差值时,只预留累计偏差值,反之则预留可预留值,其方向与偏差方向相反。

经验值测定:梁与柱一般焊缝收缩值小于 2 mm;柱与柱焊缝收缩值一般为 3.5 mm,厚钢板焊缝的横向收缩值可按下列公式计算。

$$S = \frac{KA}{T}$$

式中:S——焊缝的横向收缩值,mm;

    K——常数,一般取 0.1;

    A——焊缝横截面面积,mm^2;

    T——焊缝厚度,包括熔深,mm。

日照温度影响:其偏差变化与柱的长细比、温度差成正比,与钢柱截面形式、钢板厚度都有直接关系。较明显观测差发生在上午 9:00~10:00 和下午 2:00~3:00,控制好观测时间,减少温度影响。

安装标准化框架的原则:在建筑物核心部分或对称中心,由框架柱、梁、支撑组成刚度较大的框架结构,作为安装基本单元,其他单元依此扩展。

标准柱的垂直度校正:采用径向放置的两台经纬仪对钢柱及钢梁观测。钢柱垂直度校正可分下面两步进行。

第一步:采用无缆风绳校正。在钢柱偏斜方向的一侧打入钢楔或顶升千斤顶。在保证单节柱垂直度不超过规范的前提下,将柱顶偏移控制到零,最后拧紧临时连接耳板的大六角头螺栓。临时连接耳板的螺栓孔应比螺栓直径大 4 mm,利用螺栓孔扩大调节钢柱制作误差−1~5 mm。

焊缝横向收缩值如表 3−3 所示。

表 3−3　焊缝横向收缩值　　　　　　　　　　　　mm

焊接坡口形式	钢材厚度	焊缝收缩值	构件制作增加长度
柱与柱节点 全熔透坡口	19	1.3~1.6	1.5
	25	1.5~1.8	1.7
	32	1.7~2.0	1.9
	40	2.0~2.3	2.2
	50	2.2~2.5	2.4
	60	2.7~3.0	2.9
	70	3.1~3.4	3.3
	80	3.4~3.7	3.5
	90	3.8~4.1	4.0
	100	4.1~4.4	4.3
梁与柱节点 全熔透坡口	12	1.0~1.3	1.2
	16	1.1~1.4	1.3
	19	1.2~1.5	1.4
	22	1.3~1.6	1.5
	25	1.4~1.7	1.6
	28	1.5~1.8	1.7
	32	1.7~2.0	1.8

第二步:安装标准框架体的梁。先安装上层梁,再安装中、下层梁,安装过程会对柱垂直度有影响,采用钢丝绳缆索(只适宜跨内柱)、千斤顶、钢楔和手扳葫芦进行调整。其他框架柱依标准框架体向四周发展,其做法与上同。

（7）框架梁安装

框架梁和柱连接通常为上下翼板焊接、腹板栓接或者全焊接、全栓接的连接方式。

① 钢梁吊装宜采用专用吊具,两点绑扎吊装。吊升中必须保证使钢梁保持水平状态。一机吊多根钢梁时,绑扎要牢固、安全,便于逐一安装。

② 一节柱一般有 2~4 层梁,原则上横向构件由上向下逐层安装,由于上部和周边都处于自由状态,易于安装和控制质量。通常在钢结构安装操作中,同一列柱的钢梁从中间跨开始对称地向两端扩展安装,同一跨钢梁,先安上层梁,再装中、下层梁。

③ 在安装柱与柱之间的主梁时,测量必须跟踪校正柱与柱之间的距离,并预留安装余量,特别是节点焊接收缩量。达到控制变形,减小或消除附加应力的目的。

④ 柱与柱节点和梁与柱节点的连接,原则上对称施工,互相协调。对于焊接连接,

微课
钢框架梁吊装

一般可以先焊一节柱的顶层梁,再从下向上焊接各层梁与柱的节点。柱与柱的节点可以先焊,也可以后焊。混合连接一般为先拴后焊的工艺,螺栓连接从中心轴开始,对称拧固。钢管混凝土柱焊接接长时,严格按工艺评定要求施工,确保焊缝质量。

⑤ 次梁根据实际施工情况逐层安装完成。

(8) 柱底灌浆

在第一节柱及柱间钢梁安装完成后,即可进行柱底灌浆。灌浆要留排气孔。钢管混凝土施工也要在钢管柱上预留排气孔。

(9) 补漆

补漆为人工涂刷,在钢结构按设计安装就位后进行。

补漆前应清渣、除锈、去油污,自然风干,并经检查合格。

3. 多层与高层钢结构安装要点

(1) 总平面布置

主要包括结构平面纵横轴线尺寸、塔式起重机的布置及工作范围、机械开行路线、配电箱及电焊机布置、现场施工道路、消防道路、排水系统、构件堆放位置等。

如果现场堆放构件场地不足,可选择中转场地。

(2) 塔式起重机选择

① 起重机性能。塔式起重机根据吊装范围的最重构件、位置及高度,选择相应塔式起重机最大起重力矩(或双机抬吊起重力矩的 80%)所具有的起重量、回转半径、起重高度。

除此之外,还应考虑塔式起重机高空使用的抗风性能,起重卷扬机滚筒对钢丝绳的容绳量,吊钩的升降速度。

② 起重机数量。根据建筑物平面、施工现场条件、施工进度、塔吊性能等,布置 1 台、2 台或多台。在满足起重性能情况下,尽量做到就地取材。

③ 起重机类型选择。在多层与高层钢结构施工中,其主要吊装机械一般都是选用自升式塔吊,自升式塔吊分内爬式和外附着式两种。

(3) 人货两用电梯选择

一般配备一柱两笼式人货两用电梯。

(4) 测量工艺

① 施工测量的重要性。测量工作直接关系到整个钢结构的安装质量和进度,因此,钢结构安装应重点做好以下工作。

a. 测量控制网的测定和测量定位依据点的交接与校测。

b. 测量器具的精度要求和器具的鉴定与检校。

c. 测量方案的编制与数据准备。

d. 建筑物测量验线。

e. 多层与高层钢结构安装阶段的测量放线工作(包括平面轴线控制点的竖向投递、柱顶平面放线、传递标高、平面形状复杂钢结构坐标测量、钢结构安装变形监控等)。

② 测量器具的检定与检验。为达到符合精度要求的测量成果,全站仪、经纬仪、水准仪、铅直仪、钢卷尺等必须经计量部门检定。除按规定周期进行检定外,在周期内的

全站仪、经纬仪、铅直仪等主要有关仪器,还应每 2~3 个月定期检校。

全站仪:近年来,全站仪在高层钢结构中的应用越来越多,主要是因为全站仪测量可以保证质量要求和操作方便。在多层与高层钢结构工程中,宜采用精度为 2S、3+3PPM 级全站仪。如 WILD、TOPCON、SOKKIA 等工厂生产的高精度全站仪。

经纬仪:采用精度为 2S 级的光学经纬仪,如是超高层钢结构,宜采用电子经纬仪,其精度宜在 1/200 000 之内。

水准仪:按国家三、四等水准测量及工程水准测量的精度要求,其精度为 ±3 mm/km。

钢卷尺:土建、钢结构制作、钢结构安装、监理等单位的钢卷尺,应统一购买通过标准计量部门校准的钢卷尺。使用钢卷尺时,应注意检定时的尺长改正数,如温度、拉力等,进行尺长改正。

③ 建筑物测量验线。钢结构安装前,基础已施工完,为确保钢结构的安装质量,进场后首先复测控制网轴线及标高。

a. 轴线复测。复测时根据建筑物平面形状不同而采取不同的方法,宜首选全站仪进行复测。

矩形建筑物的验线宜选用直角坐标法;任意形状建筑物的验线宜选用极坐标法;对于不便量距的点位,宜选用角度(方向)交会法验线。

b. 验线部位。定位时依据桩位及定位条件确定。

- 建筑物平面控制图、主轴线及其控制桩。
- 建筑物标高控制网及 ±0.000 m 标高线。
- 控制网及定位轴线中的最弱部位。

建筑物平面控制网的主要技术指标如表 3-4 所示。

表 3-4　建筑物平面控制网的主要技术指标

等级	适用	测角中误差	边长相对中误差
1	钢结构高层、超高层建筑	±9″	1/24 000
2	钢结构多层建筑	±12″	1/15 000

c. 误差处理。

当验线成果与原放线成果两者之差小于 1/1.414 限差时,对放线工作评为优良。

当验线成果与原放线成果两者之差略小于或等于 1/1.414 限差时,对放线工作评为合格(可不必改正放线成果或取两者的平均值)。

当验线成果与原放线成果两者之差超过 1/1.414 限差时,原则上不予验收,尤其是关键部位;若次要部位可令其局部返工。

④ 测量控制网的建立与传递。根据施工现场条件,建筑物测量基准点有两种测设方法。

一种方法是将测量基准点设在建筑物外部,俗称外控法,它适用于场地开阔的工地。根据建筑物平面形状,在轴线延长线上设立控制点,控制点一般距建筑物(0.8~1.5)H(H 为建筑物高度)处。每点引出两条交会的线,组成控制网,并设立半永久性控制桩。建筑物垂直度的传递都从该控制桩引向高空。

另一种测设方法是将测量控制基准点设在建筑物内部,俗称内控法。它适用于场地狭窄、无法在场外建立基准点的工地。控制点的多少根据建筑物平面形状决定。当从地面或底层把基准线引至高空楼面时,遇到楼板要留孔洞,最后修补该孔洞。

上述基准控制点的测设方法可混合使用,但不论采取何种方法施测,都应做到以下三点。

● 为减少不必要的测量误差,从钢结构制作、基础放线到构件安装,应该使用统一型号、经过统一校核的钢尺。

● 各基准控制点、轴线、标高等都要进行 3 次或以上的复测,以误差最小为准。要求控制网的测距相对误差小于 1/25 000,测角中误差小于 2″。

● 设立控制网,提高测量精度。基准点处宜用钢板,埋设在混凝土里,并在旁边做好醒目的标志。

⑤ 平面轴线控制点的竖向传递。

a. 地下部分。一般高层钢结构工程,地下部分 1~4 层深,对地下部分可采用外控法。建立井字形控制点,组成一个平面控制格网,并测设出纵横轴线。

b. 地上部分。控制点的竖向传递采用内控法,投递仪器采用激光铅直仪。在地下部分钢结构工程施工完成后,利用全站仪,将地下部分的外控点引测到 ±0.000 m 层楼面,在 ±0.000 m 层楼面形成井字形内控点。在设置内控点时,为保证控制点间相互通视和向上传递,应避开柱、梁位置。在把外控点向内控点的引测过程中,其引测必须符合国家标准工程测量规范中相关规定。地上部分控制点的向上传递过程:在控制点架设激光铅直仪,精密对中整平;在控制点的正上方,在传递控制点的楼层预留孔 300 mm×300 mm 上放置一块有机玻璃做成的激光接收靶,通过移动激光接收靶将控制点传递到施工作业楼层上;然后,在传递好的控制点上架设仪器,复测传递好的控制点,需符合国家标准工程测量规范中的相关规定。

⑥ 柱顶轴线(坐标)测量。利用传递上来的控制点,通过全站仪或经纬仪进行平面控制网放线,把轴线(坐标)放到柱顶上。

⑦ 悬吊钢尺传递标高。

a. 利用标高控制点,采用水准仪和钢尺测量的方法引测。

b. 多层与高层钢结构工程一般用相对标高法进行测量控制。

c. 根据外围原始控制点的标高,用水准仪引测水准点至外围框架钢柱处,在建筑物首层外围钢柱处确定 +1.000 m 标高控制点,并做好标记。

d. 从做好标记并经过复测合格的标高点处,用 50 m 标准钢尺垂直向上量至各施工层,在同一层的标高点应检测相互闭合,闭合后的标高点则作为该施工层标高测量的后视点,并做好标记。

e. 当超过钢尺长度时,另布设标高起始点,作为向上传递的依据。

⑧ 钢柱垂直度测量。

a. 钢柱垂直度测量一般选用经纬仪。用两台经纬仪分别架设在引出的轴线上,对钢柱进行测量校正。当轴线上有其他障碍物阻挡时,可将仪器偏离轴线 150 mm 以内。

　　　　　b. 钢柱吊装测量流程如图 3-59 所示。

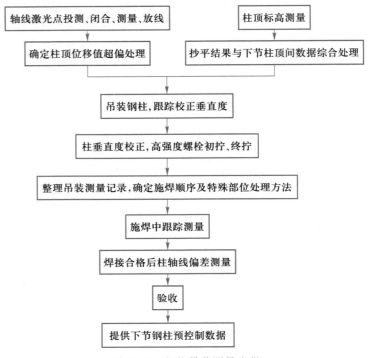

图 3-59　钢柱吊装测量流程

　　c. 当某一片区的钢结构吊装形成框架后,对这一片区的钢柱再进行整体测量校正。

　　d. 钢柱焊前、焊后轴线偏差测定。

　　e. 地下钢结构吊装前,用全站仪、水准仪检测柱脚螺栓的轴线位置,复测柱基标高及螺栓的伸出长度,设置柱底临时标高支承块。

　　⑨ 对钢结构安装测量的要求。

　　a. 检定仪器和钢尺,保证精度。

　　b. 基础验线。根据提供的控制点,测设柱轴线,并闭合复核。在测设柱轴线时,不宜在太阳暴晒下进行,钢尺应先平铺摊开,待钢尺与地面温度相近时再进行测量。

　　c. 主轴线闭合,复核检验主轴线应从基准点开始。

　　d. 水准点施测、复核检验水准点用附合法,闭合差应小于允许偏差。

　　e. 根据场地情况及设计与施工的要求,合理布置钢结构平面控制网和标高控制网。

　　⑩ 钢结构安装工程中的测量顺序。测量工作必须按照一定的顺序贯穿于整个钢结构安装施工过程中,才能达到质量的预控目标。

　　建立钢结构安装测量的"三校制度"。钢结构安装测量经过基准线的设立,平面控制网的投测、闭合,柱顶轴线偏差值的测量以及柱顶标高的控制等一系列的测量准备,到钢柱吊装就位,就由钢结构吊装过渡到钢结构校正。

a. 初校。初校的目的是要保证钢柱接头的相对对接尺寸,在综合考虑钢柱扭曲、垂偏、标高等安装尺寸的基础上,保证钢柱的就位尺寸。

b. 重校。重校的目的是对柱的垂直度偏差、梁的水平度偏差进行全面调整,以达到标准要求。

c. 高强度螺栓终拧后的复校。目的是掌握高强度螺栓终拧时钢柱发生的垂直度变化。这种变化一般用下道焊接工序的焊接顺序来调整。

d. 焊后测量。对焊接后的钢框架柱及梁进行全面的测量,编制单元柱(节柱)实测资料,确定下一节钢结构构件吊装的预控数据。

测量顺序的贯彻执行,使钢结构安装的质量自始至终都处于受控状态,以达到不断提高钢结构安装质量的目的。

(5)钢框架吊装顺序

竖向构件标准层的钢柱一般为最重构件,它受起重机能力、制作、运输等的限制,钢柱制作一般为 2~4 层一节。

对框架平面而言,除考虑结构本身刚度外,还需考虑塔吊爬升过程中框架稳定性及吊装进度,进行流水段划分。先组成标准的框架体,科学地划分流水作业段,向四周发展。

(6)安装施工中应注意的问题

① 在起重机起重能力允许的情况下,应尽量在地面组拼较大吊装单元,如钢柱与钢支撑、层间柱与钢支撑、钢桁架组拼等,一次吊装就位。

② 确定合理的安装顺序。构件安装顺序,平面上应从中间核心区及标准节框架向四周发展,竖向应由下向上逐件安装。

③ 合理划分流水作业区段,确定流水区段的构件安装、校正、固定(包括预留焊接收缩量),确定构件接头焊接顺序,平面上应从中部对称地向四周发展,竖向根据有利于工艺间协调,方便施工,保证焊接质量,制定焊接顺序。

④ 一节柱的一层梁安装完后,立即安装本层的楼梯及压型钢板;楼面堆放物不能超过钢梁和压型钢板的承载力。

⑤ 钢构件安装和楼层钢筋混凝土楼板的施工,两项作业相差不宜超过 5 层;当必须超过 5 层时,应通过设计单位认可。

(7)焊接工艺

详见焊接部分内容。

(8)高强度螺栓施工工艺

详见高强度螺栓部分内容。

4. 劲性混凝土钢结构施工

(1)劲性混凝土结构分类

劲性混凝土结构分为埋入式和非埋入式两种。埋入式构件包括劲性混凝土梁、柱及剪力墙、钢管混凝土柱、内藏钢板剪力墙等;非埋入式构件包括钢-混凝土组合梁、压型钢板组合楼板。劲性混凝土结构的钢构件分为实腹式和格构式,以实腹式为主。

劲性混凝土结构框架一般分为劲性混凝土柱-劲性混凝土梁,劲性混凝土柱-混凝土梁结构两种形式,其中钢构件连接多采用高强度螺栓连接。

微课
劲性混凝土
结构施工
工艺

（2）劲性混凝土结构施工工艺

劲性混凝土施工工艺为基础验收→钢结构柱安装→钢结构梁安装→钢筋绑扎→支模板、浇混凝土。

① 劲性混凝土结构钢柱截面形式多为十、L、T、H、O、口形等几种，和混凝土接触面的熔焊栓钉多在钢构件出厂时施工完毕。构件运到施工现场，验收合格，安装、校正、固定，方法和框架结构相同。

② 劲性混凝土中的钢结构梁的安装方法和框架梁安装方法一致。对于无框架梁的结构，为保证钢柱的空间位置，要增设支撑体系固定钢构件，确保钢柱安装、焊接后空间位置准确。

钢结构梁上面的熔焊栓钉一般在工厂加工。无梁劲性混凝土钢柱和混凝土梁的连接较复杂，特别是箍筋和主筋穿柱和梁时位置较复杂，工艺交叉多，处理要细致，钢筋要贯通。混凝土梁的浇筑最好和柱混凝土浇筑错开，避免混凝土产生裂缝。

③ 钢结构构件安装完成后，进行钢筋绑扎、混凝土浇筑。对于钢管混凝土结构，每层楼的钢管柱安装、固定、校正后，采用合理的工艺确保焊接变形受控，然后绑扎钢筋，一般钢管柱内外设有柱端连接竖筋，穿柱、梁主筋，柱梁接点处加强环形钢筋等。钢管安装后，进入柱内绑扎环形箍筋，完成后进行下道工序。

④ 支模和浇筑混凝土。混凝土浇捣过程中，需要检查劲性混凝土柱、梁的空间位置，符合要求后，进行上层柱、梁施工。

5. 钢筋桁架压型钢板组合楼面

微课
钢筋桁架压
型钢板组合
楼板施工
程序

钢筋桁架混凝土现浇板的施工应遵守以下操作程序：拟定施工计划→楼承板进场、起吊→楼承板安装→附加钢筋绑扎及管线敷设→栓钉焊接→边模安装→隐蔽工程验收→混凝土浇筑。另外，在施工中还应注意以下问题。

① 为了满足受力及确保在浇筑混凝土时不漏浆，钢筋桁架楼承板伸入钢梁上翼缘边缘的长度，必须满足设计要求。在任何情况下，钢筋桁架在钢梁上的搁置长度不宜小于 $5d$（d 为钢筋桁架下弦钢筋直径）及 50 mm 两者中的较大值；镀锌钢板伸入钢梁上翼缘边缘的长度不宜小于 30 mm。

② 钢筋桁架楼承板就位后，应立即将其端部竖向钢筋与钢梁点焊牢固；沿板宽度方向，将底模与钢梁点焊，焊接采用手工电弧焊，间距不大于 300 mm。待铺设一定面积后，必须及时绑扎板底筋，以防钢筋桁架侧向失稳；同时必须及时按设计要求设临时支撑，并确保支撑稳定、可靠。

③ 避免在钢筋桁架楼承板上有过大集中荷载。禁止随意切断钢筋桁架上的任何杆件。楼板开孔处，必须按设计要求设洞边加强筋及边模，待楼板混凝土达到设计强度时，方可切断钢筋桁架的钢筋。遇平面形状变化处，可将钢筋桁架端部切割，补焊端部支座钢筋后再安装。

④ 板中敷设管线，正穿时可采用刚性管线，斜穿时由于钢筋桁架的影响，宜采用柔韧性较好的材料。由于钢筋桁架间距有限，应尽量采用直径较小的管线，分散穿孔预埋，避免多根管线集束预埋。电气接线盒的预留预埋，可事先将其在底模上固定。

⑤ 边模板是阻止混凝土渗漏的关键部件，将边模板紧贴钢梁面，边模板下端与钢梁表面每隔 300 mm 间距点焊。边模板上端需利用钢筋与栓钉焊接。

6. 钢框架结构涂装施工

（1）防腐涂装

钢结构构件除现场焊接等部位不在制作厂涂装外，其余部位均在制作厂内完成底漆、中间漆涂装，所有构件面漆待钢构件安装后进行涂装。

① 防腐涂装技术要求。

a. 防腐涂料应进行加速暴晒试验和高、低温湿热试验，并根据使用的环境推算其耐久年限，耐久年限应为 30 年以上。

b. 各种钢材在采购回厂复试后，应进行表面预处理，喷砂或抛丸除锈 Sa2.5 级，粗糙度为 40~75 μm，喷涂车间底漆粗糙度为 20 μm。

c. 所有室内外露钢构件制成单元件检验合格后，进行二次喷砂或抛丸除锈 Sa2.5 级，粗糙度为 40~75 μm，且满足《涂覆涂料前钢材表面处理 表面清洁度的目视评定 第 1 部分：未涂覆过的钢材表面和全面清除原有涂层后的钢材表面的锈蚀等级和处理等级》（GB/T 8923.1—2011）；底漆采用环氧富锌（干膜厚度 75 μm，锌粉在干膜中重量百分比不小于 80%）厚浆型环氧云铁中间漆 125μm，单位体积固体含量不应小于 80%，可复涂聚氨酯面漆 30 μm×2 μm。配套的面漆应与防火涂料具有耐冲击及防剥落等良好的结合性能。

d. 钢筋混凝土等置于混凝土内的钢骨、型钢、节点在除锈后刷防锈底漆，漆膜厚度符合设计要求即可（如 15 μm），其余防护处理不另做。

e. 在运输及安装过程中损伤的构件涂层及连接接头等现场除锈采用手工除锈达到 St2.0 级，涂装处理同上 c. 及 d. 条。

f. 钢筋桁架模板镀锌层两面镀锌量总计不小于 120 g/m^2。

② 油漆补涂部位。钢结构构件因运输过程和现场安装等原因，会造成构件涂层破损，所以，在钢构件安装前和安装后需对构件破损涂层进行现场防腐修补。修补之后，才能进行面漆涂装，油漆补涂部位及补涂内容如表 3-5 所示。

表 3-5 油漆补涂部位及补涂内容

序号	破损部位	补涂内容
1	现场焊接焊缝	底漆、中间漆
2	现场运输及安装过程中破损的部位	底漆、中间漆
3	连接节点	底漆、中间漆

③ 防腐涂装顺序。在钢构件安装过程中，随钢柱、钢梁及板中钢梁安装分区逐步施工完成，以钢构件安装分区为单位划分施工区域，从下至上依次交叉进行现场防腐涂装施工；每个施工区域在立面从上至下逐层涂装，在平面按顺时针方向进行涂装。

④ 施工工艺。

a. 涂装材料要求。现场补涂的油漆与制作厂使用的油漆相同，由制作厂统一提供，随钢构件分批进场。

b. 表面处理。采用电动、风动工具等将构件表面的毛刺、氧化皮、铁锈、焊渣、焊疤、灰尘、油污及附着物彻底清除干净。

c. 涂装环境要求。涂装前，除底材或前道涂层的表面要清洁、干燥外，还要注意底材温度要高于露点温度 3 ℃ 以上。此外,应可在相对湿度低于 85% 的情况下施工。

d. 涂装间隔时间。经处理的钢结构基层,应及时涂刷底漆,间隔时间不应超过 4 h;一道漆涂装完毕后,在进行下道漆涂装之前,一定要确认是否已达到规定的涂装间隔时间,否则就不能进行涂装;如果在过了最长涂装间隔时间以后再进行涂装,则应该用细砂纸将前道漆打毛,并清除尘土、杂质以后再进行涂装。

e. 涂装要求。在每一遍通涂之前,必须对焊缝、边角和不宜喷涂的小部件进行预涂。

⑤ 涂层检测。

a. 检查工具。漆膜检测工具可采用湿膜测厚仪、干膜测厚仪。

b. 检测方法。油漆喷涂后马上用湿膜测厚仪垂直按入湿膜直至接触到底材,然后取出测厚仪读取数值。

c. 膜厚控制原则。膜厚的控制应遵守两个 90% 的规定,即 90% 的测点应在规定膜厚以上,余下的 10% 的测点应达到规定膜厚的 90%。测点的密度应根据施工面积的大小而定。

d. 外观检验。涂层均匀,无起泡、流挂、龟裂、干喷和掺杂物现象。

⑥ 注意事项。

a. 配制油漆时,地面上应垫木板或防火布等,避免污染地面。

b. 配制油漆时,应严格按照说明书的要求进行,当天调配的油漆应在当天用完。

c. 油漆补刷时,应注意外观整齐,接头线高低一致,螺栓节点补刷时,注意螺栓头油漆均匀,特别是螺栓头下部要涂到,不要漏刷。

d. 雨天、雾天等均不进行露天油漆补刷工作。

⑦ 防腐涂装施工质量保证措施。防腐涂装施工质量保证措施如表 3-6 所示。

表 3-6 防腐涂装施工质量保证措施

序号	质量保证措施	示意图
1	防腐涂料补涂施工前需对补涂部位进行打磨及除锈处理,除锈等级达到 St2.5 的要求	除锈处理
2	钢板边缘棱角及焊缝区要研磨圆滑,$R = 2.0$ mm	
3	露天进行涂装作业应选在晴天进行,湿度不得超过 85%	防腐油漆补涂
4	喷涂应均匀,完工的干膜厚度应用干膜测厚仪进行检测	
5	涂装施工不得出现漏涂、针孔、开裂、剥离、粉化、流挂等缺陷	

(2)防火涂装

① 防火要求。工程耐火等级遵循设计要求,需严格执行相关的规范条文及选用达标的防火涂料或相应的防火处理措施。

例如,耐火等级为一级,所有钢管混凝土柱采用厚型防火涂料,耐火极限 3h;钢梁采用厚涂型防火涂料,耐火极限为 2h。

防火措施需得到当地消防主管部门审批同意后方可施工,耐火极限要求以消防部主管部门的意见为准。

② 施工准备。

a. 材料准备。

● 钢结构防火涂料需使用经主管部门鉴定,并经当地消防部门批准的产品。使用前检查批准文件,并以 100 t 为一批检查出厂合格证。

● 现场堆放地点应干燥、通风、防潮,发现结块变质时不得使用。

● 施工时,对不需做防火保护的部位和其他物件应进行遮蔽保护。

b. 机具准备。

● 灰浆泵、铁锹、手推车、重力式喷枪、板刷、计量容器、带刻度钢针、钢尺等,如图 3-60 所示。

(a) 灰浆泵　　　(b) 重力式喷枪　　　(c) 板刷　　　(d) 钢尺

图 3-60　涂装机具

c. 作业条件。

● 钢结构防火喷涂应由经过培训合格的专业施工队施工,施工中的安全措施和劳动保护等应到位。

● 施工过程中和涂层干燥固化前,环境温度保持在 5～38 ℃,相对湿度不大于90%,空气流通。当风速大于 5m/s,或雨天和构件表面有结露时,不准作业。

● 对钢构件碰损或漏刷部位应补刷防锈漆两遍,经检查验收合格后方准许喷涂。

● 防火涂装施工前彻底清除钢构件表面的灰尘、浮锈、油污。

③ 防火涂装施工工艺。

a. 工艺流程。防火涂装施工工艺流程如图 3-61 所示。

第一步,基层处理,达到喷涂　　第二步,调制防火涂料,分层喷涂,达到设计要求厚度　　第三步,处理边角及结合部位,
第一遍条件　　　　　　　　　　　　　　　　　　　　　　　　　　　　　　　　检验合格后进行成品保护及
　　　　　　　　　　　　　　　　　　　　　　　　　　　　　　　　　　　　　工序交接

图 3-61　防火涂装施工工艺流程

b. 施工工艺。配料时应严格按配合比加料或加稀释剂,并使稠度适宜。边配边用,当日配制当日用完;双组分或多组分装的涂料,应按说明书规定在现场调配并充分搅拌;施工过程中操作者要携带测厚针检测涂层厚度,并确保喷涂达到设计规定的厚度。

钢框架结构一般采用厚涂型防火涂料,如图 3-62 所示,其施工工艺如下。

(a) 涂料喷涂　　　　　(b) 防火涂料施工成品保护　　　　(c) 防火涂料施工完毕

图 3-62　厚涂型防火涂料施工

- 采用压送式喷涂机喷涂,空气压力为 0.4~0.6 MPa,喷枪口直径选 6~10 mm。
- 喷枪垂直于构件,距离 6~10 cm。喷嘴与基面基本保持垂直,喷枪移动方向与基材表面平行,不能是弧形移动。
- 操作时先移动喷枪后开喷枪送气阀;停止时先关闭喷枪送气阀后再停止移动喷枪。
- 喷涂构件阳角时,先由端部自上而下或自左而右垂直基面喷涂,然后再水平喷涂;喷涂阴角时,先分别从角的两边,由上而下垂直先喷一下,然后再水平方向喷涂。
- 垂直喷涂时,喷嘴离角的顶部要远一些;喷涂梁底时,喷枪的倾角度不宜过大。
- 喷涂施工分遍成活,每遍喷涂厚度为 5~10 mm。

④ 防火涂料的修复。因构造要求或面积较小处无法喷涂的部位应采用刮涂或刷涂进行修复,工艺要求如表 3-7 所示。

表 3-7　防火涂料的修复

名称	序号	工艺要求
表面处理	1	必须对周边未闭合涂料进行处理,铲除松散的防火涂层,并清理干净
刮涂修复	1	主要施工机具:刮灰刀、抹子及刮板
	2	刮涂时要掌握好刮涂工具的倾斜度,用力均匀
	3	刮涂的要点是实、平、光,即防火涂料涂层之间应接触紧密,粘接牢固,表面应平整、光滑
刷涂修复	1	主要施工机具:板刷及匀料板
	2	刷涂前先将板刷用水或稀释剂浸湿甩干,然后再蘸料刷涂,板刷用毕应及时用水或溶剂清洗
	3	蘸料后在匀料板上或胶桶边刮去多余的涂料,然后在钢基材表面上依顺序刷开,刷子与被涂刷基面的角度为 50°~70°
	4	涂刷时动作要迅速,每个涂刷片段不要过宽,以保证相互衔接时边缘尚未干燥,不会显出接头的痕迹

⑤ 防火涂料施工质量保证措施。防火涂料施工质量保证措施如下。

a. 所使用涂料的产品合格证、耐火极限检测报告和理化力学性能检测报告需齐全。

b. 施工前应用铲刀、钢丝刷等清除钢构件表面的浮浆、泥沙、灰尘和其他黏附物；钢构件表面不得有水渍、油污，否则必须用干净的毛巾擦拭干净。

c. 防火涂料施工，每一遍施工必须在上一道施工的防火涂料干燥后方可进行。

d. 防火涂料施工的重涂间隔时间，在施工现场环境通风情况良好、天气晴朗的情况下为 8~12 h。

e. 涂层完全闭合，不漏底、漏涂；表面平整，无流淌、下坠、裂痕等现象；喷涂均匀。

f. 刚施工的涂层，加以临时围护隔离，防止踩踏和机械撞击。

g. 薄涂型防火涂料的涂层厚度应符合有关耐火极限的设计要求。厚漆型防火涂料涂层的厚度，80% 及以上面积应符合有关耐火极限的设计要求，且最薄处厚度不应低于设计要求的 85%。

⑥ 涂装专项技术措施。涂装施工一般采用可移动的操作架进行涂装施工，现场制作的移动式操作架尺寸根据工程实际空间要求制作，一般为 3.5 m×3.5 m×6 m，主要用于钢梁、钢筋桁架模板的安装和涂装施工，如图 3-63 所示。

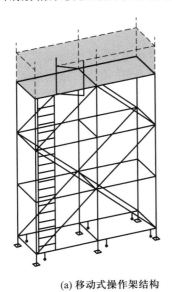

(a) 移动式操作架结构

(b) 移动式操作架底座

(c) 移动式操作架移动机构

图 3-63　现场制作的移动式操作架

课件
钢框架结构
的质量验收

3.4　钢框架结构的验收

如果一个分项工程需要验评多次，那么每一次验评就叫一个检验批。行业规定：每个检验批的检验部位必须完全相同。检验批只做检验，不做评定。

单层钢结构可按变形缝划分检验批；多层及高层钢结构可按楼层或施工段划分检验

批;钢结构制作可根据制造厂(车间)的生产能力按工期段划分检验批;钢结构安装可按安装形成的空间刚度单元划分检验批;材料进场验收可根据工程规模及进料实际情况合并成一个检验批或分解成若干个检验批。压型金属板工程可按屋面、墙面、楼面划分。

钢结构工程施工质量验收应满足《建筑工程施工质量验收统一标准》(GB 50300—2013)、《钢结构工程施工质量验收标准》(GB 50205—2020)及《建筑工程施工质量评价标准》(GB/T 50375—2016)等的要求。

微课
钢框架结构验收基本规定

3.4.1　基本规定

① 钢结构工程施工单位应具备相应的钢结构工程施工资质,施工现场质量管理应有相应的施工技术标准、质量管理体系、质量控制及检验制度,施工现场应有经项目技术负责人审批的施工组织设计、施工方案等技术文件。

② 钢结构工程施工质量的验收,必须采用经计量检定、校准合格的计量器具。

③ 钢结构工程应按下列规定进行施工质量控制。

a. 采用的原材料及成品等应进行现场验收。凡涉及安全、功能的原材料及成品应按规范规定进行复验,并经监理工程师见证取样、送样。

b. 各工序应按相应施工工艺标准进行质量控制,每道工序完成后,应进行检查。

c. 相关各专业工种之间,应进行交接检验,并经监理工程师检查认可,形成记录。未经监理工程师检查认可,不得进行下道工序施工。

④ 钢结构工程施工质量验收应在施工单位自检的基础上,按照检验批、分项工程、分部(子分部)工程进行。钢结构分部(子分部)工程中分项工程划分应按照现行国家标准的规定执行。钢结构分项工程应由一个或若干检验批组成,各分项工程检验批应按本工艺标准的规定进行划分。

⑤ 分项工程检验批合格质量标准应符合下列规定。

a. 主控项目必须符合本工艺标准中的合格质量标准的要求。

b. 一般项目其检验结果应有 80% 及以上的检查点(值)符合本工艺标准合格质量标准的要求,且最大值不应超过其允许偏差值的 1.2 倍。

c. 质量检查记录、质量证明文件等资料应完整。

⑥ 分项工程合格质量标准应符合下列规定。

a. 分项工程所含的各检验批均应符合规范合格质量标准。

b. 分项工程所含的各检验批质量验收记录应完整。

⑦ 钢结构工程施工质量应按下列要求进行验收。

a. 钢结构工程施工质量应符合相关标准和专业验收规范的规定。

b. 钢结构工程施工质量应符合工程勘察、设计文件的要求。

c. 参加工程施工质量验收的各方人员应具备规定的资格。

d. 工程质量的验收均应在施工单位自行检查评定的基础上进行。

e. 隐蔽工程在隐蔽前应由施工单位通知有关单位进行验收,并应形成验收文件。

f. 涉及结构安全的试件以及有关材料,应按规定进行见证取样检测。

g. 检验批的质量应按主控项目和一般项目验收。

h. 对涉及结构安全和使用功能的重要分部工程应进行抽样检测。

i. 承担见证取样检测及有关结构安全检测的单位应具有相应的资质。

j. 工程的观感质量应由验收人员通过现场检查,并应共同确认。

⑧ 检验批的质量检验,应根据检验项目的特点在下列抽样方案中进行选择。

a. 计量、计数或计量-计数等抽样方案。

b. 一次、二次或多次抽样方案。

c. 根据生产连续性和生产控制稳定性情况,尚可采用调整型抽样方案。

d. 对重要的检验项目,当可采用简易快速的检验方法时,可选用全数检验方案。

e. 经实践检验有效的抽样方案。

⑨ 在制定检验批的抽样方案时,对生产方风险(或错判概率 α)和使用方风险(或漏判概率 β)可按下列规定采取。

a. 主控项目。对应于合格质量水平的 α 和 β 均不宜超过 5%。

b. 一般项目。对应于合格质量水平的 α 不宜超过 5%,β 不宜超过 10%。

⑩ 当钢结构工程施工质量不符合规范要求时,应按下列规定进行处理。

a. 经返工重做或更换构(配)件的检验批,应重新进行验收。

b. 经有资质的检测单位检测鉴定能够达到设计要求的检验批应予以验收。

c. 经有资质的检测单位检测鉴定达不到设计要求,但经原设计单位核算认可能够满足结构安全和使用功能的检验批,可予以验收。

d. 经返修或加固处理的分项、分部工程,虽然改变外形尺寸但能满足安全使用要求,可按技术处理方案和协商文件进行验收。

e. 经返修或加固处理仍不能满足安全使用要求的分部工程,严禁验收。

微课
钢框架结构
验收一般
规定

3.4.2 一般规定

① 本规定适用于多层与高层钢结构的主体结构、地下钢结构、檩条及墙架等次要构件、钢平台、钢梯、防护栏杆等安装工程的质量验收。

② 多层与高层钢结构安装工程可按楼层或施工段等划分为一个或若干个检验批。地下钢结构可按不同地下层划分检验批。

③ 钢构件预拼装工程可按钢构件制作工程检验批的划分原则分为一个或若干个检验批。

④ 预拼装所用的支承凳或平台应测量找平,检查时应拆除全部临时固定和拉紧装置。

⑤ 进行预拼装的钢构件,其质量应符合设计要求和相应标准合格质量标准的规定。柱、梁、支撑等构件的长度尺寸应包括焊接收缩余量等变形值。

⑥ 安装柱时,每节柱定位轴线应从地面控制轴线直接引上,不得从下层柱的轴线引上。

⑦ 结构的楼层标高可按相对标高或设计标高进行控制。

⑧ 安装的测量校正、高强度螺栓安装、负温度下施工及焊接工艺等,应在安装前进行工艺试验或评定,并应在此基础上制定相应的施工工艺或方案。

⑨ 安装偏差的检测,应在结构形成空间刚度单元并连接固定后进行。

⑩ 安装时,必须控制屋面、楼面、平台等的施工荷载,施工荷载和冰雪荷载等严禁超过梁、桁架、楼面板、屋面板、平台铺板等的承载能力。

⑪ 在形成空间刚度单元后,应及时对柱底板和基础顶面的空隙进行细石混凝土、

灌浆料等二次灌浆。

⑫ 钢结构安装检验批应在进场验收和焊接连接、紧固件连接、制作等分项工程验收合格的基础上进行验收。

3.4.3 基础和支承面验收

基础验收及预埋锚栓验收应在钢结构施工前进行。基础和支承面验收分主控项目和一般项目。

1. 主控项目

① 建筑物的定位轴线、基础上柱的定位轴线和标高、地脚螺栓(锚栓)的规格和位置、地脚螺栓(锚栓)紧固应符合设计要求。当设计无要求时,应符合表 3-8 所示的规定。

② 多层建筑以基础顶面直接作为柱的支承面,或以基础顶面预埋钢板或支座作为柱的支承面时,支承面、地脚螺栓(锚栓)位置的允许偏差应符合表 3-8 所示的规定。

表 3-8 支承面、地脚螺栓(锚栓)位置的允许偏差

项目		允许偏差/mm
支承面	标高	±3.0
	水平度	$L/1\ 000$
地脚螺栓(锚栓)	螺栓中心偏移	5.0
预留孔中心偏移		10.0

③ 多层建筑采用坐浆垫板时,坐浆垫板的允许偏差应符合表 3-9 所示的规定。

表 3-9 坐浆垫板的允许偏差

项目	允许偏差/mm	项目	允许偏差/mm
顶面标高	0.0 −0.3	水平度位置 平面位置	1/1 000 20.0

以上三项检查数量:资料全部检查。按柱基数抽查 10%,且不应少于 3 个。检验方法:采用全站仪、经纬仪、水准仪和钢尺实测。

④ 当采用杯口基础时,杯口尺寸的允许偏差应符合表 3-10 所示的规定。

表 3-10 杯口尺寸的允许偏差

项目	允许偏差/mm
底面标高	0.0 −5.0
杯口深度(H)	±5.0
杯口垂直度	$H/1\ 000$,且不大于 10.0
位置	10.0

检查数量:按基础数抽查 10%,且不应少于 4 处。

检验方法:观察及尺量检查。

2. 一般项目

地脚螺栓(锚栓)尺寸的允许偏差应符合表 3-11 所示的规定。

表 3-11　地脚螺栓(锚栓)尺寸的允许偏差

项目	允许偏差/mm		
螺栓(锚栓)露出长度	$d \leqslant 30$	0	$+1.2d$
	$d > 30$	0	$+1.0d$
螺纹长度	$d \leqslant 30$	0	$+1.2d$
	$d > 30$	0	$+1.0d$

检查数量:按基础数抽查 10%,且不应少于 3 处。

检验方法:用钢尺现场实测。

3.4.4　预拼装

1. 主控项目

高强度螺栓和普通螺栓连接的多层板叠,应采用试孔器进行检查,并应符合下列规定。

① 当采用比孔公称直径小 1.0 mm 的试孔器检查时,每组孔的通过率不应小于 85%。

② 当采用比螺栓公称直径大 0.3 mm 的试孔器检查时,通过率应为 100%。

检查数量:按预拼装单元全数检查。

检验方法:采用试孔器检查。

2. 一般项目

钢构件预拼装的允许偏差应符合表 3-12 所示的规定。

表 3-12　钢构件预拼装的允许偏差

构件类型	项目		允许偏差/mm	检验方法
多节柱	预拼装单元总长		±5.0	用钢尺检查
	预拼装单元弯曲矢高		$L/1\,500$ 且 ≤10.0	用拉线和钢尺检查
	接口错边		2.0	用焊接量规检查
	预拼装单元柱身扭曲		$L/200$ 且 ≤5.0	用拉线、吊线和钢尺检查
	顶紧面至任一牛腿距离		±2.0	用焊接量规检查
梁、桁架	跨度最外两端安装孔或两端支承面最外侧距离		+5.0 −10.0	用拉线和钢尺检查
	接口截面错位		2.0	用焊接量规检查
	拱度	设计要求起拱	$±L/5\,000$	用拉线和钢尺检查
		设计未要求起拱	$L/2\,000$	
	节点处杆件轴线错位		4.0	划线后用钢尺检查

续表

构件类型	项目	允许偏差/mm	检验方法
管构件	预拼装单元总长	±5.0	用钢尺检查
	预拼装单元弯曲矢高	$L/1\,500$ 且 ≤ 10.0	用拉线和钢尺检查
	对口错边	$t/10$ 且 ≤ 3.0	用焊接量规检查
	坡口间隙	+2.0 −1.0	
构件平面总体预拼装	各楼层柱距	±4.0	用钢尺检查
	相邻楼层梁与梁距离	±3.0	
	各层间框架两对角线之差	$H/2\,000$ 且 ≤ 5.0	
	任意两对角线之差	$\sum H/2\,000$ 且 ≤ 8.0	

　　检查数量:按预拼装单元全数检查。

　　检验方法:见表3-12。

3.4.5　安装和校正

　　标准柱是能控制框架平面轮廓的少数柱子,用它来控制框架结构安装的质量。一般选择平面转角柱为标准柱。例如,正方形框架取4根转角柱;长方形框架当长边与短边之比大于2时取6根柱;多边形框架取转角柱为标准柱。

　　进行框架校正时,采用激光经纬仪以基准点为依据对框架标准柱进行竖直度观测,对钢柱顶部进行竖直度校正,使其在允许范围内。任何一节框架负钢柱的校正,均以下节钢柱顶部的实际柱中心线为准,安装钢柱的底部对准下钢柱的中心线即可。控制柱节点时必须注意四周外形,尽量平整以利焊接。实测位移,并按有关规定做记录。

　　1. 主控项目

　　① 钢构件应符合设计要求、规范和本工艺标准的规定。运输、堆放和吊装等造成的构件变形及涂层脱落,应进行矫正和修补。

　　检查数量:按构件数抽查10%,且不应少于3个。

　　检验方法:用拉线、钢尺现场实测或观测。

　　② 柱子安装的允许偏差应符合表3-13所示的规定。

表3-13　多层与高层钢结构安装的允许偏差

项目	允许偏差/mm	图例
建筑物定位轴线	$L/20\,000$,且不应大于3.0	

续表

项目	允许偏差/mm	图例
柱的定位轴线	1.0	
地脚螺栓位移	2.0	
底层柱柱底轴线 对定位轴线偏移	3.0	
上柱和下柱扭转	3.0	
柱底标高	±2.0	基准点
单节柱的垂直度	$h/1\,000$，且不应大于 10.0	
同一层柱的顶标高	±5.0	
同一根梁两端的水平度	$L/1\,000+3$， 且不应大于 10.0	
压型钢板在钢梁上的 相邻列错位	不应大于 15.0	

续表

项目		允许偏差/mm	图例
主体结构的整体平面弯曲		$L/1\ 500$,且不应大于 25.0	
主体结构的整体垂直度		$H/2\ 500+10.0$, 且不应大于 50.0	
主梁与次梁表面高度		±2.0	
建筑物总高度	按相对标高安装	$\pm \sum\limits_{1}^{n} (\Delta_{\mathrm{h}} + \Delta_{\mathrm{z}} + \Delta_{\mathrm{w}})$	
	按设计标高安装	$\pm H/1\ 000$ ±30.0	

注:表中 L 为建筑物纵向或横向首尾定位轴线间的距离;h 为单节柱高;Δ_{h} 为柱的制造长度允许误差;Δ_{z} 为柱经荷载压缩后的缩短值;Δ_{w} 为柱子接头焊缝的收缩值。

检查数量:标准柱全部检查;非标准柱抽查 10%,且不应少于 3 件。

检验方法:采用全站仪或激光经纬仪和钢尺实测。

③ 钢主梁、次梁及受压杆件的垂直度和侧向弯曲矢高的允许偏差应符合表 3-13 所示的规定。

检查数量:按同类构件数抽查 10%,且不应少于 3 个。

检验方法:用吊线、拉线、经纬仪和钢尺现场实测。

④ 设计要求顶紧的节点,接触面不应少于 70% 紧贴,且边缘最大间隙不应大于 0.8 mm。

检查数量:按节点数抽查 10%,且不应少于 3 个。

检验方法:用钢尺及 0.3 mm 和 0.8 mm 的塞尺现场实测。

⑤ 多层与高层钢结构主体结构的整体垂直度和整体平面弯曲的允许偏差应符合表 3-13 所示的规定。

检查数量:对主要立面全部检查。对每个所检查的立面,除两列角柱外,还应至少选取一列中间柱。

检验方法:对于整体垂直度,可采用激光经纬仪、全站仪测量,也可根据各节柱的垂直度允许偏差累计(代数和)计算。对于整体平面弯曲,可按产生的允许偏差累计(代数和)计算。

2. 一般项目

① 钢结构表面应干净,结构主要表面不应有疤痕、泥沙等污垢。

检查数量:按同类构件数抽查10%,且不应少于3件。

检验方法:观察检查。

② 钢柱等主要构件的中心线及标高基准点等标记应齐全。

检查数量:按同类构件数抽查10%,且不应少于3件。

检验方法:观察检查。

③ 钢构件安装的允许偏差应符合表3-13所示的规定。

检查数量:按同类构件或节点数抽查10%。其中柱和梁各不应少于3件,主梁与次梁连接节点不应少于3个,支承压型金属板的钢梁长度不应少于5 m。

检验方法:采用全站仪、水准仪、钢尺实测。

④ 主体结构总高度的允许偏差应符合表3-13所示的规定。

检查数量:按标准柱列数抽查10%,且不应少于4列。

检验方法:采用全站仪、水准仪、钢尺实测。

检查数量:按标准柱列数抽查10%,且不应少于4列。

检验方法:采用全站仪、水准仪、钢尺实测。

⑤ 当钢构件安装在混凝土柱上时,其支座中心对定位轴线的偏差不应大于10 mm;当采用大型混凝土屋面板时,钢梁(或桁架)间距的偏差不应大于10 mm。

检查数量:按同类构件数抽查10%,且不应少于3榀。

检验方法:用拉线和钢尺现场实测。

⑥ 多层与高层钢结构中钢平台、钢梯、栏杆安装应符合现行国家标准《固定式钢梯及平台安全要求 第1部分:钢直梯》(GB 4053.1—2009)、《固定式钢梯及平台安全要求 第2部分:钢斜梯》(GB 4053.2—2009)、《固定式钢梯及平台安全要求 第3部分:工业防护栏杆及钢平台》(GB 4053.3—2009)的规定。钢平台、钢梯和防护栏杆安装的允许偏差应符合表3-14所示的规定。

表3-14 钢平台、钢梯和防护栏杆安装的允许偏差

项目	允许偏差/mm	检验方法
平台高度	±15.0	用水准仪检查
平台梁水平度	$L/1\,000$,且不应大于20.0	用水准仪检查
平台支柱垂直度	$H/1\,000$,且不应大于15.0	用经纬仪或吊线和钢尺检查
承重平台梁侧向弯曲	$L/1\,000$,且不应大于10.0	用拉线和钢尺检查
承重平台梁垂直度	$H/250$,且不应大于15.0	用吊线和钢尺检查
直梯垂直度	$L/1\,000$,且不应大于15.0	用吊线和钢尺检查
栏杆高度	±15.0	用钢尺检查
栏杆立柱间距	±15.0	用钢尺检查

注:L为平台梁、直梯的长度;H为平台梁的高度、平台立柱的高度。

检查数量:按钢平台总数抽查10%,栏杆、钢梯按总长度各抽查10%,但钢平台不

应少于 1 个,栏杆不应少于 5m,钢梯不应少于 1 跑。

检验方法:用经纬仪、水准仪、吊线和钢尺现场实测。

⑦ 多层与高层钢结构中现场焊缝组对间隙的允许偏差应符合表 3-15 所示的规定。

表 3-15 现场焊缝组对间隙的允许偏差

项目	允许偏差/mm	检验方法
无垫板间隙	+3.0 0.0	尺量检查
有垫板间隙	+3.0 -2.0	尺量检查

检查数量:按同类节点数抽查 10%,且不应少于 3 个。

检验方法:用钢尺现场实测。

3.4.6 竣工资料的整理

钢结构工程由分包单位施工时,分包单位对所承包的分部(子分部)工程、分项工程应按上述程序和组织进行相应的验收,总包单位和分包单位同时以施工单位身份,派出相应人员参加验收检验。根据"总承包单位对建设单位负责,分包单位对总承包单位负责;总承包单位和分包单位就分包工程对建设单位承担连带负责"的法律规定,在分包工程进行验收检验时,总包单位相应人员参加是必要的,总包参加人员应对验收内容负责;分包单位对施工质量和验收内容负责,同时在检验合格后,有责任将工程的有关资料交总包单位,待建设单位组织验收时,分包单位负责人应参加验收,体现分包单位除对总包单位负责外,也应对建设单位负责的精神,尽管双方无合同关系。

竣工资料包括设计变更通知,设计交底记录,现场签证,竣工图,钢材材质证明,钢构件加工制作质量验收单,钢索用料材质证明,钢索、索头质保单及索体加工制作质量验收单,吊装、焊接、测量、探伤、抗滑移系数试验,高强度螺栓质保,栓钉质保单,建设单位要求提供的其他资料。

竣工验收按现行国家标准《钢结构工程施工质量验收标准》(GB 50205—2020)的规定组织验收。

1. 钢结构分部工程竣工验收材料

钢结构分部工程竣工验收时应提供下列文件和记录:钢结构工程竣工图纸及相关设计文件;施工现场质量管理检查记录;有关安全及功能的检验和见证检测项目检查记录;有关观感质量检验项目检查记录;分部工程所含各分项工程质量验收记录;分项工程所含各检验批质量验收记录;强制性条文检验项目检查记录及证明文件;隐蔽工程检验项目检查验收记录;原材料成品质量合格证明文件,中文标志及性能检测报告;不合格项的处理记录及验收记录;重大质量技术问题实施方案及验收记录;其他有关文件和记录。

2. 钢结构工程质量验收记录要求

钢结构工程质量验收记录应符合下列规定。

① 施工现场质量管理检查记录可按表 3-16 所示填写。总监理工程师（建设单位项目负责人）进行检查,并做出检查结论。

表 3-16　施工现场质量管理检查记录

开工日期:

工程名称			施工许可证（开工证）	
建设单位			项目负责人	
设计单位			项目负责人	
监理单位			总监理工程师	
施工单位		项目经理	项目技术负责人	
序号	项目		内容	
1	现场质量管理制度			
2	质量责任制			
3	主要专业工种操作上岗证书			
4	分包主资质与对分包单位的管理制度			
5	施工图审查情况			
6	地质勘察资料			
7	施工组织设计、施工方案及审批			
8	施工技术标准			
9	工程质量检验制度			
10	搅拌站及计量设置			
11	现场材料、设备存放与管理			
12				

检查结论:

总监理工程师:
（建设单位项目负责人）

年　月　日

② 分项工程检验批验收记录可按《钢结构工程施工质量验收标准》(GB 50205—2020)附录 H 中附表 H.0.1～附表 H.0.15 所示填写。

③ 分项工程可由监理工程师(建设单位项目专业技术负责人)组织项目专业技术负责人等进行验收,并按表 3-17 记录。

表 3-17 _____ 分项工程质量验收记录

工程名称		结构类型		检验批数	
施工单位		项目经理		项目技术负责人	
分包单位		分包单位负责人		分包项目经理	
序号	检验批部位、区段	施工单位检查评定结果		监理(建设)单位验收结论	
1					
2					
3					
4					
5					
6					
7					
8					
9					
10					
11					
12					
13					
14					
15					
16					
17					
检查结论 项目专业技术负责人:			验收结论 监理工程师: (建设单位项目专业技术负责人) 年　月　日		

④ 分部(子分部)工程质量应由总监理工程师(建设单位项目专业负责人)组织施工项目经理和有关勘察、设计单位项目负责人进行验收,并按表 3-18 记录。

表 3-18 ＿＿＿＿＿＿分部(子分部)工程验收记录

工程名称		结构类型		层数	
施工单位		技术部门负责人		质量部门负责人	
分包单位		分包单位负责人		分包技术负责人	
序号	分项工程名称	检验批数	施工单位检查评定	验收意见	
1					
2					
3					
4					
5					
6					
质量控制资料					
安全和功能检验(检测)报告					
观感质量验收					
验收单位	分包单位	项目经理: 　　年　月　日			
	施工单位	项目经理: 　　年　月　日			
	勘察单位	项目负责人: 　　年　月　日			
	设计单位	项目负责人: 　　年　月　日			
	监理(建设)单位	总监理工程师: (建设单位项目专业负责人) 　　年　月　日			

⑤ 单位(子单位)工程质量竣工验收记录填写要求详见《建筑工程施工质量验收统一标准》附录 G。

模块小结

本模块主要按照钢框架结构图纸识读→钢框架结构加工制作→钢框架结构拼装

与施工安装→钢框架结构验收的工作过程对钢框架结构特点与构造、加工制作设备选择、加工制作工艺与流程、拼装与施工安装方法和验收内容等结合《建筑工程施工质量验收统一标准》(GB 50300—2013)及《钢结构工程施工质量验收规范》(GB 50205—2001)的规定进行了阐述和讲解。通过本模块的学习,学生最终形成编制钢框架结构加工制作方案、施工安装方案及付诸实施的职业能力。

[实训]

1. 钢框架结构图纸识读训练。

① 某无支撑钢框架结构设计图识读。

② 某有支撑钢框架结构设计图识读。

③ 某钢框架施工详图识读。

2. 钢结构焊接箱形截面柱的加工制作。

3. 钢框架吊装方案设计。

4. 焊接工艺评定。

[课后讨论]

① 钢框架结构抗侧移构件有哪些?

② 为什么要进行焊接工艺评定?

③ 钢框架结构墙体施工要注意哪些问题?

④ 钢框架结构如何解决保温隔热问题?

练习题

(1)钢框架结构与门式刚架结构的节点构造有什么不同?

(2)钢框架结构可分为哪几种主要类型?它们的适用范围是什么?

(3)试观察你所能遇到的钢框架结构的工程实例,注意它们的外形尺寸、构件的截面形式、使用的材料,以及建筑物的用途和功能要求。

(4)钢框架结构由哪些部分组成,各起什么作用?

(5)钢框架结构安装一般有哪几种方法,各有什么特点?钢框架柱、梁如何安装?

模块 4

管桁架结构工程施工

模块 4 主要介绍管桁架结构基本知识、管桁架结构组成与管桁架结构图纸识读；管桁架的加工设备、制作工艺、构件拼装；管桁架结构的安装方法；管桁架结构的验收要点等内容。本模块旨在培养学生管桁架结构施工图识读、管桁架结构加工制作与施工安装方面的技能，通过课程讲解使学生掌握管桁架结构的组成、构造、加工工艺、施工安装方法等知识；通过动画、录像、实操训练等强化学生从事管桁架结构加工制作与施工安装的技能。

4.1 管桁架结构的基本知识与图纸识读

管桁架结构是指由圆钢管或方钢管杆件在端部相互连接而组成的格子式结构，也称为钢管桁架结构、管桁架和管结构。管桁架结构体系分为平面桁架或空间桁架。与一般桁架相比，主要区别在于连接节点的方式不同。网架结构采用螺栓球或空心球节点，过去的屋架常采用板型节点，而管桁架结构在节点处采用与杆件直接焊接的相贯节点（或称管节点）。在相贯节点处，只有在同一轴线上的两个主管贯通，其余杆件（即支管）通过端部相贯线加工后，直接焊接在贯通杆件（即主管）的外表面上，非贯通杆件在节点部位可能有一定间隙（间隙型节点），也可能部分重叠（搭接型节点），如图 4-1 所示。相贯线切割是难度较高的制造工艺，因为交汇钢管的数量、角度、尺寸的不同使得相贯线形态各异，而且坡口处理困难。但随着多维数控切割技术的发展，这些难点已被克服，因而相贯节点管桁架结构在大跨度建筑中得到了前所未有的应用。

课件
管桁架结构
的基础知识

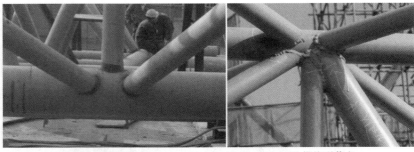

(a) 间隙型节点　　　　　　　　(b) 搭接型节点

图 4-1　管桁架杆件相贯节点形式

4.1.1　管桁架结构的类型、组成及应用

管桁架结构杆件一般为圆钢管，一些大型、重型管桁架可采用方钢管截面。钢管相贯节点处焊缝有对接焊缝或角焊缝等多种焊缝形式。管桁架弦杆和腹杆虽然为焊接，但一般来说，其计算模型仍为铰接节点。

1. 管桁架结构的类型

管桁架结构以桁架结构为基础，因此其结构形式与桁架的形式基本相同，外形与其用途有关。常见的分类方法有下面几种。

① 屋架根据外形分类，一般有三角形、梯形、平行弦及拱形桁架，如图 4-2 所示。桁架的腹杆形式常用的有芬克式［见图 4-2(a)］、人字式［见图 4-2(b)、(d)、(f)］、豪式(也叫作单向斜杆式)［见图 4-2(c)、(h)］、再分式［见图 4-2(e)］、交叉式［见图 4-2(g)］，其中前四种为单系腹杆，第五种为交叉腹杆(又称为复系腹杆)。

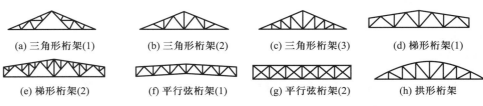

(a) 三角形桁架(1)　(b) 三角形桁架(2)　(c) 三角形桁架(3)　(d) 梯形桁架(1)

(e) 梯形桁架(2)　(f) 平行弦桁架(1)　(g) 平行弦桁架(2)　(h) 拱形桁架

图 4-2　桁架形式

② 按受力特性和杆件布置可分为平面管桁架结构和空间管桁架结构。平面管桁架结构有普腊特(Pratt)桁架、华伦(Warren)桁架、芬克(Fink)桁架和拱形桁架及其各种演变形式，如图 4-3 所示；空间管桁架结构通常为三角形截面，如图 4-3 所示。

平面管桁架结构的上弦、下弦和腹杆都在同一平面内，结构平面外刚度较差，一般需要通过侧向支撑保证结构的侧向稳定。目前管桁架结构多采用华伦桁架和普腊特桁架形式。华伦桁架一般最经济，与普腊特桁架相比，华伦桁架只有它一半数量的腹杆与节点，且腹杆下料长度统一，可大大节约材料与加工工时，此外华伦桁架较容易使用有间隙的接头，这种接头容易布置。同样，形状规则的华伦桁架具有更大的空间去满足放置机械、电气及其他设备的需要。

空间管桁架结构通常为三角形断面，分为正三角和倒三角两种，如图 4-4 所示。

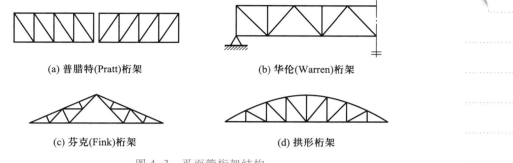

(a) 普腊特(Pratt)桁架　　　　(b) 华伦(Warren)桁架

(c) 芬克(Fink)桁架　　　　(d) 拱形桁架

图 4-3　平面管桁架结构

三角形空间管桁架结构稳定性较好,扭转刚度较大,类似于一榀空间刚架结构,可以减少侧向支撑构件,在不布置或不能布置面外支撑的情况下仍可提供较大跨度空间,更为经济且外表美观,得以广泛应用。

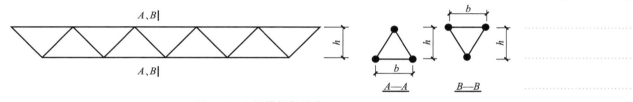

图 4-4　空间管桁架结构

桁架结构中,通常上弦是受压杆件,容易失去稳定性,下弦受拉不存在稳定问题。倒三角形截面上弦有两根杆件,是一种比较合理的截面形式,两根上弦杆通过斜腹杆与下弦杆连接后,再在节点处设置水平连杆,而且支座支点多在上弦处,从而构成了上弦侧向刚度较大的屋盖;另外,两根上弦贴靠屋面,下弦只有一根杆件,给人以轻巧的感觉;这种倒三角形截面也会减少檩条的跨度。实际工程中大量采用的是倒三角截面形式的桁架。正三角形截面桁架的主要优点在于上弦是一根杆件,檩条和天窗架支柱与上弦的连接比较简单,多用于屋架。

③ 按连接构件的截面不同分为 C-C 型桁架、R-R 型桁架和 R-C 型桁架,如图 4-5所示。

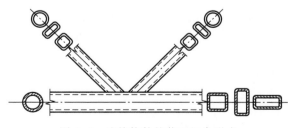

图 4-5　连接构件的截面组合形式

C-C 型桁架的主管和支管均为圆管相贯,相贯线为空间马鞍型曲线。圆钢管除具有空心管材普遍的优点外,还具有较高的惯性半径和有效的抗扭截面。圆管相交的节点相贯线为空间的马鞍型曲线,设计、加工、放样比较复杂,但由于钢管相贯自动切割机的发明使用,促进了管桁架结构的发展应用。

R-R型桁架的主管和支管均为方钢管或矩形管相贯。方钢管和矩形钢管用作抗压、抗扭构件有突出的优点,用其直接焊接组成的方管桁架具有节点形式简单、外形美观的优点,在国内外得以广泛应用。我国现行钢结构设计规范中加入了矩形管的设计公式,这将进一步推进管桁架结构的应用。

R-C型桁架为矩形截面主管与圆形截面支管直接相贯焊接。圆管与矩形管的杂交型管节点构成的桁架形式新颖,能充分利用圆形截面管做轴心受力构件,矩形截面管做压弯和拉弯构件。矩形管与圆管相交的节点相贯线均为椭圆曲线,比圆管相贯的空间曲线易于设计与加工。

④ 按桁架的外形分为直线型与曲线型两种,如图4-6和图4-7所示。随着社会对建筑美学要求的不断提高,为了满足空间造型的多样性,管桁架结构多做成各种曲线形状,丰富结构的立体效果。当设计曲线型管桁架结构时,为了降低加工成本,杆件仍然加工成直杆,由折线近似代替曲线。如果要求较高,可以采用弯管机将钢管弯成曲管,这样可以获得更好的建筑效果。

图4-6　直线型管桁架结构

图4-7　曲线型管桁架结构

2. 管桁架结构的组成

(1) 结构组成

单榀管桁架由上弦杆、下弦杆和腹杆组成。管桁架结构一般由主桁架、次桁架、系杆和支座共同组成,如图4-8和图4-9所示。

微课
管桁架结构
的组成

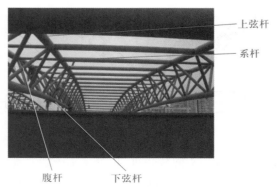
上弦杆
系杆
腹杆　下弦杆
图4-8　单榀管桁架结构的组成

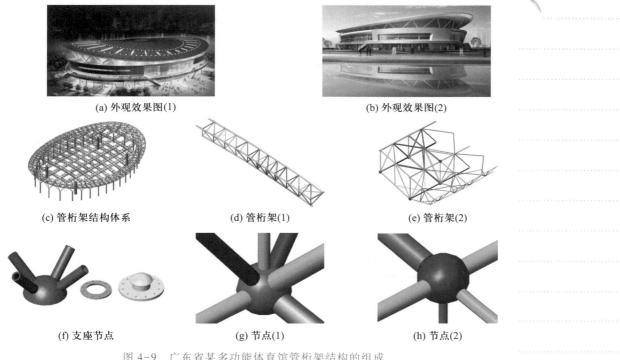

(a) 外观效果图(1)　　　　　　　　　　　(b) 外观效果图(2)

(c) 管桁架结构体系　　　　(d) 管桁架(1)　　　　(e) 管桁架(2)

(f) 支座节点　　　　　(g) 节点(1)　　　　(h) 节点(2)

图 4-9　广东省某多功能体育馆管桁架结构的组成

广东某多功能体育馆管桁架结构的屋盖平面为椭圆形,平面尺寸大约为 98 m×133 m,外挑 6.5 m,屋面实际最大跨度 85 m。屋盖由正交立体三角桁架组成,如图 4-9(d)、(e)所示,其中短向为弧形三角立体桁架,长向为直线三角立体桁架,桁架高度均为 3 m,长向和短向的立体桁架轴线间距约 9 m×11 m。整个屋盖结构为沿长短轴双轴对称的结构,支撑于外围箱形立体桁架上,箱形立体桁架支撑于由外围 32 个混凝土柱及屋盖内部 4 个框架柱上升起的伞形斜柱上。主桁架与边桁架及部分支撑节点采用了铸钢件,如图 4-9(f)、(g)、(h)所示。主桁架最大跨度 79.7 m,单榀最重为 23.38 t。整个桁架钢管种类有 15 种,钢管最大规格为 ϕ245 mm×20 mm,最小规格 ϕ 60 mm×4 mm。

（2）管桁架结构节点类型和破坏形式

管桁结构中相贯节点至关重要,因为节点的破坏往往导致与之相连的若干杆件的失效,从而破坏整个结构。直接焊接相贯节点是由几个主支管汇交而成的三维空间薄壁结构,应力分布十分复杂,如图 4-10 所示。当通过支管加载时,由于相贯线复杂,主管径向刚度与支管轴向刚度相差较大,因此应力沿主管的径向和环向都是不均匀的,在鞍点和冠点的应力较大,通常把节点中应力集中值较大的点称为热点。热点首先达到屈服,继续加载时,该点

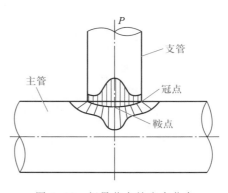

图 4-10　相贯节点处应力分布

形成塑性区,使应力重新分布。随着支管内力的增加,塑性区不断向四周扩散,直到节点出现显著的塑性变形或出现初裂缝以后,才会达到最后的破坏。

相贯节点的形式与其相连杆件的数量有关,当腹杆与弦杆在同一平面内时为单平面节点,当腹杆与弦杆不在同一平面内时为多平面节点,如图 4-11 和图 4-12 所示。

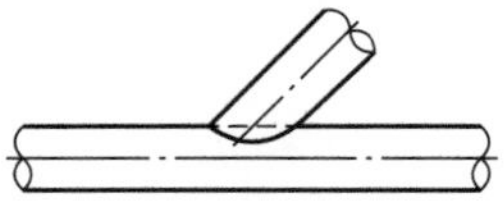

(a) Y形节点 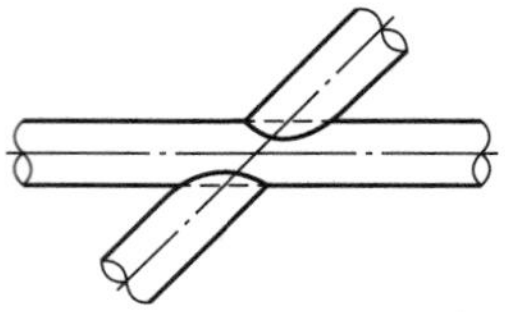　　　　　　　　(b) X形节点 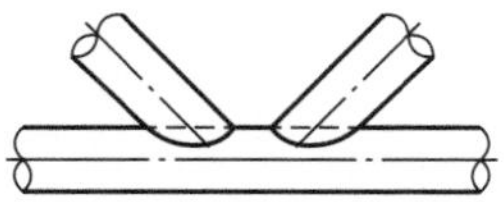　　　　　　　(c) K形(间隙型)节点

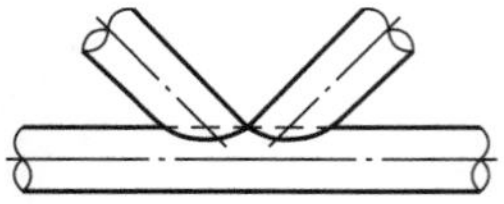

(d) K形(搭接型)节点 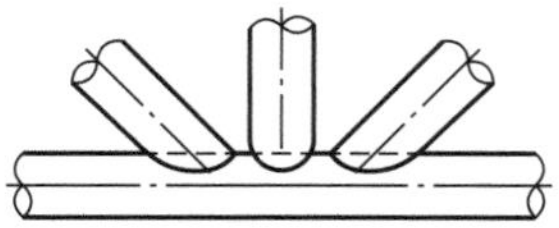　　　　　　　　(e) KT形节点

图 4-11　管桁架结构单平面节点

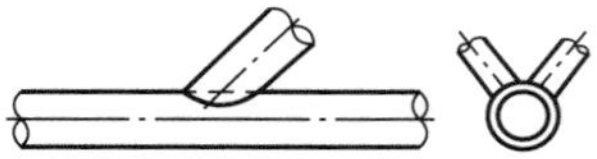

(a) DY形节点 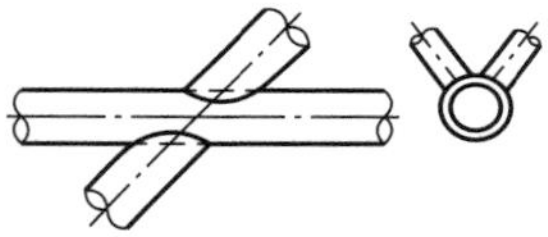　　　　　　　(b) DX形节点 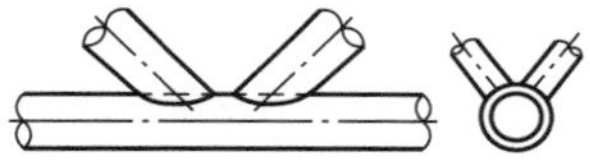　　　　　　(c) DK形(间隙型)节点

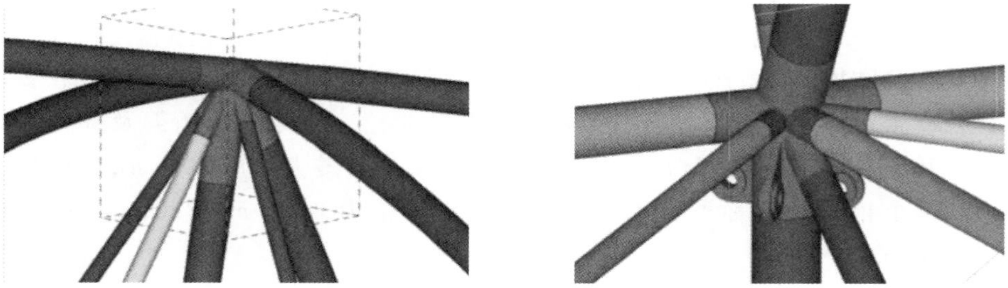

(d) 多杆件汇交复杂节点(1)

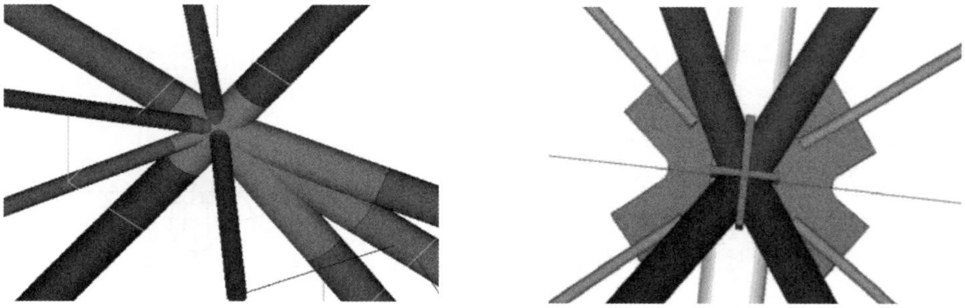

(e) 多杆件汇交复杂节点(2)

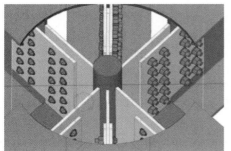
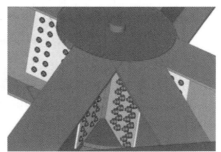

(f) 多根H型钢杆件汇交复杂节点

图 4-12　管桁架结构多平面节点

　　管桁架结构在工作过程中,杆件只承受轴向力的作用,支管将轴向力直接传给主管,主管可能出现多种破坏形式。在保证支管轴向力强度(不被拉断)、连接焊缝强度、主管局部稳定、主管壁不发生层状撕裂的前提下,节点的主要破坏模式有以下几种:主管局部压溃、主管壁拉断、主管壁出现裂缝导致冲剪破坏、K 形节点在支管间主管剪切破坏,如图 4-13 所示。节点出现显著的塑性变形或出现初裂缝以后,才会达到最后的破坏。一般认为有如下破坏准则。

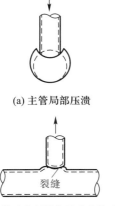

(a) 主管局部压溃

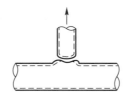

(b) 主管壁拉断

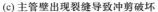

裂缝

(c) 主管壁出现裂缝导致冲剪破坏

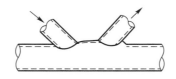

(d) K形节点支管间主管剪切破坏

图 4-13　管桁架结构节点破坏形式

① 极限荷载准则。使节点破坏、断裂。

② 极限变形准则。变形过大。

③ 初裂缝准则。出现肉眼可见的裂缝。

目前国际上公认的准则为极限变形准则，即认为使主管管壁产生过度的局部变形的承载力为其最大承载力，并以此来控制支管的最大轴向力。

（3）节点构造要求

为了保证相贯节点连接的可靠性，提出以下构造要求。

① 在节点处主管应连续，支管端部应加工成马鞍形直接焊接于主管外壁上，而不得将支管插入主管内。为了连接方便和保证焊接质量，主管外径 d 应大于支管外径 d_s；主管壁厚 t 不得小于支管壁厚 t_s。

② 主管与支管之间的夹角口以及两支管间的夹角不得小于 30°。否则，支管端部焊缝不易保证，并且支管的受力性能也欠佳。

③ 相贯节点各杆件的轴线应尽可能交于一点，避免偏心。

④ 支管端部应平滑并与主管接触良好，不得有过大的局部空隙。当支管壁厚大于 6 mm 时应切成坡口。

⑤ 支管与主管的连接焊缝，应沿全周连续焊接并平滑过渡。一般的支管壁厚不大，其与主管的连接宜采用全周角焊缝。当支管壁厚较大时（例如 $t_s \geq 6$ mm），则宜沿支管周边部分采用角焊缝、部分采用对接焊缝。具体来说，在支管外壁与主管外壁之间的夹角 $\alpha \geq 120°$ 的区域宜采用对接焊缝，其余区域可采用角焊缝。角焊缝的焊脚尺寸 h_f 不宜大于支管壁厚 t_s 的 2 倍。

⑥ 若支管与主管连接节点偏心 $-0.55 \leq e/h$（或 e/d）≤ 0.25，在计算节点和受拉主管承载力时，可忽略因偏心引起的弯矩的影响，但受压主管必须考虑此偏心弯矩 $M = \Delta Ne$，如图 4-14 所示。

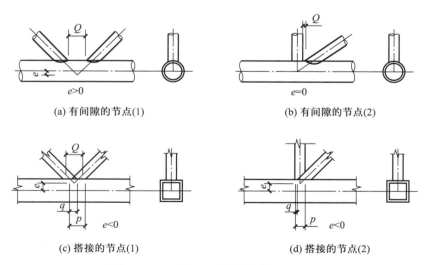

(a) 有间隙的节点(1)　　　　(b) 有间隙的节点(2)

(c) 搭接的节点(1)　　　　(d) 搭接的节点(2)

图 4-14　K 形与 N 形节点的偏心和间隙

⑦ 对有间隙的 K 形或 N 形节点，支管间隙 a 应不小于两支管壁厚之和。

⑧ 对搭接的 K 形或 N 形节点,当支管厚度不同时,薄壁管应搭在厚壁管上;当支管钢材强度等级不同时,低强度管应搭在高强度管上。搭接节点的搭接率 $Q_v = q/p \times 100\%$ 应满足 $25\% \leqslant Q_v \leqslant 100\%$,且应确保在搭接部分支管之间的连接焊缝能很好地传递内力。

(4) 节点加强措施

钢管构件在承受较大横向荷载的部位,工作情况较为不利,应采取适当的加强措施,防止产生过大的局部变形。钢管构件的主要受力部位应尽量避免开孔,必须要开孔时,应采取适当的补强措施,例如,在孔的周围加焊补强板等。

节点的加强要针对具体的破坏模式,主要有主管壁加厚、主管上加套管、加垫板、加节点板及主管加肋环或内隔板等多种方法,如图 4-15 所示。

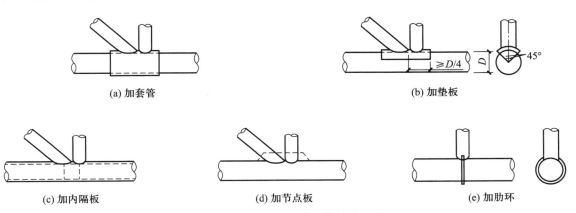

(a) 加套管　　　　　　　　　　　(b) 加垫板

(c) 加内隔板　　　　　(d) 加节点板　　　　　(e) 加肋环

图 4-15　管桁架结构节点的加强方式

(5) 杆件连接

钢管杆件的接长或连接接头宜采用对接焊缝连接。当两管径不同时,宜加截锥形过渡段,大直径或重要的拼接,宜在管内加短衬管;轴心受压构件或受力较小的压弯构件,可采用通过隔板传递内力的形式;对工地连接的拼接,可采用法兰盘的螺栓连接,如图 4-16 所示。

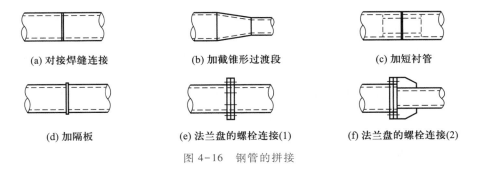

(a) 对接焊缝连接　　　(b) 加截锥形过渡段　　　(c) 加短衬管

(d) 加隔板　　　(e) 法兰盘的螺栓连接(1)　　　(f) 法兰盘的螺栓连接(2)

图 4-16　钢管的拼接

管桁结构变径连接最常用的连接方法为法兰盘连接和变管径连接。对两个不同直径的钢管连接,当两直径之差小于 50 mm 时,可采用法兰盘的螺栓连接。板厚 t 一般大于 16 mm 及 t_1 的两倍,t_1 为小管壁厚,计算时按圆板受两个环形力的弯矩确定板

厚 t。为了防止焊接时法兰盘开裂,应保证 $a \geqslant 20$ mm,要特别注意受拉拼接时,法兰盘决不允许分层。当两管径之差大于 50 mm 时应采用变管径连接,如图 4-17 所示。

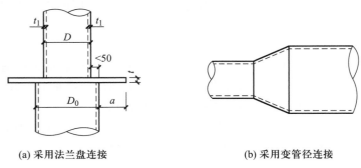

(a) 采用法兰盘连接　　　　　　　　　　(b) 采用变管径连接

图 4-17　钢管变管径连接

3. 管桁架结构的应用

(1) 管桁架结构的优点

① 节点形式简单。结构外形简洁、流畅、结构轻巧,可适用于多种结构造型。

② 刚度大,几何特性好。钢管的管壁一般较薄,截面回转半径较大,故抗压和抗扭性能好。

③ 施工简单,节省材料。管桁结构由于在节点处摒弃了传统的连接构件,而将各杆件直接焊接,因而具有施工简单、节省材料的优点。

④ 有利于防锈与清洁维护。钢管和大气接触表面积小,易于防护。在节点处各杆件直接焊接,没有难于清刷的油漆、积留湿气及大量灰尘在死角和凹槽,维护更为方便。管形构件在全长和端部封闭后,内部不易生锈。

⑤ 圆管截面的管桁架结构流体动力特性好。承受风力或水流等荷载作用时,荷载对圆管结构的作用效应比其他截面形式结构的效应要低得多。

(2) 管桁架结构的局限性

由于节点采用相贯焊接,对工艺和加工设备有一定的要求,管桁结构也存在一定的局限性,主要表现如下。

① 相贯节点弦杆方向尽量设计成同一钢管外径;对于不同内力的杆件,采用相同钢管外径和不同壁厚时,壁厚变化不宜太多,否则钢管间拼接量太大。因此,材料强度不能充分发挥,增加了用钢量。这是管桁架结构往往比网架结构用钢量大的原因之一。

② 相贯节点的加工与放样复杂,相贯线上坡口是变化的,而手工切割很难做到,因此对机械的要求很高,要求施工单位有数控的五维切割机床设备。

③ 管桁架结构均为焊接节点,需要控制焊接收缩量,对焊接质量要求较高,而且均为现场施焊,焊接工作量大。

(3) 管桁架结构的应用

管桁架结构同网架结构比,杆件较少,节点美观,不会出现较大的球节点,因而具有简洁、流畅的视觉效果。管桁架结构造型丰富,利用大跨度空间管桁架结构,可以建造出各种体态轻盈的大跨度结构,如会展中心、航站楼、体育场馆或其他一些大型公共建筑,应用非常广泛。例如,2000年建成的南京国际展览中心屋盖结构,2003年建成的陕西咸阳机场航站楼屋盖结构,2003年建成的广州新白云国际机场航站楼屋盖结构,2005年建成的南京奥林匹克中心游泳馆屋盖结构等。

4.1.2 管桁架结构的材料

1. 管桁架结构主要用材种类

（1）管材

钢管有无缝钢管和焊接钢管两种。型号可用代号"D"或"ϕ"后加"外径 $d \times$ 壁厚 t"表示,如 $D180 \times 8$ 等。国产热轧无缝钢管的最大外径可达 630 mm,供货长度为 3~12 m。焊接钢管采用高频焊接,焊缝形式分为直缝焊管和螺旋焊管。

较小口径的焊管大都采用直缝焊,大口径焊管则大多采用螺旋焊。

钢管质量要求:

① 材质必须符合《优质碳素结构钢》（GB/T 699—2015）、《碳素结构钢》（GB/T 700—2006）、《低合金高强度结构钢》（GB/T 1591—2018）和《结构用不锈钢无缝钢管》（GB/T 14975—2012）的规定。

② 型材规格尺寸及其允许偏差:矩形管必须符合《结构用冷弯空心型钢》（GB/T 6728—2017）标准规定,无缝钢管必须符合《结构用无缝钢管》（GB/T 8162—2018）标准规定,焊管必须符合《直缝电焊钢管》（GB/T 13793—2016）标准规定,不锈钢无缝钢管必须符合《结构用不锈钢无缝钢管》（GB/T 14975—2012）标准规定。

（2）板材

① 材质必须符合《碳素结构钢》（GB/T 700—2006）和《低合金高强度结构钢》（GB/T 1591—2018）标准的规定。

② 规格尺寸和允许偏差必须符合《碳素结构钢和低合金结构钢热轧钢板和钢带》（GB/T 3274—2017）和《热轧钢板和钢带的尺寸、外形、重量及允许偏差》（GB/T 709—2019）标准规定。

（3）焊材

① 焊条分别应符合《非合金钢及细晶粒钢焊条》（GB/T 5117—2012）、《热强钢焊条》（GB/T 5118—2012）和《不锈钢焊条》（GB/T 983—2012）标准规定。

② 焊丝分别应符合《熔化焊用钢丝》（GB/T 14957—1994）、《气体保护电弧焊用碳钢、低合金钢焊丝》（GB/T 8110—2008）、《非合金钢及细晶粒钢药芯焊丝》（GB/T 10045—2018）、《热强钢药芯焊丝》（GB/T 17493—2018）标准规定。

③ 焊剂分别应符合《埋弧焊用非合金钢及细晶粒钢实心焊丝、药芯焊丝和焊丝-焊剂组合分类要求》（GB/T 5293—2018）、《埋弧焊用热强钢实心焊丝、药芯焊丝和焊丝-焊剂组合分类要求》（GB/T 12470—2018）标准规定。

（4）铸钢

① 管桁架所使用铸钢节点铸件材料采用 ZG 25Ⅱ、ZG 35Ⅱ、ZG 22Mn 等,优先采用 ZG 35Ⅱ、ZG 22Mn 铸钢,其化学成分、力学性能分别应符合《一般工程用铸造碳钢件》（GB/T 11352—2009）、《焊接结构用铸钢件》（GB/T 7659—2010）和《一般工程与结构用低合金钢铸件》（GB/T 14408—2014）标准规定。

微课

管桁架结构
的材料选取

管桁架所使用的钢支座通常也采用 35、45 结构钢锻件,其化学成分、力学性能符合《优质碳素结构钢》(GB/T 699—2015)的要求。辊轴锻件用钢锭锻造时,锻造比不少于 2.5,锻造过程中应控制锻造最终温度,锻件应进行正火处理后回火处理。锻件不得有超过其单面机加工的余量的 50%的夹层、折叠、裂纹、结疤、夹渣等缺陷,不得有白点,且不允许焊补。

② 尺寸公差和未注尺寸公差:管桁架所使用的铸钢构件的尺寸公差应满足设计文件的规定。当设计无规定时,未注尺寸公差按《铸件 尺寸公差、几何公差与机械加工余量》(GB/T 6414—2017)T13 级,壁厚公差按《铸件 尺寸公差、几何公差与机械加工余量》(GB/T 6414—2017)CT14 级,错型值为 1.5 mm;未注重量公差按《铸件重量公差》(GB/T 11351—2017)MT13 级。

2. 国内外钢材的互换问题

随着经济全球化时代的到来,不少国外钢材进入了我国的建筑领域。由于各国的钢材标准不同,在使用国外钢材时,必须全面了解不同牌号钢材的质量保证项目,包括化学成分和力学性能,检查厂家提供的质保书,并应进行抽样复验,其复验结果应符合现行国家产品标准和设计要求,方可与我国相应的钢材进行代换。表 4-1 给出了以强度指标为依据的各国钢材牌号与我国钢材牌号的近似对应关系,供代换时参考。

表 4-1 国内外钢材牌号对应关系

国别	中国	美国	日本	欧盟	英国	俄罗斯	澳大利亚
钢材牌号	Q235	A36	SS400 SM400 SN400	Fe360	40	C235	250 C250
	Q345	A242,A441 A572-50,A588	SM490 SN490	Fe510 FeE355	50B,50C,50D	C345	350 C350
	Q390				50F	C390	400 Hd400
	Q420	A572-60	SA440B SA440C			C440	

3. 钢材的验收

钢材的验收是保证钢结构工程质量的重要环节,应该按照规定执行。钢材验收应达到以下要求:钢材的品种和数量应与订货单一致;钢材的质量保证书应与钢材上打印的记号相符;测量钢材尺寸,尤其是钢板厚度的偏差应符合标准规定;钢材表面不允许有结疤、裂纹、折叠和分层等缺陷,钢材表面的锈蚀深度不得超过其厚度负偏差值的一半。

4. 钢管材料试验

钢管材料检验应送交有相应检测资质的第三方检测机构进行。

(1)检验批划分

直缝电焊钢管(执行标准:GB/T 13793—2016)每批由同一尺寸、同一牌号、同一材料状态、同一热处理制度(指热处理交货的)的钢管组成。每批钢管的根数不大于如下规定：外径≤30 mm,1 000 根；30 mm<外径≤70 mm,400 根；70 mm<外径≤219.1 mm,200 根；外径>219.1 mm,100 根；每批直缝电焊钢管取样数量：4 根。

(2)检验项目

若受检单位能够提供法定单位出具的,能够证明该批质量的全项检测报告原件,则只需检验拉伸(抗拉强度、延伸率)、弯曲(外径≤50 mm 或外径≤219.1 mm 的钢管)、压扁(50 mm<外径<219.1 mm 的钢管)等必检项目；若不能提供或必检项目的检测指标与所提供的报告有较大差异的,应进行全项检测,全项包括化学成分、拉伸(抗拉强度、延伸率)、弯曲、压扁、液压试验、涡流探伤、扩口试验、尺寸和表面项目。

(3)钢管取样方法

钢材性能试验项目中主要是力学性能和工艺性能的检测。由于钢材轧制方向等方面原因,钢材各个部位的性能不尽相同,按标准规定截取一定的试样才能正确反映钢材的性能。钢管取样方法有以下规定。

对于外径小于 30 mm 的钢管,应取整个管段作试样；当外径大于 30 mm 时,应取纵向或横向剖切试样；对大口径钢管,其壁厚小于 8 mm 时,应取条状试样；当壁厚大于8 mm时,也可加工成圆形比例试样,如图 4-18 所示。

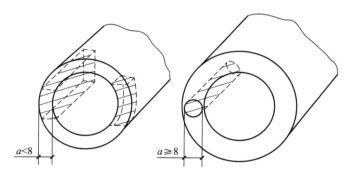

图 4-18　管材试样切取位置

(4)试样切取方法

各类钢材取样方法及要求见表 4-2,化学成分分析检验取样方法及要求见表 4-3,金属材料试样规格见表 4-4。

表 4-2　各类钢材取样方法及要求

序号	试验项目	取样要求	取样方法	取样数量	备注
1	碳素结构钢、低合金钢	同一牌号、同炉罐号、同等级、同品种、同交货状态,每 60 t 为一批,不足此数也按一批计	在外观及尺寸合格的钢产品上取样,取样的位置具有代表性	拉伸、弯曲各一支：长度 40 ~ 60 cm 冲击：3 件带 V 形缺口,尺寸 10 mm× 10 mm × 55 mm	制样时宜采用机械切削方法,避免用烧割、打磨去加工试样,质量等级为 B、C、D、E 的钢材需做冲击试验

续表

序号	试验项目	取样要求	取样方法	取样数量	备注
2	钢板焊接	同一批钢板、同一焊接工艺制作的钢板为一验收批	在外观合格试样中随机截取试样,截取样坯时,尽量采用机械切削的方法;用其他方法时需保证受试部分的金属不在切割影响区内	拉伸:2 支 面弯:2 支 背弯:2 支	有特殊要求时需做侧弯、冲击试验(取样方法、数量同左栏及左上栏)
3	结构用无缝钢管	同一钢号、炉号、规格、热处理制度的钢管为一批,每批数量不超过以下规定:外径小于或等于 76 mm、壁厚小于或等于 3 mm 的 400 根,外径大于 351 mm 的 50 根,其他尺寸 200 根	每根在两根钢管上各取一个拉伸试样,各取一个压扁试样	拉伸:40~50 cm 板条或棒条,2 件 压扁:4 cm 长钢管圈 2 个	表面质量不合格的钢管要先剔除,再组批取样
4	球墨铸铁管件	同一批	用锯床切割,火焰切割需刨掉热影响区	拉伸:40~50cm 板条,2 件(一件备用)	

表 4-3　化学成分分析检验取样方法及要求

序号	试验项目	取样要求	取样方法	取样数量	备注
1	无缝钢管	同一钢号、炉号、规格、热处理制度的钢管一批,每批数量不超过以下规定:外径 ≤ 76 mm,壁厚 ≤ 3 mm 的 400 根 外径>351 mm 的 50 根 其他尺寸 200 根	在每批试样中随机抽取两根	从每根试样各截取 5 cm 的 1 段	
2	碳素钢低合金钢	同一牌号、同一炉罐号、同等级、同一品种、同一尺寸、同一交货状态组成。每 60 t 为一批,不足此数也按一批计	在每批试样中随机抽取 2 根	从每根试样上各截取 15 cm 的 1 段	

续表

序号	试验项目	取样要求	取样方法	取样数量	备注
3	不锈钢	每批由一牌号、同一炉罐号、同一加工方法、同一尺寸和同一交货状态（同一热处理炉次）的多材组成	在需要分析的试样的不同的部位用钻床钻取成碎屑。试样不少于 5 g	试样不少于 5 g	

表 4-4 金属材料试样规格   mm

拉伸试样（GB/T 228.1—2010）			压扁试样（GB/T 246—2017）
1	金属管材（壁厚>0.5 mm）外径 30～50 >50～70 >70 ≤100 >100～200 >200	纵向弧形试样 10×原壁厚×400 15×原壁厚×400 20×原壁厚×400 19×原壁厚×400 25×原壁厚×400 38×原壁厚×400	试样长度大致等于金属管外径，外径小于 20 mm 者应为 20 mm，其最大长度则不超过 100 mm
2	管外径<30 mm 的管材	管段试样两端夹持部分加塞头或压扁，加塞头或压扁的长度为 ≥50 mm，一段为 100 mm	
3	管壁厚度<3 mm 管壁厚度≥3 mm	加工的横向试样 10、12.5、15、20×原壁厚×400； 12.5、15、20、30、38、40×原壁厚×400	
4	管壁厚度	管壁厚度机加工的纵向圆形截面试样，5×400、8×400、10×400	

拉伸试样：板材试样主轴线与最终轧制方向垂直；型钢试样主轴线与最终轧制方向平行。

冲击试样：纵向冲击试样主轴线与最终轧制方向平行；横向冲击试样主轴线与最终轧制方向垂直。

（5）试验方法

① 钢材拉伸试验应符合国家标准《金属材料 拉伸试验 第 1 部分：室温试验方法》（GB/T 228.1—2010）的规定。

② 钢材冲击试验应符合国家标准《金属材料　夏比摆锤冲击试验方法》（GB/T 229—2007）的规定。

③ 钢材弯曲试验应符合国家标准《金属材料　弯曲试验方法》（GB 232—2010）的规定。

4.1.3　管桁架结构的图纸识读

钢管相贯节点处焊缝可能会有对接焊缝和角焊缝等多种焊缝形式。管桁架结构图纸识读除读懂管桁架结构整体布置情况、支座节点、相贯节点、锥管连接和材料类别等细节外，施工安装人员还应读懂结构整体受力及变形特点以确定安装方式和工序。

1. 管桁架结构焊缝形式

我国钢结构设计分设计图与施工详图两个阶段。钢结构构件的制作、加工必须以施工详图为依据，而详图则应根据设计图编制。

对管桁结构在焊接要求、制作精度、运输吊装、防锈措施等方面与一般的钢结构要求相同，可参考钢结构规范中的有关规定条款进行制作施工。而管桁结构在加工工艺上有其特殊性，主要体现在杆件直接在空间汇交而成的空间相贯节点处，因而管桁结构的构造与施工的关键点就在于节点的放样、焊缝及坡口的加工。

一般的支管壁厚不大，其与主管的连接宜采用全周角焊缝。当支管壁厚较大时（例如 $t_s \geqslant 6$ mm），则宜沿支管周边部分采用角焊缝、部分采用对接焊缝。具体来说，在支管外壁与主管外壁之间的夹角 $\geqslant 120°$ 的区域宜采用对接焊缝，其余区域可采用角焊缝。

支管端部焊缝位置可分为 A、B、C 三区，如图 4-19 所示。当各区均采用角焊缝时，其形式如图 4-20 所示；当 A、B 两区采用对接焊缝而 C 区采用角焊缝（因 C 区管壁交角小，采用对接焊缝不易施焊）时，其形式如图 4-21 所示。各种焊缝均宜切坡口，坡口形式随支管壁厚、管端焊缝位置而异。当支管壁厚小于 6 mm 时，可不设坡口。

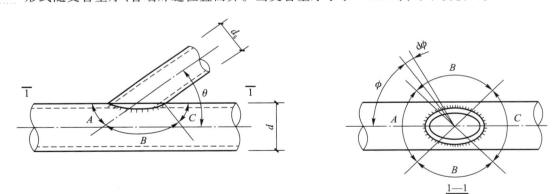

图 4-19　管端焊缝位置分区

当两圆管相交的相贯节点为空间马鞍形曲线时，由于两曲面相交，要保证焊接有45°角，坡口必须沿相贯线变化。传统的加工方法为：做一块相交线模板包在相接杆件的外表面并划线，然后垂直于管轴线切割；第二次切割是根据焊口需要加工坡口，技术性强、难度大且成本高。随着相贯面切割机床的普及，生产效率大大提高，加工质量容

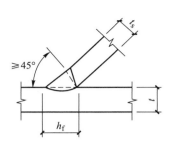
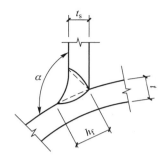
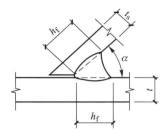

图 4-20　各区均为角焊缝的形式

易得到保证,因此相贯节点的施工单位应具备此种设备。此外,采用相贯节点的钢管在订货时要特别严把质量关,因为不圆的钢管即使是自动切割机床也不可能切出合格的坡口。

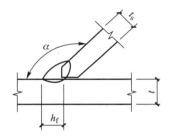
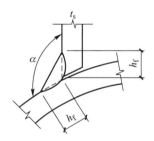
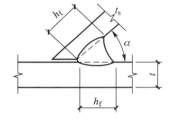

图 4-21　部分为对接焊缝、部分为角焊缝的形式

2. 管桁架结构施工图识读

管桁架结构施工图包括设计说明、支座平面布置图及详图、结构平面布置图、桁架详图和杆件详图。

4.2　管桁架结构的加工与制作

管桁架结构主要由单榀主次管桁架和系杆共同组成,其由加工厂加工的主要散件构件为弦杆、腹杆、连接板、铸钢支座和少量节点球等。

管桁架制作安装的特点:① 节点形式多,如图 4-22 所示;② 桁架跨度大,杆件不仅有单向弯曲,还有双向弯曲;③ 钢管连接,按相贯曲线切割、开坡口;④ 焊接位置包括平、立、横、仰全位置焊接,焊缝走向和焊条倾斜角度不断改变。根据《钢结构焊接规范》(GB 50661—2011)规定,桁架焊接难度属于 C(较难)级别。

管桁架制作安装的质量控制实行全方位动态管理,重点为:① 钢管杆件的精确弯曲加工、切割、开坡口;② 合理的焊接工艺;③ 加强质量检测,包括钢材力学性能和化学成分检测、桁架焊接质量检测、拼装变形检测、安装质量检测、恒载作用下桁架竖向变形检测。

管桁架结构中的杆件均在节点处采用焊接连接,而在焊接之前,需预先按将要焊

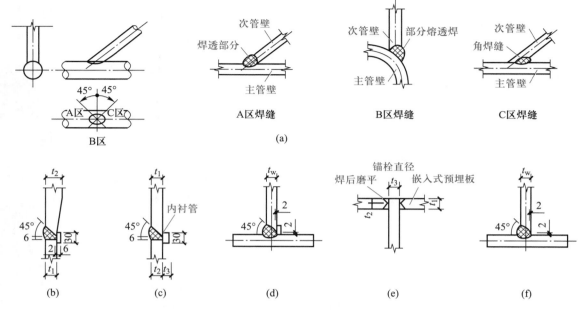

图 4-22   管桁架主要焊接节点

接的各杆件焊缝形状进行腹杆及弦杆的下料切割,这就需要对腹杆端头进行相贯线切割及弦杆的开槽切割。由于桁架结构中各杆件与杆件之间是以相贯线形式相交,杆件端头断面形状比较复杂,如图 4-23 所示,因此在实际切割加工中一般采用机械自动切割加工和人工手工切割加工两种方法进行加工。

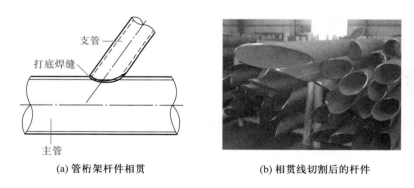

(a) 管桁架杆件相贯   (b) 相贯线切割后的杆件

图 4-23   管桁架杆件相贯

微课
钢管桁架加工制作之相贯线切割设备

4.2.1   管桁架结构的加工设备

管桁架结构加工的重点内容是钢管的相贯线切割,容易出现相贯线切割方向的错误。钢管的相贯线切割一般选用数控相贯线切割机进行,需将相贯线数据以设备指定格式输入切割机。

1. 相贯线切割设备类型

钢管相贯杆件的切割采用数控相贯线切割机,如图 4-24 所示。

(a) HID-600MTS型五维数控相贯线切割机

(b) PB660A、PB690 型相贯线切割机   (c) PB330 型相贯线切割机

(d) PB660型相贯线切割机   (e) 工人正在操作相贯线切割机

图 4-24　数控相贯线切割机

2. PB660A 型相贯线切割机技术参数

切割管子外径范围:60～600 mm;管壁厚度范围:空气等离子切割为 2.3～25 mm (17 mm 以上需预钻孔)、火焰切割为 5～50 mm;工件长度:600～12 000 mm;带刻度托辊:5 组;数控轴数:6 轴(工件回转、纵向移动、上下移动、前后移动、割炬摆角、割炬调整);工件回转角度:无限回转;工件回转速度:Max 8r/min;工件回转精度:0.2°;纵向移

动速度(最大):Max 10 000 mm/min;纵向移动定位精度:0.3 mm/1 000 mm;上下移动
距离:410 mm;上下移动速度:Max 1 500 mm/min;上下移动定位精度:0.2 mm;前后移
动距离:450 mm;前后移动速度:Max 1500 mm/min;前后移动定位精度:0.2 mm;割炬摆
动角度:±60°;割炬摆动速度:Max 18r/min;割炬摆动精度:0.2°;割炬调整距离:70 mm;
割炬调整精度:0.3 mm;工件卡紧方式:五爪自定心卡盘;切割方式:空气等离子及火焰
切割。

3. PB690 型相贯线切割机

PB690 型相贯线切割机为六轴数控相贯线切割机,主要进行钢管相贯线的自动等
离子切割,其参数见表 4-5。

表 4-5　PB690 型相贯线切割机技术参数

参数名称	项目		参数值
加工范围	加工管径		$\phi100\sim900$ mm
	加工钢管长度		$800\sim12\ 000$ mm
	钢管最大总量		6 000 kg
加工范围	钢管壁厚	空气等离子	$3\sim25$ mm
		火焰	$5\sim50$ mm
工件回转(γ 轴)	回转角度		无限回转
	回转速度		$0\sim8$ r/min
	伺服电机功率		3.2 kW
纵向移动(Y 轴)	行程		12 000 mm
	速度		$0\sim10\ 000$ mm/min
	伺服电机功率		0.85 kW
横向移动(X 轴)	行程		600 mm
	速度		$0\sim1\ 500$ mm/min
	伺服电机功率		0.4 kW
上下移动(Z_1轴)	行程		260 mm
	速度		$0\sim1\ 500$ mm/min
	伺服电机功率		0.4 kW
割炬调整(Z_2轴)	行程		260 mm
	速度		$0\sim1\ 500$ mm/min
	伺服电机功率		0.1 kW
工件回转(θ 轴)	摆动角度		±60°
	回转速度		$0\sim16$ r/min
	伺服电机功率		0.1 kW

续表

参数名称	项目	参数值
电气系统	控制方式	LC
	数控轴数	6
供气压力	气源	0.4~0.6 MPa
等离子切割机 OTC D-12 000(选配)		1 套
火焰系统(选配)		1 套
触摸屏		1 套
支撑托辊		5 组
机床外形尺寸(长×宽×高)		14.5 mm×2.4 mm×2.7 mm
机床重量		约 8 t

PB690 型相贯线切割机使用五爪自定心卡盘,最大的夹持钢管外径可达φ900 mm,质量为 6 000 kg,在此范围内可完成各种规格钢管的相贯线切割要求,并且可根据用户需求定制相关操作界面,可加工的钢管长度为 800~12 000 mm。

PB690 型相贯线切割机具有六个数控轴(纵向移动、前后移动、上下移动、工件回转、割炬摆动、割炬调整)。机床具有上位以及侧位检测功能、可检测到切割位置处钢管的畸形(如钢管的外形圆度误差)以及位置的偏差,系统根据所测量的数值,自动修正补偿割炬的位置。

PB690 型相贯线切割机具有单独的割炬提升轴,用于在切割过程中对割炬的位置进行调整,保持割炬与工件的相对位置,提高切割质量。机床有卡盘自动夹紧装置,可实现对卡盘的机动夹紧,可有效地减轻工人的劳动强度。机床可配置等离子或火焰切割,并具有三种坡口方式(定角、定点、变角),可满足工件的切割要求。机床具有五组托辊可对工件进行支承,托辊采用丝杠升降机,调整方便、可靠。机床采用触摸屏的图形化参数输入,具有方便简捷的特点。

PB690 型相贯线切割机配置的滚珠丝杠副、直线导轨副、减速机、气动元器件以及 PLC、伺服电机、触摸屏等电气件,多为进口件,因而整机的可靠性高、故障少、开机率高。

4. PB660 型相贯线切割机特性

对钢管进行相贯线切割具有 6 个联动数控轴、上面及侧面检测功能、自动修正功能、99 种记忆功能,加工钢管直径 φ60~609.5 mm,最大钢管重量 2 500 kg,加工钢管长度 6~12 m。

5. 其他设备

其他相贯线切割机、弯圆设备及其参数见表 4-6,相贯线切割以外其他管桁架加工设备如图 4-25 所示。

表 4-6 其他相贯线切割机、弯圆设备及其参数

设备图片	设备名称	参数
	相贯线切割机	型号:HID-600EH 功能:进行圆管端头相贯线切割及管上切割各种形状的孔 技术指标: 加工管径:50~600 mm 加工管壁厚:3~50 mm 切割管长:12 000 mm 5 轴联动 定位精度:0.2~0.3 mm
	相贯线切割机	型号:HID-900MTS 功能:进行圆管端头相贯线切割及圆管上切割各种形状的孔 技术指标: 加工管径:65~1 000 mm,最大1 200 mm 加工管壁厚:3~50 mm 切割管长:12 000 mm 6 轴联动 定位精度:0.2~0.3 mm
	机械钢管弯圆机参数	弯管规格:ϕ81~426 mm 壁厚:$t \leqslant 40$ mm 变曲半径:3 500 mm 转速:无级调速 弯曲半径调节方式:液压可调式

(a) 数控钻孔机　　　　　　　(b) 普通电动钻孔机

(c) DXT-20型气体保护焊机　　　(d) 弧形构件弯曲机

图 4-25　其他管桁架加工设备

4.2.2　管桁架结构加工前的准备工作

管桁架结构加工前的准备工作包括图纸审查、材料准备、技术准备、工艺准备、场地准备等多项内容,要有具体工程的针对性。各项内容要点在前面已做阐述,此处不再赘述。

1. 管桁架结构制作规划

若要在规定工期内保质保量地完成管桁架结构体的加工,必须制定管桁架结构制作规划。制作规划时需考虑的内容包括:① 如何有效地对制作工艺分段、细分和归类各种构件的加工部门;② 制订各种制作计划和技术文件,包括质量管理、进度计划等;③ 优化运输方案;④ 降低现场构件或部件拼接难度,减少现场工作量的措施等。拟定制作规划是一项非常重要的前期准备和计划工作,也是钢结构制作中首先要解决的技术重点之一。

钢结构制作规划具体包括以下内容。

① 密切结合现场土建、钢结构安装计划和实际动态,制定切实可行的图纸深化、原材料采购、加工制作、拼装和发货运输等计划。

② 图纸深化、构件清单编排、制作、发货等严格按各个分区、每榀桁架、每种规格制作,确保现场安装构件的及时供应。

③ 依靠工厂专业化、构件细分的优势,对钢管构件,安排多班组进行加工,确保制作工期要求。

④ 针对运输条件,主桁架、次桁架、环桁架、铸钢件支座安排在工厂制作,散件运输到现场安装。

2. 技术准备

① 参与工程的技术人员应充分熟悉图纸,举行图纸会审,对发现的问题及时反馈给项目经理部,汇总后交设计单位处理。

② 编制材料预算,按图纸材料表计算实际数量。材料余量由生产部门按规定计算。待工程合同正式生效后,由公司采购部门根据施工详图计算出的料单及时采购有关规格的钢材及其他辅材。

③ 技术人员、作业人员都必须备齐工程设计蓝图为现场组织加工做好准备。

4.2.3　管件加工

管件加工包括加工内容、工艺及标准,直钢管切割、管件相贯线切割及钢管弯圆。

1. 直钢管切割

（1）杆件切割长度的确定

通过试验事先确定各种规格的杆件预留的焊接收缩量,在计算杆件钢管的断料长度时计入预留的焊接收缩量。切割时预留焊接收缩量、机加工预留量等工艺余量。焊接收缩量的预留值根据以往制作经验和焊接工艺评定试验进行确定。

（2）焊接收缩量的确定

焊接变形收缩是一个比较复杂的问题,对接焊缝的收缩变形与对接焊缝的坡口形式、对接间隙、焊接线的能量、钢板的厚度和焊缝的横截面积等因素有关,坡口大、对接间隙大,焊缝截面积大,焊接能量也大,则变形也大。一般直径为 76 mm、89 mm 的杆件收缩量为 1.5 mm 左右（两端）,直径 140 mm、159 mm 的杆件收缩量为 2.5 mm 左右。

单 V 对接焊缝横向收缩近似值及公式为

$$y = 1.01e^{0.046\,4x} \tag{4-1}$$

双 V 对接焊缝横向收缩近似值及公式为

$$y = 0.908e^{0.046\,7x} \tag{4-2}$$

式中：y——收缩近似值;

　e——2.718 282;

　x——板厚。

2. 管件相贯线切割

（1）相贯线数控切割程序的编程与切割工艺

管件的切割对于数控相贯线切割机而言,只需知道相贯的管与管相交的角度、各管的厚度,管中心间的长度和偏心量即可,这些数据在深化图中已明确。下面为了清楚表达编程、切割的过程,采用软件界面的形式按步骤进行描述,如图 4-26 所示。

（2）相贯线切割工艺

① 切割相贯线管口的检验。先由技术科通过计算机把相贯线的展开图在透明的塑料薄膜上按 1:1 绘制成检验用的样板,样板上标明管件的编号。检验时将样板根据"上、下、左、右"线标志紧贴在相贯线管口,据以检验吻合程度。根据长期实践,证明其为检验相贯口准确度的最佳方法。

② 切割长度的检验。技术科放样人员将 PIPE-COAST 软件自动生成的杆件加工图形打印出来交车间及质检部门,车间操作人员和检验人员按图形中的长度对完成切割的每根杆件进行检查,并填表记录。图 4-27 所示为 PIPE-COAST 软件自动生成的腹杆（交支情况）相贯线端头。

微课

钢管桁架加工制作之相贯线切割方法

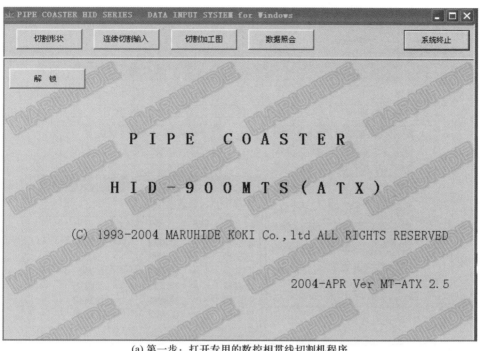

(a) 第一步：打开专用的数控相贯线切割机程序

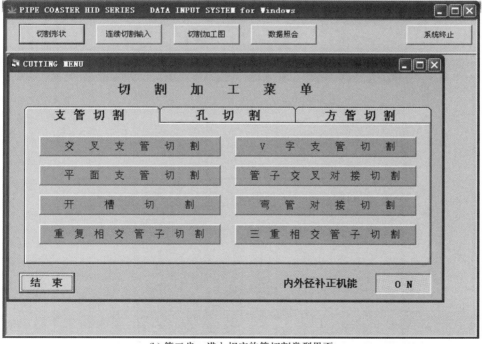

(b) 第二步：进入相应的管切割类型界面

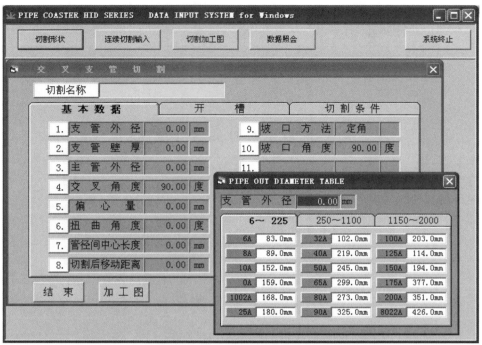

(c) 第三步：输入相应的切割参数

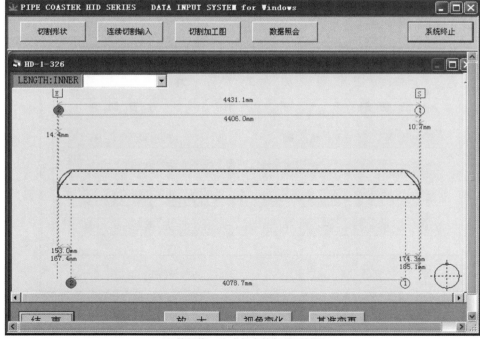

(d) 第四步：生成相应的相贯下料图

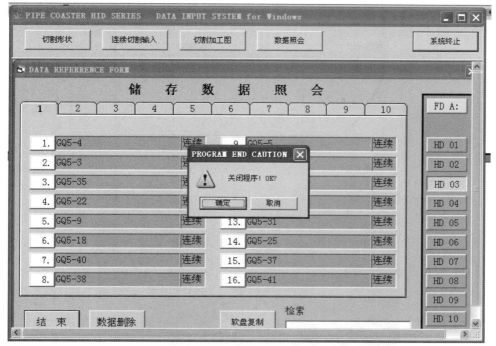

(e) 第五步：将生成的各构件相贯线程序进行保存，关闭程序

(f) 第六步：钢管上机，调出程序，试运行切割机无误后，点火切割

图 4-26 相贯线数控切割步骤

③ 管件切割精度。采用数控切割能使偏差控制在±1.0 mm，从而保证桁架的制作质量和尺寸精度。

④ 切割件的管理。加工后的管件放入专用的储存架上，以保证管件的加工面不受影响，如图 4-28 所示。

图 4-27　相贯线端头示意图

图 4-28　切割完成后的杆件存放

⑤ 板件切割。采用数控火焰切割机或直条切割机进行下料。

（3）相贯线切割的质量要求

钢管相贯线切割的允许偏差应符合表 4-7 的规定。

表 4-7　钢管相贯线切割的允许偏差

项目	允许偏差/mm
直径（d）	$\pm d/500$，且不大于 ± 5.0
构件长度（L）	± 3.0
管口圆度	$d/500$，且不大于 5.0
管径对管轴的垂直度	$d/500$，且不大于 3.0
对口错边	$t/500$，且不大于 3.0

微课
钢管桁架加工制作之钢管弯圆

3. 钢管弯圆

钢管一般采用机械弯圆工艺进行弯圆，如果不采用合理的弯圆设备和弯圆工艺对杆件进行弯圆，弯曲后的杆件容易出现弯曲不到位、圆管椭圆度超标或管壁有折痕、凹凸不平等现象。杆件弯圆采用机械钢管弯圆机和转臂式拉弯机加工。

（1）钢管机械弯圆工艺

主要为选用与被弯钢管相匹配的模具,钢管在钢管弯圆机上前后行走,通过钢管弯圆机逐渐调节模具相对位置,最终成形。钢管弯圆时预留一定量,消减回弹量对弯曲半径的影响。弯曲成形后,检验成形后的拱轴线与理论轴线是否一致。

（2）钢管拉弯工艺

钢管拉弯工艺曲率适用于半径较大的弧形弦杆制作,钢管拉弯过程如图 4-29 所示。

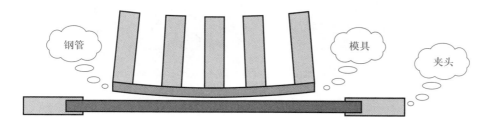

(a) 钢管用转臂夹头夹紧,按设计圆弧和试验回弹量确定拉弯半径并设置模具

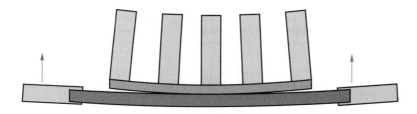

(b) 转臂夹头在液压装置驱动下,拉动钢管与模具贴紧并逐渐成形

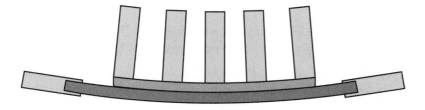

(c) 钢管与模具完全紧贴后,加载一个合适的补拉力,完成钢管拉弯

图 4-29　钢管拉弯过程

直钢管切割拉弯工艺参数中,最小拉弯半径 $=\dfrac{R_{外}-R_{内}}{R_{外}}$,最大拉弯半径不限。

拉弯圆弧半径公差:

半径小于 1 m,每米长度上偏差小于 ±1 mm;

半径大于 1 m,每米长度上偏差小于 ±2 mm。

每侧端头预留夹头量 150~200 mm。拉弯完成后,采用仿形气割机切除。

（3）中频热弯弯曲加工工艺

中频热弯弯曲加工工艺适用于半径较小的弧形弦杆制作,如图 4-30 所示。

中频弯管工艺流程如图 4-31 所示。

图 4-30　中频感应加热弯管机

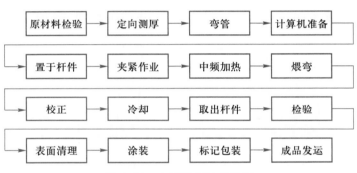

图 4-31　中频弯管工艺流程

弯管生产前的准备工作：① 验证待弯钢管的钢印标记等内容是否符合图样要求，钢管两端留有弯管加工所需要的余量长度。② 对钢管待弯部位，清理干净污垢后进行宏观检查，有重皮、表面裂纹、划痕、凹坑及表面腐蚀严重的管子应修磨直至缺陷消除。③ 管材经修磨后的实际壁厚应符合实际图纸上的要求。④ 对所有重要用途管道的待弯曲部位，在圆周方向均布取 4 个点，沿管子轴线方向每间隔 300 mm 逐点测厚，并挑选较厚的一侧作为弯曲拉伸面。

中频弯管工艺要求：① 中频煨弯电流、电压按产品材质硬度来调试确定。② 弯制速度要求控制在 10 cm/s。③ 起弯后要求持续性弯曲，尽量控制弯曲构件在弯曲过程中一次性成形，预防中途停顿。④ 中频加热弯曲后，必须立即冷却弯曲构件，冷却方式有多种，采取边弯曲加工、边用风冷的方式进行冷却，保证弯曲后不会产生变形。⑤ 煨弯矫正，钢管构件弯曲后需要检验，检验不合格构件需要进行矫正，矫正在专用钢管弯曲矫正设备上进行，直到达到设计要求为止。

弯后检验：生产班组在生产过程中应做好弯管工艺参数记录，弯后应对弯管进行工序自检，检测实际弯管角度、弯曲半径、减薄率、波浪度、椭圆度、表面有无裂纹等指标，并做好记录以备检查。

弯管成品质量要求：① 成品弯管不得有裂缝、分层、过烧等缺陷。② 壁厚减薄率应符合表 4-8 所示的规定。③ 波浪率(波浪度 h 与公称外径 D_0 之比)不大于 2%,且波距 A 与波浪度 h 之比大于 10。④ 弯管后的外形尺寸允许偏差应符合表 4-9 所示的规定。⑤ 弯管构件的外观质量,应全数目测或直尺检查且应符合下列规定:不得有裂纹、过烧、分层等缺陷;表面应圆滑、无明显皱褶,且凹凸深度不应大于 1 mm。

表 4-8 壁厚减薄率

项目	/	/	合格
减薄量	/	/	
不圆度	/	≤10%或实际壁厚不小于设计计算壁厚	
角度偏差	/	/	±30′

表 4-9 弯管后的外形尺寸允许偏差

偏差项目		允许偏差/mm	检查方法	图例
直径		$d/500 \leqslant 3$	用直尺或卡尺检查	
椭圆度	端部	$f \leqslant \dfrac{d}{500}, \leqslant 3$	用直尺或卡尺检查	
	其他部位	$f \leqslant \dfrac{d}{500}, \leqslant 6$		
管端部中心点偏移 Δ		Δ 不大于 5	依实样或坐标经纬、直尺、铅锤检查	
管口垂直度 Δ_1		Δ_1 不大于 5	依实样或坐标经纬、直尺、铅锤检查	
弯管中心线矢高		$f \pm 10$	依实样或坐标经纬、直尺、铅锤检查	
弯管平面度(扭曲、平面外弯曲)		不大于 10	置平台上,水准仪检查	

中频弯管加工过程中的注意事项:避免多次加热,多次加热会导致材质变脆,造成硬化。同时,加工温度过低时,应避免强行弯曲,因钢材在 500 ℃ 以下时,极限强度与屈服点到达最大值,塑性显著降低,处于蓝脆状态,受力后会导致内部组织破坏,产生裂纹。

中频弯管标志与包装:在弯管圆弧处应采用油漆醒目地标注工程号(或生产号)、弯管的直径、壁厚、材质、弯曲半径、角度。

(4)弧形钢管冷弯弯曲加工工艺

对于曲率半径大于 20 m 的弧形弦杆,宜采用冷压加工,其弯曲加工设备采用大型

2 000 t 油压机进行加工,根据弦杆的截面尺寸制作上下专用压模,进行压弯加工,成形设备和方法如图 4-32 所示。

图 4-32　油压机冷弯弯曲加工钢管

冷压弯管工艺流程如图 4-33 所示。

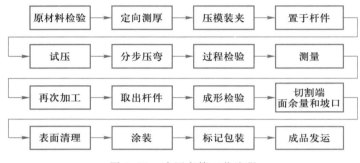

图 4-33　冷压弯管工艺流程

冷压弯管加工工艺细则:

① 上、下压模的设计和装夹。如图 4-32 所示,弯管前先按钢管的截面尺寸制作上下专用压模,压模采用厚板制作,然后与油压机用高强度螺栓进行连接,下模尺寸根据试验数据确定。

② 钢管的对接接长。考虑到钢管弯制后两端将有一段为平直段,因此,采用先在要弯制的钢管一端拼装一段钢管,待钢管压制成形后,再切割两端的平直段,从而保证钢管端部的光滑过渡。

③ 钢管的压弯工艺。钢管压弯采用从一端向另一端逐步煨弯,每次煨弯量约为 500 mm,压制时下压量必须进行严格控制,下压量根据钢管的曲率半径进行计算,分为五次压制成形,以使钢管表面光滑过渡,不产生较大的皱褶,根据施工经验,每次下压量控制可参考表 4-10。

表 4-10　下压量控制参考值

次数	第一次	第二次	第三次	第四次	第五次
下压量	$1/3H$	$1/3H$	$1/5H$	$1/10H$	$1/20H$

注:H 为压制长度钢管范围内的理论拱高。

下压量控制可采用标杆控制法,采用在钢管侧立面立一根带刻度的标杆,下压量通过与标杆上的刻度线进行对比来控制。

钢管压制后采用专用圆弧样板进行检测,符合拱度要求后,吊出油压机,放在专用平台上进行检测,根据平台上划出的环梁理论中心线和端面位置线,切割两端平直段,开好对接坡口并打磨光顺。

④ 冷压弯管后的检验。压制成形后的钢管应放在专用平台上进行以下内容检验。

成品弯管后表面不得有微裂缝缺陷存在,表面应圆滑、无明显皱褶,且凹凸深度不应大于 1 mm;壁厚减薄率≤10%或实际壁厚不小于设计计算壁厚;波浪率(波浪度 h 与公称外径 D_0 之比)不大于 2%,且波距 A 与波浪度 h 之比大于 10。

⑤ 冷压弯管的外形尺寸允许偏差应符合表 4-9 的规定。

4.2.4　构件表面处理与涂装

1. 构件表面处理

涂装前钢构件表面的防锈质量是确保漆膜防腐蚀效果和保护寿命的关键因素。构件表面处理不仅是指除去钢材表面的污垢、油脂、铁锈、氧化皮、焊渣或已失效的旧漆膜的清除程度(即清洁度),还包括除锈后钢材表面所形成的合适的粗糙度。

钢材表面处理的方法与质量等级详见模块 2 相关内容。其他内容如下。

(1)表面处理设计要求

表面处理要根据施工图说明及深化设计说明的规定,明确钢结构件喷砂除锈等级、防锈底漆(一般为环氧富锌底漆)及其厚度、中间漆(一般为环氧云铁漆)及其厚度、丙烯酸聚脂肪氨酯面漆(一般为丙烯酸聚脂肪氨酯面漆)及其厚度和漆膜总厚度要求。

油漆涂装:底漆一般在喷砂除锈后 4 h 内喷涂;中间漆、面漆、防火涂料待安装完毕后分层喷涂;对底漆损伤部位在结构吊装前和完成后现场补涂。

(2)抛丸

抛丸前的检查:① 加工的构件和制品,应经验收合格后,方可进行表面处理;② 钢材表面的毛刺、电渣药皮、焊瘤、飞溅物、灰尘和积垢等,应在除锈前清理干净,同时要铲除疏松的氧化皮和较厚的锈层;③ 磨料的表面不得有油污,含水率不得大于 1%;④ 抛丸除锈时,施工环境相对湿度不应大于 85%,或控制钢材表面温度高于空气露点温度为 3 ℃以上。

抛丸操作步骤:① 检查标签,之后除去标签,待抛丸完后再挂上标签;② 进行抛丸,采用抛丸机(见图 4-34 和图 4-35)以一定的抛丸速度进行,加工后的钢材表面呈现灰白色;③ 构件采用喷砂机或抛管机进行喷砂除锈,除锈等级应达到《涂覆涂料前钢材表面处理　表面清洁度的目视评定　第 1 部分:未涂覆过的钢材表面和全面清除原有涂层后的钢材表面的锈蚀等级和处理等级》(GB/T 8923.1—2011)中的设计要求等级;④ 抛丸后,用毛刷等工具清扫,或用压缩空气吹净构件上的锈尘和残余磨料(磨料需回收)。

(3)钢构件基层表面处理质量检验

① 抛丸除锈后,用肉眼检查钢构件外观,应无可见油脂、污垢、氧化皮、焊渣、铁锈和油漆涂层等附着在工件表面,表面应显示均匀的金属光泽。

② 检验钢材表面锈蚀等级、确认除锈等级应在良好的散射日光下或在照度相当的

图 4-34　美国潘邦公司八抛头抛丸机

图 4-35　QGW30B 型钢管外壁专用抛丸机

人工照明条件下进行,检查人员应具有正常的视力。

③ 待检查的钢材表面应与现行国家标准《涂覆涂料前钢材表面处理　表面清洁度的目视评定　第 1 部分:未涂覆过的钢材表面和全面清除原有涂层后的钢材表面的锈蚀等级和处理等级》(GB/T 8923.1—2011)规定的图片对照观察检查。

(4) 钢构件基层表面抛丸除锈后的处理

① 用压缩空气或毛刷、抹布等工具将工件表面的浮尘和残余碎屑清除干净。

② 钢构件基层表面喷砂除锈施工验收合格后必须在 8 h 内喷涂第一道防锈底漆。

2. 构件的涂装

防腐涂料涂装方法一般有浸涂、手刷、滚刷和喷漆等,其中采用高压、无气喷涂具有功率高、涂料损失少、一次涂层厚等优点,在涂装时应优先考虑选用。在涂刷过程中应自上而下、从左到右、先里后外、先难后易、纵横交错地进行涂刷。

（1）施涂前涂料处理要求

① 开桶。开桶前应先将桶外的灰尘、杂物除尽，以免其混入油漆桶内。同时对涂料的名称、型号和颜色进行检查，是否与设计规定或选用要求相符合，检查制造日期是否超过储存期，凡不符合的应另行处理。开桶后若发现有结皮现象，应将漆皮全部取出，而不能将漆皮捣碎混入漆中，以免影响质量。

② 搅拌。由于油漆中各成分比重不同，有的会出现沉淀现象，所以在使用前必须将桶内的油漆和沉淀物全部搅拌均匀后才可使用。

③ 配比。双组分的涂料，在使用前必须严格按照说明书所规定的比例来混合。双组分涂料一旦配比混合后，就必须在规定的时间内用完，所以在施工时必须控制好用量，以免造成浪费。

④ 熟化。双组分涂料有熟化时间规定，按要求将两组分混合搅拌均匀后，过一定熟化时间才能使用，对此应引起注意，以保证施工性能和漆膜的性能。

⑤ 稀释。一般涂料产品在出厂时已将黏度调节到适宜于施工的黏度范围，开桶后经搅拌即可使用。但是由于储存条件、施工方法、作业环境、气温的高低等不同情况的影响，在使用时需用稀释剂来调整黏度。施工时应选用稀释剂牌号及控制稀释剂的最大用量，否则会造成涂料的报废或性能下降而影响质量。

⑥ 过滤。涂料在使用前一般都要过滤。将涂料中可能产生的或混入的固体颗粒、漆皮或其他杂物滤掉，以免这些杂物堵塞喷嘴而影响施工进度和漆膜的性能、外观。一般情况下可以使用 80~120 目的金属网或尼龙丝筛进行过滤，以达到控制质量目的。

（2）涂装注意事项

① 工作场地。涂装工程尽可能在车间进行，并应保持环境清洁和干燥，以防止已处理的涂件表面和已涂装好的任何表面被灰尘、水滴、油脂、焊接飞溅或其他赃物黏附在其上而影响质量。对已涂装好的构件加以遮盖，防止喷枪气雾落在构件上影响外观质量。

② 钢材表面进行处理达到清洁度后，一般应在 4~6 h 内涂第一道底漆。涂装前钢材表面不容许再有锈蚀，否则应重新除锈，同时处理后表面沾上油迹或污垢时，应用溶剂清洗后方可涂装。

③ 涂装后 4 h 内严防雨淋，当使用无气喷涂时，风力超过 5 级不宜喷涂。

④ 对钢构件需在工地现场进行焊接的部位，应按标准留出 30~50 mm 的焊接特殊要求的宽度不涂刷或涂刷环氧富锌防锈底漆。

⑤ 应按不同涂料说明严格控制层间最短间隔时间，保证涂料的干燥时间，避免产生针孔等质量问题。

（3）涂层（漆膜）质量的控制

为了使涂料发挥最佳性能，足够的漆膜厚度是极其重要的，因此必须严格控制漆膜厚度，施工时从下面 3 个方面进行质量控制。

① 对于边、角、焊缝、切痕等部位，在喷涂之前应先涂刷一道，然后再进行大面积的涂刷，以保证突出部位的漆膜厚度。

② 施工时常用漆膜测厚仪测定湿漆膜厚度，以保证干漆膜的厚度和涂层的均匀。

③ 漆膜干透后，应用干膜测厚仪测出干膜厚度。设计最低涂层干漆膜厚度加允许

偏差的绝对值为漆膜的要求厚度。选择测点要有代表性,检测频数应根据被涂物表面的具体情况而定。原则上测量取点按照小于 10 m² 时,不少于 5 处(每处数值为 3 个相距约 50 mm 的测点干漆膜厚度的平均值);当大于或等于 10 m² 时,每 2 m² 一处,且不少于 9 处;进行检验评定时按规定要求进行。

(4)涂装外观质量控制

① 对涂装前构件表面处理的检查结果和涂装中每一道工序完成后的检查结果都需做工作记录。记录内容为工作环境温度、相对湿度、表面清洁度、各层涂刷遍数、涂料种类、配料、干膜(必要时湿膜)厚度等。

② 目测涂装表面应均匀、细致,无明显色差、流挂、失光、起皱、针孔、气孔、返锈、裂纹、脱落、污物黏附、漏涂等且应附着良好。

③ 目测涂装表面,不得有误涂情况产生。

(5)涂装修补质量控制

① 在进行修补前,首先应对各部分旧漆膜和未涂区的状况进行研究,按照设计要求采取喷丸、砂轮片打磨或钢丝刷等方法进行表面处理。

② 为了保持修补漆膜的平整性,应在缺陷漆膜四周 10～20 cm 的距离内进行修整,并使漆膜有一定斜度。

③ 修补工作应按原涂层涂刷工艺要求和程序进行补涂。

4.2.5 铸钢件的质量控制与焊接

对于强度、塑性和韧性要求更高的管桁架支座节点、张弦钢结构节点、较多根杆件汇交的节点和异形钢结构的节点采用铸钢件(见图 4-36)。钢结构工程中,铸钢件多数委托专门的厂家制作,施工单位仅需检验成品质量。

1. 铸钢件的原材料

(1)碳素铸钢

低碳钢 ZG15 的熔点较高、铸造性能差,仅用于制造电机零件或渗碳零件;中碳钢 ZG25～ZG45,具有高于各类铸铁的综合性能,即强度高、有优良的塑性和韧性,因此适于制造形状复杂、强度和韧性要求高的零件,如火车车轮、锻锤机架和砧座、轧辊和高压阀门等,是碳素铸钢中应用最多的一类;高碳钢 ZG55 的熔点低,其铸造性能较中碳钢的好,但其塑性和韧性较差,仅用于制造少数的耐磨件。

(2)合金铸钢

根据合金元素总量的多少,合金铸钢可分为低合金铸钢和高合金铸钢大类。

① 低合金铸钢。我国主要应用锰系、锰硅系及铬系等。例如,ZG40Mn、ZG30MnSi1、ZG30Cr1MnSi1 等用来制造齿轮、水压机工作缸和水轮机转子等零件,而ZG40Cr1 常用来制造高强度齿轮和高强度轴等重要受力零件。

② 高合金铸钢。高合金铸钢具有耐磨、耐热、耐腐蚀等特殊性能。例如,高锰钢ZGMn13 是一种抗磨钢,主要用于制造在干摩擦工作条件下使用的零件(如挖掘机的抓斗前壁和抓斗齿、拖拉机和坦克的履带等);铬镍不锈钢 ZG1Cr18Ni9 和铬不锈钢ZG1Cr13 和 ZGCr28 等,对硝酸的耐腐蚀性很高,主要用于制造化工、石油、化纤和食品等设备上的零件。

微课
钢管桁架加工制作之铸钢件

(a) 正常位置

(b) 背面(内衬四氟乙烯板润滑)

(c) 张弦结构与支座连接铸钢件

(d) 交叉节点

(e) 人字柱上铸钢铰支座

(f) 人字柱下铸钢铰支座

(g) 铸钢铰支座

图 4-36 管桁架铸钢件支座节点

2. 铸钢件的质量控制及检测

钢结构用铸钢节点重量大、铸造工艺要求高。钢结构工程中,铸钢件多数委托专门的生产厂家制作,施工单位仅需进场验收,检验成品质量。

(1) 技术要求

① 材质要求。铸钢节点的牌号为 GS-20Mn5(V),参照德国标准《提高焊接性能和韧性的通用铸钢件》(DIN 17182—1992)标准,具体化学成分为(%):C 0.15~0.18;Si≤0.20~0.60;Mn 1.0~1.3;P≤0.020;S≤0.020;Cr≤0.30;Mo≤0.15;Ni≤0.40;Re0.2~0.35。

② GS-20Mn5(V)力学性能符合 DIN17182 要求,按《一般工程用铸造碳钢件》(GB/T 11352—2009)标准要求随炉提取试样,每一个炉号制备二组试样,其中一组备查。

③ 为确保具有良好的焊接性能,节点铸件碳当量控制在 CE≤0.50。

④ 铸件表面质量符合设计要求,表面粗糙度达到《表面粗糙度比较样块 铸造表面》(GB/T 6060.1—2018)标准要求。

⑤ 铸件的探伤要求,按《铸钢件 超声检测 第 1 部分:一般用途铸钢件》(GB/T 7233.1—2009)探伤,采用 6mm 探测头,管口焊缝区域 150mm 以内范围超声波100%探伤,质量等级为Ⅱ级,其余外表面 10%超声波探伤,质量等级为Ⅲ级。不可超声波探伤部位采用《铸钢铸铁件 磁粉检测》(GB/T 9444—2019)磁粉表面探伤,质量等级为Ⅲ级。

⑥ 节点的外形尺寸符合图样要求,管口外径尺寸公差按负偏差控制。

⑦ 热处理参照德国《提高焊接性能和韧性的通用铸钢件》（DIN 17182—1992）标准要求，铸件进行调质处理（920±20）℃，出炉液体淬火，加（640±20）℃回火处理。

⑧ 涂装处理要求。表面采用抛丸或喷砂除锈，除锈等级 Sa2.5 级，随即涂水性无机富锌底漆，厚度 $2×50\mu m$（或根据用户要求进行防腐）。

（2）铸造工艺参数

① 加工余量按《铸件尺寸公差、几何公差与机械加工余量》（GB/T 6414—2017）中 CT12H/J 级确定。

② 模样线收缩率 2.0%。

③ 铸件毛坯尺寸偏差符合《铸件　尺寸公差、几何公差与机械加工余量》（GB/T 6414—2017）中 CT12 要求。

（3）检测内容

① 检测内容应符合表 4-11 所示的规定。

表 4-11　检 测 内 容

序号	名称	检测方法	预防方法
1	原材料	光谱分析	定点选择合格分承包方
2	主要辅助料	抽样分析及质量技术证明文件控制	按 HQA/QP10.1－98A 版文件执行
3	制模造型	用专用板及量具按工艺要求检查	按 HQA/QP10.2－98A 版文件执行
4	熔炼配料钢水熔炼 a.熔化期 b.氧化还原期 c.出钢浇注	称重法取样分析 C、S（高速 C、S 仪分析），取样分析成分、光谱分析成分，用时间法测定钢水温度，称重法测定浇注重量	严格执行《氧化法炼钢工艺》
5	试样分析	光谱分析化学成分并进行力学性能试验	按 HQA/QP10.2－98A 版文件执行
6	毛坯检测	检测几何尺寸，目测表面质量	按 HQA/QP13.1－98A 版文件执行
7	探伤检测	管口焊缝区 150 mm 以内超声波探伤，质量等级为Ⅱ级	执行 GB 7233 标准
8	热处理	自动温度控制仪随机抽查	按《热处理工艺》执行
9	最终检测	抽样检测几何尺寸表面质量	按 HQA/QP10.3－98A、HQA/QP13－98A 版文件执行

② 铸钢件的质量控制要素。铸钢件的质量控制要素如表 4-12 所示。

表 4-12 铸钢件的质量控制要素

序号	过程要素	重要程度	控制项目	备注
1	制模	重要	外形尺寸、表面质量	按 SB025 要求
2	造型	关键	① 型砂透气率、强度、含水量 ② 型腔尺寸、粗糙度 ③ 型芯形状和尺寸、平整度 ④ 合箱及浇注系统	按相关工艺规定要求
3	熔炼	特殊、关键	炉料配比、化学成分、钢液温度	按电弧炉熔炼规程要求
4	浇注	特殊、关键	浇注温度、浇注速度	按浇注规程要求
5	脱模	重要	保温时间、开箱时机	按工艺规定要求
6	清理	一般	浇、冒口切割高度	按 SB025 要求
7	热处理	特殊、关键	加热速度和温度、处理时间、冷却温度和时间	按热处理工艺规定要求
8	缺陷打磨	一般	粗糙度、深度、消除缺陷	按相关标准要求
9	探伤	重要	砂眼、裂纹、缩孔和缩松	按相关标准要求
10	焊补	关键	焊接规范、焊接牌号、焊补预热	按焊补规程要求
11	打磨	一般	表面粗糙度	按相关标准要求
12	检测	重要	化学成分、力学性能、尺寸及形状偏差	按交货标准要求
13	客户监理	一般	客户监理检验项目	按客户监理要求
14	包装发运	一般	全面检查、包装完好、便于运输	按规定的包装要求

3. 铸钢焊接施工

铸钢焊接施工如图 4-37~图 4-42 所示。

图 4-37 铸钢节点与 Q345 钢管对接焊预热

图 4-38 铸钢节点与 Q345 钢管对接焊接

图 4-39 铸钢节点与 Q345 钢管焊缝成形

图 4-40 铸钢节点与 Q345 钢管对接焊后热

图 4-41 铸钢节点与 Q345 钢管对接焊保温

图 4-42 铸钢节点与 Q345 钢管对接焊无损检测

    管桁架结构经常存在铸钢节点和 Q345 钢材的焊接。为了正确制定焊接工艺,需要对材料进行认真的分析和研究。

    铸钢 GS-20Mn5 和 Q345 钢管焊接前,要对铸钢 GS-20Mn5、Q345 材料的焊接性进行分析,再制定工艺。具体工艺如下。

① 焊接方法的选择。从铸钢节点形状、尺寸、装配特点和要求可知：支管与 Q345 材料及铸钢支点采用现场定位装配、焊接，考虑到现场焊接工艺和设备的使用特点，可选用的焊接方法有手工电弧焊（SMAW）和半自动焊丝 CO_2 气体保护焊（GMAW）两种方法。节点和支座的焊接可采用半自动焊丝气体保护焊（GMAW），其他焊接接头因为焊条可选择性强，不受焊接作业的场所限制，使用方便，都采用手工电弧焊。

② 填充材料的选择。碱性焊条药皮里的纤维素、脱氧剂、脱硫、磷剂等含量比酸性焊条多，所以其焊缝质量比酸性焊条要好；同时，焊缝中扩散氢含量是直接影响焊接接头抗冷裂纹性能的主要因素之一。对于铸钢 GS-20Mn5、Q345 钢管之间的焊接，焊材的扩散氢含量控制应更加严格，现行标准一般规定的允许值为小于 5 mL/100 g，同时根据低强度焊材选择原则，在工程中应选用低氢型碱性、国际牌号为 E40 系列（E4015、E4016）的焊条。但由于 E4016 对焊机的空载电压要求较高（大于 90 V），故在工程中基本采用 E4015，其抗裂性能、塑性要求、冲击韧性、低温性能等方面都能保证焊接接头的技术条件。焊条直径可根据焊缝特点选择 ϕ3.2 mm、ϕ4.0 mm、5.0 mm，其焊接电源要求是直流反接。

③ 铸钢 GS-20Mn5 和 Q345 钢材之间的焊接。根据美国焊接学会《钢结构焊接规范》（AWS D1.1—2002）的免焊接工艺评定（WPS）和《建筑钢结构焊接技术规程》（JGJ 81—2002）的焊条手工电弧焊全焊透 CJP 坡口形状与尺寸的要求，焊接接头为 MC-BV-B1 形式，如图 4-43 所示。

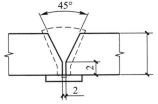

图 4-43　MC-BV-B1 形式焊接接头

④ 焊接工艺卡。焊接工艺卡是针对某一焊接工序最直接、最具体焊接工艺参数的细化和量化，是焊工在焊接作业时参考的主要工艺指导文件，也是质量检验人员对焊接作业检验的一个重要参考依据，在每项焊接作业前，应有焊接技术人员向有关操作人员进行技术交底，施工中应严格遵守。表 4-13 所示为针对工程中铸钢节点焊接制定的焊接工艺卡。

表 4-13　焊接工艺卡

部件名称	部件类别	制造编号	焊接工艺评定编号	焊缝代号
铸钢节点	索端节点			MC-BV-B1
材料牌号	GS-20Mn5+Q235B			
材料规格	管径厚度			
焊接方法	SMAW			
电源种类	直流			
电源极性	反接			
坡口形式	单面 V 形			
焊接位置	全位置 6G			

焊接参数						
焊层	焊材牌号	焊材直径/mm	焊接电流/A	电弧电压/V	焊接速度/(cm/min)	备注
1	E4015	ϕ3.2	90~140	22~24	25~35	
2	E4015	ϕ4.0	140~160	24~26	20~35	
3	E4015	ϕ4.0	140~160	24~26	20~35	
4	E4015					

焊接预热	加热方式	火焰	层间温度	170~200 ℃	焊接记录表			
	温度范围	150~200 ℃	测温方法	测温仪	姓名工号	日期	时间	检验
焊后热处理	种类	后热	保温时间	1h	操作人			
	加热方式	火焰	冷却方式	缓冷	操作人			
	温度范围	200~250 ℃	测温方法	测温仪				
技术措施	坡口准备	焊前清理	药皮处理	层间清理	检验人			
编制		日期		审核		日期		

4.2.6　成品检验、包装、运输和堆放

1. 钢构件成品检验

（1）成品检查

不同管桁架结构成品的检查项目各不相同,要依据各工程具体情况而定。若工程无特殊要求,一般检查项目可按该产品标准、技术图纸、设计文件要求和使用情况确定。成品检查工作应在材料质量保证书、工艺措施、各道工序的自检、专检等前期工作后进行。钢构件因其位置、受力等的不同,其检查的侧重点也应有所区别。

（2）修整

构件的各项技术数据经检验合格后,加工过程中造成的焊疤、凹坑应予补焊并磨平,临时支承、夹具应予割除。

铲磨后零件表面的缺陷深度不得大于材料厚度负偏差值的1/2。管桁架结构的钢管和节点处打磨常用电动手砂轮,如图4-44所示。在较大平面上磨平焊疤或磨光长条焊缝边缘,常用高速直柄风动手砂轮。

（3）验收资料

要求同模块2中第四节的相关验收要求。

2. 包装

钢结构构件包装完毕,要对其进行标记。标记一般由承包商在制作厂成品库装运时标明。

对于国内的钢结构用户,其标记可用标签方式带在构件上,也可用油漆直接写在

(a) 用电动手砂轮打磨焊缝

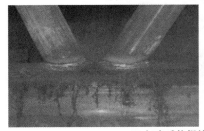

(b) 打磨后的焊缝

图 4-44 工人用电动手砂轮打磨焊缝的操作图示

钢结构产品或包装箱上。对于出口的钢结构产品,必须按海运要求和国际通用标准进行标记。

标记通常包括下列内容:工程名称、构件编号、外廓尺寸(长、宽、高,以 m 为单位)、净重、毛重、始发地点、到达港口、收货单位、制造厂商、发运日期等,必要时要标明重心和吊点位置。

主标记(图号、构件号):为提高产品的出库正确率,保证出库构件的完整性,在进行深化设计时对构件进行编码,利于工程材料的可追溯性,以及工地材料的管理科学和使用方便,要进行打钢印编号,如图 4-45 所示。

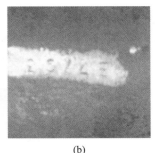

(a)　　　　　　　　　　(b)

图 4-45 工人打钢印编号

3. 运输和堆放

钢结构运输时捆扎必须牢靠,防止松动。钢构件在运输车上的支点、两端伸出的长度及绑扎方法均能保证构件不产生变形、不损伤涂层且保证运输安全。

为保证运输的实效及合理性,可采取工地现场人员与车间发货信息互动的方式,如图 4-46 所示。

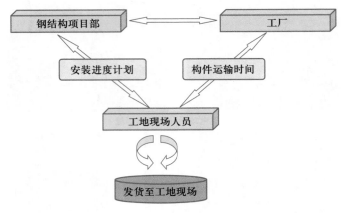

图 4-46   现场人员与车间发货信息互动方式

(1) 运输形式及包装

① 构件运输形式分类。为适应公路运输的要求,因此对钢结构构件进行了工厂的分段制作,工厂制作完成后主要有以下几种构件形态。

第一类构件:单个在尺寸限制范围内的单根构件,如图 4-47 所示。

图 4-47   单根构件

第二类构件:工厂制作的桁架段、铸钢件、焊接节点等,如图 4-48 所示。

图 4-48   桁架段、铸钢件、焊接节点

第三类构件:其他散件和节点板。主要包括节点连接耳板、需要工厂代加工的现场定位靠板、制作范围内的螺栓和油漆等其他材料。

② 包装。钢结构的包装方式有包装箱包装、裸装、捆装和框架包装等。

a.包装箱。适用于外形尺寸较小、重量较轻、易散失的构件,如连接件、螺栓或标准件等,如图4-49所示。

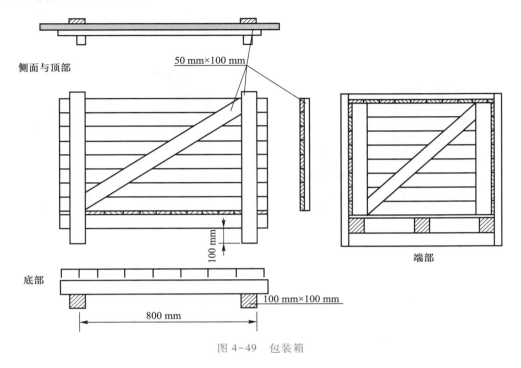

图 4-49　包装箱

b.裸装。适用于重量、体积均较大且又不适合装箱的产品。

c.捆装。适用于钢管、钢梁等钢结构,每捆重量不宜大于 20 t,如图4-50所示。

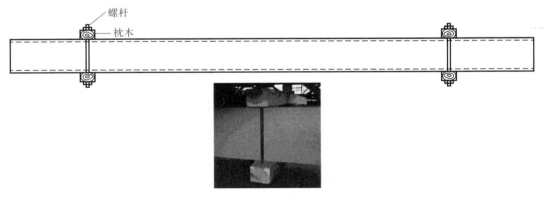

图 4-50　捆装

钢构件的包装要求:

a.包装依据安装顺序、分单元配套进行包装。

b.装箱构件在箱内应排列整齐、紧凑、稳妥牢固,不得窜动,必要时应将构件固定于箱内,以防在运输和装卸时滑动和冲撞,箱的充满度不得小于80%。

③ 运输。根据构件尺寸和施工现场需求,一般采用以公路为主的运输方式,力求

快、平、稳地将构件运抵施工现场。

装车时构件与构件、构件与车厢之间应妥善捆扎，以防车辆颠簸而产生构件散落。钢构件在运输车上的支点、两端伸出的长度及绑扎方法均能保证构件不产生变形、不损伤涂层且保证运输安全。运输方式如图4-51所示。

(a)　　　　　　　　　　　　　　　(b)

图4-51　运输方式

（2）成品保护措施

① 工厂制作成品保护措施。制作、运输等均需制定详细的成品、半成品保护措施，防止变形及表面油漆破坏等，任何单位或个人忽视了此项工作均将对工程顺利开展带来不利影响，因此需制定以下成品保护措施。

a. 成品必须堆放在车间中的指定位置。

b. 成品在放置时，在构件下安置一定数量的垫木，禁止构件直接与地面接触，并采取一定的防止滑动和滚动措施，如放置止滑块等；构件与构件需要重叠放置的时候，在构件间放置垫木或橡胶垫以防止构件碰撞。

c. 构件放置好后，在其四周放置警示标志，防止工厂其他吊装作业时碰伤构件。

d. 工程构件如有不少散件的特点，则需设计专用的箱子放置工具。

e. 在成品的吊装作业中，捆绑点均需加软垫，以避免损伤成品表面和破坏油漆。

② 运输过程中成品保护措施。

a. 构件与构件间必须放置一定的垫木、橡胶垫等缓冲物，防止运输过程中构件因碰撞而损坏。

b. 散件按同类型集中堆放，并用钢框架、垫木和钢丝绳进行绑扎固定，杆件与绑扎用钢丝绳之间放置橡胶垫之类的缓冲物。

c. 在整个运输过程中，为避免涂层损坏，在构件绑扎或固定处用软性材料衬垫保护。

③ 现场拼装及安装成品保护。

a. 构件进场应堆放整齐，防止变形和损坏，堆放时应放在稳定的枕木上，并根据构件的编号和安装顺序来分类。

b. 构件堆放场地应做好排水，防止积水对构件的腐蚀。

c. 在拼装、安装作业时，应避免碰撞、重击。

d. 少在构件上焊接过多的辅助设施，以免对母材造成影响。

e. 吊装时,在地面铺设刚性平台,搭设刚性胎架进行拼装,拼装支撑点的设置,要进行计算,以免造成构件的永久变形。

④ 涂装面的保护。

a. 避免尖锐的物体碰撞、摩擦。

b. 减少现场辅助措施的焊接量,尽量采用捆绑、抱箍。

c. 现场焊接、破损的母材外露表面,在最短的时间内进行补涂装,除锈等级达到 St3 级,材料采用设计要求的原材料。

⑤ 摩擦面的保护。

a. 工厂涂装过程中,做好摩擦面的保护工作。

b. 构件运输过程中,做好构件摩擦面防雨淋措施。

c. 冬季构件安装时,应用钢丝刷刷去摩擦面的浮锈和薄冰,保证干燥,无其他影响摩擦面的因素。

⑥ 现场交货及验收。为保证该项目施工工期、安装顺序,使产品数量和质量达到安装现场的要求,特制定本交货及验收标准。

a. 钢结构产品运抵安装地后,根据发货清单及有关质量标准进行产品的交货及验收。

b. 派专人在安装地负责交货及验收工作,交货工作由专职人员进行交货及验收工作。

c. 包装件(箱包装、捆包装、框架包装)开箱清点时,由双方人员一起清点。

d. 交货。依据产品发货清单和图纸逐件清点,核对产品的名称、标记、数量、规格等内容。

e. 交货产品的名称、标记、数量、规格等和发货清单相符后经双方确认,然后办理交接手续。

(3)装卸

大、重构件都用吊车装运,其他管件和零件可用铲车装卸,车上堆放合理,绑扎牢固,装车时有专人检查。卸货时,均应采用起重机或现场塔吊卸货,严禁自由卸货,装卸时应轻拿轻放,应严格遵守起重机吊装规范,不得斜拉、斜吊。起吊和放置不能与其他物品发生碰撞。

(4)堆放

应在运输车辆上预先准备枕木,加垫泡沫塑料,以防油漆划伤。构件到现场应按施工顺序分类堆放,尽可能堆放在平整无积水的场地。高强度螺栓连接副必须在现场干燥的地方堆放。堆放必须整齐、合理、标识明确,雨雪天要做好防雨淋措施,高强度螺栓摩擦面应得到切实保护。

成品验收后,在装运或包装以前堆放在成品仓库。目前国内钢结构产品的主要大部件都是露天堆放,部分小件一般可用捆扎或装箱的方式放置于室内。由于成品堆放的条件一般较差,所以堆放时更应注意防止失散和变形。成品堆放注意事项见模块 2。构件的堆放方式如图 4-52 所示。

(a) 错误堆放方式

(b) 正确堆放方式(1)　　　　　(c) 正确堆放方式(2)

图 4-52　构件的堆放方式

课件
管桁架的施
工安装

4.3　管桁架结构的现场拼装及施工安装

主桁架是指主要承受屋面及施工荷载的桁架;次桁架指在另一个方向为主桁架提供侧向支撑和保持结构不变性的桁架。在规划拼装场地时,应综合考虑吊车开行路线、电气设备布置、吊装顺序等因素综合选定场地位置。

4.3.1　管桁架的现场拼装

管桁架的现场拼装顺序为支撑架胎模基础施工→胎架制作→胎架尺寸、拱度、水平度、稳定性校合→单段桁架起吊就位→桁架整体拼装定位→校正→检验→对接焊缝焊接→超声波探伤检测→焊后校正→监理工程师检查验收→涂装→检验合格→吊入场地,其具体操作流程如图 4-53 所示。

1. 拼装胎架设计和安装

(1) 胎架设计

① 胎架制作流程。胎架制作流程如图 4-54 所示。

微课
管桁架结构
安装之胎架
设计安装

拼装场地整平压实后上铺钢板形成刚性平台,上部胎架固定在钢板上。为了保证主桁架的拼装精度以及主桁架在拼装完成后便于起吊,牛腿的上端搁置一个限位块和可调节高度及水平度的调节装置。

管桁架拼装胎架主承重杆件截面形式和截面大小要根据所需拼装的管桁架自重确定。对于自重大的管桁架结构主承重杆件可采用 H 型钢截面,对于自重小的可采用角钢截面,其余杆件采用角钢即可满足要求,如图 4-55 和图 4-56 所示。

胎架的设计和布置根据主拱架的分段情况和分段点的位置来确定,胎架设计时要考虑桁架分段处的上下弦杆的接口及腹杆的拼装,在断开面中间留出空间,以留出焊接空间,在对接口下面焊接时,焊工可从胎架侧面进入胎架顶部第一层平台,施焊胎架的下弦支撑采用 H 型钢,两端搁置在型钢柱的牛腿上,吊装时将此 H 型钢取下,以免影响桁架的吊装。

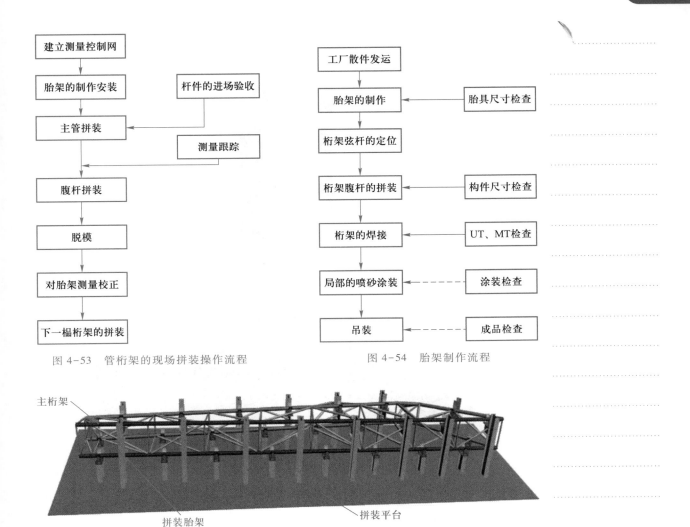

图 4-53 管桁架的现场拼装操作流程

图 4-54 胎架制作流程

(a) 桁架装配示意图

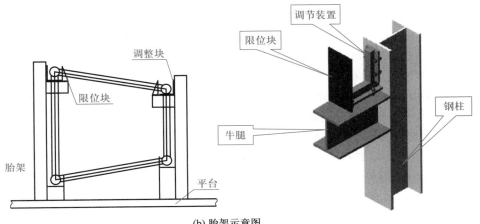

(b) 胎架示意图

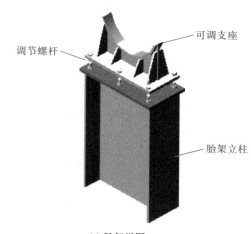

(c) 胎架详图

图 4-55　拼装胎架（H 型钢立柱）

② 胎架制作工艺方案。桁架拼装胎架（角钢立柱）如图 4-56 所示。

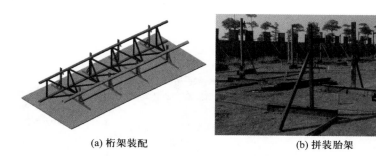

(a) 桁架装配　　　　　　　**(b) 拼装胎架**

图 4-56　管桁架拼装胎架（角钢立柱）

③ 胎架制作技术要求。

a. 管桁架一般采用侧卧方式进行地面组拼，平台及胎架支撑必须有足够的刚度。

b. 在平台上应明确标明主要控制点的标记，作为构件制作时的基准点。

c. 管桁架安装现场胎架的数量根据现场场地情况、吊装要求、施工周期等确定，以管桁架拼装速度与安装速度相匹配，减少或避免窝工现象为原则。

d. 拼装时，在平台（已测平，误差在 2 mm 以内）上划出三角形桁架控制点的水平投影点，打上钢印或其他标记。

e. 将胎架固定在平台上，用水准仪或其他测平仪器对控制点的垂直标高进行测量，通过调节水平调整板或螺栓确保构件控制点的垂直标高尺寸符合图纸要求，偏差在 2.0mm 内。然后将桁架弦杆按其具体位置放置在胎架上，通过挂锤球或其他仪器确保桁架上的控制点的垂直投影点与平台上划的控制点重合，固定定位卡，确保弦杆位置的正确，注意确定主管相对位置时，必须放焊接收缩余量。

（2）桁架弦杆的对接

由于桁架的弦杆长度较长，需在现场进行对接，对接在专用的钢管对接架上进行，弦杆和圆管对接胎架如图 4-57 和图 4-58 所示。

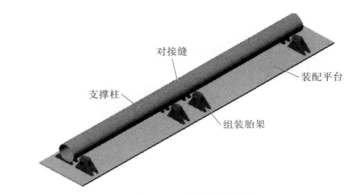

图 4-57　弦杆对接胎架

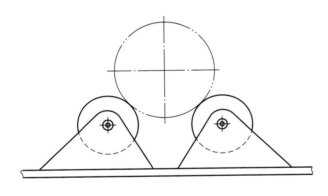

图 4-58　圆管对接胎架

管桁架弦杆对接接头的形式如图 4-59 所示。

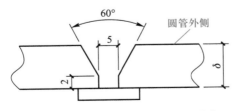

图 4-59　管桁架弦杆对接接头的形式

（3）管桁架的拼装

工程中由于管桁架的体量较大,对于桁架一般采取工厂散件加工、现场拼装的方

 微课
管桁架结构
安装之杆件
拼装

法。管桁架的拼装顺序如图 4-60 所示。

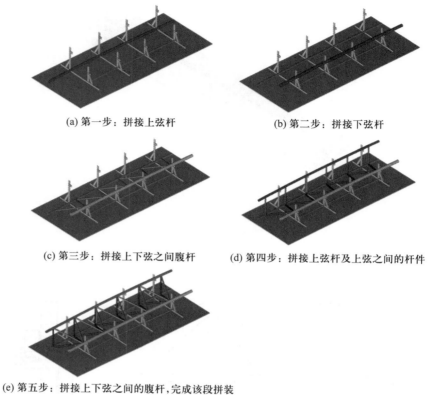

(a) 第一步：拼接上弦杆　　　　　　　　(b) 第二步：拼接下弦杆

(c) 第三步：拼接上下弦之间腹杆　　　(d) 第四步：拼接上弦杆及上弦之间的杆件

(e) 第五步：拼接上下弦之间的腹杆，完成该段拼装

图 4-60　管桁架的拼装顺序

① 在平台(已测平，误差在 2mm 以内)上划出桁架控制点的水平投影点，打上钢印或其他标记。

② 将胎架焊接在平台上，用水准仪或其他测平仪器对控制点的垂直标高进行测量，通过调节水平调整板或螺栓确保构件控制点的垂直标高尺寸符合图纸要求，偏差在 2.0mm 内。

③ 将球节点和弦杆按其具体位置放置在胎架上，通过挂锤球或其他仪器确保桁架上的控制点的垂直投影点与平台上划的控制点重合，固定定位块，确保弦杆位置正确。确定主管相对位置时，必须放焊接收缩余量。

④ 在胎架上对主管的各节点的中心线进行划线。

⑤ 装配腹杆，并定位焊，对腹杆接头定位焊时，不得少于 4 点。

⑥ 定位好后，对 W 形桁架进行焊接，先焊未靠住胎架的一面，焊好后，用吊机将桁架翻身，再焊另一面，焊接时，为保证焊接质量，尽量避免仰焊、立焊。

⑦ 在组装时，应考虑桁架的预起拱值。根据起拱高度和跨度，在计算机上使用 AutoCAD 软件实际放样求出每根杆件下料长度。

预起拱值按照规范规定执行，桁架跨度大于 24 m 时可起 $L/500$，跨度小的不需要起拱。

2. 钢管焊接

（1）焊接基本要求

① 选用合适焊条。选用低氢钾型碱性 E5016 焊条，交直流两用。焊条长度有 <312 mm 和 <410 mm 两种。当采用长度 <312 mm 焊条时，焊接电流 100~120 A，主要用于 V 形坡口和角焊缝的根部焊缝，确保根部熔透。当采用长度 <410 mm 焊条时，焊接电流 160~210 A，主要用于上层焊道或盖面层的焊接，保证焊道相互熔合，并提高焊接效率。

② 提高操作技术，掌握运条方式操作要点：a. 根据焊接位置和焊缝走向，随时调整运条方式和焊条倾斜角度；b. 保证焊缝根部熔透；c. 防止气孔、夹渣和咬边；d. 当立焊、仰焊时，防止钢水下垂，确保焊缝尺寸；e. 施焊中，若发现焊接缺陷，及时查找原因并消除。

③ 配备熟练焊工。配备技术较高的熟练焊工施焊。有的节点有熔透焊缝，也有角焊缝，还有从熔透焊缝逐步过渡到角焊缝，焊工须精心操作，满足设计图纸规定的要求。

④ 控制应力与变形。在桁架施焊过程中，采取各项有效措施，尽量减少焊接残余应力，控制焊接变形。在厚板焊接时，无层状撕裂。

⑤ 焊接工艺评定。对重要的、比较复杂节点的焊接工艺，在正式施焊前，均进行焊接工艺评定，确认焊接质量符合设计要求后，才允许施焊。

（2）焊接工艺评定

钢结构现场安装焊接工艺评定方案是针对现场钢结构焊接施工特点，选用适应工程条件的焊接位置进行试验。按照《钢结构焊接规范》（GB 50661—2011）（以下简称焊接规范）第六章"焊接工艺评定"的具体规定及设计施工图的技术要求，在施工前进行焊接工艺评定。焊接工艺评定试件应该从工程中使用的相同钢材中取样。

① 焊接工艺评定的目的。焊接工艺评定的目的是针对各种类型的焊接节点确定出最佳焊接工艺参数，制定完整、合理、详细的工艺措施和工艺流程。

② 焊接工艺评定的条件。除符合钢结构焊接规范第 6.6 节规定的免予评定条件外，施工单位首次采用的钢材、焊接材料、焊接方法、接头形式、焊接位置、焊后热处理制度以及焊接工艺参数、预热和后热措施等各种参数的组合条件，应在钢结构构件制作及安装施工之前进行焊接工艺评定。

③ 焊接工艺评定的内容。焊接工艺评定的目的：选择有工程代表性的材料品种、规格、拟投入的焊材，进行可焊性试验及评定；选择有代表性的焊接接头形式，进行焊接试验及工艺评定；选择拟使用的作业机具，进行设备性能评定；模拟现场实际的作业环境条件，采取预防措施和不采取措施进行焊接，评定环境条件对焊接施工的影响程度；对已经取得焊接作业资格的焊接技工进行代表性检验，评定焊工技能在工程焊接施工的适应程度；通过相应的检测手段对焊件焊后质量进行评定；通过评定确定指导实际生产的具体步骤、方法以及参数；通过评定确定焊后实测试板的收缩量，确定所用钢材的焊后收缩值。

④ 焊接工艺评定程序。焊接工艺评定程序如下。

a. 由技术员提出焊接工艺评定任务书（焊接方法、试验项目和标准）。

b. 焊接责任工程师审核任务书,并拟定焊接工艺评定指导书(焊接工艺规范参数)。

c. 焊接责任工程师依据相关国家标准规定,监督由本企业熟练焊工施焊试件和试样的检验、测试等工作。

d. 焊接试验室责任人负责评定送检的试样工作,并汇总评定检验结果,提出焊接工艺评定报告。

e. 焊接工艺评定报告经焊接责任工程师审核,企业技术总负责人批准后,正式作为编制指导生产的焊接工艺的可靠依据。

f. 焊接工艺评定所用设备、仪表应处于正常工作状态,钢材、焊材必须符合相应标准,试件应由本企业持有合格证书且技术熟练的焊工施焊。

焊接工艺评定流程如图 4-61 所示。

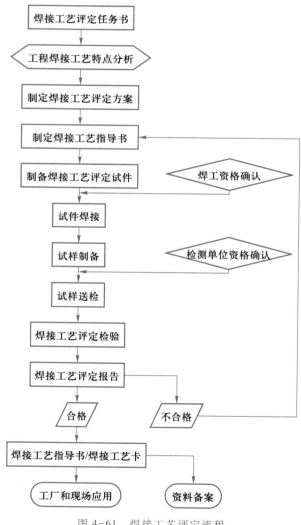

图 4-61　焊接工艺评定流程

⑤ 焊接工艺评定的试件要求。焊接工艺评定的试件应该从工程中使用的相同钢材中取样,由钢结构制作厂家按要求制作加工并运至指定的地点,试件必须满足焊接规范"6.4　试件和检验试样的制备"的要求。

⑥ 焊接工艺评定指导书。在工程中所有的焊接工艺评定依据焊接规范进行。焊接工艺评定指导书的形式及案例如表 4-14 所示。

表 4-14　焊接工艺评定指导书

工程名称	××工程			指导书编号			
母材钢号	Q345C	规格		供货状态	热轧	生产厂	
焊接材料	生产厂		牌号	类别	备注		
焊丝			ER50-3	E50			
保护气体			CO_2				
焊接方法	CO_2 气体保护焊 GMAW			焊接位置	6G(管 45°定位焊)		
焊接设备型号				电源及极性	直流反接		
预热温度/℃	不预热	层间温度	120~150	后热温度(℃)及时间(min)			
焊后热处理	焊态不热处理						
接头及坡口尺寸				焊接顺序			

	道次	焊接方法	焊丝		保护气体	保护气体流量/(L/min)	电流/A	电压/V	焊接速度/(cm/min)
			牌号	直径 ϕ/mm					
焊接工艺参数	1	GMAW	ER50-3	1.2	CO_2	20~25	160~210	26~28	18~25
	2	GMAW	ER50-3	1.2	CO_2	20~25	180~230	26~28	18~25
	3	GMAW	ER50-3	1.2	CO_2	20~25	160~210	26~28	18~25
	4	GMAW	ER50-3	1.2	CO_2	20~25	160~210	26~28	18~25
	5	GMAW	ER50-3	1.2	CO_2	20~25	160~210	26~28	18~25

技术措施	焊前清理	需要时火焰清理油污	层间清理	清理药皮
	背面清根	不清根		
	其他:① 导电嘴至工件距离:10~15mm。 ② 打底层焊条下焊接方向成 70°~80°,单点平拉短弧、月牙形运条。 ③ 盖面层焊条与焊接方向呈 90°			

编制		日期	年　月　日	审核		日期	年　月　日

⑦ 焊接工艺卡。根据焊接工艺评定制定的应用于工厂和现场的焊接工艺卡的形式如表 4-15 所示。

表 4-15　焊接工艺卡

工程名称		制造编号	部件类别	焊接工艺评定编号	焊缝代号	第 页
						共 页

材料编号		焊接层次、顺序示意图				
材料规格						
焊接方法						
电源种类						
电源极性						
坡口类型						
焊接位置						

焊接预热	加热方式		层间温度	
	温度范围		测温方法	
焊后预热	种类		保温时间	
	加热方式		冷却方式	
	温度范围		测温方法	

焊接参数

焊层	焊材牌号	焊材直径/mm	焊接电流/A	电弧电压/V	焊接速度/(cm/min)	保护气流量/(L/min)		

技术措施：

摆动焊或不摆动焊：_____　摆动参数：

焊前清理：

层间清理：_____　背面清根方法：

导电嘴至工件距离(mm)：_____　锤击：

其他：

编制		日期		审核		日期	

（3）焊接方法

管桁架工程现场焊接主要采用手工电弧焊、CO_2 气体保护半自动焊两种方法，如图 4-62 所示。

使用部位:
①点焊固定。
②打底焊接。
③钢构件与预埋件焊接。
④其他焊接工作量较小的部位。

(a) 手工电弧焊

使用部位:
①柱焊接。
②主桁架焊接。
③次桁架焊接等。

(b) CO_2 气体保护半自动焊

图 4-62　焊接方法

（4）焊接工艺

① 焊接参数表及焊缝外观尺寸。

a. 手工电弧焊参数。手工电弧焊参数如表 4-16 所示。

表 4-16　手工电弧焊参数

位置	电弧电压/V		焊接电流/A		焊条极性	层厚/mm	层间温度/℃	焊条型号
	平焊	其他	平焊	其他				
首层	24～26	23～25	105～115	105～160	阳	—	—	E5015 φ3.2～4.0
中间层	29～33	29～30	150～180	150～160	阳	4～5	86～150	
表面层	25～27	25～27	130～150	130～150	阳	4～5	85～150	

b. CO_2 气体保护弧焊平焊参数。CO_2 气体保护弧焊平焊参数如表 4-17 所示。

表 4-17　CO_2 气体保护弧焊平焊参数

位置	电弧电压/V	焊接电流/A	焊丝伸出长度/mm		层厚/mm	焊条极性	气体流量/(L/min)	焊丝型号	层间温度/℃
			≤40	>40					
首层	22～24	180～200	20～25	30～35	7	阳	45～50	ER50-3 φ1.2	85～100
中间层	25～27	230～250	20	25～30	5～6	阳	40		
表面层	22～24	200～230	20	20	5～6	阳	35		
送丝速度:5.5 mm/s;气体有效保护面积:1 000 mm²									

c. 焊缝外观尺寸标准。焊缝外观尺寸标准要求如表 4-18 所示。

表 4-18　焊缝外观尺寸标准要求　　　　　　　　　　mm

焊接方法	焊缝余高		焊缝错边量		焊缝宽度	
	平焊	其他位置	平焊	其他位置	坡口每边增宽	宽度差
手工焊	0~3	0~4	≤2	≤3	0.5~2.5	≤3
CO_2焊	0~3	0~4	≤2	≤3	0.5~2.5	≤3

② 焊接技术交底。工程正式开工前应进行各级、各项充分的技术交底,以便应让每一个施工参与者掌握在施工过程应当处于"什么时间""什么位置""干什么""怎么干""干到什么程度""干完提交给谁"。而且,每位焊接施工人员必须熟悉焊接工艺评定确定的最佳焊接工艺参数和注意事项,并且严格执行技术负责人批准的焊接技术要求,以保证焊缝的质量和焊接施工的顺利完成。

③ 焊前清理。正式施焊前应清除焊渣、飞溅等污物。定位焊点与收弧处必须用角向磨光机修磨成缓坡状且确认无未熔合、收缩孔等缺陷。

④ 电流调试。

a. 手工电弧焊。不得在母材和组对的坡口内进行,应在试弧板上分别做短弧、长弧、正常弧长试焊,并核对极性。

b. CO_2 气体保护焊。应在试弧板上分别做焊接电流、电压、收弧电流、收弧电压对比调试。

⑤ 气体检验。核定气体流量、送气时间,滞后时间,确认气路无阻滞、泄漏。

⑥ 焊接材料。

a. 钢结构现场焊接施工所需的焊接材料和辅材均要有质量合格证书,施工现场设置专门的焊材存储场所,分类保管。

b. 焊条使用前均需要进行烘干处理。

⑦ 焊接工艺流程。构件安装定位后,严格按工艺试验规定的参数和作业顺序施焊,并按图 4-63 所示焊接工艺流程作业。

(5)焊接顺序

焊接接头形式及焊接顺序:现场焊接主要采用手工电弧焊、CO_2 气体保护半自动焊两种方法。焊接施工按照先主桁架后次桁架、先主梁后次梁的顺序,分区分单元进行,保证每个区域都形成一个空间框架体系,以提高结构在施工过程中的整体稳定性,便于逐区调整校正,最终合拢,减少安装过程中的累积误差。

① 主桁架钢管的焊接顺序如图 4-64 所示。桁架钢管焊接时,采取 2 个人分段对称焊的方式进行,即先 1、2 同时对称焊,再 3、4 同时对称焊。

② 次桁架钢管的对接焊接顺序如图 4-65 所示。桁架钢管焊接时,采取 2 个人分段对称焊的方式进行,即 1、2 同时对称焊。

(6)焊接施工

① 焊接施工要求。焊接施工要求与案例如下。

a. 板焊接。采用根部手工焊封底、半自动焊中间填充、面层手工焊盖面的焊接方式。带衬板的焊件全部采用 CO_2 气体保护半自动焊焊接。

b. 全部焊段尽可能保持连续施焊,避免多次熄弧、起弧。穿越安装连接板处工艺

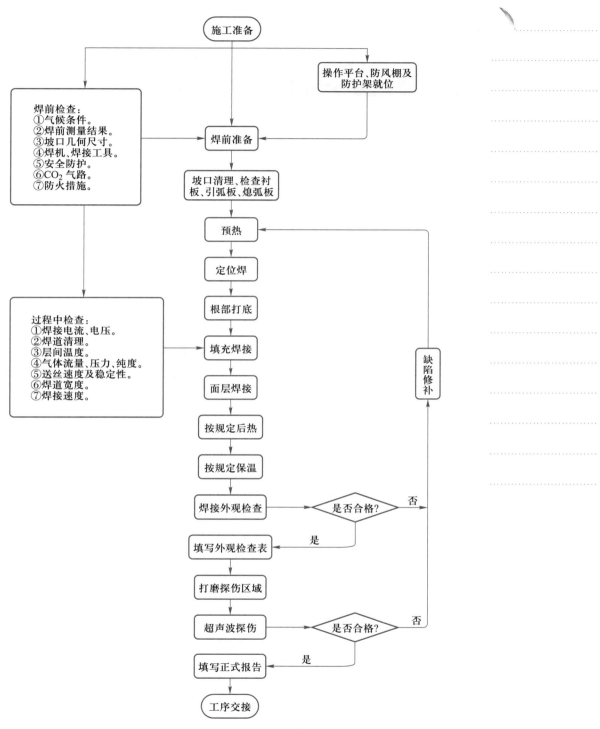

图 4-63 焊接工艺流程

孔时必须尽可能将接头送过连接板中心,接头部位均应错开。

c.同一层道焊缝出现一次或数次停顿需再续焊时,始焊接头需在原熄弧处后至少

图 4-64 主桁架钢管的焊接顺序

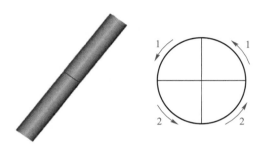

图 4-65 次桁架钢管的对接焊接顺序

15 mm 处起弧,禁止在原熄弧处直接起弧。CO_2 气体保护焊熄弧时,应待保护气体完全停止供给、焊缝完全冷凝后方能移走焊枪。禁止电弧刚停止燃烧即移走焊枪,使红热熔池暴露在大气中失去 CO_2 气体保护。

d. 打底层。在焊缝起点前方 50 mm 处的引弧板上引燃电弧,然后运弧进行焊接施工。熄弧时,电弧不允许在接头处熄灭,而是应将电弧引带至超越接头处 50 mm 的熄弧板熄弧,并填满弧坑,运弧采用往复式运弧手法,在两侧稍加停留,避免焊肉与坡口产生夹角,达到平缓过渡的要求。

e. 填充层。在进行填充焊接前应清除首层焊道上的凸起部分及引弧造成的多余部分,清除粘连在坡壁上的飞溅物及粉尘,检查坡口边缘有无未熔合及凹陷夹角,如果有则必须用角向磨光机除去。CO_2 气体保护焊时,CO_2 气体流量宜控制在 40~55L/min,焊丝外伸长 20~25 mm,焊接速度控制在 5~7 mm/s,熔池保持水准状态,运焊手法采用划斜圆方法,填充层焊接面层时,应注意均匀留出 1.5~2 mm 的深度,便于盖面时能够看清坡口边。

f. 面层焊接。直接关系到该焊缝外观质量是否符合质量检验标准,开始焊接前应对全焊缝进行修补,消除凹凸处,尚未达到合格处应先予以修复,保持该焊缝的连续均匀成形。面层焊缝应在最后一道焊缝焊接时,注意防止边部出现咬边缺陷。

g. 焊接过程中,焊缝的层间温度应始终控制在 100~150 ℃,要求焊接过程具有最大的连续性,如在施焊过程中出现修补缺陷、清理焊渣所需停焊的情况造成温度下降,则必须用加热工具进行加热,直至达到规定值后方能再进行焊接。焊缝出现裂纹时,焊工不得擅自处理,应报告焊接技术负责人,查清原因,制订出修补措施后,方可进行处理。

h. 焊后热处理及防护措施。母材厚度 $T>25$ mm 的焊缝,必须进行后热保温处理,后热应在焊缝两侧各 100 mm 宽幅均匀加热,加热时自边缘向中部,又自中部向边缘由低向高均匀加热,严禁持热源集中指向局部,后热消氢处理加热温度为 200~250 ℃,保温时间应依据工件板厚按每 25 mm 板厚 1 h 确定。达到保温时间后应缓冷至常温。焊接完成后,还应根据实际情况进行消氢处理和消应力处理,以消除焊接残余应力。

　　i. 焊后清理与检查。焊后应清除飞溅物与焊渣,清除干净后,用焊缝量规、放大镜对焊缝外观进行检查,不得有凹陷、咬边、气孔、未熔合、裂纹等缺陷,并做好焊后自检记录,自检合格后鉴上操作焊工的编号钢印,钢印应鉴在接头中部距焊缝纵向 50 mm 处,严禁在边沿处鉴印,防止出现裂源。外观质量检查标准应符合《钢结构工程施工质量验收标准》(GB 50205—2020)中的规定。

　　j. 焊缝的无损检测。焊件冷至常温 ≥24h 后,进行无损检验,检验方式为 UT 检测,检验标准应符合《焊缝无损检测　超声检测技术、检测等级和评定》(GB/T 11345—2013)规定的检验等级并出具探伤报告。

　　② 焊接变形的控制。焊接变形的控制如下。

　　a. 下料、装配时,根据制造工艺要求,预留焊接收缩余量,预置焊接反变形。

　　b. 在得到符合要求的焊缝的前提下,尽可能采用较小的坡口尺寸。

　　c. 装配前,矫正每一构件的变形,保证装配符合装配公差表的要求。

　　d. 使用必要的装配和焊接胎架、工装夹具、工艺隔板及撑杆等刚性固定来控制焊后变形。

　　e. 在同一构件上焊接时,应尽可能采用热量分散,对称分布的方式施焊。

　　f. 采用多层多道焊代替单层焊。

　　g. 双面均可焊接操作时,要采用双面对称坡口,并在多层焊时采用与构件中性轴对称的焊接顺序。

　　h. T 形接头板厚较大时,采用开坡口角对接焊缝。

　　i. 对于长构件的扭曲,不要靠提高板材平整度和构件组装精度,使坡口角度和间隙准确,电弧的指向或对中准确,以使焊缝角变形和翼板及腹板纵向变形值沿构件长度方向一致。

　　j. 在焊缝众多的构件组焊或结构安装时,要选择合理的焊接顺序。

　　3. 钢管焊接质量控制

　　(1) 钢管焊接质量控制的工艺措施

　　① 控制焊接变形的工艺措施。焊接顺序控制不当易产生变形和应力集中,因此在焊接时采取以下的技术措施来控制焊接变形。

　　a. 先焊中间,再焊两边。

　　b. 先焊受力大的杆件,再焊受力小的杆件。

　　c. 先焊受拉杆件,再焊受压杆件。

　　d. 先焊焊缝少的部位,再焊焊缝多的部位。

　　e. 先焊大管径杆件,再焊小管径杆件。

　　f. 先焊趾部,再焊根部。

　　② 控制厚板层状撕裂的工艺措施。有的工程中由于箱形梁有部分厚板,在焊接时,如果工艺措施采取不当或因材料缺陷,极易出现 Z 向层状撕裂,为防止在厚度方向

出现层状撕裂,采取措施如下。

a. 在拼装前,对钢板坡口侧 150 mm 区域内进行 UT 探伤检查,对发现裂纹、夹层及分层的弃用,重新下料、加工。

b. 在设计焊缝时,采取对称 V 形坡口形式和交错对称焊接的方法。

c. 对装前应对母材焊道中心线两侧各 130 mm 左右的区域进行超声波探伤检查,母材中不得有裂纹、夹层及分层等缺陷。

d. 按工艺卡编写的焊接顺序和措施进行焊接,尽可能减少板厚方向的约束。

e. 严格按照工艺卡要求进行预热措施和后热处理。

f. 对所有的焊缝要进行 UT 超声波检查,确保焊缝达到一级标准。

③ VSR 时效振动焊接应力消除。在箱形体结构中,翼板、加筋板和腹板的焊接造成板间很大的拘束,焊接残余应力的存在将给工程造成许多不良影响,如降低静载强度、焊接变形等。因此,我们制定了有效降低焊接残余应力的措施。

消除应力的措施从工艺上讲主要有热处理、锤击、振动法和加载法。在工地现场除对焊接接头做后热处理和锤击外,没有其他有效的方式。消除应力主要在工厂进行,VSR 时效振动法对于长度在 10 m 以内、重量 20 t 以下的钢构件应力的消除特别有效,其操作工艺简单、生产成本较低(与热处理时效相比),越来越多地应用到生产当中。VSR 时效振动法使用的主要设备是 VSA 时效振动仪,如图 4-66 所示。

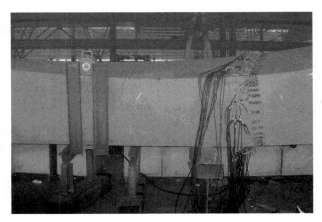

图 4-66　VSA 时效振动仪

(2)钢管焊接质量检验

① 外观检查。对全部焊缝进行外观检查,用焊接专用检验尺对焊缝尺寸进行抽检。除对个别外观缺陷进行修补外,其他均成形良好,未见表面气孔、夹渣、咬边、裂缝、焊瘤等缺陷,质量符合焊接规范及设计图纸中相应的质量等级要求。

② 内部检查。

a. 超声波无损探伤。对钢桁架制作对接焊缝、耳板连接熔透性角焊缝、钢柱与预埋板连接熔透性角焊缝、腹杆与上下弦的相贯线熔透性角焊缝、抗风柱安装焊缝、抗风柱柱脚连接熔透性角焊缝,进行超声波探伤检验,设计规定为二级焊缝,可按 20% 抽检,本次检测均增加至 100%。检测结果:内部焊接缺陷的形态和分布基本为点状离散,缺陷脉冲特征均未超过有关标准限定的二级焊缝的指标为合格。其中现场拼装对接焊缝达到一级质量要求。

b. 磁粉探伤。对工厂制作的腋肋板连接焊缝,设计要求抽检 15%,对现场腹杆连接相贯线焊缝抽检 20%,进行磁粉探伤检验,无表面裂缝及其他超标缺陷,质量等级达到一级要求。

4. 异种钢焊接

（1）焊材及焊接机具选择

铸钢节点与钢管的对接焊接,坡口形式为带内衬管 U 形坡口（此坡口形式可减少焊缝断面,减少根部与面缝部收缩差,防止由于焊接应力过度集中在近面缝区产生撕裂现象）。采用手工电弧焊焊接,焊条选用 E5015,直径选用 $\phi 3.2 \sim 4$ mm,配备功率强大（可远距离配线,电压降极小）,性能先进,可随时由操作者远距离手控电压、电流变幅的整流式 CO_2 焊机（型号为 NB600）,以适应高空作业者为满足全位置焊接需要频繁调整焊接电压、电流的要求。

（2）焊前准备

焊前准备工作如表 4-19 所示。

表 4-19　焊前准备工作

序号	准备工作	示意图
1	组对前,先采用锉刀、砂布、盘式钢丝刷将铸钢件接头处坡口内壁 15~20 mm 处的锈蚀及污物仔细清除掉。由于铸钢件的表面光洁度较差,在组对前必须把凹陷处用角向磨光机磨平,坡口表面不得有不平整、锈蚀等现象	坡口检查
2	无缝钢管的对接处清理与铸钢件相同	
3	不得在铸钢件部位进行硬性敲打,防止产生裂纹	
4	预留焊接收缩量,用千斤顶之类的起重器具把接头处坡口间隙顶至上部大于下部 2~3 mm 的焊接收缩预留量,以保证整个焊接节点最终的收缩相等,预检采用钢直尺、角尺、楔尺、焊缝量规核查拼对间隙、错边状况、坡口有无损伤,确认符合规程要求	
5	对接接头定位焊采用小直径（$\phi 3.2$ mm）E5015 焊条进行,焊条必须严格按使用说明书进行烘烤,定位焊的焊接长度要求为每处 ≤50 mm,焊肉厚度约为 4 mm	坡口打磨清理
6	定位焊后采用角向磨光机将始焊与终焊处磨成缓坡状	

（3）焊接参数和预热参数

焊接参数见表 4-20，预热参数见表 4-21。

表 4-20 焊 接 参 数

焊材	层数	焊条规格/mm	电流/A	电压/V	焊速/(cm/s)	电弧极性
E5015	打底	$\phi3.2$	90~100	18~22	0.23~0.3	阳
	填充	$\phi4.0$	140~150	24~27	0.25~0.3	阳
	面层	$\phi3.2$	100~120	23~25	0.3	阳

表 4-21 预 热 参 数

钢材材质	焊接方式	壁厚/mm			
		16~20	20~30	30~50	50~60
Q345	手工焊	$180\ ℃\leq T_{预热}\leq200\ ℃$	$180\ ℃\leq T_{预热}\leq200\ ℃$	$200\ ℃\leq T_{预热}\leq220\ ℃$	$220\ ℃\leq T_{预热}\leq250\ ℃$
铸钢件	手工焊	$200\ ℃\leq T_{预热}\leq220\ ℃$	$200\ ℃\leq T_{预热}\leq220\ ℃$	$200\ ℃\leq T_{预热}\leq220\ ℃$	$220\ ℃\leq T_{预热}\leq250\ ℃$

（4）焊接施工工艺

焊接施工工艺如表 4-22 所示。

表 4-22 焊接施工工艺

序号	名称	焊接施工
1	底层	管对管对接接头在焊接根部时，应自焊口的最低处中线 10 mm 处起弧至管口的最高处中心线超过 10 mm 左右止，完成半个焊口的封底焊，另一半焊前应将前半部始焊与收尾处用角向磨光机修磨成缓坡状并确认无未熔合现象后，在前半部分焊缝上起弧始焊至前半部分结束处焊缝上终了整个管口的封底焊接。根部焊接需注意衬板与无缝钢管坡口部分的熔合，并确保焊肉介于 3~3.5 mm 要点：① 严禁在构件上进行电流、电压等调试，起、收弧必须在坡口内进行，焊条接正极（直流反接）；② 燃弧时采用擦拉弧法，自坡壁前段燃弧后引向待焊处，确保短弧焊接；③ 运燃弧时采用往复式运焊手法，在两侧稍加停留，避免焊肉与坡口产生夹角，应达到平缓过渡要求
2	填充层	在进行填充焊接前应剔除首层焊后焊道上的凸起部分与粘连在坡壁上的飞溅粉尘，仔细检查坡口边沿有无未熔合及凹陷夹角。如果有上述现象，则必须采用角向磨光机除去，不得伤及坡口边沿。焊接时注意每道焊道应保持在宽 8~10 mm、厚 3~4 mm 的范围内，运焊时采用小 8 字方式，焊接仰焊部位时，采用小直径焊条，爬坡时电流逐渐增大，在平焊部位再次增大电流密度焊接，在坡口边注意停顿，以便于坡口间的充分熔合，每一填充层完成后都应做与根部焊接完成后相同的处理方法进行层间清理，焊缝的层间温度应始终控制在 120~150 ℃，要求焊接过程具有较强连续性，施焊过程中出现修理缺陷、清洁焊道所需的停焊情况造成层间温度下降，则必须用加热工具进行加热，直到达到规定值后能再进行焊接。在接近盖面时应注意均匀留出 1.5~2 mm 的深度，便于盖面时能够清楚观察两侧熔合情况

序号	名称	焊接施工
3	面层	选用小直径焊条适中的电流、电压值并注意在坡口两边熔合时间稍长，水平固定口时不采用多道面缝，垂直与斜固定口需采用多层多道焊，严格执行多道焊接的原则，焊缝严禁超宽(应控制在坡口以外2~2.5 mm)，余高保持0.5~3.0 mm 要点：① 在面层焊接时，为防止焊道太厚而造成焊缝余高过大，应选用偏大的焊接电压进行焊接；② 为控制焊缝内金属的含碳量增加，在焊道清理时，尽量减少使用碳弧气刨，以免刨后焊道表面附着的高碳晶粒无法清除，致使焊缝含碳量增加出现裂纹；③ 为控制线能量，应严格执行多层多道的焊接原则，特别是面层焊接，焊道应控制其宽度不得大于8~10 mm，焊接参数应严格规定热输入值，其整个管口的焊接层次安排示意图如下：

5. 焊接检验

焊缝的质量检验包括焊缝的外观检验和焊缝无损探伤检验。焊缝探伤根据设计图纸及工艺文件要求而定，并按照国标《焊缝无损检测 超声检测技术、检测等级和评定》(GB/T 11345—2013)来进行检测，具体检验项应符合表4-23~表4-25的要求。

表 4-23 焊缝外观质量要求

焊缝质量 检查项目 等级	允许偏差/mm			图例
	一级	二级	三级	
裂纹	不允许			
表面气孔	不允许		每50 mm焊缝长度内允许存在直径<0.4t，且≤3.0 mm的气孔2个，孔距≥6倍孔径	

续表

焊缝质量 检查项目	允许偏差/mm			图例
等级	一级	二级	三级	
表面夹渣	不允许		深≤0.2t,长≤0.5t 且≤20.0 mm	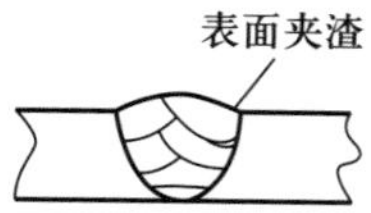 表面夹渣
咬边	不允许	深度≤0.05t,且≤ 0.5 mm;连续长度≤ 100 mm,且焊缝两侧 咬边总长≤10%焊 缝全长	深度≤0.1t,且≤ 1.0 mm,长度不限	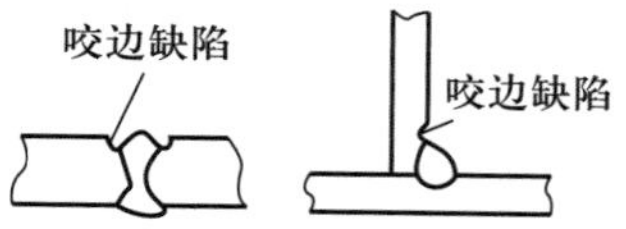 咬边缺陷　咬边缺陷
接头不良	不允许	缺口深度≤0.05 t 且≤0.5 mm	缺口深度≤0.1 t 且≤1.0 mm	
		每1 000.0 焊缝不超过 1 处		
根部收缩	不允许	≤0.2 mm+0.02 t 且≤1.0 mm	≤0.2 mm+0.04 t 且≤2.0 mm	
		长度不限		
未焊满	不允许	≤0.2 mm+0.02 t 且≤1.0 mm	≤0.2 mm+0.04 t 且≤2.0 mm	
		每 100 mm 长度焊缝内未焊满累积长 度≤25.0 mm		
电弧擦伤	不允许		允许存在个别电 弧擦伤	

表 4-24　全熔透焊缝焊脚尺寸允许偏差

项目	允许偏差/mm		图例
	一、二级	三级	
对接焊缝余高 C	B<20.0 时,C 为 0~3.0;B≥ 20.0 时,C 为 0~ 4.0	B<20.0 时,C 为 0~3.5;B≥ 20.0 时,C 为 0~ 5.0	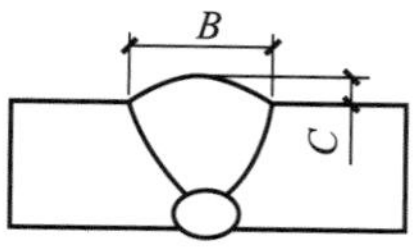

续表

项目	允许偏差/mm		图例
	一、二级	三级	
对接焊缝错边 d	$d < 0.1t$ 且 ≤ 2.0	$d < 0.15t$ 且 ≤ 3.0	
结合的错位	$t_1 \leq t_2 \leq 2t_1/15$	且 $\leq 3\text{mm}$	
	$t_1 < t_2 \leq 2t_1/6$	且 $\leq 4\text{mm}$	
一般全熔透的角接与对接组合焊缝	$h_f \geq (t/4) + 4$ 且 ≤ 10.0		
需经疲劳验算的全熔透角接与对接组合焊缝	$h_f \geq (t/2) + 4$ 且 ≤ 10.0		
T形接头焊缝余高	$t \leq 40$ mm $a = t/4$ mm	$+5$ 0	
	$t < 40$ mm $a = 10$ mm	$+5$ 0	

注:焊脚尺寸 h_f 由设计图纸或工艺文件所规定。

表 4-25　角焊缝及部分熔透的角接与对接组合焊缝偏差

项　目	允许偏差/mm	图　例
焊脚高度 h_f 偏差	$h_f \leq 6$ 时, $0 \sim 1.5$	
	$h_f > 6$ 时, $0 \sim 3.0$	
角焊缝余高(C)	$h_f \leq 6$ 时, C 为 $0 \sim 1.5$	
	$h_f > 6$ 时, C 为 $0 \sim 3.0$	

注:焊脚尺寸 h_f 由设计图纸或工艺文件所规定。

① $h_f > 8.0$ mm 的角焊缝,其局部焊脚尺寸允许低于设计要求值 1.0 mm,但总长度不得超过焊缝长度 10%。

② 焊接 H 型梁腹板与翼板的焊缝两端在其两倍翼板宽度范围内,焊缝的焊脚尺寸不得低于设计值。

对于 40 mm 厚板间的焊接,最有可能出现的焊接缺陷应该是冷裂纹和根部裂纹,如果经渗透检验(PT)或超声波检验(UT)确定有裂纹出现,要在裂纹两端钻止裂孔,并由具有操作证的碳弧气刨工对缺陷处进行清除,清除长度为裂纹长度两端各加 50 mm,然后将刨槽磨成四侧边斜面角大于 10°的坡口,必要时应用渗透探伤来确定裂纹是否彻底清除。在焊补时预热的温度应比原来的预热温度高 15~25 ℃,返修部位应连续焊成,不得间断。另外,同一部位返修不宜超过两次;对于返修仍不合格的部位,要重新修订返修方案,报工程技术人员审批并报监理工程师认可后方可执行。对于出现概率较小的气孔、夹渣等参照以上方法返修;对于余高过大、尺寸不足、咬边、弧坑等缺陷应进行打磨和焊补至合格焊缝的标准。

6. 焊工的技术和资格审查

在整个钢结构制作的过程中,焊接工作占有较高的比例,而焊工作为焊接作业的主要实施者,其个人的业务技能和工作态度直接影响到整个工程的质量,因此,我们对所有进行焊接操作的焊工都进行严格的培训和资格审查,只有考核成绩合格的焊工方能上岗,从而保证结构的焊接质量。

4.3.2　管桁架结构的安装

管桁架结构现场安装的主要顺序为轴线复测→钢立柱安装(若有)→钢柱间水平支撑安装(若有)→钢结构桁架的吊装→桁架支座相贯焊接→水平系杆的焊接→屋面檩条的安装→屋面系统安装。

现场管桁架的安装施工:① 进行安装工况验算。吊点选择原则是选择在使桁架构件弯矩最大值最小的位置。MIDAS、SAP2000、ETABS 或 3D3S 等软件是现场最常用的结构吊装验算软件,主要是控制桁架在吊装工况下不致产生不可恢复的变形和应力比大于 1 的情况。桁架吊装时,吊点不得少于 4 个。根据最大吊装单元重量,查表后选用一台、两台或多台履带式起重机和汽车式起重机配合进行吊装施工。每台吊车绑扎点一般选取在距离吊装单元端部 1/4 长的位置。② 吊装前采用悬吊钢尺加水准仪法将标高引测到下部结构上,以此来控制桁架与下部结构相贯各点的标高。吊装前应在两头用溜绳控制,钢桁架梁缓缓起吊后注意安装方向,以防碰撞下部结构,然后缓缓落下就位。待桁架梁弦杆与下部结构相贯节点达到设计标高后,先将桁架梁弦杆与下部结构点焊连接,待两端标高及整榀桁架垂直度等空间位置确定后,进行焊接固定。再安装连接桁架梁之间支撑桁架杆件,所有构件安装焊接完成后对吊点进行卸载,并缓缓摘钩。③ 管桁架高空焊接主要采用手工电弧焊或 CO_2 气体保护焊的焊接方法。焊接施工按照先主管后次管,先对接后角焊的顺序,分层分区进行。保证每个区域都形成一个空间体系,以提高结构在施工过程中的整体稳定性,并且减少安装过程中的误差。

施工焊接质量检测包括外观检测和超声波无损探伤。外观检测内容包括焊接方法、焊接电流、选用的焊条直径等。所有全熔透焊缝进行超声波探伤并形成记录。钢结构管桁架施工完成后,焊缝按照等级按比例采用超声波进行检测,自检合格后报监理、业主验收,经检验所查钢结构节点角焊缝和对接焊接符合《钢结构工程施工质量验收规范》(GB 50205—2001)中一级、二级焊接的要求。其余焊接外观质量及焊接尺寸,主要构件变形,主体构件尺寸,桁架起拱均符合设计及施工质量规范要求即可完成管桁架的安装。

管桁架安装现场胎架的数量根据现场场地情况、吊装要求、施工周期等确定,以管桁架拼装速度与安装速度相匹配,减少或避免窝工现象为基本原则。

各区中应具备各自堆放散件的场地,工厂加工后的散件必须严格按现场拼装场地上的构件所需进行配套发货和卸货,避免二次倒运。

动画
管桁架现场拼装吊装

1. 管桁架主结构安装

(1)管桁架吊装施工

① 吊装设备选用。吊装设备选用要综合考虑工程特点、现场的实际情况、工期等因素,预设多种安装方案,经过各种方案经济、技术指标比较,从吊装设备、与土建交叉配合要求及施工方便,管桁架吊装一般至少选择 1 台履带吊和一台汽车配合进行管桁架地面拼装、设备转运及吊装主桁架。吊装设备额定起重量要综合考虑施工现场具体条件、吊装半径、管桁架自重和吊装位置具体选定。

微课
管桁架结构安装之吊装法

② 埋设埋件。埋件的埋设要保证精度,首先测设好埋件位置的控制线及标高线,并采取加钢筋将埋件锚杆与钢筋混凝土主筋焊接牢固的固定措施,防止在浇灌、振捣混凝土时产生移动变形。

③ 吊装验算。一般将管桁架 CAD 模型导入 MIDAS、SAP2000 或 3D3S 等软件进行吊装验算,某管桁架吊装验算结果如图 4-67 所示。

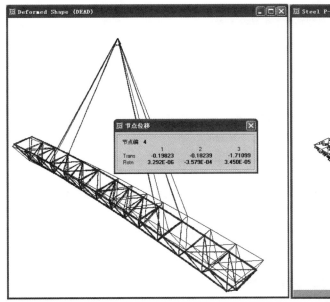
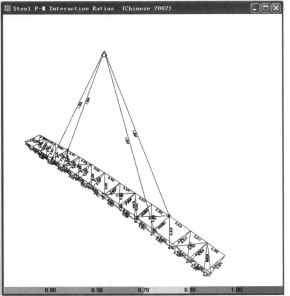

图 4-67   某管桁架吊装验算结果

对于复杂空间结构,如果杆件截面偏小,由于施工图中杆件截面选择是依据管桁架空间结构整体分析及验算的结果,对于各种吊装工况并不一定能满足要求,一般需要进行施工阶段非线性分析,得出各种吊装工况下管桁架应力及位移,若能满足要求,即可按照既定方案吊装施工,若不能满足要求或产生不可恢复的变形,就需要对管桁架结构在吊装过程中进行加固处理。某管桁架结构施工工序及施工阶段非线性分析结果如图 4-68 所示。

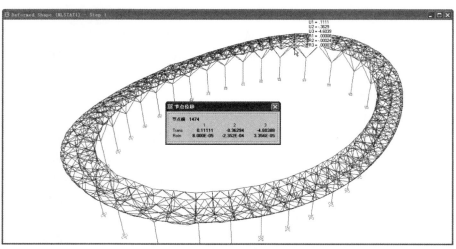

(a) 第一施工步

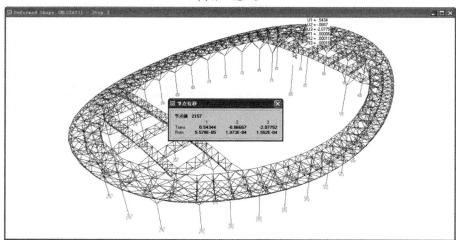

(b) 第二施工步

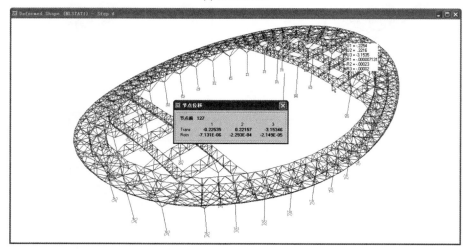

(c) 第三施工步

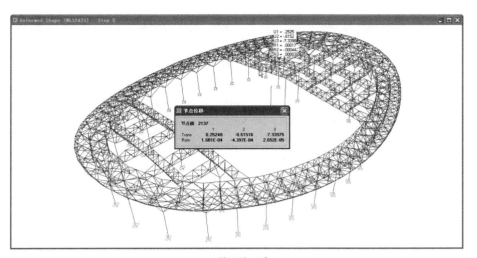

(d) 第四施工步

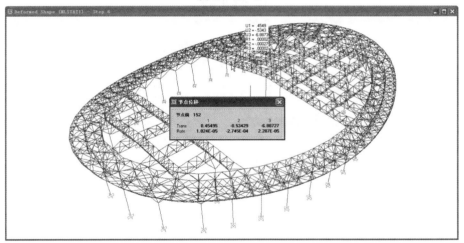

(e) 第五施工步

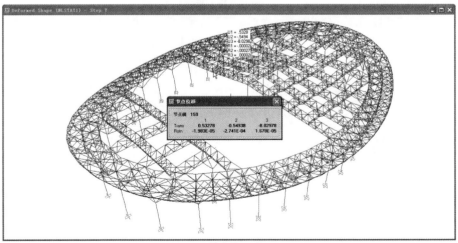

(f) 第六施工步

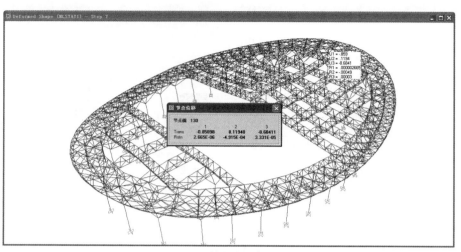

(g) 第七施工步

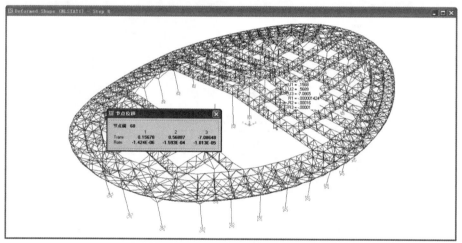

(h) 第八施工步

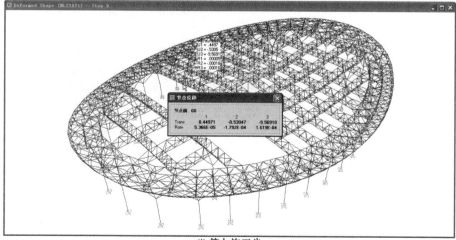

(i) 第九施工步

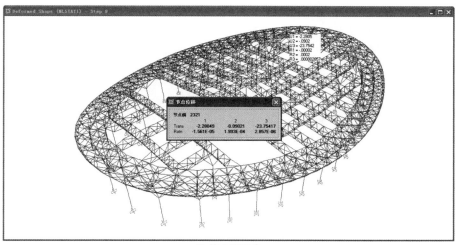

(j) 第十施工步

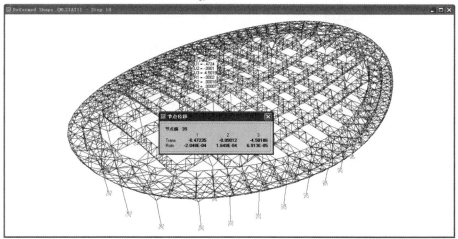

(k) 第十一施工步

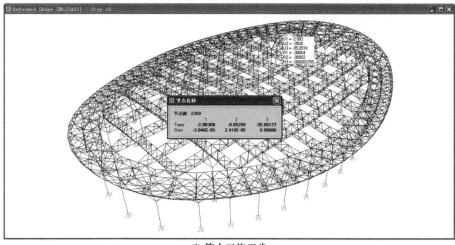

(l) 第十二施工步

图 4-68 某管桁架结构施工工序及施工阶段非线性分析结果

④ 支承架验算。由于管桁架结构往往体量较大,分段吊装时需要进行高空对接,此时需要设置支承架以支承管桁架自重和施工荷载,需要对支承架进行结构验算,支承架可采用脚手架钢管搭设、使用角钢焊接塔架或使用塔吊标准节,如图 4-69 所示。

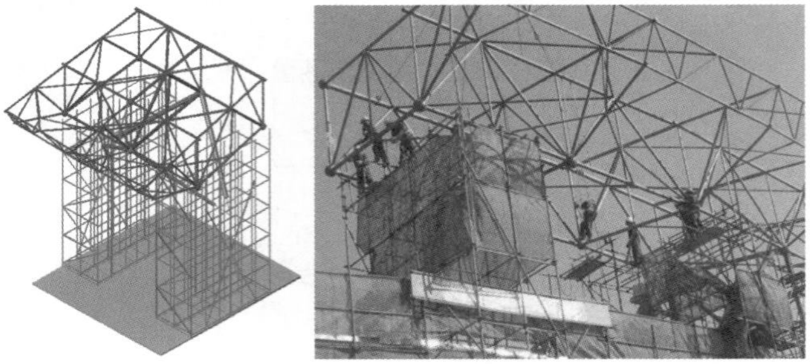

(a) 脚手架支承架

(b) 塔吊标准节支承架

(c) 角钢焊接塔架支承架

图 4-69　管桁架支承架

⑤ 管桁架吊装。管桁架吊装一般采取履带吊和汽车吊配合吊装,履带吊吊装拼装好的管桁架单元,汽车吊吊装杆件进行管桁架单元的连接。某管桁架结构吊装施工顺序如图 4-70 所示。

吊装第一步：把环桁架单元在地面上拼装成整体，采用履带吊吊装到安装位置处，同时在桁架的下弦球位置处设置临时支撑点，待环桁架定位稳定后，采用汽车吊把环桁架的斜杆补上，并焊接牢固。

吊装第二步：同样的安装办法吊装第二环桁架单元，环桁架支撑胎架不能拆除。

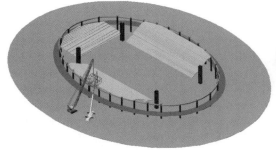

(a) 第一施工步

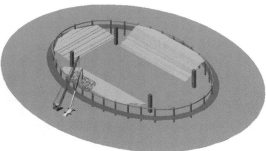

(b) 第二施工步

吊装第三步：同样的安装办法吊装其余环桁架单元，整个1/4椭圆封闭。

吊装第四步：同样的安装办法吊装其余环桁架单元，半个椭圆的环桁架封闭。

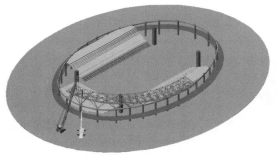

(c) 第三施工步

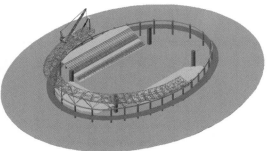

(d) 第四施工步

吊装第五步：同样的安装办法吊装其余环桁架单元，3/4椭圆的环桁架封闭

吊装第六步：同样的安装办法吊装其余环桁架单元，整个椭圆的环桁架封闭。

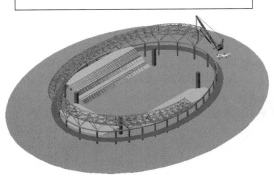

(e) 第五施工步

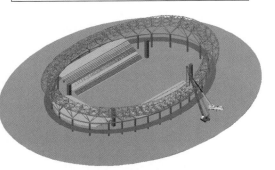

(f) 第六施工步

吊装第七步：整个椭圆的环桁架封闭后，开始由主席台位置处吊装第一榀主桁架，采用履带吊在场外进行分段吊装，中间对接点采用塔吊标准节支撑。

吊装第八步：当第一榀主桁架吊装完成后，开始吊装第二榀主桁架，此桁架由于在会议室上面，吊装半径较大，采用大吨位汽车式起重机吊装，把桁架分成4段，分段进行吊装。同时用次桁架把第一榀主桁架和第二榀主桁架连接成整体。

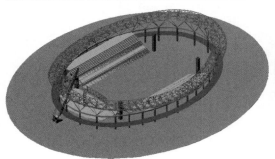

(g) 第七施工步

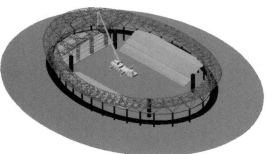

(h) 第八施工步

吊装第九步：同样吊装方法吊装主场地上面的两榀主桁架，同时用次桁架把主桁架连接成整体。

吊装第十步：待两边的主桁架全部吊装完成后，整个环桁架和主桁架连接成一个整体，开始吊装中间部位第五榀主桁架，这些中间桁架分成两段，先吊装第一段，用塔吊标准节进行支撑，同时用次桁架和已吊装主桁架连接成整体。

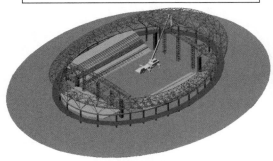

(i) 第九施工步

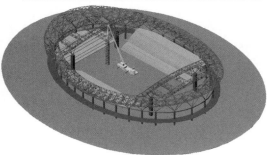

(j) 第十施工步

吊装第十一步：吊装第五榀主桁架的另一段，同样在地面上拼装成整体，采用空中对接，对接点同样塔吊标准节进行支撑。

吊装第十二步：用以上同样的吊装方法吊装剩余主桁架，并用次桁架连接成整体。

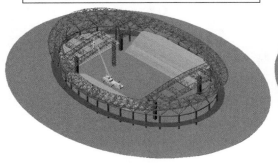

(k) 第十一施工步

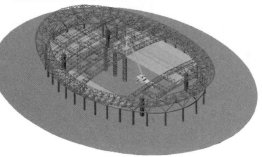

(l) 第十二施工步

吊装第十三步：整个吊装完成，汽车吊在GHJ5和GHJ4之间收臂，同时退出场内。然后对辅助安装的特点标准节支承架同时卸载，完成管桁架主构件安装。

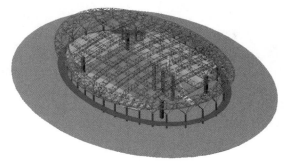

(m) 第十三施工步

图4-70 某管桁架结构吊装施工顺序

（2）滑移法安装管桁架

① 高空滑移法分类。

a. 按滑移方式可分为：单条滑移，如图4-71(a)所示，即将管桁架按榀分别从一端滑移到另一端就位安装，各条之间分别在高空用次桁架和系杆再行连接，即逐榀滑移，逐榀连成整体；逐榀累积滑移法，如图4-71(b)所示，即先将各榀管桁架单元滑移一段距离（这一段距离能连接上第二榀管桁架的宽度即可），连接好第二榀管桁架后，两榀管桁架一起再滑移一段距离（宽度同上），再连接第三榀，三榀又一起滑移一段距离，如此循环操作，直到接上最后一榀管桁架为止。

动画
桁架牵引
滑移

微课
管桁架结构
安装之滑移
法分类

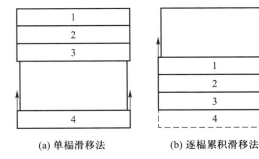

(a) 单榀滑移法　　　(b) 逐榀累积滑移法

图4-71 管桁架高空滑移法分类

b. 按摩擦方式可分为滚动式和滑动式两类，如图4-72所示。滚动式滑移即管桁架装上滚轮，管桁架滑移是通过滚轮与滑轨的滚动摩擦方式进行的；滑动式滑移即管桁架支座直接搁置在滑轨上，通过支座底板与滑轨的滑动摩擦方式进行的。

c. 按滑移坡度可分为水平滑移、下坡滑移、上坡滑移和旋转滑移4类。当建筑平面为矩形时，可采用水平滑移或下坡滑移（下坡滑移可省动力）；当建筑平面为梯形时，如图4-73所示，短边高、长边低、上弦节点支承式管桁架，则可采用上坡滑移；当建筑平面为圆形或环形时，可采用旋转滑移。

(a) 滚动式滑移   (b) 滑动式滑移

图 4-72 管桁架按摩擦方式分类

d. 按滑移时外力作用方向可分为牵引法和顶推法两类。牵引法即将钢丝绳绑扎于管桁架前方,用卷扬机或手扳葫芦拉动钢丝绳,牵引管桁架前进,作用点受拉力。顶推法即用千斤顶顶推管桁架后方,使管桁架前进,作用点受压力。

② 高空滑移法的特点。

a. 管桁架安装是在土建完成框架、圈梁以后进行的,而且管桁架安装是架空作业,对建筑物内部施工没有影响,管桁架安装与下部土建施工可以平行立体作业,大大加快了进度。

b. 高空滑移法对起重设备、牵引设备要求不高,可用小型起重机或卷扬机,而且只需搭设局部拼装支撑架。如果建筑物端部有平台,可不搭设脚手架。

微课
管桁架结构安装之滑移法特点及适用范围

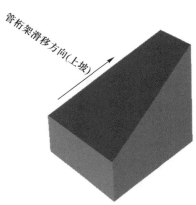

图 4-73 建筑平面为梯形时的情况

c. 采用单榀滑移法时,摩擦阻力较小,如果再加上滚轮跨度小时,则用人力撬棍即可撬动前进。当用逐条积累滑移法时,牵引力逐渐加大,即使为滑动摩擦方式,也只需用小型卷扬机即可(例如最终屋盖管桁架总重为 200 t,实测涂黄油后滑道摩擦系数为 0.1,故牵引力为 20 t,滑车引出 5 根钢丝绳,则卷扬机只需提供 20÷4 = 5 t 即可,故采用 5t 卷扬机进行牵引,设 4 组动滑轮组,卷扬机绕出 5 绳,牵引力为 25 t,满足要求)。因为管桁架滑移时速度不能过快(≤1 m/min),一般均需通过滑轮组变速。

③ 高空滑移法适用范围。

a. 高空滑移法可用于矩形、多边形、梯形、圆形、环形等建筑平面。

b. 支承情况可为周边简支,或点支承与周边支承相结合等情况。

c. 当建筑平面为矩形时,滑轨可设在两边圈梁上,实行两点牵引。

d. 当跨度较大时,可在中间增设滑轨,实行三点或四点牵引,这时管桁架不会因单榀受力导致挠度过大(需对单榀管桁架进行自重作用下的强度、挠度和整体稳定进行计算),但需保持各点牵引同步。另外,也可采取加反梁办法解决。

e. 高空滑移法适用于狭窄现场、山区等处施工,也适用于跨越施工,例如,车间屋盖的更换,轧钢厂、机械厂等厂房内设备基础、设备与屋面结构平行施工。

f. 第一榀管桁架高空滑移时,由于无侧向支承,桁架中心铅垂面外侧向稳定差,需设置辅助侧向支承杆件和多道缆风绳。另由于第一榀管桁架自重轻,往往滑车组省力系数取得小(钢丝出股数少),导致滑移速度不易控制,现场施工时应求慢求稳,统一指挥,防止因滑移速度过快引起管桁架振动使结构承受动荷载作用和稳定性差引起的严重工程事故。滑移安装管桁架结构工程施工实例如图 4-74 所示。

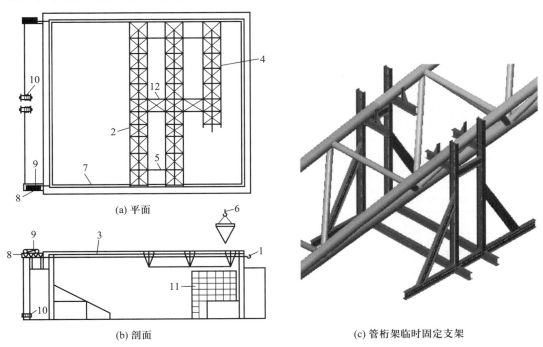

(a) 平面

(b) 剖面

(c) 管桁架临时固定支架

图 4-74　滑移安装管桁架结构工程施工实例

1—天沟梁;2—管桁架;3—拖车架;4—分段吊装单元;5—系杆;6—起重机吊钩;7—牵引绳;
8—反力架;9—牵引滑轮组;10—卷扬机;11—脚手架;12—次桁架

④ 管桁架滑移安装。管桁架滑移安装流程如图 4-75 所示。

a. 滑道设计。滑道在结构滑移中起承重导向和横向限制滑板水平位移的作用,设计时需明确滑道布置位置;由于钢结构自重大,水平滑移距离长,并存在一定的水平推力,滑道需经计算确定其截面,可采用焊接 H 型钢或箱形截面梁;滑道采用型钢,滑道下表面的标高和柱顶的埋件上表面相平,滑道上涂布润滑油(滑动法滑移);滑道与柱顶埋件临时焊接固定,因滑道的跨度较大,且其承重量大,若不采取一定的措施,其截面需要很大才能满足要求,为了更经济且保证安全宜在滑道钢梁两侧设支撑,支撑于下部结构。

b. 滑道安装。由于滑道较长,现场施工时需对滑道进行拼接,拼焊采用剖口焊,焊接后需对焊缝处用磨光机打磨平整,滑道节点一般可按图 4-76 所示设置。

c. 滑移的牵引力验算。选取最大、最重的滑移单元,整体自重标准值为 G_k,则滑重为

动画
支撑及胎架
的安装设计

$$G = \gamma G_k \qquad\qquad (4-3)$$

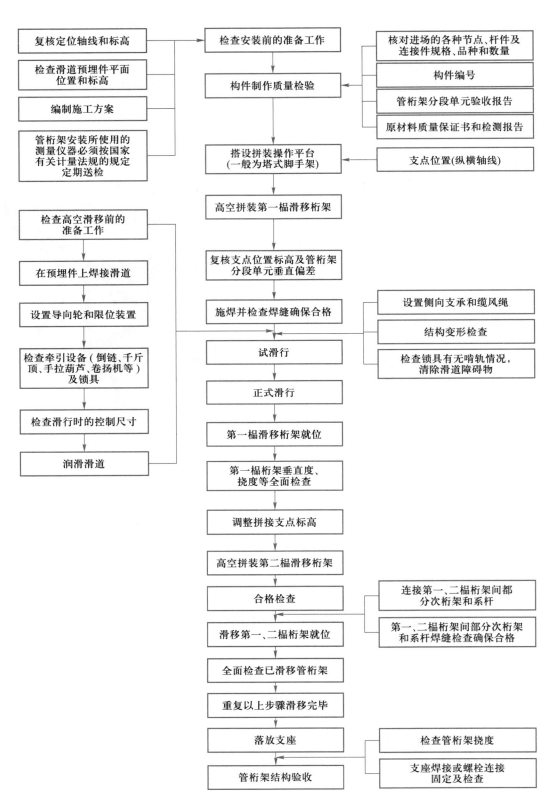

图 4-75　管桁架滑移安装流程

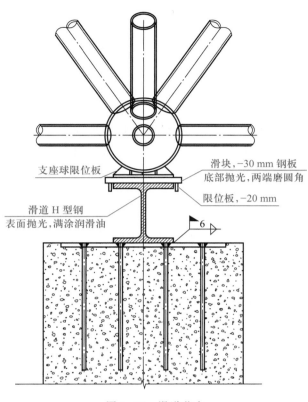

支座球限位板

滑块,-30 mm 钢板
底部抛光,两端磨圆角

限位板,-20 mm

滑道 H 型钢
表面抛光,满涂润滑油

6

图 4-76 滑道节点

式中：G_k——构件自重,t;

　　γ——动力系数,一般可取 1.5~2.0。

　　当为滑动摩擦时,滑块与滑道滑动摩擦系数设计值为 0.12~0.15,实际滑动摩擦系数通过施工前试验确定。取最大摩擦系数 μ,则共需要牵引力为

$$F = \eta\mu G \tag{4-4}$$

式中：η——多个牵引力的不均匀系数,一般可取 1.3~1.5。

　　当为滚动摩擦时

$$F = \mu_2 \frac{K}{r_1} \frac{r}{r_1} G_k \tag{4-5}$$

式中：F——总启动牵引力,t;

　　K——滚动摩擦系数,钢制轮与钢之间取 0.5;

　　μ_2——摩擦系数,在滚轮与滚轮轴之间,或经机械加工后充分润滑的钢与钢之间可取 0.1;

　　r_1——滚轮外圆半径,mm;

　　r——轴的半径,mm。

　　$F = \eta\mu G$ 和 $F = \mu_2 \dfrac{K}{r_1} \dfrac{r}{r_1} G_k$ 计算的结果是指总的启动牵引力。

　　如果选用两点牵引滑移,则将上列结果除以 2 得每边卷扬机所需的牵引力。工程

实测结果表明,两台卷扬机在滑移过程中牵引力是不等的,在正常滑移时,两台卷扬机牵引力之比约 1 : 0.7,个别情况为 1 : 0.5。因此建议选用的卷扬机功率应适当放大。

d. 牵引设备选择。可根据单个设备牵引力和动滑轮组数选择牵引用卷扬机或顶推用千斤顶。为了保证管桁架滑移时的平稳性,牵引速度不宜太快,根据经验,牵引速度以控制在 1 m/min 左右为宜。因此,如采用卷扬机牵引,应通过滑轮组降速。

e. 同步控制。管桁架滑移时同步控制的精度是滑移技术的主要指标之一。当管桁架采用两点牵引滑移时,如果不设导向轮,滑移要求同步主要是为了不使管桁架滑出轨道。如果设置导向轮,牵引速度差(不同步值)应以不使导向轮顶住导轨为准。当三点牵引时,除应满足上述要求外,还要求不使管桁架增加太大的附加内力。允许不同步值应通过验算确定,两点或两点以上牵引时必须设置同步监测设施。

当采用逐条积累滑移法并设导向轮两点牵引时,其允许不同步值与导向轮间隙、管桁架积累长度有关。管桁架积累越长,允许不同步值就越小,其几何关系如图 4-77 所示。

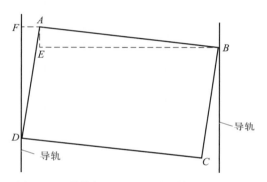

图 4-77   管桁架滑移时不同步值的几何关系

设当点 B、D 正好碰上导轨时,A、B 两牵引点为允许不同步的极限值,如点 A 继续领先,则点 B、D 越易压紧,即产生 R_1 及 R_2 的顶力,管桁架就产生施工应力,这在同步控制上是不允许的。故当 B、D 两点正好碰上导轨时,A、B 两牵引点允许不同步值为 AE,用下式进行计算:

$$AE = \frac{AB \cdot AF}{AD} \tag{4-6}$$

式中:AB——管桁架跨度,mm;

AF——两倍导向轮间隙,mm;

AD——管桁架滑移单元长度,mm。

式中,AB、AF 是已定值,而 AE 与 AD 成反比,因此对积累滑移法,AE 值是个变数,随着管桁架的接长,AE 逐渐变小,同步要求就越来越高。

规定管桁架滑移两端不同步值不大于 50 mm,只是作为一般情况而言,各工程在滑移时应根据情况,经验算后再自行确定具体值。两点牵引时不同步值应小于 50 mm,三点牵引时经验算后确定。

控制同步最简单的方法是在管桁架两侧的梁面上标出尺寸,在牵引的同时报滑移距离,但这种方法精度较差,特别是对三点以上牵引时不适用。自整角机同步指示装置是一种较可靠的测量装置,这种装置可以集中于指挥台随时观察牵引点移动情况,读数精度为 1 mm。

f. 安全要求。管桁架结构采用高空滑移法施工,高空作业应制订专项安全方案,采取安全防护措施,尽量避免立体交叉作业。

g. 环境要求。做到工序完、脚下清;在安装过程中,尽量减小噪声。

h. 管桁架滑移。先吊装第一榀管桁架,第一榀管桁架要设有可靠的侧向支撑以防止侧翻,并设有较多的缆风绳以保证滑移过程中的稳定。

i. 管桁架落放就位。桁架整体滑移到安装位置处后,在每个支撑点设置千斤顶进行整体顶升后,撤出滑道,将支座放入安装位置,回落千斤顶使支座球降落到安装位置上,管桁架落放就位如图 4-78 所示。

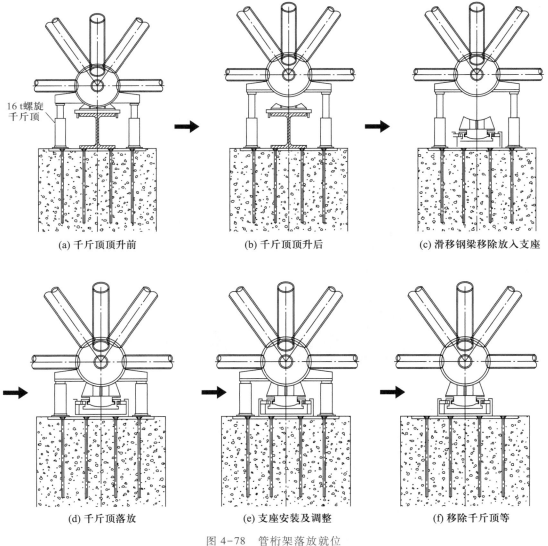

(a) 千斤顶顶升前   (b) 千斤顶顶升后   (c) 滑移钢梁移除放入支座

(d) 千斤顶落放   (e) 支座安装及调整   (f) 移除千斤顶等

图 4-78 管桁架落放就位

2. 屋面安装

管桁架结构工程采用的屋面板一般为压型金属板或铝镁锰合金面板,压型钢板底板的双层屋面板系统是一种比较成熟的系统,它能有效地解决屋面板的热胀冷缩问题,并能增强屋面板的整体性和防水性能。该屋面系统最突出的特点就是整体性好,为提高屋面的防水性能,屋面板的长度方向一般要求不得有搭接。

屋面安装工艺流程为:屋面檩条放线定位→檩托、檩条安装→天沟安装→吊顶板安装→屋面底座安装→无防吸音纤维纸安装→钢丝网及保温棉安装→屋面板及檐口泛水安装→其他零星工程安装→交工验收。

（1）屋面定位放线

屋面放线定位是屋面系统施工的第一步,是非常重要的环节,直接影响到屋面系统的安装质量和外观效果。

具体操作步骤如下。

① 明确屋面系统施工边界,按照设计图纸进行屋面边界尺寸定位,同时参照屋面收边节点,确定屋面板的实际铺设区域。确定屋面板布置区域后,进行屋面板布置放线。

② 建立测量基准点,在桁架上四周天沟位置两端建立控制节点,分别拉钢丝通线放出各控制线,在桁架上弦杆顶面分线、划出各檩托的实际安装尺寸,如图4-79所示。

图4-79　测量放线

（2）屋面檩托、檩条的安装

① 檩托安装。檩托安装前,首先在桁架上弦顶面分线划出檩托立杆的安装边线,复测、检查定位点无误后方可安装檩托。由于檩托单个重量较轻,人工转运至作业面下方直接用麻绳吊运到安装地点即可安装。

檩托安装焊接:檩托定位后,先采用点焊将檩托与桁架上弦杆焊接牢固,最后在焊接檩条时将檩托、檩条一并成形。檩托焊接的焊缝质量和外观要求:焊道均匀密实、焊缝光滑流畅、焊缝宽度适宜、无焊瘤、无咬边等;焊缝内部质量:夹渣、无裂纹、无气孔。

② 檩条安装。主檩条一般采用C型钢、Z型钢檩条,主檩条垂直于桁架,水平间距

一般为 1 500 mm。屋面檩条是屋面板及面板与支座固定的支撑构件,通过檩托和屋面主钢结构檩条(主桁架上弦管)连接。屋面檩条的安装误差会严重影响屋面和吊顶板的安装,因此需要严格控制好屋面檩条的安装精度。在复核好的主钢结构檩托上放出屋面檩条的安装边线,再将檩条对线安装。檩托安装时横向沿檩条方向并且与地面垂直,纵向与主钢结构檩条方向的曲面法线垂直。檩托焊接要满足设计要求,成形美观,无夹渣、气孔、焊瘤、裂纹等缺陷,焊接完成后要及时进行焊缝清理和防腐处理。檩条安装时要特别注重标高位置,横向要在同一平面上且在同一直线上,纵向与主钢结构在同一曲面上并达到设计安装要求。

由于檩条的单根重量较大、长度较长,故檩条的垂直运输采用汽车吊运,高空水平运输采用滑移的方法解决。

檩条安装是涉及屋面效果的关键工序,安装前对檩托高差必须仔细复查,保证檩条面始终垂直于桁架,相邻高差不大于 10 mm。

(3)天沟安装

天沟一般采用不锈钢天沟或 3 mm 厚钢天沟,天沟按设计安装完后需检查误差。验收后及时在各焊接点补涂防锈底漆及银粉漆。首先将不锈钢板按照设计尺寸加工,采用折方机将不锈钢板折成天沟设计尺寸。将分段的天沟运输至安装位置,进行焊接。钢天沟采用手工电弧焊焊接,不锈钢天沟焊接需采用专门的氩弧焊接设备焊接,焊工需通过专门的培训并取得氩弧焊焊接资格方能从事焊接作业。

氩弧焊焊接要领:运条要稳、送风要匀、运条速度与送风大小要匹配。不锈钢焊接受热时极易产生较大变形,故要尽量减小其焊接变形;焊缝外观:焊波均匀、焊缝光滑流畅、焊缝宽度适宜、无焊瘤、无咬边;焊缝内在质量:无夹渣、无裂纹、无气孔。不锈钢天沟焊缝防水是工程屋面防水的关键,因此应加强对焊缝质量的控制。焊接完成后需自行进行煤油抗渗试验,检验合格后方可盖屋面板。

(4)吊顶系统安装

① 吊顶放线定位。吊顶放线定位是吊顶层施工的第一步,是非常重要的环节,直接影响到吊顶层的安装质量和外观效果。具体操作步骤如下。

a. 明确吊顶施工边界,按照设计图纸进行边界尺寸定位,同时参照收边节点,确定吊顶板的实际铺设区域。确定吊顶板布置区域后,进行吊顶板布置放线,要注意尽量避开孔洞。

b. 在地面上建立测量基准点,同时在屋面主钢结构和檩条上确立吊顶板的标高线、起始线、分区控制线。并用仪器测出各控制节点之间的标高误差,找出吊件调节的重点位置并确定最大调节高度。

② 吊顶板安装。管桁架结构建筑的吊顶板一般为铝质穿孔薄板,安装过程中必须轻拿轻放,以防变形。如果变形严重且无法校正,则板块必须做报废处理,不得安装。吊顶板为卡入式设计,安装前需撕除表面的保护膜。撕膜后需小心保护,以免刮花等损坏外观现象发生。并且需保证撕膜后的板当天必须安装完毕,做到有计划地施工。

③ 无纺吸音纤维纸安装。无纺吸音纤维纸安装应紧随吊顶板。安装时应避免整卷的纸直接搁置在吊顶板上,以免压坏板材。无纺吸音纤维纸的搭接处应保证不少于 50 mm 的搭接距离,且需用胶带等将两块无纺吸音纤维纸固定,铺设平整,满铺整个吊

顶板。

（5）钢丝网及保温棉安装

保温棉安放在钢丝网表面，为达到优良的保温效果，保温棉应完全覆盖屋面板底，两张棉之间不能有间隙，相邻两块棉的接口处要粘牢，发现有搭接不良需及时纠正。铺保温棉时，应注意收听天气预报，准备两张雨布做好充分防雨准备，当天铺的保温棉，必须当天安装完面板。

保温层一般采用100 mm厚玻璃纤维保温棉，保温棉的一面带有铝箔防潮层。安装时有铝箔的一面朝下，并且需保证铝箔的搭接长度达到100 mm，不能出现穿洞，从下往上不能看到保温棉。保温棉的搭接位置需保证两块棉紧密靠紧，保温棉的铺设要与面板安装同时进行，每天施工完成后要做好防雨保护。

（6）屋面板安装

为使整个屋面安装顺利进行，在安装之前应对屋面放几条控制线与主钢结构相平行，在安装时依据控制线来确定安装屋面板的位置，具体操作如下。

① 定尺。为了避免材料浪费，在底座安装完毕后对面板的长度要进行反复测量，面板伸入天沟的长度以略大于设计为宜，便于剪裁整齐。

② 就位。施工人员将板抬到安装位置，就位时先对板端控制线，然后将搭接边用力压入前一块板的搭接边。检查搭接边是否能够紧密接合，发现问题必须及时处理。

③ 锁边。面板位置调整好后，安装端部面板下的泡沫塑料封条，然后进行手动锁边。要求锁边后的板肋连续、平直，不能出现扭曲和裂口。锁边的质量关键在于在锁边过程中是否用强力使搭接边紧密接合。当天就位的面板必须临时锁边固定，确保风大时板不会被吹坏或刮走。

④ 折边。折边的原则为水流入天沟处折边向下，否则折边向上。折边时不可用力过猛，应均匀用力，折边的角度应保持一致。

⑤ 打胶。屋面板与天窗接口处需打胶密封。打胶前要清理接口处泛水上的灰尘和其他污物及水分，并在要打胶的区域两侧适当位置贴上胶带，对于有夹角的部位，胶打完后用直径适合的圆头物体将胶刮一遍，使胶变得更均匀、密实和美观。最后将胶带撕去。

⑥ 收边泛水安装。泛水分为两种：一种是压在屋面板下面的，称为底泛水；另一种是压在屋面板上面的，称为面泛水。a. 底泛水安装。天沟两侧的泛水为底泛水，必须在屋面板安装前安装。底泛水的搭接长度、铆钉数量和位置严格按设计施工。泛水搭接前先用干布擦拭泛水搭接处，目的是除去水和灰尘，保证硅胶的可靠粘接。要求打出的硅胶均匀、连续，厚度合适。b. 面泛水安装。用于屋面四周能直接看到的收边泛水均为面泛水，其施工方法与底泛水基本相同，但外观效果要求更高，在面泛水安装的同时，要安装泡沫塑料封条。要求封条不能歪斜，与屋面板和泛水接合紧密，这样才能防止风将雨水吹进板内。安装泛水时，预钻孔的钻头不能大于铆钉直径且铆钉直径不能小于5 mm，否则在热膨胀的作用下可能会把铆钉拉脱。

⑦ 保护。已安装好的屋面板，要尽量减少人在上面走动，安装泛水时在上面走动需脚踏在屋面板的肋上，不能踩在面板的平板处，如图4-80所示。

图 4-80　屋面行走保护措施

4.3.3　钢结构防火涂装

防火涂料涂装前,钢构件表面除锈及防锈底漆涂装应符合设计要求和国家现行有关规范规定,并经验收合格后方可进行防火涂料涂装。

防火涂料按照涂层厚度可划分为 B 类和 H 类。B 类为薄涂型钢结构防火涂料,涂层厚度一般为 2~7 mm,有一定的装饰效果,高温时涂层膨胀增厚,具有耐火隔热作用,耐火极限可达 0.5~2 h,又称为钢结构膨胀防火涂料;H 类为厚涂型钢结构防火涂料,涂层厚度一般为 8~50 mm,粒状表面,密度较小,热导率低,耐火极限可达 0.5~3 h,又称为钢结构防火隔热材料。

1. 防火涂料施工方法

（1）喷涂

喷枪宜选用重力式涂料喷枪,喷嘴口径宜为 2~5 mm（最好采用口径可调的喷枪）,空气气压宜控制在 0.4~0.6 MPa。喷嘴与喷涂面宜距离适中,一般应相距 25~30 cm,喷嘴与基面基本保持垂直,喷枪移动方向与基材表面平行,不能是弧形移动,否则喷出的涂层中间厚、两边薄。操作时应先移动喷枪再开喷枪送气阀,关闭喷枪送气阀门后才停止移动喷枪,以免每一排涂层首尾过厚,影响涂层的美观。

喷涂构件阳角时,可先由端部自上而下或自左而右垂直基面喷涂,然后再水平喷涂;喷涂阴角时,不要对着构件角落直喷,应当先分别从角的两边,由上而下垂直先喷一下,然后再水平方向喷涂,垂直喷涂时,喷嘴离角的顶部要远一些,以便产生的喷雾刚好在角的顶部交融,不会产生流坠;喷涂梁底时,为了防止涂料飘落在身上,应尽量向后站立,喷枪的倾角度不宜过大,以免影响出料。喷嘴在使用过程中若有堵塞,需用小竹签疏通,以免出料不均匀,影响喷涂效果,喷枪用毕即用水或稀释剂清洗。

（2）刷涂

刷涂宜选用宽度为 75~150 mm 的猪鬃毛刷,刷毛均匀不易脱落。为防止涂刷中掉毛,可先用其蘸上涂料,使涂料浸入毛刷根部,将毛根固定,毛刷用毕应及时用水或溶剂清洗。

刷涂时,先将毛刷用水或稀释剂浸湿甩干,然后再蘸料刷涂,刷毛蘸入涂料不要太深。蘸料后在匀料板上或胶桶边刮去多余的涂料,然后在钢基材表面上依顺序刷开,布料刷子与被涂刷基面的角度为 50°~70°,涂刷时动作要迅速,每个涂刷片段不要过宽,以保证相互衔接时边缘尚未干燥,不会显出接头的痕迹。

刷涂施工时,必须分遍成活,并且单遍防火涂料刷涂不宜过厚,以免涂料过厚造成流坠或堆积。涂料干燥后,若有必要可对局部的乳突用灰刀进行铲平,然后再刷涂第二遍涂料,以保证涂层的平整度。

2. 施工工艺

(1) 防火涂料施工前的基层处理

防火涂料施工前必须对需做防火涂料的钢构件表面进行清理。用铲刀、钢丝刷等清除构件表面的浮浆、泥沙、灰尘和其他黏附物。钢构件表面不得有水渍、油污,否则必须用干净的毛巾擦拭干净。钢构件表面的锈蚀必须清除干净,清除方法依锈蚀程度而定,再按防锈漆的刷涂工艺进行刷涂。对相邻钢构件接缝处或钢构件表面上的孔隙,必须先修补、填平。基层表面处理完毕,并通过相关单位检查合格后,方可进行防火涂料的施工。

(2) 施工准备及要求

清除表面油垢灰尘,保持钢材基面洁净干燥。涂层表面平整、无流淌、无裂痕等现象,喷涂均匀。前一遍基本干燥或固化后,才能喷涂下一遍。涂料应当日搅拌当日使用完。薄型防火涂料要采用压送式喷涂机喷涂,空气压力为 0.4~0.6 MPa,喷枪口直径一般选 6~10 mm,每遍喷涂厚度 5~10 mm。

3. 防火涂料施工注意事项

① 防火涂料施工必须分遍成活,每一遍施工必须在上一道施工的防火涂料干燥后方可进行。

② 防火涂料施工的重涂间隔时间应视现场施工环境的通风状况及天气情况而定,在施工现场环境通风情况良好,天气晴朗的情况下,重涂间隔时间为 4~8 h。

③ 当风速大于 5 m/s,相对湿度大于 90%,雨天或钢构件表面有结露时,若无其他特殊处理措施,不宜进行防火涂料的施工。

④ 室内施工防火涂料前,若钢结构表面有潮湿、水渍,必须用毛巾擦拭干净后方可进行防火涂料的施工。

⑤ 防火涂料施工时,对可能污染到的施工现场的成品用彩条布或塑料薄膜进行遮挡保护。

4. 施工工艺流程

防火涂料施工工艺流程如图 4-81 所示。

5. 防火涂料的修复

防火涂料的修复方法见表 4-26。

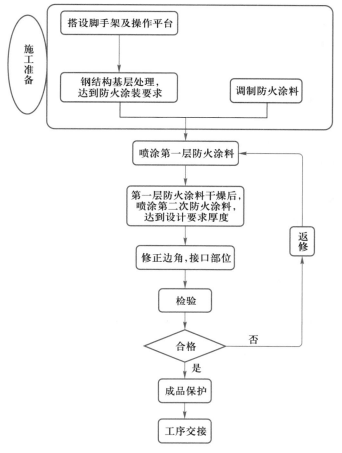

图 4-81 防火涂装施工工艺流程

表 4-26 防火涂料的修复方法

名称	防火涂料的修补
修补方法	喷涂、刷涂等方法
表面处理	必须对破损的涂料进行处理,铲除松散的防火涂层,并清理干净
修补工艺	按照施工工艺要求进行修补

课件
管桁架结构
验收

4.4 管桁架结构的验收

钢桁架的验收检验分为材料检验、工序检验及出厂检验。

4.4.1 检验规则

管桁架在验收之前必须由施工单位首先进行自检,自检是发现问题和减少损失的有效途径。

微课
管桁架结构
验收的检验
规则及工序
检验

1. 检验规定

① 钢桁架在制作过程中各工序要进行自检、互检,并由质量检验部门进行抽检。

② 钢桁架制作完工后,要由企业质量检验部门进行检验,质量合格,出具质量合格证。

2. 批量划分

以一个工程同类产品的一个型号作为一批。

3. 检验数量

工序检验:① 下料用的样板、样杆要逐件检查,要求 100%合格。② 下料零件至少检查同一型号的首件和末件,检验部门随机抽检,数量不少于 5%。③ 组装及焊缝质量的外观(包括尺寸)检查应逐件进行。

出厂检验:① 钢桁架交付使用前应进行试拼装,试拼数量不少于 3 节。② 钢桁架出厂前要全部进行检验。

4. 检验方法

① 结构钢材。钢材的品种、型号、规格及质量必须符合设计文件的要求,并应符合相应标准规定,钢材的检验项目、取样数量及试验方法如表 4-27 所示。

表 4-27　钢材试验方法

检验项目	取样数量	取样方法	试验方法
化学分析	3(每批钢材)	GB 222	GB 223
拉伸	1(每批钢材)		GB 228
冷弯	1(每批钢材)		GB 232
常温冲击	3(每批钢材)	GB 2975	GB 2106
低温冲击	3(每批钢材)		GB 4159

检验方法:检查钢材的出厂合格证和试验报告;钢材规格可用钢尺、卡尺量,对钢材表面缺陷和分层可用眼观察,用尺量,必要时做渗透试验或超声波探伤检查。

② 连接材料。焊条、焊剂、焊丝和施焊用的保护气体等应符合设计文件的要求及国家有关规定,并应符合规范的规定。

高强度螺栓、普通螺栓的材质、形式、规格等应符合设计文件的要求,并应符合规范的规定。

检验方法:检查焊条、焊丝、焊剂、高强度螺栓、普通螺栓等的出厂合格证,并检查焊条、焊剂等的焙烘记录及包装。

③ 防腐材料。结构构件所采用的底漆及面漆应符合设计文件的要求,并应符合规范的规定。

检验方法:检查油漆牌号及出厂质量合格证明书。

4.4.2　工序检验

1. 下料及矫正

钢材下料及矫正应符合规范的要求。

检验方法:观察并用尺量,对钢材断口处的裂纹及分层,必要时用磁粉渗透试验及超声波探伤检查,并应检查操作记录。

2. 组装

钢桁架的组装应符合规范的规定。

检验方法:① 检查定位焊点工人的焊接操作合格证;② 检查定位焊点所用焊条应与正式焊接所用焊条相同;③ 检查组装时的极限偏差,需用钢尺、卡尺量,用塞尺检查。

3. 焊接

对焊缝的质量要求应符合规范的规定。

检验方法:① 检查焊工及无损检验人员的考试合格证,并需检查焊工的相应施焊条件的合格证明及考试日期。② 对一、二级焊缝,除外观检查外,还需做探伤检验。一级焊缝的探伤比例为100%,二级焊缝的探伤比例不少于20%。探伤比例的计数方法应按以下原则确定:对工厂制作焊缝,应按每条焊缝计算百分比,且探伤长度应不小于200 mm,当焊缝长度不足200 mm时,应对整条焊缝进行探伤;对现场安装焊缝,应按同一类型、同一施焊条件的焊缝条数计算百分比,探伤长度应不少于200 mm,并应不少于1条焊缝。③ 焊缝外观质量应用眼观察,用量规检查焊缝的高度,用钢尺检查焊缝的长度,对圆形缺陷和裂纹,可用磁粉复验。

4. 除锈及涂漆

钢桁架除锈及涂漆的质量要求应遵照规范的规定。

检验方法:① 除锈是否彻底可用眼观察;② 检查油漆牌号是否符合设计要求及出厂合格证明书;③ 观察漆膜外观是否光滑、均匀,并用测厚仪检查漆膜厚度。

5. 出厂检验

钢桁架制作完工后按规范的要求检查钢桁架成品的外形和几何尺寸,其检验方法按表4-28所示的规定进行。

表4-28　钢桁架制作尺寸的检验方法

项次	项目	检验方法
1	钢桁架跨度最外端两个孔的距离或两端支承面最外侧距离 L	用装有5 kg拉力弹簧秤的钢尺量
2	钢桁架按设计要求起拱 钢桁架按设计不要求起拱	用钢丝拉平再用钢尺盘
3	固定檩条或其他构件的孔中心距离 l_1、l_2	用钢尺量
4	在支点处固定桁架上、下弦杆的安装孔距离 l_3	用钢尺量
5	刨平顶紧的支承面到第一个安装孔距离 a	
6	桁架弦杆在相邻节间不平直度	用拉线和钢尺检查
7	镶条间距 l_5	用钢尺量
8	杆件轴线在节点处错位	用钢尺量

续表

项次	项目	检验方法
9	桁架支座端部上、下弦连接板平面度	用吊线和钢尺量
10	节点中心位移	按放样划线用钢尺检查

6. 验收

（1）应提供的资料

① 质量合格证明书。钢桁架必须是在制造厂的质量检验部门检验合格后方许出厂。对合格产品，制造厂应出具钢桁架的质量合格证明书，并应提供下列文件备查。

a. 钢桁架施工图及更改设计的文件，并在施工图中注明修改部位。

b. 制作中对问题处理的协议文件。

c. 结构用钢材、连接材料（焊接材料及紧固件）、油漆等的出厂合格证明书，钢材的复（试）验报告。

d. 焊缝外观质量检验报告及无损检验报告。

e. 高强度螺栓连接用摩擦面的抗滑移系数实测试验报告。

f. 高强度螺栓工厂连接的质量检验报告。

② 成品质量检验报告。

③ 发货清单。

（2）甲方验收

厂内检验合格后，按照施工图要求及国家标准的规定进行验收。

（3）复验

① 验收中任何一项指标不合格时必须加倍复验，如果复验仍不合格，应对所有桁架进行逐件复验。

② 钢桁架出厂检验中，如有项目未达到质量指标，允许进行修整。

4.4.3 组装与施工安装验收

微课

钢管桁架结构的组装与安装验收

1. 管桁架组装验收

组装桁架结构杆件时轴线交点错位的允许偏差不得大于 3.0 mm，允许偏差不得大于 4.0 mm。

检查数量：按构件数抽查 10%，且不应少于 3 个，每个抽查构件按节点数抽查10%，且不应少于 3 个节点。

检验方法：尺量检查。

2. 管桁架安装验收

（1）一般规定

① 管桁架结构安装工程可按变形缝或空间刚度单元等划分成一个或若干个检验批。

② 安装检验批应在进场验收和焊接连接、紧固件连接、制作等分项工程验收合格的基础上进行验收。

③ 负温度下进行管桁架结构安装施工及焊接工艺等，应在安装前进行工艺试验或

评定,并应在此基础上制定相应的施工工艺或方案。

④ 管桁架结构安装偏差的检测,应在结构形成空间刚度单元并连接固定后进行。

⑤ 管桁架结构安装时,必须控制屋面、楼面、平台等的施工荷载,施工荷载和冰雪荷载等严禁超过梁、桁架、楼面板、屋面板、平台铺板等的承载能力。

（2）主控项目

① 管桁架及受压杆件的垂直度和侧向弯曲矢高的允许偏差应符合表 4-29 所示的规定。

表 4-29　管桁架及受压杆件垂直度和侧向弯曲矢高的允许偏差

项目	允许偏差/mm		图例
跨中的垂直度	$h/250$,且不应大于 15.0		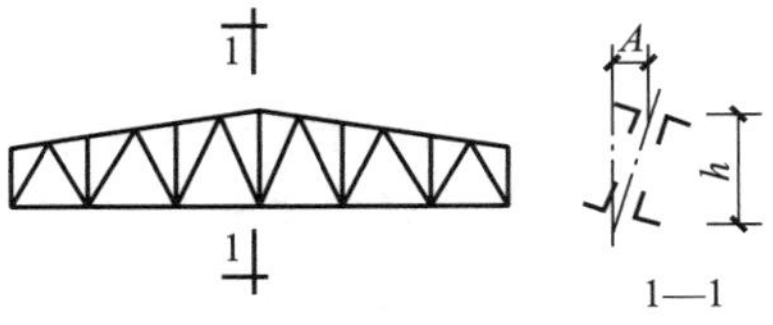
向弯曲矢高 f	$l \leqslant 30$ m	$l/1\,000$,且不应大于 10.0	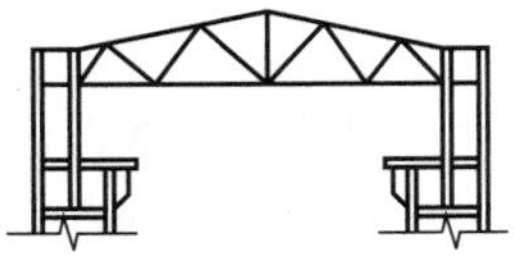
	30 m$<l \leqslant$60 m	$l/1\,000$,且不应大于 30.0	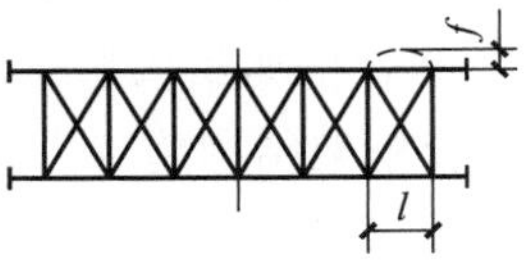
	$l>60$ m	$l/1\,000$,且不应大于 50.0	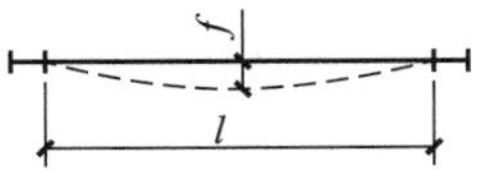

检查数量:按同类构件数抽查 10%,且不应少于 3 个。

检验方法:用吊线、拉线、经纬仪和钢尺现场实测。

② 当钢桁架安装在混凝土柱上时,其支座中心对定位轴线的偏差不应大于 10 mm;当采用大型混凝土屋面板时,钢桁架间距的偏差不应大于 10 mm。

检查数量:按同类构件数抽查 10%,且不应少于 3 榀。

检验方法:用拉线和钢尺现场实测。

③ 现场焊缝组对间隙的允许偏差应符合表 4-30 所示的规定。

表 4-30　现场焊缝组对间隙的允许偏差

项目	允许偏差/mm
无垫板间隙	+3.0 0.0
有垫板间隙	+3.0 -2.0

检查数量：按同类节点数抽查 10%，且不应少于 3 个。

检验方法：尺量检查。

④ 钢结构表面应干净，结构主要表面不应有疤痕、泥沙等污垢。

检查数量：按同类构件数抽查 10%，且不应少于 3 件。

检验方法：观察检查。

模块小结

本模块主要按照管桁架结构图纸识读→管桁架结构加工制作→管桁架结构拼装与施工安装→管桁架结构验收的工作过程对管桁架结构特点与构造、加工制作设备选择、加工制作工艺与流程、拼装与施工安装方法和验收内容等结合《钢结构焊接规范》（GB 50661—2011）和《钢结构工程施工质量验收规范》（GB 50205—2001）的规定进行了阐述和讲解。通过本模块的学习，学生最终形成编制管桁架结构加工制作方案、施工安装方案及付诸实施的职业能力。

［实训］

1. 管桁架结构图纸识读训练。

① 某平面管桁架结构设计图识读。

② 某三角断面管桁架结构设计图识读。

③ 某管桁架结构深化图识读。

2. 管桁架结构施工方案设计。

3. 管材焊接工艺评定。

［课后讨论］

① 管桁架结构构件是怎样组成不变体系的？

② 管桁架结构与其他杆系结构有何不同？

③ 管桁架结构施工要注意哪些问题？

练习题

（1）管桁架结构的节点构造有什么特点？

（2）管桁架结构可分为哪几种主要类型？它们的适用范围是什么？

（3）试观察你所能遇到的管桁架结构的工程实例，注意它们的外形尺寸、构件的截面形式、使用的材料，以及建筑物的用途和功能要求。

（4）管桁架结构由哪些部分组成，各起什么作用？

（5）管桁架结构安装一般有哪几种方法，各有什么特点？

模块 5

网架结构工程施工

模块 5 主要介绍网架结构基本知识、网架结构组成与网架结构图纸识读；网架的加工设备、加工工艺、构件拼装；网架的施工安装方法；网架结构的验收要点等内容。本模块旨在培养学生网架结构识图、网架结构构件加工制作与施工安装方面的技能，通过课程讲解使学生掌握网架结构的组成、构造、加工工艺、施工安装方法等知识；通过动画、录像、实操训练等强化学生从事网架结构施工相关技能。

5.1 网架结构的基本知识与图纸识读

网架结构是由很多杆件按一定规律组成的网状结构体系，杆件之间互相起支撑作用，形成多向受力的空间结构。网架节点一般视为铰接节点，杆件只承受轴向力；其挠度远小于网架的高度，属小挠度范畴；网架结构的材料都按弹性受力状态考虑。网架结构具有跨度大、覆盖面积大、结构轻、整体性强、稳定性好、空间刚度大等优点，主要用于大空间建筑。

5.1.1 网架结构的基本知识

1. 网架结构的支承情况

网架结构按支承情况可分为周边支承网架、点支承网架、周边与点支承混合网架、三边支承一边开口或两边支承两边开口网架和悬挑网架等。

（1）周边支承网架

周边支承网架是目前采用较多的一种形式，所有边界节点都搁置在柱或梁上，传力直接，网架受力均匀，如图 5-1 所示。当网架周边支承于柱顶时，网格宽度可与柱距一致；当网架支承于周边梁上时，网格的划分比较灵活，可不受柱距影响。

微课
网架结构的特点

课件
网架结构的特点

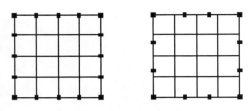

图 5-1 周边支承网架

（2）点支承网架

一般有四点支承和多点支承两种情形,由于支承点处集中受力较大,宜在周边设置悬挑,以减小网架跨中杆件的内力和挠度,如图 5-2 所示。

（3）周边与点支承混合网架

在点支承网架中,当周边没有围护结构和抗风柱时,可采用点支承与周边支承相结合的形式,这种支承方法适用于工业厂房和展览厅等公共建筑,如图 5-3 所示。

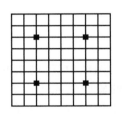 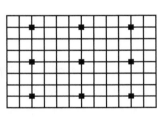 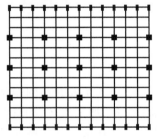

图 5-2 点支承网架　　　　　　图 5-3 周边与点相结合支承

（4）三边支承一边开口或两边支承两边开口网架

根据建筑功能的要求,使网架仅在三边或两对边上支承,另一边或两对边为自由边,如图 5-4 所示。自由边的存在对网架受力不利,结构中应对自由边做加强处理,一般可在自由边附近增加网架层数或在自由边加设托梁或托架。对中、小型网架,也可采用增加网架高度或局部加大杆件截面的办法予以加强。

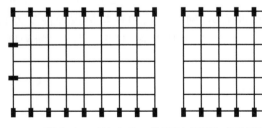

图 5-4 三边支承一边开口或两边支承两边开口

（5）悬挑网架

为满足一些特殊的需要,有时候网架结构的支承形式为一边支承、三边自由。为使网架结构的受力合理,也必须在另一方向设置悬挑,以平衡下部支承结构的受力,使之趋于合理,例如体育场看台罩棚。

2. 网架结构的网格形式

根据《空间网格结构技术规程》（JGJ 7—2010）的规定，目前经常采用的网架结构分为 4 个体系 13 种网格形式。

（1）交叉平面桁架体系

这个体系的网架结构是由一些相互交叉的平面桁架组成，如图 5-5 所示。一般应使斜腹杆受拉、竖腹杆受压，斜腹杆与弦杆之间夹角宜为 40°~60°。该体系的网架有以下四种。

微课
网架结构的类型

课件
网架结构的类型

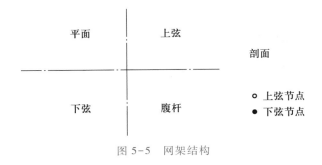

图 5-5　网架结构

① 两向正交正放网架。两向正交正放网架是由两组平面桁架互成 90° 交叉而成，弦杆与边界平行或垂直。上、下弦网格尺寸相同，同一方向的各平面桁架长度一致，制作、安装较为简便，如图 5-6 所示。由于上、下弦为方形网格，属于几何可变体系，应适当设置上下弦水平支承，以保证结构的几何不变性，有效地传递水平荷载。两向正交正放网架适用于建筑平面为正方形或接近正方形，且跨度较小的情况。

② 两向正交斜放网架。两向正交斜放网架由两组平面桁架互呈 90° 交叉而成，弦杆与边界呈 45°，边界可靠时，为几何不变体系，如图 5-7 所示。各榀桁架长度不同，靠近角部的短桁架相对刚度较大，对与其垂直的长桁架有一定的弹性支撑作用，可以使长桁架中部的正弯矩减小，因而比正交正放网架经济。不过由于长桁架两端有负弯矩，四角支座将产生较大拉力。当采用一定形式，可使角部拉力由两个支座负担，避免过大的角支座拉力。两向正交斜放网架适用于建筑平面为正方形或长方形的情况。

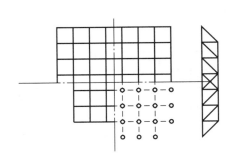

图 5-6　两向正交正放网架

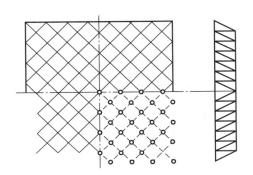

图 5-7　两向正交斜放网架

③ 两向斜交斜放网架。两向斜交斜放网架由两组平面桁架斜向相交而成，弦杆与边界成一斜角，如图 5-8 所示。这类网架在网格布置、构造、计算分析和制作安装上都

比较复杂,而且受力性能也比较差,除特殊情况外,一般不宜使用。

④ 三向网架。三向网架由三组互成60°的平面桁架相交而成,如图5-9所示。这类网架受力均匀,空间刚度大,但汇交于一个节点的杆件数量较多,节点构造比较复杂,宜采用圆钢管杆件及球节点。三向网架适用于大跨度($L>60$ m)而且建筑平面为三角形、六边形、多边形和圆形等平面形状比较规则的情况。

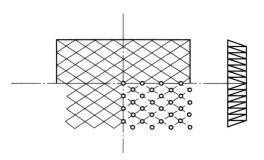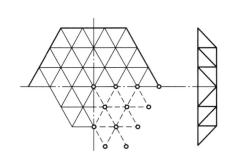

图 5-8 两向斜交斜放网架　　　　　　图 5-9 三向网架

（2）四角锥体系

这类网架的上、下弦均呈正方形(或接近正方形的矩形)网格,相互错开半格,使下弦网格的角点对准上弦网格的形心,再在上下弦节点间用腹杆连接起来,即形成四角锥体系网架。该体系的网架有以下5种形式。

① 正放四角锥网架。由倒置的四角锥体组成,锥底的四边为网架的上弦杆,锥棱为腹杆,各锥顶相连即为下弦杆。它的弦杆均与边界正交,如图5-10所示。这类网架杆件受力均匀,空间刚度比其他类的四角锥网架及两向网架好。屋面板规格单一,便于起拱,屋面排水也较容易处理。但杆件数量较多,用钢量略高。正放四角锥网架适用于建筑平面接近正方形的周边支承情况,也适用于屋面荷载较大、大柱距点支承及设有悬挂吊车的工业厂房情况。

② 正放抽空四角锥网架。正放抽空四角锥网架是在正放四角锥网架的基础上,除周边网格不动外,适当抽掉一些四角锥单元中的腹杆和下弦杆,使下弦网格尺寸扩大一倍,如图5-11所示。其杆件数目较少,降低了用钢量,抽空部分可作采光天窗,下弦内力较正放四角锥约放大一倍,内力均匀性、刚度有所下降,但仍能满足工程要求。正放抽空四角锥网架适用于屋面荷载较轻的中、小跨度网架。

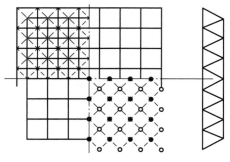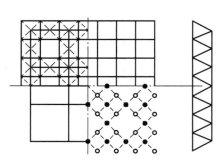

图 5-10 正放四角锥网架　　　　　　图 5-11 正放抽空四角锥网架

③ 斜放四角锥网架。斜放四角锥网架的上弦杆与边界呈 45°,下弦正放,腹杆与下弦在同一垂直平面内,如图 5-12 所示。上弦杆长度约为下弦杆长度的 70.7%。在周边支承情况下,一般为上弦受压,下弦受拉。节点处汇交的杆件较少(上弦节点 6 根,下弦节点 8 根),用钢量较省。但因上弦网格斜放,屋面板种类较多,屋面排水坡的形成也较困难。当平面长宽比为 1~2.25 时,长跨跨中下弦内力大于短跨跨中的下弦内力;当平面长宽比大于 2.5 时,长跨跨中下弦内力小于短跨跨中下弦内力。当平面长宽比为 1~1.5 时,上弦杆的最大内力不在跨中,而是在网架 1/4 平面的中部。这些内力分布规律不同于普通简支平板的规律。对于斜放四角锥网架,当采用周边支承且无刚性联系时,会出现四角锥体绕 Z 轴

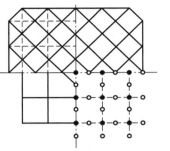
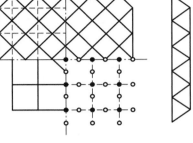

图 5-12 斜放四角锥网架

旋转的不稳定情况。因此,必须在网架周边布置刚性边梁。当为点支承时,可在周边布置封闭的边桁架。适用于中、小跨度周边支承,或周边支承与点支承相结合的方形或矩形平面情况。

④ 星形四角锥网架。这种网架的单元体形似星体,星体单元由两个倒置的三角形小桁架相互交叉而成,如图 5-13 所示。两个小桁架底边构成网架上弦,它们与边界呈 45°。在两个小桁架交汇处设有竖杆,各单元顶点相连即为下弦杆。因此,它的上弦为正交斜放,下弦为正交正放,斜腹杆与上弦杆在同一竖直平面内。上弦杆比下弦杆短,受力合理。但在角部的上弦杆可能受拉。该处支座可能出现拉力。网架的受力情况接近交叉梁系,刚度稍差于正放四角锥网架。此类网架适用于中、小跨度周边支承的网架。

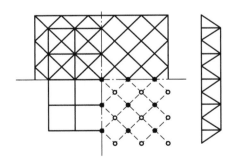

图 5-13 星形四角锥网架

⑤ 棋盘形四角锥网架。棋盘形四角锥网架是在斜放四角锥网架的基础上,将整个网架水平旋转 45°,并加设平行于边界的周边下弦,如图 5-14 所示。此种网架也具有短压杆、长拉杆的特点,受力合理;由于周边满锥,它的空间作用得到保证,受力均匀。棋盘形四角锥网架的杆件较少,屋面板规格单一,用钢指标良好。适用于小跨度周边支承的网架。

（3）三角锥体系

这类网架的基本单元是一倒置的三角锥体。锥底的正三角形的三边为网架的上弦杆,其棱为网架的腹杆。随着三角锥单元体布置的不同,上下弦网格可为正三角形或六边形,从而构成不同的三角锥网架。

① 三角锥网架。三角锥网架上下弦平面均为三角形网格,下弦三角形网格的顶点对着上弦三角形网格的形心,如图 5-15 所示。此类网架受力均匀,整体抗扭、抗弯刚度好,但节点构造复杂,上下弦节点交汇杆件数均为 9 根。适用于建筑平面为三角形、六边形和圆形的情况。

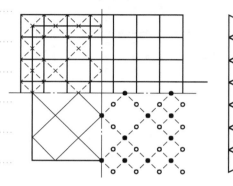

图 5-14　棋盘形四角锥网架

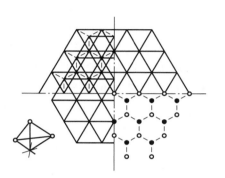

图 5-15　三角锥网架

② 抽空三角锥网架。抽空三角锥网架是在三角锥网架的基础上,抽去部分三角锥单元的腹杆和下弦形成的。当下弦由三角形和六边形网格组成时,称为抽空三角锥网架 I 型,如图 5-16 所示;当下弦全为六边形网格时,称为抽空三角锥网架 II 型,如图 5-17 所示。这种网架减少了杆件数量,用钢量省,但空间刚度也较三角锥网架小。上弦网格较密,便于铺设屋面板,下弦网格较疏,以节省钢材。抽空三角锥网架适用于荷载较小、跨度较小的三角形、六边形和圆形平面的建筑。

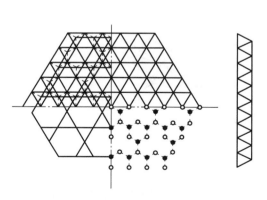

图 5-16　抽空三角锥网架 I 型

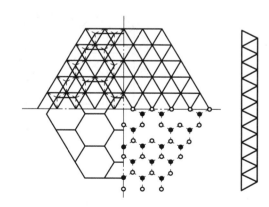

图 5-17　抽空三角锥网架 II 型

③ 蜂窝形三角锥网架。蜂窝形三角锥网架由一系列的三角锥组成,上弦平面为正三角形和正六边形网格,下弦平面为正六边形网格,腹杆与下弦杆在同一垂直平面内,如图 5-18 所示。该网中架上弦杆短、下弦杆长,受力合理,每个节点只汇交 6 根杆件,

是常用网架中杆件数和节点数最少的一种。但是,上弦平面的六边形网格增加了屋面板布置与屋面找坡的困难。蜂窝形三角锥网架适用于中、小跨度周边支承的情况,可用于六边形、圆形或矩形平面。

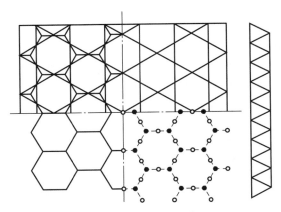

图 5-18 蜂窝形三角锥网架

（4）折线形网架

折线形网架俗称折板网架,由正放四角锥网架演变而来的,也可以看作是折板结构的格构化,如图 5-19 所示。当建筑平面长宽比大于 2 时,正放四角锥网架单向传力的特点就很明显,此时,网架长跨方向弦杆的内力很小,从强度角度考虑可将长向弦杆（除周边网格外）取消,就得到沿短向支承的折线形网架。折线形网架适用于狭长矩形平面的建筑。

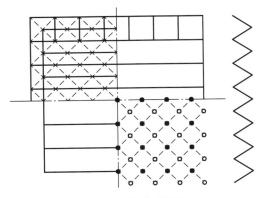

图 5-19 折线形网架

3. 网架结构的节点构造和杆件

网架结构的节点形式很多,按节点在网架中的位置可分为中间节点（网架杆件交汇的一般节点）、再分杆节点、屋脊节点和支座节点;按节点连接方式可以分为焊接连接节点、高强度螺栓连接节点、焊接和高强度螺栓混合连接节点;按节点的构造形式可分为板节点、半球节点、球节点、钢管圆筒节点、钢管鼓节点等。我国最常用的是焊接钢板节点、焊接空心球节点、螺栓球节点等。

微课
网架结构的
节点构造

课件
网架结构的
节点构造

　　网架结构节点形式的选择要根据网架类型、受力性质、杆件截面形状、制造工艺和安装方法等条件而定。例如,对于交叉平面桁架体系中的两向网架,用角钢作杆件时,一般多采用钢板节点;对于空间桁架体系(四角锥、三角锥体系等)网架,用圆钢管作杆件时,若杆件内力不是非常大(一般不大于 750 kN),可采用螺栓球节点,若杆件内力非常大,一般应采用焊接空心球节点。

（1）焊接钢板节点

　　焊接钢板节点,一般由十字节点板和盖板组成。十字节点板用两块带企口的钢板对插焊接而成,也可由 3 块焊成,如图 5-20 所示。焊接钢板节点多用于双向网架和四角锥体组成的网架,双向网架的节点构造如图 5-21 所示。

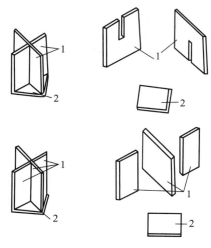

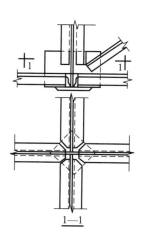

图 5-20　焊接钢板节点
1—十字节点板;2—盖板

图 5-21　双向网架的节点构造

（2）焊接空心球节点

　　空心球是由两个压制的半球焊接而成,分为加肋和不加肋两种,如图 5-22 所示,适用于钢管杆件的连接。当空心球的外径为 1 300 mm,且内力较大,需要提高承载能力时,球内可加环肋,其厚度不应小于球壁厚,同时杆件应连接在环肋的平面内。球节点与杆件相连接时,两杆件在球面上的距离 a 不得小于 10 mm,如图 5-23 所示。

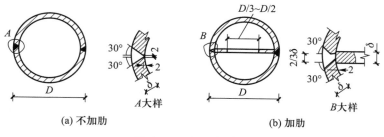

(a) 不加肋　　　　　　　　　(b) 加肋

图 5-22　空心球剖面

　　焊接球节点的半圆球,宜用机床加工成坡口。焊接后的成品球的表面应光滑平

整,不得有局部凸起或折皱,其几何尺寸和焊接质量应符合设计要求。成品球应按 1%
做抽样进行无损检查。

（3）螺栓球节点

螺栓球节点是通过螺栓将管形截面的杆件和钢球连接起来的节点,一般由螺栓、
钢球、销子、套管和锥头或封板等零件组成,如图 5-24 所示。螺栓球节点毛坯不圆度
的允许制作误差为 2 mm,螺栓按 3 级精度加工,其检验标准按现行规范 GB 1228～GB
1231 规定执行。

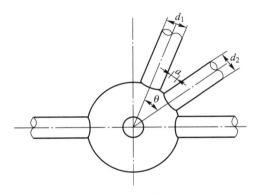
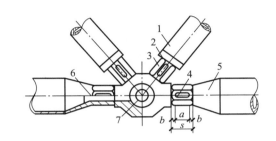

图 5-23　空心球节点　　　　　　　　　　　图 5-24　螺栓球节点

1—钢管;2—封板;3—套管;4—销子;5—锥头;6—螺栓;7—钢球

（4）网架杆件

① 杆件截面形式。钢杆件截面形式分为圆钢管、角钢和薄壁型钢三种。

圆钢管可采用高频电焊钢管或无缝钢管。高频电焊钢管是利用高频电流的集肤
效应和邻近效应,利用集中于管坯边缘上的电流将接合面加热到焊接温度,再经挤压、
辊压焊成的焊接管,网架结构一般用直缝焊管。

薄壁圆钢管因其相对回转半径大和其截面特性无方向性,对受压和受扭有利,故
一般情况下,圆钢管截面比其他型钢截面可节约 20% 的用钢量。当有条件时应优先采
用薄壁圆钢管截面。

② 杆件截面形式选择。杆件截面形式的选择与网架的网格形式有关。对交叉平
面桁架体系,可选用角钢或圆钢管杆件;对于空间桁架体系（四角锥体系、三角锥体
系）,则应选用圆钢管杆件。杆件截面形式的选择还与网架的节点形式有关。若采用
钢板节点,宜选用角钢杆件;若采用焊接球节点、螺栓球节点,则应选用圆钢管杆件。

③ 网架杆件截面尺寸要求。网架的杆件尺寸应满足下列要求。

a. 普通型钢一般不宜采用小于 ∟ 50×3 的角钢。

b. 薄壁型钢厚度不应小于 2 mm。杆件的下料、加工宜采用机加工方法进行。

4. 网架结构的支座节点

（1）压力支座节点

常用的压力支座节点有下面 4 种。

① 平板压力支座节点,如图 5-25 所示。这种节点由十字形节点板和一块底板组成,
构造简单、加工方便、用钢量省。但其支承板下的摩擦力较大,支座不能转动或移动,支

微课
网架结构的
杆件构造

课件
网架结构的
杆件构造

承板下的应力分布也不均匀,和计算假定相差较大,一般只适用于较小跨度(≤40 m)的网架。平板压力支座底板上的螺栓孔可做成椭圆孔,以利于安装;宜采用双螺母,并在安装调整完毕后与螺杆焊死。螺栓直径一般取 M16~M24,按构造要求设置。螺栓在混凝土中的锚固长度一般不宜小于 25d(不含弯钩)。网架结构的平板压力支座中的底板、节点板、加劲肋及焊缝的计算、构造要求均与平面钢桁架支座节点的有关要求相似。

　　② 单面弧形压力支座节点,如图 5-26 所示。这种支座在支座板与支承板之间加一弧形支座垫板,使之能转动。弧形垫板一般用铸钢或厚钢板加工而成,支座可以产生微量转动和移动(线位移),支承垫板下的反力比较均匀,改善了较大跨度网架由于挠度和温度应力影响的支座受力性能,但摩擦力较大。为使支座转动灵活,可将两个螺栓放在弧形支座的中心线上;当支座反力较大需要设置 4 个螺栓时,为不影响支座的转动,可在置于支座四角的螺栓上部加设弹簧,用于调节支座在弧面上的转动。为保证支座能有微量移动(线位移),网架支座栓孔应做成椭圆孔或大圆孔。单面弧形支座板的材料一般用铸钢,也可以用厚钢板加工而成,适用于大跨度网架的压力支座。

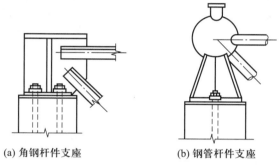

(a) 角钢杆件支座　　　　　(b) 钢管杆件支座

图 5-25　网架平板压力支座节点

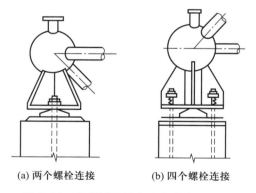

(a) 两个螺栓连接　　　　　(b) 四个螺栓连接

图 5-26　单面弧形压力支座节点

　　③ 双面弧形压力支座节点,又称为摇摆支座节点,如图 5-27 所示。这种支座是在支座板与柱顶板之间设一块上下均为弧形的铸钢件。在铸钢件两侧设有从支座板与柱顶板上分别焊出的带有椭圆孔的梯形钢板,以螺栓将这三者连在一起,在正常温度变化下,支座可沿铸钢块的两个弧面做一定的转动和移动,以满足网架既能自由伸缩

又能自由转动的要求。这种支座适用于跨度大、支承网架的柱子或墙体的刚度较大、周边支座约束较强、温度应力也较显著的大型网架,但其构造较复杂,加工麻烦,造价较高且只能沿一个方向转动。

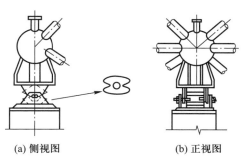

(a) 侧视图　　　　　　　(b) 正视图

图 5-27　双面弧形压力支座节点

④ 球形铰压力支座节点,如图 5-28 所示。这种支座是以一个凸出的实心半球嵌合在一个凹进的半球内,在任何方向都能转动而不产生弯矩,并在 x、y、z 三个方向都不会产生线位移,比较符合不动球铰支座的计算简图。为防止地震作用或其他水平力的影响使凹球与凸球脱离,支座四周应以锚栓固定,并应在螺母下放置压力弹簧,以保证支座的自由转动而不受锚栓的约束影响。在构造上凸球面的曲率半径应较凹球面的曲率半径小一些,以便接触面呈点接触,利于支座的自由转动。这种节点适用于跨度较大或带悬伸的四点支承或多点支承的网架。

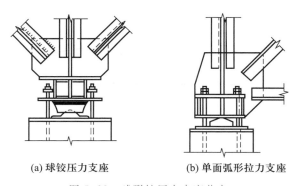

(a) 球铰压力支座　　　　(b) 单面弧形拉力支座

图 5-28　球形铰压力支座节点

以上 4 种支座用螺栓固定后,应加副螺母等防松,螺母下面的螺纹段的长度不宜过长,避免网架受力时产生反作用力,即向上翘起及产生侧向拉力而使螺母松脱或螺纹断裂。

（2）拉力支座节点

有些周边支承的网架,如斜放四角锥网架、两向正交斜放网架,在角隅处的支座上往往产生拉力,故应根据承受拉力的特点设计成拉力支座。在拉力支座节点中,一般都是利用锚栓来承受拉力的,锚栓的位置应尽可能靠近节点的中心线。为使支承板下不产生过大的摩擦力,让网架在温度变化时,支座有可能做微小的移动和转动,一般不要将锚栓过分拧紧。锚栓的净面积可根据支座拉力 N 的大小计算。

常用的拉力支座节点有下列两种形式。

① 平板拉力支座节点。对于较小跨度网架,支座拉力较小,可采用与平板压力支座相同的构造,利用连接支座与支承的锚栓来承受拉力。锚栓的直径按计算确定,一般锚栓直径不小于 20 mm。锚栓的位置应尽可能靠近节点的中心线。平板拉力支座节点构造比较简单,适用于较小跨度网架。

② 弧形拉力支座节点。弧形拉力支座节点的构造与弧形压力支座相似。支承平面做成弧形,以利于转动。为了更好地将拉力传递到支座上,在承受拉力的锚栓附近的节点板应加肋以增强节点刚度,弧形支承板的材料一般用铸钢或厚钢板加工而成。为了转动方便,最好将螺栓布置在尽量靠近节点中心的位置,同时不要将螺母拧得太紧,以便在网架产生位移或转角时,支座板可以比较自由地沿弧面移动或转动。这种节点适用于中、小跨度的网架。

5. 网架结构屋面排水坡度的形成

网架结构的屋面坡度一般取 1%~4%,以满足屋面排水要求,多雨地区宜选较大值。当屋面结构采用有檩体系时,还应考虑檩条挠度对泄水的影响。对于荷载、跨度较大的网架结构,还应考虑网架竖向挠度对排水的影响。

屋面坡度的形成方法(图 5-29)有以下几种。

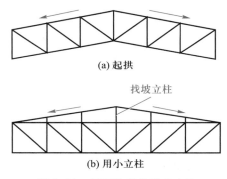

(a) 起拱

找坡立柱

(b) 用小立柱

图 5-29　屋面坡度的形成方法

① 上弦节点加小立柱找坡,当小立柱较高时,应注意小立柱自身的稳定性,这种做法构造比较简单。

② 网架变高度,当网架跨度较大时,会造成受压腹杆太长。

③ 支承柱找坡,采用点支承方案的网架可用此法找坡。

④ 整个网架起拱,一般用于大跨度网架。网架起拱后,杆件、节点的规格明显增多,使网架的设计、制造、安装复杂化。当起拱高度小于网架短向跨度的 1/150 时,由起拱引起的杆件内力变化一般不超过 5%~10%。因此,仍按不起拱的网架计算内力。

6. 网架结构的起拱

网架施工起拱是为了消除网架在使用阶段的挠度影响。一般情况下,中小跨度网架不需要起拱。对于大跨度($L_2>60$ m)网架或建筑上有起拱要求的网架,起拱高度可取 $L_2/300$,L_2 为网架的短向跨度。网架起拱的方法,按线型分为折线型起拱和弧线型起拱两种。按方向分为单向起拱和双向起拱两种。狭长平面的网架可单向起拱,接近正方形平面的网架应双向起拱。网架起拱后,会给杆件的种类选择、网架设计、制造和安装带来更多麻烦。

7. 网架结构的容许挠度

网架结构的容许挠度不应超过下列数值:

用作屋盖结构——$L_2/250$;用作楼盖结构——$L_2/300$;L_2——网架的短向跨度。

5.1.2 网架结构的图纸识读

网架结构施工图主要包括结构设计说明、网架平面布置图、网架安装图、球节点图、支座支托图、檩条布置图及材料表等。具体识读方法可观看相关微课。

微课
网架结构施工图设计说明

5.2 网架结构的加工与制作

网架的制作包括节点制作和杆件制作,均在工厂进行。

微课
网架平面布置图

5.2.1 网架结构杆件的加工

1. 杆件加工的一般要求

钢管应用机床下料,以保证其长度和坡口的准确。角钢宜用剪床、砂轮切割机或气割下料。下料长度应考虑焊接收缩量,焊接收缩量与许多因素有关,如焊缝厚度、焊接时电流强度、气温、焊接方法等。可根据经验结合网架结构的具体情况确定,当缺乏经验时应通过试验确定。

微课
网架安装图

螺栓球节点网架的零件还包括封板、锥头、套筒和高强度螺栓。封板经钢板下料、锥头经钢材下料和胎膜锻造毛坯后进行正火处理和机械加工,再与钢管焊接,焊接时应将高强度螺栓放在钢管内;套筒制作需经钢材下料、胎膜锻造毛坯、正火处理、机械加工和防腐处理;高强度螺栓由螺栓制造厂供应。

微课
球节点图

网架的所有部件都必须进行加工质量和几何尺寸检查,检验参照《网架结构工程质量检验评定标准》(JGJ 78—1991)进行。

2. 焊接收缩量

杆件不管是钢管或角钢都应考虑焊接收缩量。影响焊接收缩的因素较多,如焊缝的长度和高度、气温的高低、焊接电流密度、焊接采用的方法、一个节点经多次循环间隔焊成还是集中一次焊成、焊工的操作情况等。焊接收缩量不易留准,其大小需根据工程经验,再结合现场和网架结构的具体情况通过试验确定。目前不少工程因预留收缩量不够使网架总拼后尺寸偏小。下列有关收缩量的数值可作参考:钢管球节点加衬管时,每个焊口放 1.5~3.5 mm;钢管球节点不加衬管时,每个焊口放 1.0~2.0 mm;焊接钢板节点时,每个节点放 2.0~3.0 mm。当进入秋冬季,或焊缝较宽、较厚时取大值。杆件下料前就应取得较准确的预留收缩量值,杆件的下料尺寸应由理论长度加上预留收缩量值。如果杆件的下料尺寸不准确,在现场拼装焊接时就只能调整焊接宽度来修正网架尺寸。

微课
支座支托图

螺栓球节点的钢管杆件成品是指钢管与锥头或封板的组合长度,其允许偏差值指组合偏差,要求为杆件长度的 ±1 mm。

微课
材料表

3. 杆件制作工艺流程

杆件制作工艺流程如图 5-30 所示。

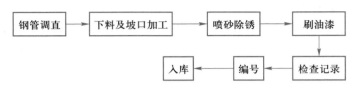

图 5-30　杆件制作工艺流程

4. 杆件制作要求

① 钢管调直,采用人工冷矫正,对于有明显凹面、划痕深度大于 0.5 mm 的钢管严禁使用。矫正后的钢管直线度偏差不得超过 2 mm。

② 杆件下料必须用机械切割,严禁使用电弧和氧气切割,当使用氧-炔焰断切时,应将端口采用磨光机砂磨至露出金属光泽,杆件端面与轴线的垂直允许误差为 $L/200$,杆件长度的允许误差为 ± 1 mm,管口曲线允许偏差为 1 mm。

③ 除锈。网架结构配件的除锈均采用机械打磨除锈,再用布条除去油污,金属表面必须露出金属本色,清理干净、干燥后方可进行下一道工序。

④ 涂装。即涂刷红丹防锈漆,采用空压机喷涂。严防流挂、返黏、皱纹等现象的发生。防锈漆涂层总厚度应满足设计和规范要求。

⑤ 由专职质检员负责各道工序的检查、记录、编号、堆放,不得有漏记、误记现象。

⑥ 质检员应复核入库。

5.2.2　网架结构节点的加工

1. 螺栓球节点

螺栓球节点是通过螺栓将圆钢管杆件和钢球连接起来的一种节点形式,如图 5-31 所示。这种节点对空间汇交的圆钢管杆件适应性强,杆件连接不会产生偏心,没有现场焊接作业,运输、安装方便。

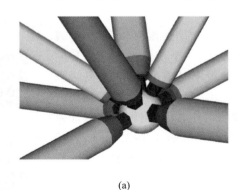

(a)

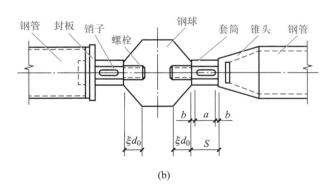

(b)

图 5-31　螺栓球节点

（1）螺栓球节点的组成、材料、特点

螺栓球一般由钢球、高强度螺栓、紧固螺钉（或销子）、套筒和锥头或封板等零件组成,适合于连接圆钢管杆件。这些零件多由高强度钢材制成,其所用材料、加工成形方法、性能要求规范严格。

螺栓球节点的优点是节点小、重量轻,节点用钢量约占网架用钢量的 10%,可用于任何形式的网架,特别适用于四角锥或三角锥体系的网架。这种节点安装极为方便,可拆卸,安装质量易得到保证。可以根据网架具体情况采用散装、分条拼装和整体拼装等安装方法。螺栓球节点的缺点是球体加工复杂,零部件多,加工精度要求高、价格贵,所需钢号不一,工序复杂。

（2）螺栓球节点的构造原理及受力特点

① 构造原理。螺栓球节点的连接构造原理如图 5-32 所示。先将置有高强度螺栓的锥头或封板焊在钢管杆件的两端,在伸出锥头或封板的螺杆上套上带有紧固螺钉孔的六角套筒（又称无纹螺母）,拧入紧固螺钉使其端部进入位于高强度螺栓无螺纹段上的滑槽内。拼装时,拧转套筒,通过紧固螺钉带动高强度螺栓转动,使螺栓旋入钢球体。在拧紧过程中,紧固螺钉沿螺栓上的滑槽移动,当高强度螺栓紧至设计位置时,紧固螺钉也到达滑槽端头的深槽,将螺钉旋入深槽固定,就完成了拼装过程。

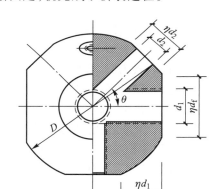

图 5-32　螺栓球节点的连接构造原理

② 受力特点。拧紧螺栓的过程,相当于对节点施加预应力的过程。预应力的大小与拧紧程度成正比。此时螺栓受预拉力,套筒受预压力;在节点上形成自相平衡的内力,而杆件不受力。当网架承受荷载后,拉杆内力通过螺栓受拉传递,随着荷载的增加,套筒预压力逐渐减小;到破坏时,杆件压力全由套筒承受。

③ 螺栓钢球体的设计。螺栓钢球体直径的大小主要取决于高强度螺栓的直径,高强度螺栓拧入球体的长度及相邻两杆件轴线之间的夹角。当网架中各杆件所需高强度螺栓直径确定以后,螺栓钢球直径的大小应同时满足两个条件:a. 保证相邻两螺栓在球体内不相碰;b. 保证套筒与钢球之间有足够的接触面。

钢球直径 D 可按以下公式确定:

$$D \geqslant \sqrt{\left(\frac{d_2}{\sin \theta}+d_1 \cot \theta+2\xi d_1\right)^2+\eta^2 d_1^2} \tag{5-1}$$

$$D \geqslant \sqrt{\left(\frac{\eta d_2}{\sin\theta} + \eta d_1 \cot\theta\right)^2 + \eta^2 d_1^2} \tag{5-2}$$

式中: D——钢球直径(应取两式算得结果中的较大值), mm;

　　 d_1, d_2——高强度螺栓直径, mm, $d_1 \geqslant d_2$;

　　　 θ——两高强度螺栓轴线之间的最小夹角, rad;

　　　 ξ——高强度螺栓伸进钢球长度与高强度螺栓直径的比值, 一般取 $\xi = 1.1$;

　　　 η——套筒外接圆直径与高强度螺栓直径的比值, 一般取 $\eta = 1.8$。

如果相邻两个高强度螺栓直径相同, 即 $d_1 = d_2 = d_0$, 则以上两式简化为

$$D \geqslant 2d_0 \sqrt{\left(\frac{1}{2}\cot\frac{\theta}{2} + \xi\right)^2 + \frac{\eta^2}{4}} \tag{5-3}$$

$$D \geqslant \frac{\eta d_0}{\sin\dfrac{\theta}{2}} \tag{5-4}$$

钢球直径应取计算结果中的较大值, 并应符合产品系列尺寸要求。网架跨度、荷载较小时, 钢球直径 D 不大, 整个网架的钢球可只用一个直径; 但钢球加工费用高, 当网架跨度、荷载较大时, 会使用钢量增加, 工程成本加大; 因此, 可根据计算结果选择不同的钢球直径, 但种类不宜过多。

④ 高强度螺栓。高强度螺栓应符合国家标准《钢结构用高强度大六角头螺栓》(GB/T 1228—2006)规定的性能等级为 8.8 级或 10.9 级的要求, 并符合国家标准《普通螺栓　基本尺寸》(GB/T 196—2003)的规定。为方便螺栓头部在锥头或封板内转动, 应将高强度螺栓大六角头改制为圆头, 如图 5-33 所示。

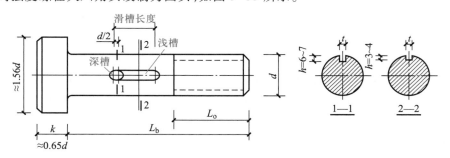

图 5-33　高强度螺栓

一般情况下, 根据网架中最大受拉弦杆内力和最大受拉腹杆内力各选定一个螺栓直径, 若这两个螺栓直径相差太大, 可以在这两者之间再选一种螺栓直径; 即使网架跨度、荷载较大时, 选用高强度螺栓直径不宜过多, 以免造成设计、制造、安装过于麻烦。

高强度螺栓的栓杆长度 L_b 由构造确定, 如图 5-34 所示。

$$L_b = \xi d + L_n + \delta \tag{5-5}$$

式中: L_b——高强度螺栓的栓杆长度, mm;

　　 ξ_d——高强度螺栓伸入钢球长度, mm, $\xi = 1.1$, d 为螺栓直径;

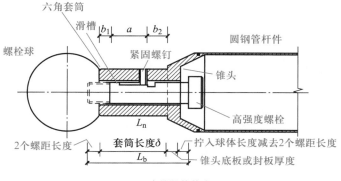

(a) 未拧紧的状态

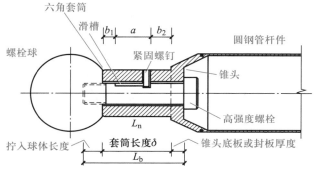

(b) 拧紧后的状态

(c) 加工好的锥头

图 5-34 高强度螺栓与螺栓球和圆钢管杆件的连接

L_n——套筒(无纹螺母)的长度,mm;

δ——锥头底板或封板的厚度,mm。

高强度螺栓上的滑槽应设在无螺纹的光杆处,浅槽深度一般为 3~4 mm,深槽深度一般为 6~7 mm,滑槽长度可按下式计算:

$$a = \xi d - c + d_s + 4 \qquad (5-6)$$

式中:a——滑槽深度,mm;

　　ξd——高强度螺栓伸入钢球的长度,mm;

　　c——高强度螺栓露出的套筒外的长度,一般 $c = 4 \sim 6$ mm,且不应少于两个螺距;

　　d_s——紧固螺钉的直径,一般为 M4、M5、M6、M8、M10。

　　受压杆件端部主要通过套筒传递压力,此处高强度螺栓只起连接作用,因此可按其内力设计值所求得的螺栓直径适当减少,但必须保证套筒具有足够的抗压承载力。

　　⑤ 套筒(无纹螺母)。套筒的作用是拧紧高强度螺栓,承受圆钢管杆件传来的压力,如图 5-35 所示。套筒的外形尺寸应符合扳手开口尺寸系列,端部保持平整,内孔径可比高强度螺栓直径大 1 mm。

　　⑥ 紧固螺钉。紧固螺钉的作用是用扳手拧转螺栓时,紧固螺钉承受剪力,如图 5-36所示。当高强度螺栓拧至设计所要求的深度时,紧固螺钉到达螺栓的滑槽端部的深槽,将紧固螺钉旋入深槽,加以固定,防止套筒松动。

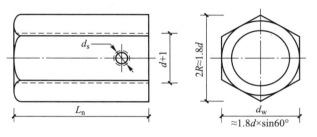

图 5-35　套筒(无纹螺母)

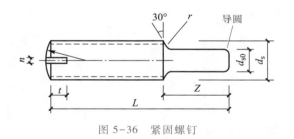

图 5-36　紧固螺钉

　　紧固螺钉采用高强度钢材制成,并经热处理,其直径一般可取高强度螺栓直径的 0.2 ~ 0.3 且不宜小于 M4,也不宜大于 M10,螺纹按 3 级精度加工。

　　紧固螺钉中的尺寸 L 和 Z 应根据套筒的厚度和高强度螺栓杆上的浅槽深度、深槽深度及其构造要求来确定。

　　锥头或封板台阶外径与钢管内径相配,不允许有正公差,要求 $\begin{cases} +1.0 \\ -0.0 \end{cases}$,台阶长度 5 ~ 8 mm;锥头或封板台阶外圆端部开 30°剖口,钢管端部也开 30°剖口,并在此处采用 V 形对接二级焊缝,以使焊缝与管材等强。焊缝宽度 b 取 2 ~ 5 mm,当钢管壁厚 $t \leqslant$ 10 mm时,取 $b = 2$ mm。

　　⑦ 锥头和封板。当圆钢管杆件直径 ≥76 mm 时,宜采用锥头,如图 5-37(a)所示。锥头的任何截面均应与杆件截面等强度,锥头底板的厚度不宜小于被连接杆件外径的

1/6。锥头底板外侧平直部分的外接圆直径一般取高强度螺栓直径的 1.8 倍加
3～5 mm;锥头斜向筒壁的坡度应≤1/4。

当圆钢管杆件直径<76 mm 时,可采用封板,如图 5-37(b)所示。其厚度不宜小于
杆件外径的 1/5。

锥头和封板的表面要保持平整,以确保紧固高强度螺栓的装配质量。高强度螺栓
孔中心线应尽量与杆件轴线重合,螺栓孔径比螺栓直径大 0.5～1.0mm。

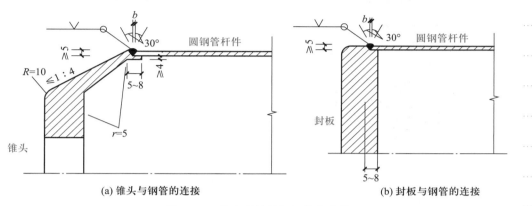

(a) 锥头与钢管的连接　　　　　　　　(b) 封板与钢管的连接

图 5-37　锥头或封板与钢管的连接

（3）螺栓球的加工

螺栓球毛坯的加工方法有铸造和模锻两种。铸造球容易产生裂缝、砂眼;模锻质
量好、工效高、成本低。

螺栓球节点的制作工序:圆钢加热→锻造毛坯→正火处理→加工定位螺纹孔
（M20）及其平面→加工各螺纹孔及平面→打加工工号→打球号。

螺栓球加工前应先加工一个分度夹具,其精度约为工件成品精度的 3 倍,反过来
说,用某级别精度加工的工件,要降低精度的 1/3。螺栓球在车床上加工时,先加工平
面螺孔,再用分度夹具加工斜孔,各螺孔螺纹尺寸应符合《普通螺纹　基本尺寸》
（GB/T 196—2003）粗牙螺纹的规定,螺纹公差应符合《普通螺纹　公差》（GB/T 197—
2018）6H 级精度的规定。螺孔角度及螺孔端面距球心尺寸允许偏差如图 5-38 所示。
螺孔角度的量测可用测量芯棒、高度尺、分度头等配合进行。

螺栓球节点零件所用材料及加工方法选用如表 5-1 所示。

微课
焊接球网架
的加工制作

2. 焊接空心球节点

当网架杆件内力很大（一般≥750 kN）时,若仍采用螺栓球节点,会造成钢球过大
而使用钢量增多,此时应考虑采用焊接空心球节点,如图 5-39 所示。

焊接空心球节点的优点是传力明确、构造简单、造型美观、连接方便、适应性强。
这种球节点适用于连接圆钢管,只要钢管切割面垂直于杆件轴线,杆件就能在空心
球体上自然对中而不产生偏心。由于球体没有方向性,可与任意方向的杆件相连;
当汇交杆件较多时,其优点更为突出。因此,它的适应性强,可用于各种形式的网架
结构。

课件
焊接球网架
的加工制作

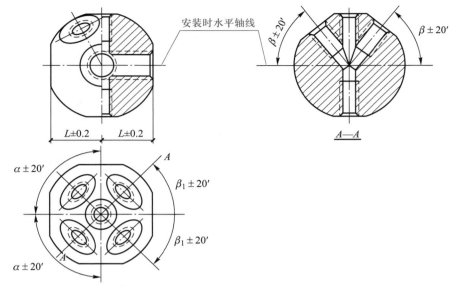

图 5-38　螺孔角度及螺孔端面距球心尺寸允许偏差

α—弦杆角度;β—腹杆与弦杆螺孔轴线平面间夹角;β₁—腹杆螺孔轴线在弦杆螺孔轴线

平面上的投影与弦杆螺孔轴线间夹角;L—螺孔端面距球心尺寸

表 5-1　螺栓球节点零件所用材料及加工方法选用

零件名称	采用钢号	成形方法	力学性能要求		备注
钢球	45 钢		机械加工		原坯球锻压或铸造
高强度螺栓和紧固螺钉	45 钢 40Cr 钢 40B 钢 20MnTiB 钢	与一般的高强度螺栓加工方法相同	经热处理后的硬度（HRC）	20～30 32～36 34～38 34～38	8.8 级高强度螺栓用 10.9 级高强度螺栓用 10.9 级高强度螺栓用 10.9 级高强度螺栓用
锥头、封板	Q235 钢 16Mn 钢	锥头采用铸造、锻造			应与杆件钢号一致
六角套筒（无纹螺母）	Q235 钢 20 钢 45 钢 16Mn 钢	机械加工			可由六角钢直接加工
销子	高强度钢丝	机械加工			

　　焊接空心球节点的缺点是:用钢量较大,节点用钢量占网架总用钢量 20%～25%;冲压焊接费工,焊接质量要求高,现场仰焊、立焊占很大比重;杆件下料要求准确;当焊接工艺不当造成焊接变形过大后难于处理。

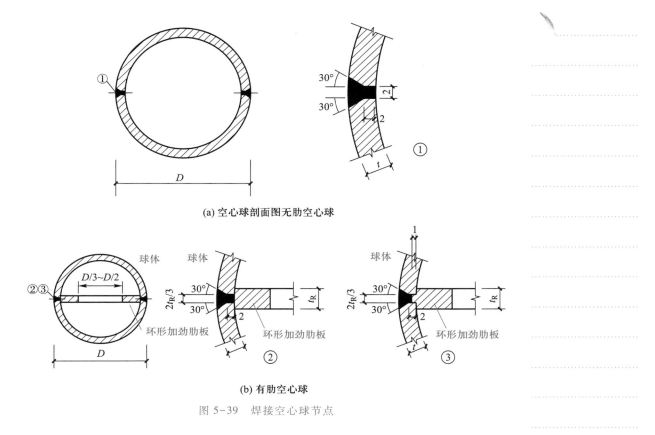

(a) 空心球剖面图无肋空心球

(b) 有肋空心球

图 5-39 焊接空心球节点

（1）焊接空心球节点构造

焊接空心球节点是用两块圆钢板（Q235 钢或 Q345 钢）经热压或冷压成两个半球后对焊而成的。钢球外径一般为 160～500 mm。分为加肋和不加肋两种，肋板厚度与球壁等厚；肋板可用平台或凸台，当采用凸台时，其高度应 ≤1 mm。

空心球外径 D 与球壁厚 t 的比值一般取 $D/t = 25～45$；空心球壁厚 t 与连接空心球的圆钢管最大壁厚 t_{max}^P 的比值宜取：$t/t_{max}^P = 1.5～2.0$；空心球的壁厚宜 $t \geq 4$ mm。

为了便于施焊，确保焊缝质量，避免焊缝过分集中，空心球面上的各杆件之间的净距宜 $a \geq 10$ mm。同一网架中，宜采用一种或两种规格的球，最多不超过 4 种，以避免设计、制造、安装时过于复杂化。空心球应钻一个 $\phi 6$ mm 的小孔，供焊接时球内的空气膨胀逸出之用。但焊接完毕后应将小孔封闭，以免球内发生锈蚀。

有下列情况之一时，宜在空心球内加设环形加劲肋板。

① 空心球的外径 $D \geq 300$ mm，且连接于空心球的圆钢管杆件的内力较大时。

② 空心球的壁厚 t 小于与球相连的圆钢管腹杆壁厚 t_s 的 2 倍（即 $t < 2t_s$）时。

③ 空心球的外径 D 大于与球相连的圆钢管腹杆外径 d_s 的 3 倍（即 $D > 3d_s$）时。

④ 在同一网架中，往往需要调整和统一空心球的外径，以减少球的规格，因此需要在空心球内加设环形加劲肋板，以满足球体的承载力设计值。

环形加劲肋板一般与空心球的球壁等厚，应将内力较大的圆钢管杆件设置在环形加劲肋板的平面内。在工程实践中，一般是设置在较大内力弦杆的轴线平面内。

（2）焊接空心球节点的直径

根据连接于空心球面上的两相邻圆钢管杆件之间的净距、两杆件轴线之间的夹角及两圆钢管杆件的外径,可按下式计算空心球的最小外径。

$$D = (d_1 + 2a + d_2)/\theta \tag{5-7}$$

式中: D——空心球所需要的最小外径,mm;

　　　a——空心球上两圆钢管杆件之间的净距,应有 $a \geqslant 10$ mm;

　　　θ——汇集于球节点任意两圆钢管杆件之间的夹角,rad;

　　d_1,d_2——组成 θ 角的两圆钢管杆件的外径,mm。

根据上式计算所得的 D,再考虑与焊接空心球外径的产品系列尺寸相一致,可初步选定钢球的外直径 D。

（3）焊接空心球与杆件的连接

圆钢管杆件与空心球的焊接连接,一般均应满足与被连接的圆钢管杆件截面等强。对于小跨度的轻型网架,当管壁厚度 $t<6$ mm 时,圆钢管杆件与空心球之间可采用角焊缝连接,圆钢管内可不加设短衬管。

对于中跨度以上的网架,或与空心球相连的杆件内力较大,且管壁厚度 $t \geqslant 6$ mm 时,圆钢管端部应开坡口,并增设短衬管,与钢球之间采用完全焊透的对接焊缝连接,焊缝质量等级为二级,以确保焊缝与杆件钢材等强。此时其连接细部构造如图 5-40 所示。但有时对某些内力较大的杆件,为了确保焊缝与母材等强,除对接焊缝外,还采用部分角焊缝予以加强。

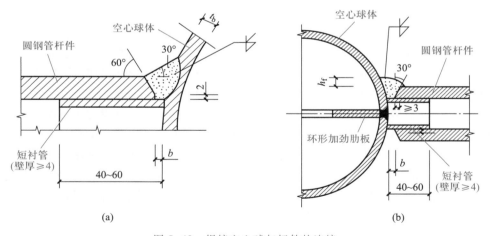

图 5-40　焊接空心球与杆件的连接

动画
焊接球的制作

（4）焊接空心球的加工

① 焊接球制作工艺流程如图 5-41 所示。

② 焊接球制作主要工序。

a. 半球下料。按每一种空心球的规格进行放样,将钢板仿形切割下料成半球坯,清除毛边、编号登记。

b. 球坯加热。将切割好的钢板球坯放在发射炉上进行加热,发射炉加热温度应控

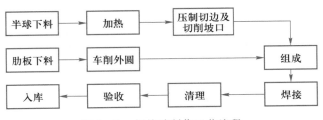

图 5-41　焊接球制作工艺流程

制在 1 000~1 100 ℃。

c. 压制切削。用压力机将球坯压制成半圆球体,用半球车床精加工车削成设计要求规格。

d. 组成及焊接。焊接空心球由两个半球焊接而成,分为不加肋、加单肋两种。加单肋的见图 5-40(b)。加劲肋板的厚度与空心球的壁厚相同;按施工图要求焊接拼接,采用环形全位置施焊,焊接好的成品球应表面光滑平整,不得有局部凸起、折皱等。加工质量按《钢网架焊接空心球节点》(JG/T 11—2009)进行检验。

焊接球的加工有热轧和冷轧两种方法,目前生产的球多为热轧。热轧半圆球的下料尺寸约为 $\sqrt{2}D$(D 为球的外径)。轧制球的模子,其下模有漏模和底模两种,为简化工艺,降低成本,多用漏模生产。半圆球轧制过程如图 5-42 所示。上下模的材料可用具有一定硬度的铸钢或铸铁,上下模尺寸应考虑球的冷却收缩率。下模的圆角宜适中;圆角太小容易拉薄,圆角太大,钢板容易折皱。制球时对圆钢板加热应均匀,如果加热不均匀,热轧后球壁会发生厚度不匀和拉裂等弊病。加热温度为 700~800 ℃,呈暗淡的枣红色。

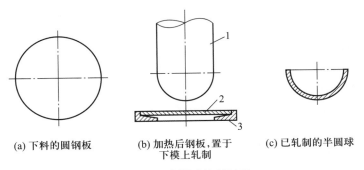

(a) 下料的圆钢板　　(b) 加热后钢板,置于　　(c) 已轧制的半圆球
　　　　　　　　　　下模上轧制

图 5-42　半圆球轧制过程
1—上模;2—加热后的圆钢板;3—下模(漏模)

热轧球容易产生以下弊病:壁厚不均匀;"长瘤",即局部凸起;带"荷叶边",即边缘有较大的折皱。用漏模热轧的半圆球,其壁厚不均匀的情况如图 5-43 所示,靠半圆球的上口偏厚,上模的底部与侧边的过渡区域偏薄。网架规程规定壁厚最薄处的允许减薄量为 13%,且不得大于 1.5 mm。

当球的设计壁厚为 11.5 mm 时,两个条件同时满足;当壁厚大于 11.5 mm 时,由绝对值 1.5 mm 控制;壁厚小于 11.5 mm 时,由 13% 的相对值控制。球壁的厚度可用超声

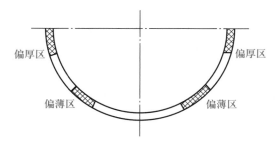

图 5-43　半圆球壁厚不均匀的情况

波测厚仪测量。球体不允许有"长瘤"现象,"荷叶边"应在切边时切去。半圆球切口应用车床切削,在切口的同时做出坡口。

　　成品球直径经常有偏小现象,这是由于上模磨损或考虑冷却收缩率不够等所致。如果负偏差过大,会造成网架总拼尺寸偏小。故网架规程规定:当球外径 $\phi<300$ mm 时,允许偏差为 1.5 mm。当球外径 $\phi>300$ mm 时,允许偏差为 2.5 mm。球的圆度(即最小外径与最大外径之差),不仅影响拼装尺寸,而且会造成节点偏心,故应控制在一定范围内。参照《钢网架焊接空心球节点》(JG/T 11—2009)规定,当球的外径 $\phi<300$ mm 时,允许偏差为 1.5 mm;当球的外径 $\phi>300$ mm 时,允许偏差为 2.5 mm。

　　检验成品球直径及圆度偏差时,每球测量三对直径(六个直径),每对互成 90°;圆度用三对直径差的算术平均值计取。直径值即采用此六个直径的算术平均值。测量工具可以采用卡钳及钢尺或 V 形块及百分表。

　　焊接球节点是由两个热轧后经机床加工的两个半圆球相对焊成的。如果两个半圆球互相对接的接缝处是圆滑过渡的(即在同一圆弧上),则不产生对口错边量;如果两个半圆球对得不准,或有大小不一,则在接缝处将产生错边值。不论球大小,错边值一律不得大于 1mm。

3. 焊接钢板节点的制作

　　由于焊接钢板节点与角钢杆件用贴角焊缝连接,焊缝长度可以调节,节点板尺寸一般设计得较富裕,故在《空间网格结构技术规程》(JGJ 7—2010)中提出的允许偏差较大,为 ±2 mm。

　　制作时,首先根据图纸要求在硬纸板或镀锌薄钢板上足尺放样,制成样板,样板上应标出杆件、螺孔等中心线。节点钢板即可按此样板下料,为了使钢板具有整齐的边角,宜采用剪板机或砂轮切割下料,但对不光洁边角应进行修整。节点板按图纸要求角度先施点焊定位,然后以角尺或样板为标准,用锤轻击逐渐矫正,最后进行全面焊接。在节点焊接完成后,要求节点板相互间的夹角仍然与角尺或样板符合规范规定,十字节点板间、十字节点板与盖板间夹角的允许偏差为 ±20″,在杆件焊接前可用标准角规测量检验。焊接节点时,应采取措施,减少焊接变形和焊接应力,如果选用适当的焊接顺序,采用小电流(210A 以下)和分层焊接等,为使焊缝左右均匀,宜采用图 5-44所示的船形位置施焊。

微课
网架结构支座制作工艺

课件
网架结构支座制作工艺

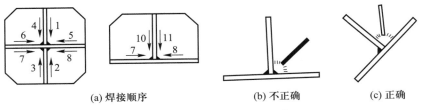

(a) 焊接顺序   (b) 不正确   (c) 正确

图 5-44 焊接钢板节点的制作

5.2.3 网架构件的包装、运输和存放

网架构件的包装、运输和堆放应满足下列基本要求。

① 包装在涂层干燥后进行;包装保护构件涂层不受损伤,保证构件、零件不变形、不损坏、不散失;包装要符合公司质量体系文件的有关规定。

② 螺纹涂防锈剂并包裹,传力平面和铰轴孔的内壁涂抹防锈剂,铰轴和铰轴孔采取保护措施。

③ 包装箱上标注构件、零件的名称、编号、重量等,并填写包装清单。

④ 运输网架构件时,根据网架构件的长度、重量选用合适的车辆;网架构件在运输车辆上的支点、两端伸出的长度及绑扎方法均需保证网架构件不产生变形、不损伤涂层。

⑤ 网架构件存放场地应平整坚实,无积水。构件按种类、型号、安装顺序分区存放;底层垫枕应有足够的支承面,并防止支点下沉。相同型号的网架构件叠放时,各层网架构件的支点应在同一垂直线上,并防止网架构件被压坏和变形。

5.3　网架结构的安装

网架的杆件与节点制作完毕后,为了减少现场工作量和保证拼装质量,最好在工厂或预制拼装场内先拼成单片桁架,或拼成较小的空间网架单元,然后再运到现场完成网架的总拼工作。网架拼装应根据网架的跨度、平面形状、网架结构形状和吊装方法等因素,综合分析确定网架的拼装方案。网架拼装一般可采用整体拼装、小单元拼装(分条或分块单元拼装)等。不论选用哪种拼装方式,拼装时均应在拼装模板上进行,要严格控制各部分尺寸。对于小单元拼装的网架,为保证高空拼装节点的吻合和减少积累误差,一般应在地面预装。

5.3.1 网架结构的拼装

网架的拼装一般可分为小拼与总拼两个过程。小拼单元指网架结构安装工程中除散件之外的最小安装单元,一般分平面桁架和锥体两种类型。中拼单元指网架结构安装工程中由散件和小拼单元组成的安装单元,一般分条状和块状两种类型。拼装时要选择合理的焊接工艺,尽量减少焊接变形和焊接应力。拼装的焊接顺序应从中间开始,向两端或向四周延伸展开进行。焊接节点的网架拼装后,对其所有的焊缝均应做全面检查,对大中跨度的钢管网架的对接焊缝应做无损检测。

1. 网架结构拼装准备

（1）主要机具

① 电焊机、氧-乙炔设备、砂轮锯、钢管切割机床等加工机具。

② 钢卷尺、钢板尺、游标卡尺、测厚仪、超声波探伤仪、磁粉探伤仪、卡钳、百分表等检测仪器。

③ 铁锤、钢丝刷等辅助工具。

（2）作业条件

① 拼装焊工必须有焊接考试合格证，有相应焊接工位的资格证明。

② 拼装前应对拼装场地做好安全设施、防火设施。拼装前应对拼装胎位进行检测，防止胎位移动和变形。拼装胎位应留出恰当的焊接变形余量，防止拼装杆件变形、角度变形。

③ 拼装前杆件尺寸、坡口角度以及焊缝间隙应符合规定。

④ 熟悉图纸，编制好拼装工艺，做好技术交底。

⑤ 拼装前，对拼装用的高强度螺栓应逐个进行硬度试验，达到标准值才能用于拼装。

（3）作业准备

① 螺栓球加工时的机具、夹具调整、角度的确定、机具的准备。

② 焊接球加工时，加热炉的准备、焊接球压床的调整、工具、夹的准备。

③ 焊接球半圆胎架的制作与安装。

④ 焊接设备的选择与焊接参数的设定。采用自动焊时，自动焊设备的安装与调试，氧-乙炔设备的安装。

⑤ 拼装用高强度螺栓在拼装前应全部加以保护，防止焊接时飞溅影响到螺纹。

⑥ 焊条或焊剂进行烘烤与保温，焊材保温与烘烤应有专门烤箱。

2. 网架结构中小拼单元

钢网架小拼单元一般是指焊接球网架的拼装。螺栓球网架在杆件拼装、支座拼装之后即可以安装，不进行小拼单元。

微课
网架结构的小拼单元拼装

（1）小拼单元划分的原则

① 尽量增大工厂焊接的工作量比例。

② 应将所有节点都焊在小拼单元上，网架总拼时仅连接杆件。

（2）小拼单元的制作

根据网架结构的施工原则，小拼及中拼单元均应在工厂内制作。

小拼单元的拼装是在专用模架上进行的，以确保小拼单元形状尺寸的准确性。拼装模架如图 5-45 和图 5-46 所示。小拼模架有平台型和转动型两种。平台型类似于平面桁架的放样拼整平台。转动型是将节点与杆件夹在特制的模架上，待点焊定位后，再在此转动的模架上全面施焊。这样焊接条件较好，焊接质量易于保证。

课件
网架结构的小拼单元拼装

在划分小拼单元时，应考虑网架结构的类型及总拼方案的具体条件。小拼单元可以为平面桁架或单个锥体，其原则是应尽量使小拼单元本身为一几何不变体。图 5-47 所示为划分小拼单元的一些实例，5-47（a）所示为两向正交斜放网架小拼单元的布置；5-47（b）所示为斜放四角锥网架分割方案，这时的小拼单元必须加设可靠的临时上弦，

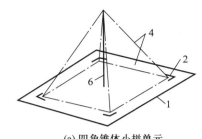

(a) 四角锥体小拼单元

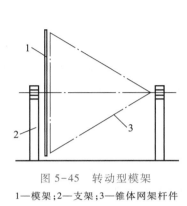

图 5-45 转动型模架

1—模架;2—支架;3—锥体网架杆件

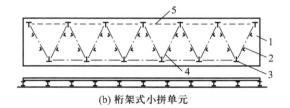

(b) 桁架式小拼单元

图 5-46 平台型模架

1—拼装平台;2—用角钢做的靠山;3—搁置节点槽口;
4—网架杆件中心线;5—临时上弦;6—标杆

以免在翻身或吊运时变形。对于斜放四角锥网架,也可采用四角锥体的小拼单元,此时,节点均连在单元体上,总拼时只需连接单元间的杆件。

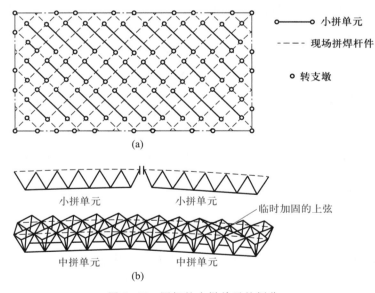

———○ 小拼单元

----- 现场拼焊杆件

○ 转支墩

(a)

小拼单元　　小拼单元　　临时加固的上弦

中拼单元　　中拼单元

(b)

图 5-47 网架的小拼单元的划分

微课
网架结构的
总拼

课件
网架结构的
总拼

3. 总拼

网架结构在总拼时,应选择合理的焊接工艺顺序,以减少焊接变形与焊接应力。一般以采用中间向两端或四周发展拼装与焊接顺序为宜,这样可以使网架在焊接时能比较自由地收缩。如果采用相反的拼装与焊接方法,易产生封闭圈使杆件产生较大的焊接应力。

网架总拼时,除必须遵守施焊的原则之外,还应将整个网架划分成若干圈,先焊内圈的下弦杆构成下弦网格,再焊腹杆及上弦杆;然后再按此顺序焊外面一圈,逐渐向外扩展。这样上、下弦交替施焊,收缩均匀,有利于保持单片桁架的垂直度和网格的设计形状。如果焊接顺序不合理,则在焊接后易出现角部翘起或中心拱起等现象。

当网架采用条(块)状单元在高空进行总拼时,为保证网架总拼后几何尺寸及其形状的准确,应在地面进行预拼装。

采用整体吊装、提升、顶升等安装方法时,网架在地面进行拼装。为便于控制和调整,拼装支架应设在下弦节点处。拼装支架可由混凝土基础上安放短钢管或砌筑临时性砖墩构成。网架结构在地面拼装时应精确放线,其精度要求更高,这主要考虑到地面拼装后还有一个吊装过程,容易造成变形而增加尺寸偏差。

网架总拼后,所有焊缝应经外观检查,并做记录,对大、中跨度网架的重要部位的对接焊缝应做无损探伤检查。

螺栓球节点的网架拼装时,一般也是下弦先拼,将下弦的标高和轴线校正后,全部拧紧螺栓,起定位作用。开始连接腹杆时,螺栓不宜拧紧,但必须使其与下弦节点连接的螺栓吃上劲,以避免周围螺栓都拧紧后,这个螺栓可能偏歪而无法拧紧。连接上弦时,开始不能拧紧,待安装几行后再拧紧前面的螺栓,如此循环进行。在整个网架拼装完成后,必须进行一次全面检查,看螺栓是否拧紧了。

为保证网架几何尺寸,减少累积误差影响,网架拼装方向很重要,一般情况下都是从中间开始,向外扩展。但也可从一端向另一端进行,网架拼装方向如图 5-48 所示。

微课
网架高空散
装法

课件
网架高空散
装法

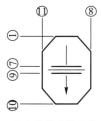　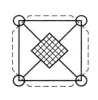　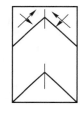

(a) 北京大学生体育馆　　　(b) 陕西省体育馆网架　　　(c) 首都体育馆网架
　　网架拼装方向　　　　　　　拼装方向　　　　　　　　拼装方向

图 5-48　网架拼装方向

5.3.2　网架结构的安装方法

动画
固定式塔吊
高空散装
球壳

网架结构的安装是将拼装好的网架用各种施工方法搁置在设计位置上。网架结构安装的一般工艺流程:测量放线(支座轴线、节点位置线)→校核→搭设临时支墩(包括网架节点、支点)→抄标高→校核→安放支座(节点)→安装杆件→调整→固定成形(焊接或安装高强度螺栓)→刷油→验收→绑扎→试吊检查→正式起吊→就位安装。安装方法主要有高空散装法、分条或分块安装法、高空滑移法、整体吊装法、升板机提升法及顶升施工法。网架的安装方法,应根据网架受力和构造特点,在满足质量、安全、进度和经济效果的要求下,结合施工技术综合确定。

1. 高空散装法

高空散装法是指运输到现场的运输单元体(平面桁架或锥体)或散件,用起重机械吊升到高空对位拼装成整体结构的方法。它在拼装过程中始终有一部分网架悬挑着,当网架悬挑拼接成为一个稳定体系时,不需要设置任何支架来承受其自重和施工荷载。当跨度较大,拼接到一定悬挑长度后,设置单肢柱或支架支承悬挑部分,以减少或避免因自重和施工荷载而产生的挠度。

高空散装法有全支架(即满堂红脚手架)和悬挑法两种,全支架法多用于散件拼装,而悬挑法则多用于小拼单元在高空总拼,可以少搭支架。

拼装可从脊线开始,或从中间向两边发展,以减少积累误差和便于控制标高。拼装过程中应随时检查基准轴线位置、标高及垂直偏差,并应及时纠正。

(1) 支架设置

支架既是网架拼装成形的承力架,又是操作平台支架,所以应满足强度、刚度和单肢及整体稳定性要求。对重要的工程或大型工程还应进行试压,以确保安全可靠。拼装支架的各项验算可按一般钢结构设计方法进行。

支架搭设位置必须对准网架下弦节点。支架一般用扣件和钢管搭设。因此,为了调整沉降值和卸荷方便,可在网架下弦节点与支架之间设置调整标高用的千斤顶。

(2) 支架整体沉降量控制

支架支座下应采取措施,防止支座下沉,可采用木楔或千斤顶进行调整。

支架的整体沉降量包括钢管接头的空隙压缩、钢管的弹性压缩、地基的沉陷等。如果地基情况不良,要采取夯实加固等措施,并且要用木板铺地以分散支柱传来的集中荷载。高空散装法对支架的沉降要求较高(不得超过 5 mm),应给予足够重视。大型网架施工,必要时可进行试压,以取得所需资料。

拼装支架不宜用竹质或木质材料,因为这些材料容易变形且易燃,故当网架用焊接连接时禁用。

(3) 支架的拆除

支架的拆除应在网架拼装完成后进行,拆除顺序宜根据各支撑点的网架自重挠度值,采用分区分阶段按比例或用每步不大于 10 mm 的逐步下降法降落,以防止个别支承点集中受力,造成拆除困难。对小型网架,可采用一次性同时拆除,但必须速度一致。对于大型网架,每次拆除的高度可根据自重挠度值分成若干批进行。

(4) 拼装操作

总的拼装顺序是从网架一端开始向另一端以两个三角形同时推进,待两个三角形相交后,则按人字形逐榀向前推进,最后在另一端的正中合拢。每榀块体的安装顺序,在开始两个三角形部分是由屋脊部分分别向两边拼装,两三角形相交后,则由交点开始同时向两边拼装,如图 5-49 所示。

吊装分块(分件)用 2 台履带式或塔式起重机进行,拼装支架用钢制,可局部搭设成活动式,亦可满堂红搭设。分块拼装后,在支架上分别用方木和千斤顶顶住网架中央竖杆下方进行标高调整,如图 5-49(c)所示,其他分块则随拼装随拧紧高强度螺栓,与已拼好的分块连接即可。当采取分件拼装时,一般采取分条进行,顺序为:支架抄平、放线→放置下弦节点垫板→依次组装下弦、腹杆、上弦支座(由中间向两端,一端向

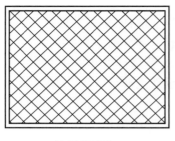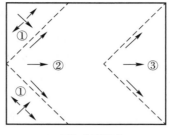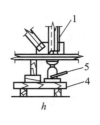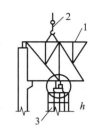

| (a) 网架平面 | (b) 网架安装顺序 | (c) 网架块体临时固定方法 |

图 5-49　高空散装法安装网架

1—第一榀网架块体；2—吊点；3—支架；4—枕木；5—液压千斤顶；①②③—安装顺序

另一端扩展）→连接水平系杆→撤出下弦节点垫板→总拼精度校验→油漆。

每条网架组装完，经校验无误后，按总拼顺序进行下条网架的组装，直至全部完成，如图 5-50 所示。

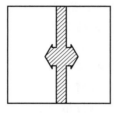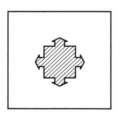

| (a) 由中间向两边发展 | (b) 由中间向四周发展 | (c) 由四周向中间发展
（形成封闭圈） |

图 5-50　总拼顺序

（5）特点与适用范围

高空散装法的优点是不需大型起重设备，对场地要求不高，在高空一次拼装完毕，缺点是现场及高空作业量大，不易控制标高、轴线和质量，工效降低，而且需要搭设大规模的拼装支架，耗用大量材料。适用于非焊接连接（如螺栓球节点、高强度螺栓节点等）的各种网架的拼装，不宜用于焊接球网架的拼装，因焊接易引燃脚手板，操作不够安全。

2. 分条或分块安装法

分条或分块安装法是高空散装法的组合扩大。为适应起重机械的起重能力和减少高空拼装工作量，将屋盖划分为若干个单元，在地面拼装成条状或块状组合单元体后，用起重机械或设在双肢柱顶的起重设备（钢带提升机、升板机等），垂直吊升或提升到设计位置上，拼装成整体网架结构的安装方法。

条状单元是指沿网架长跨方向分割为若干区段，每个区段的宽度是 1~3 个网格，而其长度即为网架的短跨或 1/2 短跨。块状单元是指将网架沿纵横方向分割成矩形或正方形单元，每个单元的重量以现有起重机能力能胜任为准。

这种施工方法大部分的焊接、拼装工作在地面进行，能保证工程质量，并可省去大部分拼装支架，又能充分利用现有起重设备，比较经济。它适用于分割后刚度和受力

微课
网架分条分
块安装法

课件
网架分条分
块安装法

状况改变较小的网架,如两向正交、正放四角锥、正放抽空四角锥等网架。

(1)条状单元组合体的划分

条状单元组合体的划分是沿着屋盖长方向划分。对桁架结构是将一个节间或两个节间的两榀或三榀桁架组成条状单元体;对网架结构,则将一个或两个网格组装成条状单元体。组装后的网架条状单元体往往是单向受力的两端支承结构。这种安装方法适用于划分后的条状单元体,在自重作用下能形成一个稳定体系,其刚度与受力状态改变较小的正放类网架或刚度和受力状况未改变的桁架结构类似。网架条状单元体的刚度要经过验算,必要时应采取相应的临时加固措施。通常条状单元的划分有以下几种形式。

① 网架单元相互靠紧,把下弦双角钢分在两个单元上,如图5-51(a)所示。此法可用于正放四角锥网架。

② 网架单元相互靠紧,单元间上弦用剖分式安装节点连接,如图5-51(b)所示。此法可用于斜放四角锥网架。

③ 单元之间空一节间,该节间在网架单元吊装后再在高空拼装,如图5-51(c)所示。此法可用于两向正交正放或斜放四角锥等网架。

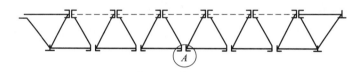

(a) 网架下弦双角钢分在两单元上

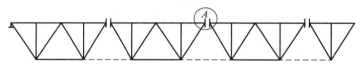

(b) 网架上弦用剖分式安装

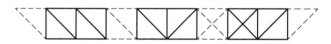

(c) 网架单元在高空拼装

图5-51 网架条状单元划分方法

分条(分块)单元,自身应是几何不变体系,同时还应有足够刚度,否则应加固。对于正放类网架而言,在分割成条(块)状单元后,自身在自重作用下能形成几何不变体系,同时也有一定的刚度,一般不需要加固。但对于斜放类网架,在分割成条(块)状单元后,由于上弦为菱形可变体系,因而必须加固后才能吊装。图5-52所示为斜放四角锥网架上弦加固方法。

(2)块状单元组合体的划分

块状单元组合体的分块,一般是在网架平面的两个方向均有切割,其大小视起重机的起重能力而定。切割后的块状单元体大多是两邻边或一边有支承,一角点或两角

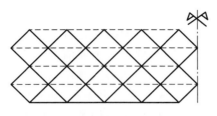
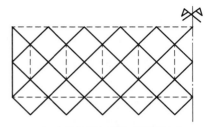

(a) 网架上弦临时加固件采用平行式　　　　　(b) 上弦临时加固件采用间隔式

图 5-52　网架条(块)状单元划分方法

点要增设临时顶撑予以支承。也有将边网格切除的块状单元体,在现场地面对准设计轴线组装,边网格留在垂直吊升后再拼装成整体网架,如图 5-53 所示。

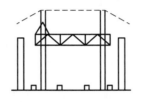
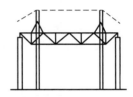

(a) 网架在室内砖支墩上拼装　　(b) 用独脚拔杆起吊网架　　(c) 网架吊升后将边节各杆件及支座拼装上

图 5-53　网架吊升后拼装边节间

（3）吊装操作

吊装有单机跨内吊装和双机跨外抬吊两种方法,如图 5-54(a)、(b) 所示。在跨中下部设可调立柱、钢顶撑,以调节网架跨中挠度,如图 5-54(c) 所示。吊上后即可将半圆球节点焊接和安设下弦杆件,待全部作业完成后,拧紧支座螺栓,拆除网架下立柱,即告完成。

（4）网架挠度控制

网架条状单元在吊装就位过程中的受力状态属平面结构体系,而网架结构是按空间结构设计的,因而条状单元在总拼前的挠度要比网架形成整体后该处的挠度大,故在总拼前必须在合拢处用支撑顶起,调整挠度使其与整体网架挠度符合。块状单元在地面制作后,应模拟高空支承条件,拆除全部地面支墩后观察施工挠度,必要时也应调整其挠度。

（5）网架尺寸控制

条(块)状单元尺寸必须准确,以保证高空总拼时节点吻合和减少积累误差,一般可采取预拼装或现场临时配杆件等措施解决。

（6）特点与适用范围

分条或分块安装法的优点是所需起重设备较简单,不需大型起重设备;可与室内其他工种平行作业,缩短总工期,用工省,劳动强度低,减少高空作业,施工速度快,费用低。其缺点是需搭设一定数量的拼装平台,另外拼装时容易造成轴线的积累偏差,一般要采取试拼、套拼、散件拼装等措施来控制。

分条或分块安装法的高空作业较高空散装法减少,同时只需搭设局部拼装平台,

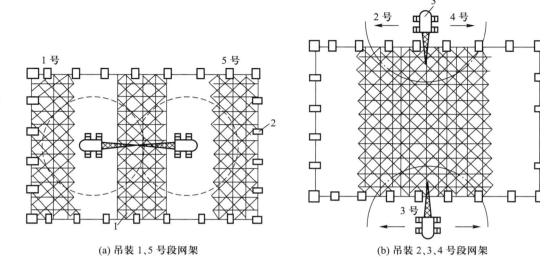

(a) 吊装 1、5 号段网架　　　　　　　　(b) 吊装 2、3、4 号段网架

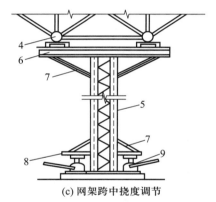

(c) 网架跨中挠度调节

图 5-54　分条分块法安装网架

1—网架；2—柱子；3—履带式起重机；4—下弦钢球；5—钢支柱；

6—横梁；7—斜撑；8—升降顶点；9—液压千斤顶

拼装支架量也大大减少，并可充分利用现有起重设备，比较经济，但施工应注意保证条（块）状单元制作精度和控制起拱，以免造成总拼困难。适用于分割后刚度和受力状况改变较小的各种中、小型网架，如双向正交正放、正放四角锥、正放抽空四角锥等网架。对于场地狭小或跨越其他结构、起重机无法进入网架安装区域尤为适宜。

3. 高空滑移法

　　高空滑移法是将网架条状单元组合体在已建结构上空进行水平滑移对位总拼的一种施工方法，可在地面或支架上进行扩大拼装条状单元，并将网架条状单元提升到预定高度后，利用安装在支架或圈梁上的专用滑行轨道，水平滑移对位拼装成整体网架。此条状单元可以在地面拼成后用起重机吊至支架上，如设备能力不足或其他因素，也可用小拼单元甚至散件在高空拼装平台上拼成条状单元。高空拼装平台一般设置在建筑物的一端、宽度约大于两个节间，如果建筑物端部有平台可利用作为拼装平台,滑移时网架的条状单元由一端滑向另一端。

（1）高空滑移法分类

① 高空滑移法按滑移方式分类。

a. 单条滑移法。如图 5-55(a)所示,先将条状单元一条条地分别从一端滑移到另一端就位安装,各条在高空进行连接。

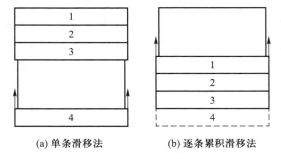

(a) 单条滑移法   (b) 逐条累积滑移法

图 5-55　高空滑移法

b. 逐条积累滑移法。如图 5-55(b)和图 5-56 所示,先将条状单元滑移一段距离(能连接上第二单元的宽度即可),连接上第二条单元后,两条一起再滑移一段距离(宽度同上),再接第三条,三条又一起滑移一段距离,如此循环操作,直到接上最后一条单元为止。

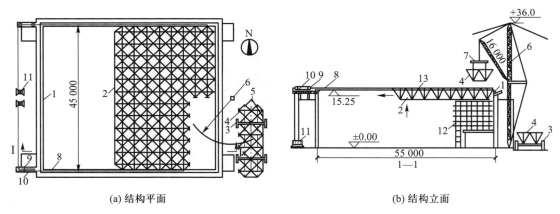

(a) 结构平面   (b) 结构立面

图 5-56　高空滑移法安装网架

1—边梁;2—已拼网架单元;3—运输车轮;4—拼装单元;5—拼装架;6—拔杆;7—吊具;

8—牵引索;9—滑轮组;10—滑轮组支架;11—卷扬机;12—拼装架;13—拼接缝

② 高空滑移法按滑移坡度分类。按滑移坡度可分为水平滑移、下坡滑移及上坡滑移三类。如果建筑平面为矩形,可采用水平滑移或下坡滑移;当建筑平面为梯形时,短边高、长边低、上弦节点支承方式网架,则应采用上坡滑移;当短边低、长边高或下弦节点支承方式网架,则可采用下坡滑移。

③ 高空滑移法按牵引力作用方向分类。按滑移时牵引力作用方向可分为牵引法及顶推法两类。牵引法即将钢丝绳钩扎于网架前方,用卷扬机或手扳葫芦拉动钢丝

绳,牵引网架前进,作用点受拉力。顶推法即用千斤顶顶推网架后方,使网架前进,作用点受压力。

④ 高空滑移法按摩擦方式分类。按摩擦方式可分为滚动式及滑动式两类。滚动式滑移即网架装上滚轮,网架滑移时是通过滚轮与滑轨的滚动摩擦方式进行的。滑动式滑移即网架支座直接搁置在滑轨上,网架滑移时是通过支座底板与滑轨的滑动摩擦方式进行的。

（2）滑移装置

① 滑轨。滑移用的轨道有各种形式。对于中小型网架,滑轨可用圆钢、扁铁、角钢及小型槽钢制作;对于大型网架,可用钢轨、工字钢、槽钢等制作。滑轨可用焊接或螺栓固定于梁顶面的预埋件上,轨面标高应高于或等于网架支座设计标高,滑轨接头处应垫实。其安装水平度及接头要符合有关技术要求。网架在滑移完成后,支座应固定于底板上,以便于连接。

② 导向轮。导向轮主要是作为安全保险装置用,一般设在导轨内侧,在正常滑移时导向轮与导向轨脱开,其间隙为 10～20 mm,只有当同步差超过规定值或拼装误差在某处较大时两者才碰上,如图 5-57 所示。但是在滑移过程中,当左右两台卷扬机以不同时间启动或停车也会造成导向轮顶上滑轨的情况。

（3）滑移操作

滑移平台由钢管脚手架和升降调平支承组成,如图 5-58 所示,起始点尽量利用已建结构,如门厅、观众厅,高度应比网架下弦低 40 cm,以便在网架下弦节点与平台之间设置千斤顶,用以调整标高,平台上面铺设安装模架,平台宽应略大于两个节间。

网架先在地面将杆件拼装成两球一杆和四球五杆的小拼构件,然后用悬臂式桅杆、塔式或履带式起重机,按组合拼接顺序吊到拼接平台上进行扩大拼装。先就位点焊,拼接网架下弦方格,再点焊立起横向跨度方向角腹杆。每节间单元网架部件点焊拼接顺序。由跨中向两端对称进行,焊完后临时加固。牵引可用慢速卷扬机或绞磨进行,并设减速滑轮组。牵引点应分散设置,滑移速度应控制在 0.5 m/min 以内,并要求做到两边同步滑移。当网架跨度大于 50 m,应在跨中增设一条平稳滑道或辅助支顶平台。

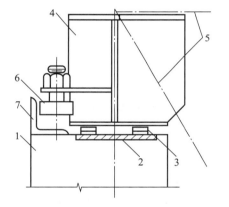

图 5-57　设置轨道与导轮
1—天沟梁;2—预埋钢板;3—轨道;
4—网架支座;5—网架杆件中心线索引索;
6—导轮;7—导轨

网架滑移可用卷扬机或手扳葫芦及钢索液压千斤顶,根据牵引力大小及网架支座之间的系杆承载力,可采用一点或多点牵引。牵引力按下式进行验算。

滑动摩擦时:

$$F_t \geqslant \mu_1 \xi G_{0k} \tag{5-8}$$

滚动摩擦时:

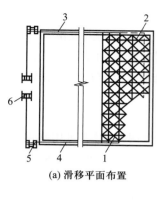
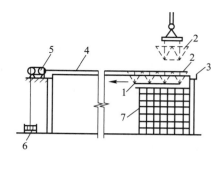

(a) 滑移平面布置　　　　　(b) 网架滑移安装

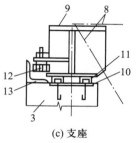

(c) 支座

图 5-58　高空滑移法安装网架

1—网架;2—网架分块单元;3—天沟梁;4—网架支座;5—滑车组;6—卷扬机;7—拼装平台;
8—网架杆件中心线;9—网架支座;10—预埋件;11—型钢导轨;12—导轮;13—导轨

$$F_t \geqslant \left(\frac{k}{r_1} + \mu_2 \frac{r}{r_1} \right) G_{0k} \xi_1 \qquad (5-9)$$

式中:F_t——总启动牵引力,t;

$\quad G_{0k}$——网架总自重标准值,t;

$\quad \mu_1$——滑动摩擦系数,在自然轧制表面,经粗除锈并充分润滑钢与钢之间可取 0.12~0.15;

$\quad \mu_2$——摩擦系数,在滚轮与滚轮轴之间,或经机械加工后充分润滑的钢与钢之间可取 0.1;滚珠轴承取 0.015;稀油润滑取 0.8;

$\quad \zeta$——阻力系数,当有其他因素影响时,可取 1.3~1.5;

$\quad \zeta_1$——阻力系数,由小车安装精度、钢轨安装精度、牵引的不同步程度等多因素确定取 1.1~1.3;

$\quad k$——钢制轮与钢之间的滚动摩擦力臂,当圆顶轨道车轮直径为 100~150 mm 时取 0.3 mm,车轮直径为 150~300 mm 时取 0.4 mm;

$\quad r_1$——滚轮的外圆半径,mm;

$\quad r$——轴的半径,mm。

（4）同步控制

当拼装精度要求不高时,控制同步可在网架两侧的梁面上标出尺寸,牵引时同时报出滑移距离。当同步要求较高时,可采用自整角机同步指示装置,以便指挥台随时观察牵引点移动情况,读数精度为 1 mm,该装置的安装如图 5-59 所示。网架滑移应尽量同步进行,两端不同步值不大于 50 mm。牵引速度控制在 0.5 m/min 以内较好。

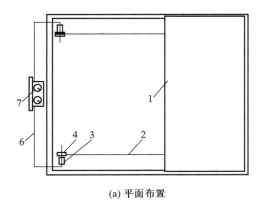
　　　　(a) 平面布置

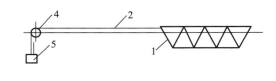
　　　　(b) 立面布置

图 5-59　自整角机同步指示器安装

1—网架;2—钢丝绳;3—自整角机发送端;4—转盘;5—平衡重;6—导线;7—自整角机接收端及读数

（5）挠度的调整

当单条滑移时,一定要控制跨中挠度不要超过整体安装完毕后设计挠度,否则应采取措施,或加大网架高度或在跨中增设滑轨,滑轨下的支承架应满足强度、刚度和单肢及整体稳定性要求,必要时还应进行试压,以确保安全可靠。当由于跨中增设滑轨引起网架杆件内力变好时,应采取临时加固措施,以防失稳。

当网架单条滑移时,其施工挠度的情况与分条分块法完全相同;当逐条积累滑移时,网架的受力情况仍然是两端自由搁置的主体桁架。因而,滑移时网架虽仅承受自重,但其挠度仍比形成整体后大,因此,在连接新的单元前,都应将已滑移好的部分网架进行挠度调整,然后再拼接。

滑移时应加强对施工挠度的观测,随时调整。

（6）特点与适用范围

高空滑移法施工时可与下部其他施工平行立体作业,缩短施工工期,对起重设备、牵引设备要求不高,可用小型起重机或卷扬机,甚至不用,成本低,适用于网架支承结构为周边承重墙或柱上有现浇钢筋混凝土框架梁等情况,适用于正放四角锥、正放抽空四角锥、两向正交正放等网架,尤其适用于采用上述网架但场地狭小、跨越其他结构或设备或需要进行立体交叉施工的情况。

4. 整体吊升法

整体吊升法是将网架结构在地上错位拼装成整体,然后用起重机吊升超过设计标高,空中移位后落位固定。此法不需要搭设高的拼装架,高空作业少,易于保证接头焊接质量,但需要起重能力大的设备,吊装技术也复杂。此法以吊装焊接球节点网架为宜,尤其是三向网架的吊装。根据吊装方式和所用起重设备的不同,可分为多机抬吊及独脚桅杆吊升。

网架就地错位布置进行拼装时,使网架任何部位与支柱或拔杆的净距离不小于 100 mm,并应防止网架在起升过程中被凸出物（如牛腿等悬挑构件）卡住。由于网架

微课
网架整体吊升安装法

课件
网架整体吊升安装法

错位布置导致网架个别杆件暂时不能组装时,应征得设计单位的同意方可暂缓装配。由于网架错位拼装,当网架起吊到柱顶以上时,要经空中移位才能就位。采用多根拔杆方案时,可利用拔杆两侧起重滑轮组,使一侧滑轮组的钢丝绳放松,另一侧不动,从而产生不相等的水平力以推动网架移动或转动进行就位。当采用单根拔杆方案时,若网架平面是矩形,可通过调整缆风绳使拔杆吊着网架进行平移就位;若网架平面为正多边形或圆形,则可通过旋转拔杆使网架转动就位。

采用多根拔杆或多台吊车联合吊装时,考虑到各拔杆或吊车负荷不均匀的可能性,设备的最大额定负荷能力应予以折减。

网架整体吊装时,应采取具体措施保证各吊点在起升或下降时的同步性,一般控制提升高差值不大于吊点间距离的1/400,且不大于100 mm。吊点的数量及位置应与结构支承情况相接近,并应对网架吊装时的受力情况进行验算。

(1)多机抬吊作业

多机抬吊施工中布置起重机时,需要考虑各台起重机的工作性能和网架在空中移位的要求。起吊前要测出每台起重机的起吊速度,以便起吊时掌握,或每两台起重机的吊索用滑轮连通。这样,当起重机的起吊速度不一致时,可由连通滑轮的吊索自行调整。

如果网架重量较轻,或4台起重机的起重量均能满足要求时,宜将4台起重机布置在网架的两侧。只要4台起重机将网架垂直吊升超过柱顶后,旋转一小角度,即可完成网架空中移位要求。

多机抬吊一般用台起重机联合作业,将地面错位拼装好的网架整体吊升到柱顶后,在空中进行移位,落下就位安装。一般有四侧抬吊和两侧抬吊两种方法,如图5-60所示。

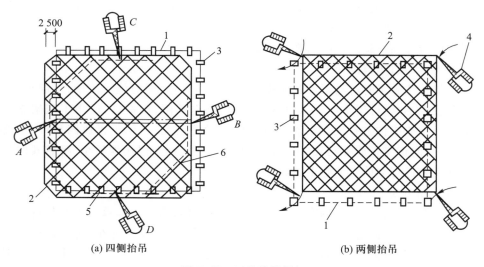

(a) 四侧抬吊   (b) 两侧抬吊

图5-60   四机抬吊网架

1—网架安装位置;2—网架拼装位置;3—下柱;4—履带式起重机;5—吊点;6—串通吊索

① 四侧抬吊。四侧抬吊时,为防止起重机因升降速度不一而产生不均匀荷载,每

台起重机设两个吊点,每两台起重机的吊索互相用滑轮串通,使各吊点受力均匀,网架平稳上升。

当网架提到比柱顶高 30 cm 时进行空中移位,起重机 *A* 一边落起重臂,一边升钩;起重机 *B* 一边升起重臂,一边落钩;*C*、*D* 两台起重机则松开旋转刹车跟着旋转,待转到网架支座中心线对准柱子中心时,4 台起重机同时落钩,并通过设在网架四角的拉索和倒链拉动网架进行对线,将网架落到柱顶就位。

② 两侧抬吊。两侧抬吊系用 4 台起重机将网架吊过柱顶同时向一个方向旋转一定角度,即可就位。

本法准备工作简单,安装较快速方便。四侧抬吊和两侧抬吊比较,前者移位较平稳,但操作较复杂;后者空中移位较方便,但平稳性较差。而两种吊法都需要多台起重设备条件,操作技术要求较严,适于跨度 40 m 左右、高度 2.5 m 左右的中、小型网架屋盖的吊装。

(2)独脚拔杆吊升作业

独脚拔杆吊升法是多机抬吊的另一种形式。它是用多根独脚拔杆,将地面错位拼装的网架吊升超过柱顶,进行空中移位后落位固定。采用此法时,支承屋盖结构的柱与拔杆应在屋盖结构拼装前竖立。此法所需的设备多,劳动量大,但对于吊装高、重、大的屋盖结构,特别是大型网架较为适宜,桅杆吊升网架如图 5-61 所示。

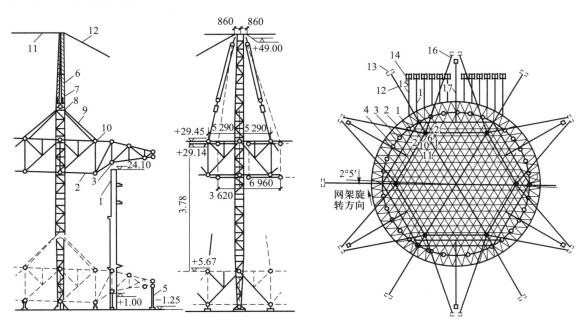

图 5-61 桅杆吊升网架

1—柱;2—网架;3—摇摆支座;4—提升后再焊的杆件;5—拼装用小钢柱;6—独脚桅杆;7—8 门滑轮组;8—铁扁担;9—吊索;10—吊点;11—平缆风绳;12—斜缆风绳;13—地锚;14—起重卷扬机;15—起重钢丝绳;16—校正用卷扬机;17—校正用钢丝绳

(3)网架的空中移位

多机抬吊作业中,起重机变幅容易,网架空中移位并不困难,而用多根独脚拔杆进行整体吊升网架方法的关键是网架吊升后的空中移位。由于拔杆变幅很困难,网架在空中的移位是利用拔杆两侧起重滑轮组中的水平力不等而推动的。

如图5-62所示,网架被吊升时,每根拔杆两侧滑轮组夹角相等,上升速度一致,两侧受力相等($T_1=T_2$),其水平分力也相等($H_1=H_2$),网架于水平面内处于平衡状态,只垂直上升,不会水平移动。此时滑轮组拉力及其水平分力可分别按下式计算:

$$T_1=T_2=\frac{Q}{2\sin\alpha} \qquad (5-10)$$

$$H_1=H_2=T_1\cos\alpha \qquad (5-11)$$

式中:Q——每根桅杆所负担的网架、索具等荷载,KN。

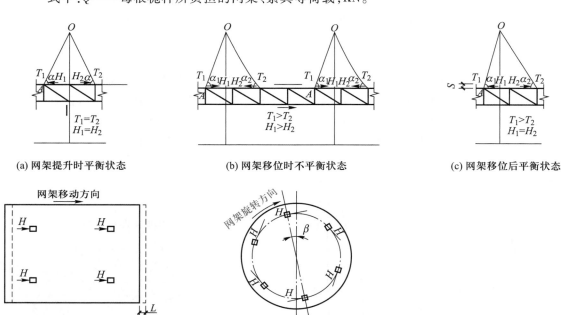

图5-62　拔杆吊升网架空中移位顺序

S—网架移位时下降距离;L—网架水平移位距离;β—网架旋转角度

网架空中移位时,使每根桅杆的同一侧(如右边)滑轮组钢丝绳徐徐放松,而另一侧(左边)滑轮不动。此时右边钢丝绳因松弛而拉力T_2变小,左边T_1则由于网架重力作用相应增大,因此两边水平力也不等,即$H_1>H_2$,这就打破了平衡状态,网架朝H_1所指的方向移动。直至右侧滑轮组钢丝绳放松后停止,重新处于拉紧状态时,则$H_1=H_2$,网架恢复平衡,移动也即终止。此时平衡方程式为:

$$T_1\sin\alpha_1+T_2\sin\alpha_2=Q \qquad (5-12)$$

$$T_1\cos\alpha_1=T_2\cos\alpha_2 \qquad (5-13)$$

但由于$\alpha_1>\alpha_2$,故此时$T_1>T_2$。

在平移时,由于一侧滑轮组不动,网架还会产生以点D为圆心、OA为半径的圆周运动而产生少许下降。

　　网架空中移位的方向与桅杆及其起重滑轮组布置有关。如桅杆对称布置,桅杆的起重平面(即起重滑轮组与桅杆所构成的平面)方向一致且平行于网架的一边。因此,使网架产生运动的水平分力都平行于网架的一边,网架即产生单向的移位。同理,如桅杆均布于同一圆周上,且桅杆的起重平面垂直于网架半径。这时使网架产生运动的水平分力 H 与桅杆起重平面相切,由于切向力的作用,网架即产生绕其圆心旋转的运动。

　　5. 升板机提升法

　　升板机提升法是指网架结构在地面上就位拼装成整体后,用安装在柱顶横梁上的升板机,将网架垂直提升到设计标高以上,安装支承托梁后,落位固定。此法不需大型吊装设备,机具和安装工艺简单、提升平稳、同步性好、劳动强度低、工效高、施工安全,但需较多提升机和临时支承短钢柱、钢梁,准备工作量大。升板机提升法适宜于应用在支点较多的用边支承网架,适用于跨度 50～70 m,高度 4 m 以上,重量较大的大、中型周边支承网架屋盖。当施工现场较窄和运输装卸能力较小,但有小型滑升机具可利用时,采用整体提升法施工可获得较好的经济效果。

　　升板机提升法应尽量在结构柱子上安装升板机,也可在临时支架上安装升板机。当提升网架同时滑模时,可采用一般的滑模千斤顶或升板机。整体提升法可利用网架作为操作平台。

　　当采用整体提升法进行施工时,应该将结构柱子设计成为稳定的框架体系,否则应对独立柱进行稳定验算。当采用电动提升机时,应验算支承柱在两个方向的稳定性。

　　(1) 提升设备布置

　　在结构柱上安装升板工程用的电动穿心式提升机,将地面正位拼装的网架直接整体提升到柱顶横梁就位,升板机提升网架如图 5-63 所示。

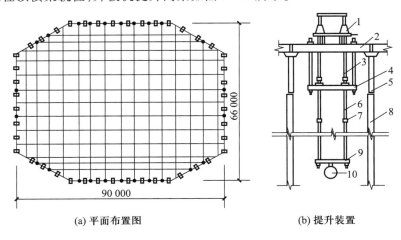

(a) 平面布置图　　　　　(b) 提升装置

图 5-63　升板机提升网架

1—提升机;2—上横梁;3—螺杆;4—下横梁;5—短钢柱;6—吊杆;7—接头;
8—柱;9—横吊梁;10—支座钢球(□为柱,●为升板机)

提升点设在网架四边,每边 7~8 个。提升设备的组装是在柱顶加接的短钢柱上安工字钢上横梁,每一吊点上方的上横梁上安放一台 300 kN 电动穿心式提升机,提升机的螺杆下端连接多节长 4.8 m 的吊杆,下面连接横吊梁,梁中间用钢销与网架支座钢球上的吊环相连接。在钢柱顶上的上横梁处,又用螺杆连接着一个下横梁,作为拆卸吊杆时的停歇装置。

微课
网架整体顶升法

（2）提升过程

当提升机每提升一节吊杆后(升速为 3 cm/min),用 U 形卡板塞入下横梁上部和吊杆上端的支承法兰之间,卡住吊杆,卸去上节吊杆,将提升螺杆下降与下一节吊杆接好,再继续上升,如此循环往复,直到网架升至托梁以上,然后把预先放在柱顶牛腿的托梁移至中间就位,再将网架下降于托梁上,即告完成。网架提升时应同步,每上升60~90 mm观测一次,控制相邻两个提升点高差不大于 25 mm。

6. 顶升施工法

课件
网架整体顶升法

顶升施工法是利用支承结构和千斤顶将网架整体顶升到设计位置,如图 5-64 所示。本法设备简单,不用大型吊装设备,顶升支承结构可利用结构永久性支承柱,拼装网架不需搭设拼装支架,可节省大量机具和脚手架、支墩费用,降低施工成本;操作简便、安全,但顶升速度较慢,对结构顶升的误差控制要求严格,以防失稳。适用于多支点支承的各种四角锥网架屋盖安装。

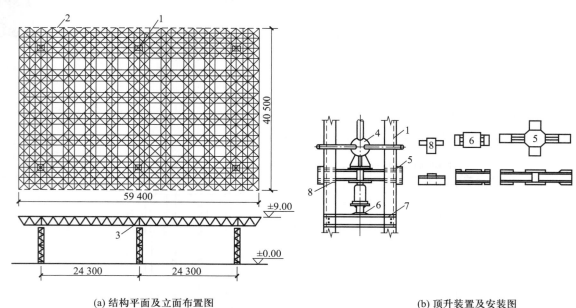

(a) 结构平面及立面布置图　　　　(b) 顶升装置及安装图

图 5-64　某网架顶升施工

1—柱;2—网架;3—柱帽;4—球支座;5—十字梁;6—横梁;7—下缀板(16 槽钢);8—上缀板

当采用千斤顶顶升时,应对其支承结构和支承杆进行稳定验算。如果稳定性不足,则应采取措施予以加强,应尽可能将屋面结构(包括屋面板、天棚等)及通风、电气设备在网架顶升前全部安装在网架上,以减少高空作业量。

当利用建筑物的承重柱作为顶升的支承结构时,一般应根据结构类型和施工条件,选择四肢式钢柱、四肢式劲性钢筋柱,或采用预制钢筋混凝土柱块逐段接高的分段钢筋混凝土柱。采用分段柱时,顶制柱块间应联结牢固。接头强度宜为柱的稳定性验算所需强度的 1.5 倍。

当网架支点很多或由于其他原因不宜利用承重柱作为顶升支承结构时,可在原有支点处或其附近设置临时顶升支架。临时顶升支架的位置和数量的决定,应以尽量不改变网架原有支承状态和受力性质为原则。否则应根据改变的情况验算网架的内力,并决定是否需采取局部加固措施。临时顶升支架可用枕木构成,如天津塘沽车站候车室,就是在 6 个枕木垛上用千斤顶将网架逐步顶起;也可采用格构式钢井架。

顶升的支承结构应按底部固定、顶端自由的悬臂柱进行稳定性验算,验算时除考虑网架自重及随网架一起顶升的其他静载及施工荷载之外,还应考虑风荷载及柱顶水平位移的影响。如果验算认为稳定性不足,应首先从施工工艺方面采取措施,不得已时再考虑加大截面尺寸。

顶升的机具主要是螺旋式千斤顶或液压式千斤顶等。各类千斤顶的行程和提升速度必须一致;这些机具必须经过现场检验认可后方可使用。顶升时网架能否同步上升是一个值得注意的问题,如果提升差值太大,不仅会使网架杆件产生附加内力,且会引起柱顶反力的变化,同时还可能使千斤顶的负荷增大和造成网架的水平偏移。

(1)顶升准备

顶升用的支承结构一般利用网架的永久性支承柱,或在原支点处或其附近设置临时顶升支架。顶升千斤顶可采用普通液压千斤顶或丝杠千斤顶,同时要求各千斤顶的行程和顶升速度一致。网架多采用伞形柱帽的方式,在地面按原位整体拼装。由 4 根角钢组成的支承柱(临时支架)从腹杆间隙中穿过,在柱上设置缀板作为搁置横梁、千斤顶和球支座用。上、下临时缀板的间距根据千斤顶的尺寸、行程、横梁等尺寸确定,应恰为千斤顶使用行程的整数倍,其标高偏差不得大于 5 mm,例如,用 320 kN 普通液压千斤顶,缀板的间距为 420 mm,即顶升一个循环的总高度为 420 mm,千斤顶分 3 次(150 mm+150 mm+120 mm)顶升到该标高。

(2)顶升操作

顶升时,每一顶升循环工艺过程如图 5-64 和图 5-65 所示。顶升应做到同步,各顶升点的升差不得大于相邻两个顶升用的支承结构间距的 1/1 000,且不大于 15 mm,在一个支承结构上有两个或两个以上千斤顶时不大于 10 mm。当发现网架偏移过大,可采用在千斤顶座下垫斜垫或有意造成反向升差逐步纠正。同时,顶升过程中网架支座中心对柱基轴线的水平偏移值,不得大于柱截面短边尺寸的 1/50 及柱高的 1/500,以免导致支承结构失稳。

(3)升差控制

顶升施工中同步控制主要是为了减少网架偏移,其次才是为了避免引起过大的附加杆件应力。而提升法施工时,升差虽然也会造成网架偏移,但其危害程度要比顶升法小。

顶升过程中当网架的偏移值达到需要纠正时,可采用千斤顶垫斜或人为造成反向升差逐步纠正,切不可操之过急,以免发生安全质量事故。由于网架偏移是一种随机

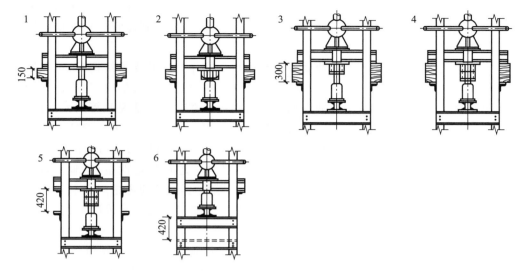

图 5-65　顶升工序

1—顶升 150 mm,两侧垫方形垫块;2—回油,垫圆垫块;3—重复 1 过程;4—重复 2 过程;

5—顶升 120 mm,安装两侧上缀板;6—回油,下级板升一级

过程,纠偏时柱的柔度、弹性变形又给纠偏以干扰,因而纠偏的方向及尺寸并不完全符合主观要求,不能精确地纠偏。故顶升施工时应以预防网架偏移为主,顶升时必须严格控制升差并设置导轨。

7. 网架安装方法的选择

微课
网架安装方法的选择

安装方法的选用取决于网架形式、现场情况、设备条件及工期要求等情况,要从具体情况出发,对多种安装方案进行技术和经济指标对比,因地制宜地选用最佳方案。例如,对不适宜于分割的三向、面向正交斜放或两向斜交斜放网架,则宜采用整体安装方法;而正放类网架、三角锥网架,既可整体安装,又可进行分割;斜放四角锥及星形网架一般不宜分割,如果采用分条或分块安装法应考虑对其上弦加固;棋盘形四角锥网架由于具有正交正放的上弦网格,分割的适应性也好些。

课件
网架安装方法的选择

在选择安装方法时,应根据施工场地的具体条件出发,当施工场地狭窄或需要跨越已有建筑物时,可选用滑移法、整体提升法或整体顶升法施工。

在选择安装方案时,还应考虑设备条件。一般应尽量利用现有设备,并优先采用中小型常用设备,以降低工程成本。如果仅从安装网架的角度分析,高空散装法最基本的设备是脚手架(即拼装支架);滑移法最基本的动力设备是人工绞车架或卷扬机;顶升法最基本的起重设备是千斤顶。从施工经济的角度来看,如果能在地面进行屋面结构、电气、通风设备等的安装,则可降低费用。但对吊、提、顶升等设备的负荷能力的要求则相应增大。对体育馆、展览馆、剧场等下部装修设备工程大的建筑物来说,滑移法可使网架的拼装与场内土建施工同时进行,从而缩短工期、降低成本。整体吊装需要大的起重设备,而分块、分条吊装所需的起重设备相对较小。

5.3.3 网架防腐处理

① 网架的防腐处理包括制作阶段对构件及节点的防腐处理和拼装后的防腐处理。

② 焊接球与钢管连接时,钢管及球均不宜与大气相通。新轧制钢管的内壁可不除锈,直接刷防锈漆;而旧钢管内外壁均应认真除锈,并刷防锈漆。

③ 螺栓球与钢管的连接属于与大气相通的状态,特别是拉杆。杆件受拉后易出现变形,必然产生缝隙,南方地区较潮湿,水气有可能进入高强度螺栓或钢管中,对高强度螺栓较为不利,必须加强防腐处理。

a. 当网架承受大部分荷载后,对各个接头用油腻子将所有空余螺孔及接缝处填嵌密实,并补刷防锈漆两道,以保证不留渗漏水汽的缝隙。

b. 螺栓球节点网架安装时,必须拧紧螺栓。

④ 电焊后对已刷油漆局部破坏及焊缝漏刷油漆的情况,按规定补刷好油漆层。

5.4 网架结构的验收

网架结构的制作、拼装和安装的每个工序均应进行检查验收,凡未经检查验收,不得进行下一工序的施工。安装完成后必须进行交工检查验收。每道工序的检查验收均应做出记录,并应汇总存档。焊接球、螺栓球、杆件、高强度螺栓等均应有出厂合格证及检验记录。钢网架螺栓球节点用高强度螺栓应满足《钢网架螺栓球节点用高强度螺栓》(GB/T 16939—2016)要求。网架结构制作与拼装中的对接焊缝应符合现行国家标准《钢结构工程施工质量验收规范》(GB 50205—2001)规定的二级质量检验标准的要求,其他焊缝按三级质量检验标准的要求。

微课
网架结构的
验收

课件
网架结构的
验收

网架结构检验批及安装规定:

① 钢网架结构安装工程可按变形缝、施工段或空间刚度单元划分成一个或若干检验批。

② 钢网架结构安装检验批应在进场验收和焊接连接、紧固件连接、制作等分项工程验收合格的基础上进行验收。

5.4.1 网架加工验收规定

圆度是指任一通过球心的平面中,直径最大点与最小点之差为圆度值。

1. 螺栓球节点

① 螺栓球成形后不应有裂纹、褶皱、过烧。检查数量为每种规格抽查10%,且不应少于5个。检验方法为10倍放大镜观察检查或表面探伤。

② 螺栓球节点毛坯圆度的允许制作误差为2 mm,螺栓按3级精度加工,其检验标准按《钢网架螺栓球节点用高强度螺栓》(GB/T 16939—2016)规定执行。

③ 制造螺栓球的钢材,必须符合设计规定及相应材料的技术条件和标准。

④ 成品球必须对最大的螺孔进行抗拉强度检验。螺栓球加工的允许偏差及检验方法应符合表5-2和图5-66的规定。

表 5-2　螺栓球加工的允许偏差及检验方法

项次	项目		允许偏差/mm	检验方法	检查数量
1	球毛坯直径	$D \leqslant 120$	+2.0 -1.0	用卡尺和游标卡尺检查	每种规格抽查 10%，且不应少于 5 个
		$D > 120$	+3.0 -1.5		
2	球的圆度	$D \leqslant 120$	1.5		
		$D > 120$	2.5		
3	铣平面距球中心距离 a		±0.20	用游标卡尺检查	
4	同一轴线上两铣平面平行度	$D \leqslant 120$	0.20	用百分表 V 形块检查	
		$D > 120$	0.30		
5	相邻两螺栓孔中心线夹角 θ		±30′	用分度头检查	
6	两铣平面与螺栓孔轴线的垂直度		0.005r	用百分表检查	

注：D 为螺栓球直径，r 为铣平面半径。

2. 焊接球节点

钢板压成半圆球后，表面不应有裂纹、褶皱；焊接球的对接坡口应采用机械加工，对接焊缝表面应打磨平整。检查数量为每种规格抽查 10%，且不应少于 5 个。检验方法为 10 倍放大镜观察检查或表面探伤。

网架拼装时，焊接球加工的允许偏差及检验方法应符合表 5-3 所示的规定。

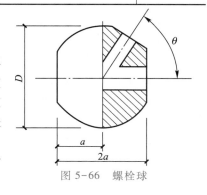

图 5-66　螺栓球

表 5-3　焊接球加工的允许偏差及检验方法

项次	项目	允许偏差/mm	检验方法	检查数量
1	直径	±0.005d，±2.5	用卡尺和游标卡尺检查	每种规格抽查 10%，且不应少于 5 个
2	圆度	2.5		
3	壁厚减薄量	0.13t，且不应大于 1.5	用卡尺和测厚仪检查	
4	两半球对口错边	1.0	用套模和游标卡尺检查	

3. 杆件

① 钢管初始弯曲必须小于 $L/1\,000$。

② 钢管与封板或锥头组装成杆件时，钢管两端对接焊缝应根据图纸要求的焊缝质量等级选择相应焊接材料进行施焊，并应采取保证对接焊全溶透的焊接工艺。

③ 焊工应经过考试并取得合格证后方可施焊，如果停焊半年以上应重新考核。

④ 施焊前应复查焊区坡口情况确认符合要求后方能施焊，焊接完成后应清除熔渣及金属飞溅物，并打上焊工代号的钢印。

⑤ 钢管杆件与封板或锥头的焊缝应进行强度检验,其承载能力应满足设计要求。钢网架(桁架)用钢管杆件的允许偏差及检验方法应符合表 5-4 所示的规定。

表 5-4 钢网架(桁架)用钢管杆件加工的允许偏差及检验方法

项次	项目	允许偏差/mm	检验方法	检查数量
1	长度	±1.0	用钢尺和百分表检查	每种规格抽查 10%,且不应少于 5 个
2	端面对管轴的垂直度	$0.005r$	用百分表 V 形块检查	
3	管口曲线	1.0	用套模和游标卡尺检查	

注:r 为封板或锥头底半径。

4. 高强度螺栓

网架拼装前,应对每根高强度螺栓进行表面硬度试验,严禁有裂纹和损伤。高强度螺栓的允许偏差及检验方法应符合表 5-5 所示的规定。

表 5-5 高强度螺栓的允许偏差及检验方法

项次	项目		允许偏差/mm		检验方法
1	螺纹长度		$+2t$	0	用钢尺、游标卡尺检查
2	螺栓长度		$+2t$	$-0.8t$	
3	螺纹	槽深	±0.2		
4		直线度	<0.2		
5		位置度	<0.5		

注:t 为螺距。

5.4.2 拼装单元验收规定

拼装单元验收满足以下要求。

① 拼装单元网架应检查网架长度尺寸、宽度尺寸、对角线尺寸是否在允许偏差范围之内。

② 检查焊接球的质量以及试验报告。

③ 检查杆件质量与杆件抗拉承载试验报告。

④ 检查高强度螺栓的硬度试验值,检查高强度螺栓的试验报告。

⑤ 检查拼装单元的焊接质量、焊缝外观质量主要是防止咬肉,咬肉深度不能超过 0.5 mm;24 h 后用超声波探伤检查焊缝内部质量情况。

⑥ 小拼单元的允许偏差应符合表 5-6 所示的规定。

⑦ 中拼单元的允许偏差应符合表 5-7 所示规定。

⑧ 钢网架结构安装的允许偏差应符合表 5-8 所示的规定。

表 5-6 小拼单元的允许偏差

项目			允许偏差/mm	检查方法	检查数量
节点中心偏移			2.0	用钢尺和拉线等辅助量具实测	按单元数抽查 5%，且不应少于 5 个
焊接球节点与钢管中心的偏移			1.0		
杆件轴线的弯曲矢高			$L_1/1\,000$，且不应大于 5.0		
锥体型小拼单元	弦杆长度		±2.0		
	锥体高度		±2.0		
	上弦杆对角线长度		±3.0		
平面桁架型小拼单元	跨长	≤24 m	+3.0 −7.0		
		>24 m	+5.0 −10.0		
平面桁架型小拼单元	跨中高度		±3.0		
	跨中拱度	设计要求起拱	$±L/5000$		
		设计未要求起拱	+10.0		

注：1. L_1 为杆件长度；2. L 为跨长。

表 5-7 中拼单元的允许偏差

项目	分类	允许偏差/mm	检查方法	检查数量
单元长度≤20 m，拼接长度	单跨	±10.0	用钢尺和辅助量具实测	全数检查
	多跨连续	±5.0		
单元长度>20 m，拼接长度	单跨	±20.0		
	多跨连续	±10.0		

表 5-8 钢网架结构安装的允许偏差

项目	允许偏差/mm	检验方法	检查数量
纵向、横向长度	$L/2\,000$，且不应大于 30.0 $-L/2\,000$，且不应小于 −30.0	用钢尺检查	全数检查
支座中心偏移	$L/3\,000$，且不应大于 30.0	用钢尺、经纬仪实测	
周边支承网架相邻支座高差	$L/400$，且不应大于 15.0	用钢尺、水准仪实测	
支座最大高差	30.0		
多点支承网架相邻支座高差	$L_1/800$，且不应大于 30.0		

注：L 为纵向、横向长度，L_1 为相邻支座间距。

5.4.3 网架安装验收规定

1. 网架结构安装规定

① 网架的安装应满足以下要求。

a. 安装的测量校正,高强度螺栓安装,负温度下施工及焊接工艺等,应在安装前进行工艺试验或评定,并应在此基础上制订相应的施工工艺或方案。

b. 安装偏差的检测,应在结构形成空间刚度单元并连接固定后进行。

c. 安装时,必须控制屋面、楼面、平台等的施工荷载,施工荷载和冰雪荷载等严禁超过梁、桁架、楼面板、屋面板、平台铺板等的承载能力。

② 钢网架结构支座定位轴线的位置、支座锚栓的规格应符合设计要求。

③ 支撑面顶板的位置、标高、水平度以及支座锚栓位置的允许偏差应符合表 5-9 所示的规定。

表 5-9   支承面、地脚螺栓(锚栓)位置的允许偏差

项目		允许偏差/mm
支承面	标高	±3.0
	水平度	$L/1\,000$
地脚螺栓(锚栓)	螺栓中心偏移	5.0
预留孔中心偏移		10.0

④ 支承垫块的种类、规格、摆放位置和朝向,必须符合设计要求和国家现行有关标准的规定。橡胶垫块与刚性垫块之间或不同类型刚性垫块之间不得互换使用。

⑤ 网架支座锚栓的紧固应符合设计要求。

⑥ 支座锚栓尺寸的允许偏差应符合表 5-10 所示的规定。支座锚栓的螺纹应受到保护。

表 5-10   地脚螺栓(锚栓)尺寸的允许偏差

项目	允许偏差/mm
螺栓(锚栓)露出长度	+30.0 0.0
螺纹长度	+30.0 0.0

⑦ 对建筑结构安全等级为一级、跨度 40m 及以上的公共建筑钢网架结构,且设计有要求时,应按下列项目进行节点承载力试验,其结果应符合以下规定。

a. 焊接球节点应按设计指定规格的球及其匹配的钢管焊接成试件,进行轴心拉、压承载力试验,其试验破坏荷载值大于或等于 1.6 倍设计承载力为合格。

b. 螺栓球节点应按设计指定规格球的最大螺栓孔螺纹进行抗拉强度保证荷载试验,当达到螺栓的设计承载力时,螺孔、螺纹及封板仍完好无损为合格。

⑧ 钢网架结构总拼完成后及屋面工程完成后应分别测量其挠度值,挠度值不应超过相应设计值的 1.15 倍。

⑨ 钢网架结构安装完成后,其节点及杆件表面应干净,不应有明显的疤痕、泥沙和污垢。螺栓球节点应将所有接缝用油腻子嵌填严密,并应将多余螺孔封口。

微课
网架结构质
量保证措施

课件
网架结构质
量保证措施

2. 网架安装质量控制与验收要点

钢网架安装质量控制与验收要点如表 5–11 所示。

表 5–11　钢网架安装质量控制与验收要点

项次	项目	质量控制与验收要点
1	焊接球、螺栓球及焊接钢板等节点及杆件制作精度	① 焊接球:半圆球宜用机床加工制作坡口。焊接后的成品球,其表面应光滑平整,不能有局部凸起或折皱。直径允许误差为 ±2 mm;圆度为 2 mm,厚度不均匀度为 10%,对口错边量为 1 mm。成品球以 200 个为一批(当不足 200 个时,也以一批处理),每批取两个进行抽样检验,如其中有 1 个不合格,则双倍取样,如其中又有 1 个不合格,则该批球不合格 ② 螺栓球:毛坯圆度的允许制作误差为 2 mm,螺栓按 3 级精度加工,其检验标准按《钢网架螺栓球节点用高强度螺栓》(GB/T 16939—2016)技术条件进行 ③ 焊接钢板节点的成品允许误差为 ±2 mm,角度可用角度尺检查,其接触面应密合 ④ 焊接节点及螺栓球节点的钢管杆件制作成品长度允许误差为 ±1 mm,锥头与钢管同轴度偏差不大于 0.2 mm ⑤ 焊接钢板节点的型钢杆件制作成品长度允许误差为 ±2 mm
2	钢管球节点焊缝收缩量	钢管球节点加套管时,每条焊缝收缩应为 1.5～3.5 mm;不加套管时,每条焊缝收缩应为 1.0～2.0 mm,焊接钢板节点,每个节点收缩量应为 2.0～3.0 mm
3	管球焊接	① 钢管壁厚 4.9 mm 时,坡口不小于 45° 为宜。由于局部未焊透,所以加强部位高度要大于或等于 3 mm。钢管壁厚不小于 10 mm 时,采用圆弧坡口如图 5–67 所示,钝边不大于 2 mm,单面焊接双面成形易焊透 ② 焊工必须持有钢管定位位置焊接操作证 ③ 严格执行坡口焊接及圆弧形坡口焊接工艺 ④ 焊前清除焊接处污物 ⑤ 为保证焊缝质量,对于等强焊缝必须符合《钢结构工程施工质量验收规范》(GB 50205—2001)一级焊缝的质量,除进行外观检验外,对大中跨度钢管网架的拉杆与球的对接焊缝,应做无损探伤检验,其抽样数不少于焊口总数的 20%。钢管厚度大于 4 mm 时,开坡口焊接:钢管与球壁之间必须留有 3～4 mm 间隙,以便加衬管焊接时根部易焊透。但是加衬管给拼装带来很大麻烦,故一般在合拢杆件情况下加衬管

续表

项次	项目	质量控制与验收要点
3	管球焊接	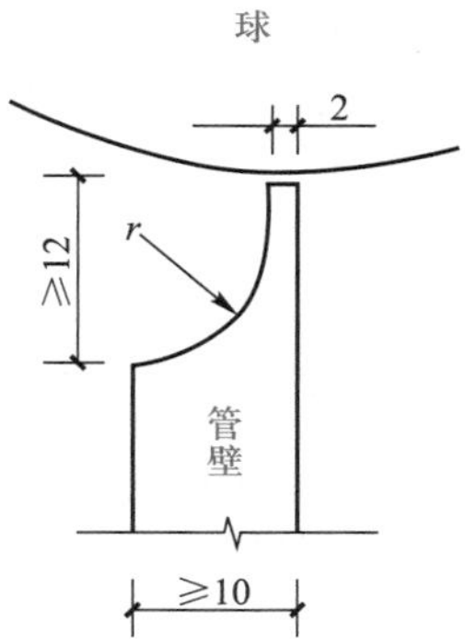 球 2 ≥12　r 管壁 ≥10 图 5-67　圆弧形坡口
4	焊接球节点的钢管布置	① 在杆件端部加锥头（锥头比杆件细），另加肋焊于球上 ② 可将没有达到满应力的杆件的直径改小 ③ 两杆件距离不小于 10 mm，否则开成马蹄形，两管间焊接时须在两管间加肋补强 ④ 凡遇有杆件相碰，必须与设计单位研究处理
5	螺栓球节点	① 螺栓球节点的螺纹应按 6H 级精度加工，并符合国家标准的规定。球中心至螺孔端面距离偏差为±0.20 mm，螺栓球螺孔角度允许偏差为±30° ② 螺栓球节点如图 5-68 所示，钢管杆件成品是指钢管与锥头或封板的组合长度，其允许偏差值指组合偏差为±1 mm 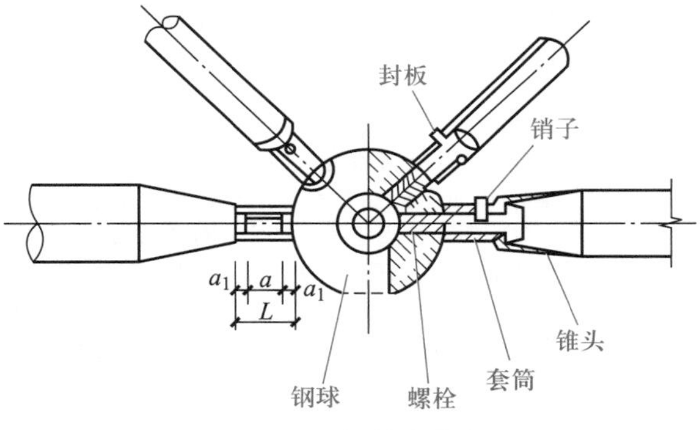 封板　销子 a₁ a a₁　L 钢球　螺栓　套筒　锥头 图 5-68　螺栓球节点 ③ 钢管杆件宜用机床、切管机、爬管机下料，也可用气割下料，其长度都应考虑杆件与锥头或封板焊接收缩量值。影响焊接收缩量的因素较多，如焊缝长度和厚度、气温的高低、焊接电流大小、焊接方法、焊接速度、焊接层次、焊工技术水平等，具体收缩值可通过试验和经验数值确定 ④ 拼装顺序应从一端向另一端，或者从中间向两边，以减少累积偏差；拼装工艺：先拼下弦杆，将下弦的标高和轴线校正后，全都拧紧螺栓定位。安装腹杆，必须使其下弦连接端的螺栓拧紧，如拧不紧，当周围螺栓都拧紧后，因锥头或封板孔较大，螺栓有可能偏斜，就难处理。连接上弦时，开始不能拧紧，如此循环，部分网架拼装完成后，要检查螺栓，对松动螺栓，再复拧一次

续表

项次	项目	质量控制与验收要点
5	螺栓球节点	⑤ 螺栓球节点安装时,必须将高强度螺栓拧紧,螺栓拧进长度为该螺栓直径的 1 倍时,可以满足受力要求,按规定拧进长度为直径的 1.1 倍,并随时进行复拧 ⑥ 螺栓球与钢管特别是拉杆的连接,杆件在承受拉力后即变形,必然产生缝隙,在南方或沿海地区,水汽有可能进入高强度螺栓或钢管中,易腐蚀,因此网架的屋盖系统安装后,再对网架各个接头用油腻子将所有空余螺孔及接缝处嵌填密实,补刷防腐漆两道
6	焊接顺序	① 网架焊接顺序应为先焊下弦节点,使下弦收缩向上拱起,然后焊腹杆及上弦。焊接时应尽量避免形成封闭圈,否则焊接应力加大,产生变形。一般可采用循环焊接法 ② 节点板焊接顺序如图 5-69 所示。节点带盖板时,可用夹紧器夹紧后点焊定位,再进行全面焊接 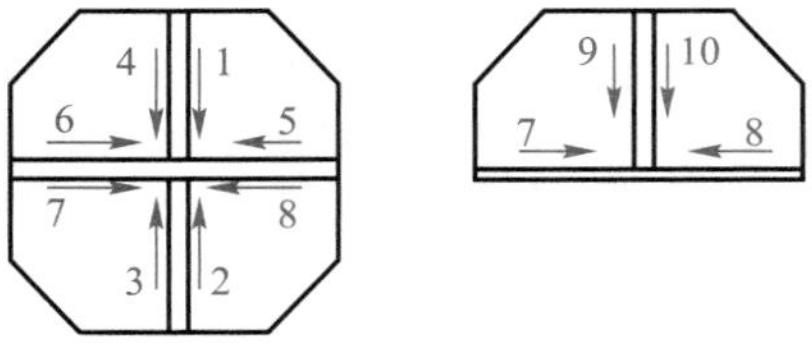 图 5-69　节点板焊接顺序
7	拼装顺序	① 大面积拼装一般采取从中间向两边或向四周顺序拼装,杆件有一端是自由端,能及时调整拼装尺寸,以减小焊接应力与变形 ② 螺栓球节点总拼顺序一般从一边向另一边,或从中间向两边顺序进行。只有螺栓头与锥筒(封板)端部齐平时,才可以跳格拼装,其顺序为下弦→斜杆→上弦
8	高空散装法标高	① 采用控制屋脊线标高的方法拼装,一般从中间向两侧发展,以减小累积偏差和便于控制标高,使误差消除在边缘上 ② 拼装支架应进行设计,对重要的或大型工程,还应进行试压,使其具有足够的强度和刚度,并满足单肢和整体稳定的要求 ③ 悬挑拼装时,由于网架单元不能承受自重,所以对网架要进行加固,即在拼装过程中网架必须是稳定的。支架承受荷载,必然产生沉降,就必须采取千斤顶随时进行调整,当调整无效时,应会同技术人员解决,否则影响拼装精度。支架总沉降量经验值应小于 5 mm
9	高空滑移法安装挠度	① 适当增大网架杆件断面,以增强其刚度 ② 拼装时增加网架施工起拱数值 ③ 大型网架安装时,中间应设置滑道,以减小网架跨度,增强其刚度 ④ 在拼接处可临时加反梁办法,或增设三层网架加强刚度 ⑤ 为避免滑移过程中,因杆件内力改变而影响挠度值,必须控制网架在滑移过程中的同步数值,其方法可采用在网架两端滑轨上标出尺寸,也可以利用自整角机代替标尺

续表

项次	项目	质量控制与验收要点
10	整体顶升位移	① 顶升同步值按千斤顶行程而定，并设专人指挥顶升速度 ② 顶升点处的网架做法可做成上支承点或下支承点形式，并有足够的刚度，如图 5-70 所示。为增加柱子刚度，可在双肢柱间增加缀条 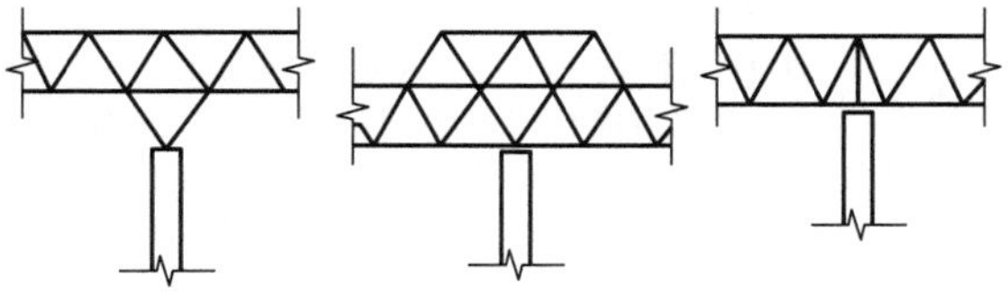 图 5-70　点支承网架柱帽设置 ③ 顶升点的布置距离，应通过计算，避免杆件受压失稳 ④ 顶升时，各顶点的允许高差值应满足以下要求 a. 相邻两个顶升支承结构间距的 1/1 000，且不大于 15 mm b. 在一个顶升支承结构上，有两个或两个以上千斤顶时，为千斤顶间距的 1/200，且不大于 10 mm ⑤ 千斤顶合力与柱轴线位移允许值为 5 mm。千斤顶应保持垂直 ⑥ 顶升前及顶升过程中，网架支座中心对柱轴线的水平偏移值，不得大于截面短边尺寸的 1/50 及柱高的 1/500 ⑦ 支承结构如柱子刚性较大，可不设导轨；如果刚性较小，必须加设导轨 ⑧ 已发现位移，可以把千斤顶用楔片垫斜或人为造成反向升差，或将千斤顶平放水平支顶网架支座
11	整体提升柱的稳定性	① 网架提升吊点要通过计算，尽量与设计受力情况相接近，避免杆件失稳；每个提升设备所受荷载尽量达到平衡；提升负荷能力，群顶或群机作业，按额定能力乘以折减系数，电力螺杆升板机为 0.7～0.8，穿心式千斤顶为 0.5～0.6 ② 不同步的升差值对柱的稳定有很大影响，当用升板机时，允许差值为相邻提升点距离的 1/400，且不大于 15 mm；当用穿心式千斤顶时，允许差值为相邻提升点距离的 1/250，且不大于 25 mm ③ 提升设备放在柱顶或被提升重物上应尽量减少偏心距 ④ 网架提升过程中，为防止大风影响，造成柱倾覆，可在网架四角拉上缆风，平时放松，风力超过 5 级应停止提升，拉紧缆风绳 ⑤ 采用提升法施工时，下部结构应形成稳定的框架结构体系，即柱间设置水平支撑及垂直支撑，独立柱应根据提升受力情况进行验算 ⑥ 升网滑模提升速度应与混凝土强度相适应，混凝土强度等级必须达到 C10 级 ⑦ 不论采用何种整体提升方法，柱的稳定性都直接关系到施工安全，因此，必须做施工组织设计，并与设计人员共同对柱的稳定性进行验算

续表

项次	项目	质量控制与验收要点
12	整体安装空中移位	① 由于网架是按使用阶段的荷载进行设计的,设计中一般难以准确计入施工荷载,所以施工之前应按吊装时的吊点和预先考虑的最大提升高度差,验算网架整体安装所需要的刚度,并据此确定施工措施或修改设计 ② 要严格控制网架提升高差,尽量做到同步提升,提升高差允许值(指相邻两拔杆间或相邻两吊点组的合力点间相对高差)可取吊点间距的 1/400,且不大于 100 mm,或通过验算而定 ③ 采用拔杆安装时,应使卷扬机型号、钢丝绳型号以及起升速度相同,并且使吊点钢丝绳相通,以达到吊点间杆件受力一致,采取多机抬吊安装时,应使起重机型号、起升速度相同,吊点间钢丝绳相通,以达到杆件受力一致 ④ 合理布置起重机械及拔杆 ⑤ 缆风地锚必须经过计算,缆风初拉应力控制到 60%,施工过程中应设专人检查 ⑥ 网架安装过程中,拔杆顶端偏斜不超过 1/1 000(拔杆高)且不大于 30 mm

施工完成后,应测量网架的挠度值(包括网架自重的挠度及屋面工程完成后的挠度),所测的挠度平均值,不应大于设计值的 15%,实测的挠度曲线应存档。网架的挠度观测点:跨度 24 m 及以下,设在跨中、跨度 24 m 以上时,可设五点,跨中、两向下弦跨度四分点处各两点。

3. 网架工程验收资料

网架工程验收应具备下列文件:网架施工图、竣工图、设计变更文件、施工组织设计、所用钢材及其他材料的质量证明书和试验报告;网架的零部件产品合格证书和试验报告、网架拼装各工序的验收记录、焊工考试合格证明、焊缝质量和高强度螺栓质量检验资料、总拼就位后几何尺寸误差和挠度记录。

模块小结

本学习模块主要按照网架结构图纸识读→网架结构加工制作→网架结构拼装与施工安装→网架结构验收的工作过程对网架结构特点与构造、加工制作设备选择、加工制作工艺与流程、拼装与施工安装方法和验收内容等结合《空间网格结构技术规程》(JGJ 7—2010)和《钢结构工程施工质量验收规范》(GB 50205—2001)的规定进行了阐述和讲解。通过本模块的学习,学生最终形成编制网架结构加工制作方案、施工安装方案及付诸实施的职业能力。

[实训]
1. 网架结构图纸识读训练。
① 某平板网架施工图识读。
② 某弧形网架施工图识读。
③ 某焊接球节点网架施工图识读。
2. 网架吊装方案设计。

[课后讨论]
① 网架结构构件是怎样组成不变体系的?
② 网架结构与其他杆系结构有何不同?
③ 网架结构施工要注意哪些问题?

练习题

（1）网架结构的节点构造有哪几种? 各有什么特点? 适用于何种情况?

（2）网架结构可分为哪几种主要类型? 它们的适用范围是什么?

（3）试观察你所能遇到的网架结构的工程实例,注意它们的外形尺寸、构件的截面形式特点、使用的材料、屋面排水方式,以及建筑物的用途和功能要求。

（4）双层网架结构由哪些类型杆件组成,各起什么作用?

（5）网架结构安装一般有哪几种方法,各有什么特点?

参考文献

［1］孙韬.轻钢及围护结构工程施工［M］.北京:中国建筑工业出版社,2012.

［2］戚豹.钢结构工程施工［M］.北京:中国建筑工业出版社,2010.

［3］李顺秋.钢结构制造与安装［M］.北京:中国建筑工业出版社,2005.

［4］曹平周,朱召泉.钢结构［M］.北京:中国技术文献出版社,2003.

［5］董卫华.钢结构［M］.北京:高等教育出版社,2003.

［6］刘声杨.钢结构［M］.北京:中国建筑工业出版社,1997.

［7］轻型钢结构设计指南编辑委员会.轻型钢结构设计指南［M］.北京:中国建筑工业出版社,2002.

［8］熊中实,倪文杰.建筑及工程结构钢材手册［M］.北京:中国建材工业出版社,1997.

［9］周绥平.钢结构［M］.武汉:武汉理工大学出版社,2003.

［10］《建筑施工手册》编写组.建筑施工手册2［M］.4版.北京:中国建筑工业出版社,2003.

［11］王景文.钢结构工程施工与质量验收实用手册［M］.北京:中国建材工业出版社,2003.

［12］中国钢结构协会.建筑钢结构施工手册［M］.北京:中国计划出版社,2002.

［13］中华人民共和国国家标准.钢结构工程施工质量验收规范:GB 50205—2001［S］.北京:中国计划出版社,2002.

［14］中华人民共和国国家标准.钢结构设计标准:GB 50017—2017［S］.北京:中国计划出版社,2017.

［15］中华人民共和国国家标准.建筑工程施工质量验收统一标准:GB 50300—2013［S］.北京:中国建筑工业出版社,2013.

［16］中华人民共和国国家标准.建筑工程施工质量评价标准:GB/T 50375—2016［S］.北京:中国建筑工业出版社,2016.

［17］中华人民共和国国家标准.钢结构工程施工规范:GB 50755—2012［S］.北京:中国建筑工业出版社,2012.

［18］中华人民共和国国家标准.钢结构焊接规范:GB 50661—2011［S］.北京:中国建筑工业出版社,2011.

［19］李耐.钢结构［M］.北京:中国电力出版社,2010.

郑重声明

高等教育出版社依法对本书享有专有出版权。任何未经许可的复制、销售行为均违反《中华人民共和国著作权法》,其行为人将承担相应的民事责任和行政责任;构成犯罪的,将被依法追究刑事责任。为了维护市场秩序,保护读者的合法权益,避免读者误用盗版书造成不良后果,我社将配合行政执法部门和司法机关对违法犯罪的单位和个人进行严厉打击。社会各界人士如发现上述侵权行为,希望及时举报,本社将奖励举报有功人员。

反盗版举报电话 (010)58581999 58582371 58582488

反盗版举报传真 (010)82086060

反盗版举报邮箱 dd@hep.com.cn

通信地址 北京市西城区德外大街4号
高等教育出版社法律事务与版权管理部

邮政编码 100120